普通高等教育“十二五”规划教材

工业节能技术

主　编　吴金星
副主编　刘　泉　赖艳华
参　编　詹自力　陈　雁　马新灵
主　审　魏新利

机械工业出版社

能源短缺和环境污染是当前我国经济发展中面临的两大难题。解决这些难题需要先进的节能技术、环保技术和强化管理措施等，更需要具备这些技术和管理能力的高级专业人才。工业企业一直是我国的耗能大户，解决工业生产系统及设备的节能技术问题，并积极推进节能技术的实际应用，将推动我国节能减排事业的快速发展。本书系统地阐述了节能的基本原理和节能方法，重点介绍了工业通用耗能设备的关键节能技术，以及重点工业系统余热回收利用的关键节能技术，并介绍了制冷空调与热泵系统、电力设备与系统、建筑环境与设备的相关节能技术。本书兼顾专业性与通俗性，既适合用作高校教材，也适用于相关行业的技术及管理人员培训等，具有广泛的实用性。

本书配有电子课件，向授课教师免费提供，需要者可登录机工教育服务网（www. cmpedu. com）下载。

图书在版编目（CIP）数据

工业节能技术/吴金星主编．—北京：机械工业出版社，2013. 12
（2026. 2 重印）
普通高等教育“十二五”规划教材
ISBN 978-7-111-44573-9

Ⅰ．①工…　Ⅱ．①吴…　Ⅲ．①工业—节能—技术—高等学校—教材
Ⅳ．①TK01

中国版本图书馆 CIP 数据核字（2013）第 253673 号

机械工业出版社（北京市百万庄大街 22 号　邮政编码 100037）
策划编辑：蔡开颖　责任编辑：蔡开颖　孙　阳　马军平
版式设计：赵颖喆　责任校对：陈　越
封面设计：张　静　责任印制：刘　媛
北京富资园科技发展有限公司印刷
2026 年 2 月第 1 版第 8 次印刷
184mm×260mm · 16. 5 印张 · 399 千字
标准书号：ISBN 978-7-111-44573-9
定价：49. 00 元

电话服务　　网络服务
客服电话：010-88361066　机　工　官　网：www. cmpbook. com
010-88379833　机　工　官　博：weibo. com/cmp1952
010-68326294　金　书　网：www. golden-book. com
封底无防伪标均为盗版　机工教育服务网：www. cmpedu. com

前　言

能源是发展社会生产力的的物质基础和基本条件。一个国家或地区的能源利用水平是反映其科学技术水平的重要标志，人均能源消费量的多少是反映该地区人民生活水平的重要标志。我国既是能源生产大国，也是能源消耗大国，尤其是工业企业一直是我国的耗能大户。但我国人均能源拥有量和消费量都较少，总体能源利用效率较低，由此引起的环境污染和生态破坏问题却比较严重，因此，解决能源问题任重而道远。在当前新能源开发利用技术不成熟、利用规模较小的形势下，我国提出了“开发与节约并举，把节约放在首位”的能源发展战略，并树立了建设“资源节约型、环境友好型”社会的目标。要实现这个宏伟目标，关键在于开发和实施高效的节能技术，具体地讲，就是针对工业生产系统和重点耗能设备，系统地掌握节能的基本原理和节能方法，积极推进这些节能技术的实际应用。高效节能技术的实施，对于缓解我国当前的能源供需矛盾，加快我国节能减排事业的发展，促进社会进步、发展经济和改善人民生活都具有重大意义。

在工业生产过程中，掌握高效节能技术的原理和方法，不但对能源动力类专业技术人员是必需的，而且对化工、炼油、机械、材料、建筑、环境等所有工科专业技术人员都是必需的，对工业企业管理人才的培养和未来发展也是不可缺少的。对于培养和造就创新型的复合人才、全面提高各类人才的科学素质，特别是培养节能降耗的科学意识都是十分必要的。

本书系统地阐述了节能的相关概念、节能的基本原理和节能方法，重点介绍了工业通用耗能设备的关键节能技术，以及重点工业系统余热回收利用的关键节能技术，并介绍了制冷空调与热泵系统、电力设备与系统、建筑环境与设备的相关节能技术。

本书可作为高等院校能源动力类专业本科生的专业必修教材，也可作为各工科专业学生了解工业节能技术和具体方法的选修课，同时，可供工程热物理学科的教师和研究生、各级能源管理部门及企业事业单位的节能管理人员、工程技术人员作为节能技术实施的参考书。

本书由郑州大学节能技术研究中心主任吴金星教授主编和统稿。由郑州大学化工与能源学院魏新利教授主审。具体编写分工为：吴金星负责编写第1、2章，北京信息科技大学刘泉负责编写第3、4章，赖艳华负责编写第5、6章。郑州大学詹自力参与编写了第1、3章部分内容，河南工业大学陈雁参与编写了第2章部分内容，郑州大学马新灵参与编写第5章部分内容。另外，郑州大学研究生朱登亮、尹凯杰、乔慧芳、潘彦凯、李俊超、郭桂宏等参与了资料收集和书稿整理、绘图等工作。在编写过程中，郑州大学王定标教授、卢纪富副教授、靳尊龙副教授等提出很好的修改意见和建议，在此一并表示感谢。在编写过程中参阅了大量的国内外专著、教材和期刊论文，在此谨向这些文献的著者和相关单位表示诚挚的谢意。本书的出版得到郑州大学化学与能源学院的支持，特此致谢。

由于作者水平和经验有限，书中难免出现不足之处，敬请读者批评指正。

编　者

目　录

第1章　节能原理与节能方法

能源供应紧张是当前世界各国面临的共性问题。为了缓解能源的供需矛盾，世界各国都在积极研究开发新能源，特别是开发利用可再生能源，同时，把节约能源作为能源有效利用的重要内容，并将节约能源视为除了煤炭、石油、天然气和水力能之外的“第五大能源”。我国“十一五”规划纲要明确提出，“十一五”期间单位国内生产总值（GDP）能耗降低20%左右，主要污染物排放总量减少10%。国家在“十二五”期间又提出了新的节能减排目标：单位GDP能源消耗降低16%，单位GDP二氧化碳排放降低17%；主要污染物排放总量显著减少，化学需氧量、二氧化硫排放分别减少8%，氨氮、氮氧化物排放分别减少10%。这是贯彻落实科学发展观、构建社会主义和谐社会的重大举措；是建设资源节约型、环境友好型社会的必然选择；是推进经济结构调整，转变增长方式的必由之路；是提高人民生活质量，维护中华民族长远利益的必然要求。

1.1　节能的定义及意义

1.1.1　节能的定义和类型

我国自1998年1月1日起施行《中华人民共和国节约能源法》。其中明确定义了节能的概念：节能是指加强用能管理，采取技术上可行、经济上合理以及环境和社会可以承受的措施，从能源生产到消费的各个环节，降低消耗，减少损失和污染物排放，制止浪费，有效、合理地利用能源。

节能并不是简单的能源消耗数量的减少，更不能影响社会活力，降低生产和生活水平，而是要充分发挥能源利用的效果和价值，力求以最小数量的能源消耗获得最大的经济效益，为社会创造出更多的可供消费的财富，从而达到发展生产、改善生活的目的。换句话说，生产同样数量的产品或获得同样多的产值，要尽可能减少能源的耗费量，或者以同样数量的能源，能生产出更多的产品或产值，这就是节能的经济性。

节能可分为直接节能和间接节能两种。直接节能是在满足相同需要的前提下，减少能源消耗量，所减少的数量就是节能的数量，它主要是通过技术进步来提高能源利用效率、降低产品或产值的能源消耗量实现的，也称为狭义节能。它包括生产工具、作业设备和工艺流程或作业程序及方法的改革，工艺操作方法和技能的改进，以及使用新材料、能源综合利用等所减少的能源消耗。直接节能最大特点是：它是看得见摸得着的能源实物的节约。间接节能是通过调整结构（如产业结构、行业结构、生产结构、品种结构），提高产品工作质量，在生产中减少原材料消耗，降低成本费用，提高劳动生产率，合理分配和输送，加强能源管理等途径而减少的能源消耗，也称为广义节能。例如，机械工业每年在锻造、切削等加工过程中要损坏数百万吨钢材，这意味着我国有相当数量的高炉、炼钢炉、轧钢机和几十万工人一年的劳动，以及与此相应的生产这些钢材所必需的煤、焦炭、电力都大量的被浪费掉了。再进一步看，供应这些煤、焦炭、电所进行的连锁生产也都白费了。广义来讲，人们的日常消费品、家庭用品、办公用品及水、食品等的节约，除了节约资源也属于节能的范畴。我国二十多年来的能源节约量，主要是靠调整结构、加强管理等间接节能办法取得的。

1.1.2 我国能源消费状况及节能的必要性

能源是国民经济发展的原动力，是现代文明的物质基础。安全、可靠的能源供应和高效、清洁的能源利用是实现社会经济可持续发展的重要保证。当前，能源短缺和能源消费引起的环境污染问题已引起全世界人民的关注，世界各国在寻求能源可持续发展道路的同时，都把提高能源利用效率、节能降耗列为能源发展战略的关键环节。目前，我国在能源供应和消费方面正面临着严峻的挑战。

国家统计局数据显示，2009～2011 年，我国能源消费总量从 30.66 亿 t 标煤增长到 34.8 亿 t 标煤，年均增长 2.1 亿 t 标煤。2012 年全年能源消费总量为 36.2 亿 t 标准煤，比上一年仅增长 1.4 亿 t，增长比率是 3.9%。2013 年，全国能源消费总量为 37.6 亿 t 标准煤，相比 2012 年增速为 3.9%。

单位产值能耗高，能源利用效率低，能源使用中浪费严重，大量煤炭燃烧导致严重的大气污染。2013 年全国万元 GDP 能耗水平为 0.737t 标准煤，比 2012 年下降 3.7%。目前我国单位产值能耗是世界平均水平的 2 倍多。综合国际能源组织、美国能源署、中国国家能源局的统计，我国 2013 年初每万美元 GDP 的能耗约是美国的 2～3 倍、德国的 4～5 倍、日本的 8 倍左右，甚至是印度的 2.8 倍。我国能源利用效率仅有 33.3%，比发达国家低约 10 个百分点。我国每增加单位 GDP 的废水排放量比发达国家高 4 倍，单位工业产值产生的固体废弃物比发达国家高 10 多倍。能源和材料浪费的严重程度可见一斑。

我国工业能源消费量占全国能源消费总量的 70% 左右。高能耗行业包括钢铁、有色金属、石油石化、化工、建材、煤炭、电力、造纸、纺织 9 个行业，其主要产品的单位能耗平均比国际先进水平高 40%，而这 9 个行业的能源消费占我国工业部门能源消费总量的 73% 以上。在这 9 个重点耗能行业中，年综合能源消费量 18 万 t 标准煤以上的企业共有近千家，其能源消费量占工业能源消费量的一半，是能源消费大户。2012 年我国能源消耗量比例如图 1-1 所示。

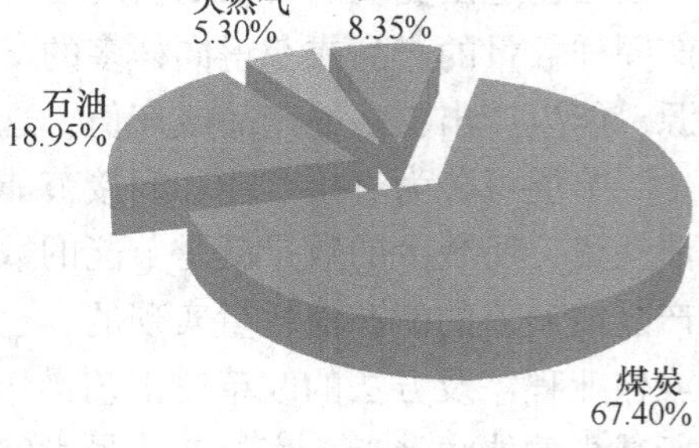

图 1-1 2012 年我国能源消耗量比例

2012 年上半年，受乙烯、水泥、平板玻璃、粗钢和十种有色金属等重点耗能产品产量增速显著下降的影响，化工、建材、钢铁、有色四大高耗能行业能源消费量增长缓慢，占工业能源消费总量的比重下降。根据国家统计局统计，四大高耗能行业的工业增加值增速分别为 12.0%、12.1%、8.5% 和 13.8%，但在其用电量增速中，钢铁、建材出现负增长。与 2012 年同期水平相比，2013 年建材、钢铁行业电力消费弹性系数同比大幅提升，行业单位工业增加值能耗下降速度趋缓。2012 年 1～5 月和 2013 年 1～5 月四大高耗能行业电力消费弹性系数对比见表 1-1。

表 1-1　2012 年 1～5 月和 2013 年 1～5 月四大高耗能行业电力消费弹性系数对比

四大高耗能行业	2012 年（1～5 月）			2013 年（1～5 月）		
	工业增加值增速	用电量增速	电力消费弹性系数	工业增加值增速	用电量增速	电力消费弹性系数
化工	12.0%	7.6%	0.63	11.9%	4.6%	0.39
建材	12.1%	-1.4%	-0.12	11.5%	2.5%	0.22
钢铁	8.5%	-4.5%	-0.53	10.1%	4.2%	0.42
有色	13.8%	6.6%	0.48	13.0%	6.7%	0.52

当前我国工业的能源消费和能源利用状况主要体现在以下三个方面：

1）工业生产的过程工业急需改进，余热、余压、伴生可燃气等能源浪费严重。过程工业通常是指化工、冶金、电力、食品等连续生产的工业，其产值占我国工业总产值的 37%，占制造业的 46.9%，是国民经济的基础产业。过程工业的节能可以从两个方面来进行，一是对整个工业系统或工艺流程进行优化，保证其在良好的工况下运行；二是对某一过程工业的具体环节进行能流分析和改进。同时，我国钢铁、建材、煤炭、化工、有色、纺织等行业的余热余压以及其他余能没有得到充分利用，我国钢铁行业许多高炉尚未配套炉顶压差（TRT）发电设备；我国现有干法窑水泥生产线尚有大量未配装余热发电装置；钢铁企业的焦炉气、高炉气、转炉气，煤矿的煤层气，焦化企业的焦炉气等可燃气体大量放空，不仅造成能源的严重浪费，而且污染了环境。在余热利用方面，先进的换热技术和高效换热设备，也有广阔的用武之地。

2）能源转换、利用技术水平落后，单位产品能耗高、效率低。能量通常以电的形式被广泛地应用，电力电子技术无处不在，具有巨大的节能潜力。电力电子行业涉及 3 个领域：电力电子元器件（上游）、电力电子装置（中游）、电力电子技术在各个行业的应用（下游）。据统计，动力机械能耗占我国工业能耗的大部分，风机系统电能综合利用率仅为 40% 左右，各种泵类电能综合利用率为 29% 左右，远低于国际先进水平。

3）环境问题突出，电力、冶金、水泥等行业能耗高，污染严重。其主要原因是：消耗的能源总量持续增长；前期建设的工业项目陆续建成投产，而部分污染防治设施未同步建成或同步运行；近期投产的火电装机容量大多配套建设了脱硫设施，但是投运效率较低；城市化进程加快，污水排放量增加，一部分城市污水集中处理厂及配套管网未能按计划建设或投入运行。

在我国，建筑能耗占总能耗的 27% 以上，而且还在以每年 1 个百分点的速度增加。建设部统计数字显示，我国每年城乡建设新建房屋建筑面积近 20 亿 m^2，其中 80% 以上为高能耗建筑，单位建筑面积采暖能耗为气候相近发达国家的 3 倍左右；既有建筑近 400 亿 m^2，95% 以上是高能耗建筑。建筑能耗占全国总能耗的比例将从现在的 27.6% 快速上升到 33% 以上。我国新建建筑已经基本实现按节能标准设计，比例高达 95.7%，而施工阶段执行节能设计标准的比例仅为 53.8%。

我国虽然能源资源总量丰富，但人均的能源可采储量不足，而农业和民用能源的需求将不断增加，工业又要以一定速度持续发展，能源供需矛盾势必更加突出，能源缺口会越来越大。据统计，我国已经探明的原煤储量是1145亿t，而全球是9845亿t，按人均计算，我国人均原煤储量是90t，而世界人均为162t。我国的原油已经探明的数量是33亿t，而全世界是1430亿t，我国人均的储量只有2.6t，世界是26.3t。我国人均能源可采储量中，石油、天然气、煤炭仅为世界平均值的10%、5%和57%，能源供应短缺已经严重影响我国经济发展和人民生活的提高。面临这种能源短缺的形势，以节约求增产，是解决我国当前能源短缺的重要措施。

过去100多年里，发达国家先后完成了工业化，消耗了地球上大量的自然资源，特别是能源资源。当前，一些发展中国家正在步入工业化阶段，能源消费增加是经济社会发展的客观必然。我国是当今世界上最大的发展中国家，正处于大量消耗资源的阶段。随着工业化和城市化进程的不断加快，特别是重化工业和运输业的快速发展，能源需求将大幅上升。近年来，我国已成为仅次于美国的世界第二大能源消费国，能源需求以前所未有的、远高于GDP增长的速率急剧增加，煤、电、油、气全面紧张，进口石油大幅增加。2007年，一次能源消费总量达26.5亿t标准煤，约占世界能源消费总量的16%，其中煤炭消费达25.8亿t。在我国的能源消费中，尤以石油消费增长迅猛，过去10多年中年均增长率高达7%。面对不断增长的能源需求，一方面，国内供需缺口不断增大，对外依存度持续上升；另一方面，改善环境质量的呼声也越来越高。资源环境问题已成为我国经济持续快速增长的首要制约因素。

为应对全球气候变化，促进经济发展方式转变，建设资源节约型、环境友好型社会，增强可持续发展能力，我国把降低能源消耗强度和减少主要污染物排放总量确定为国民经济和社会发展的约束性指标，把节能减排作为调整经济结构、加快转变经济发展方式的重要抓手和突破口。

我国“十一五”规划纲要确定的节能减排约束性目标基本实现。“十一五”期间，我国以能源消费年均6.6%的增速支撑了国民经济年均11.2%的增长，能源消费弹性系数由“十五”期间的1.04下降到0.59，节约能源6.3亿t标准煤。我国单位国内生产总值能耗由“十五”后三年上升9.8%转为下降19.1%；二氧化硫和化学需氧量排放总量分别由“十五”后三年上升32.3%、3.5%转为下降14.29%、12.45%。但一些地方还存在着对节能减排的紧迫性和艰巨性认识不足、产业结构调整进展缓慢、能源利用效率总体偏低等问题。

按照“十二五”规划纲要总体要求，综合考虑安全、资源、环境、技术、经济等因素，2015年能源发展的主要目标是：

1）能源消费总量与效率。实施能源消费强度和消费总量双控制，能源消费总量40亿t标煤，用电量6.15万亿kW·h，单位国内生产总值能耗比2010年下降16%。能源综合效率提高到38%，火电供电标准煤耗下降到323克/（kW·h），炼油综合加工能耗（标准油）下降到63kg/t。

2）能源生产与供应能力。着眼于提高安全保障水平、增强应急调节能力，适度超前部署能源生产与供应能力建设，一次能源供应能力43亿t标准煤，其中国内生产能力36.6亿t标准煤。石油对外依存度控制在61%以内。

3）能源结构优化。非化石能源消费比重提高到11.4%，非化石能源发电装机比例达到30%。天然气占一次能源消费比例提高到7.5%，煤炭消费比例降低到65%。

4）国家综合能源基地建设。加快建设山西、鄂尔多斯盆地、内蒙古东部地区、西南地区、新疆五大国家综合能源基地。到 2015 年，五大基地一次能源生产能力达到 26.6 亿 t 标准煤，占全国 70% 以上；向外输出 13.7 亿 t 标准煤，占全国跨省区输送量的 90%。

5）生态环境保护。单位国内生产总值二氧化碳排放比 2010 年下降 17%。每千瓦时煤电二氧化硫排放下降到 1.5 克，氮氧化物排放下降到 1.5 克。能源开发利用产生的细颗粒物（PM2.5）排放强度下降 30% 以上。煤炭矿区土地复垦率超过 60%。

6）城乡居民用能。全面实施新一轮农村电网改造升级，实现城乡各类用电同网同价。行政村通电，无电地区人口全部用上电，天然气使用人口达到 2.5 亿人，能源基本公共服务水平显著提高。

7）能源体制机制改革。电力、油气等重点领域改革取得新突破，能源价格市场化改革取得新进展，能源财税机制进一步完善，能源法规政策和标准基本健全，初步形成适应能源科学发展需要的行业管理体系。

由此可见，我国对节能降耗工作的高度重视，通过制定节能量、产品单耗、主要耗能设备等的具体目标，分阶段、分步骤地从各个层面提高我国能源利用效率。我国政府正在以科学发展观为指导，加快发展现代能源产业，坚持节约资源和保护环境的基本国策，把建设资源节约型、环境友好型社会放在工业化、现代化发展战略的突出位置，努力增强可持续发展能力，建设创新型国家。

1.1.3　节能的现实意义

20 世纪 70 年代末以来，中国作为发展迅速的发展中国家，经济社会发展取得了举世瞩目的辉煌成就，成功地开辟了中国特色社会主义道路，为世界的发展和繁荣作出了重大贡献。我国经济快速增长，各项建设取得巨大成就，但也付出了巨大的资源和环境代价，经济发展与资源环境的矛盾日趋尖锐，群众对环境污染问题反应强烈。这种状况与经济结构不合理、增长方式粗放直接相关。只有坚持节约发展、清洁发展、安全发展，才能实现经济又好又快发展。同时，温室气体排放引起全球气候变暖，备受国际社会广泛关注。进一步加强节能减排工作，也是应对全球气候变化的迫切需要。

近年来，随着我国城市化建设的快速发展，能源紧缺问题突显，已严重影响和制约了我国社会经济的发展。要加快建设节约型社会，切实落实我国节能工作，有利于降低能耗，有效缓解我国能源紧张状况，促进我国能源、经济、环境的可持续发展，其意义和影响十分重大。

1. 节能是全面贯彻落实科学发展观、实现经济可持续发展的基本要求

我国是一个能源生产大国。2012 年一次能源总量已达 32.5 亿 t 标准煤，居世界第一。但人均能源占有率还不足世界平均水平的一半。我国经济已进入高速发展阶段，据专家预测，2020 年能源需求量约为 27.94 亿 t 标准煤。即使目前采用先进技术，加速新能源与可再生能源的开发利用，预计届时的能源的供应量仅有 20 亿 t 标准煤，这之间的差额只有靠节能来解决。可见节能事关可持续发展。

节约能源就是要在使用能源的各个环节减少浪费，提高能源的有效利用程度，要用相同数量的能源，获得生产和生活水平的提高。据有关资料显示，如果以世界人均水平为基本单位计算，我国资源除煤炭占 58.6% 之外，其他重要矿产资源都不足世界人均水平的 50%，水资源为世界人均水平的 28%，耕地为 32%，石油、天然气等重要矿产资源的人均储量仅分别相当于世界人均水平的7.69%、7.05%。可见，只有节能才有利于国家的可持续发展。

我国当前面临着经济社会快速发展和人口增长与资源环境约束的突出矛盾。目前，我国的生态破坏和环境污染已经达到自然生态环境所能承受的极限，为了使经济增长可持续，缓解巨大的环境压力，必须以环境友好的方式推动经济增长。节能减排就是要从源头预防污染产生，有效地减少资源消耗，不排放废弃物，从而真正解决我国当代的发展困境。由此看来，节能是全面贯彻落实科学发展观、促进经济又好又快发展的基本要求。

2. 节能是保护环境和应对全球气候变化的客观要求

众所周知，矿物燃料在燃烧过程中都会排放出硫和氮的氧化物如 SO_x、NO_x 等，这些氧化物会危害人体健康，造成环境酸化，危及食物链和生物的生存环境，毁坏包括钢铁、油漆、塑料、水泥、砖砌体、镀锌钢材、石材等多种建筑材料。因此，节约常规能源并不仅仅是发展经济、解决能源资源匮乏的一项举措，也是对人类赖以生存的地球环境进行保护的一项严峻而又迫切的任务。

矿物燃料燃烧所排放的大量 CO_2 阻碍了地球向宇宙发射长波，对地球起到类似温室的作用，从而导致地球变暖。在1750年以前，地球表面 CO_2 的体积分数为百万分之二百八十，地球平均每2000年升温0.5℃。到了1990年，地球表面 CO_2 的体积分数增加到百万分之三百五十四。在过去100多年内，地球表面就升高了约0.5℃。到21世纪预计每10年地球表面可能要升温0.3~0.5℃，也就是说升温速度将大大加快。世界气象组织发布新闻公报称，2013年为有现代气象记录以来全球第六热年份，该年度全球陆地与海洋表面气温比20世纪下半叶平均气温值高0.5℃。预计未来地球变暖的过程将比过去100年发生的更快，这对人类和生物界都是非常严重的威胁。地球变暖将使全世界生态环境发生重大变化，如极地融缩、冰川消失、海面升高、洪水泛滥、干旱频发、风沙肆虐、物种灭绝、疾病流行等。

温室气体排放引起的全球气候变化一直备受国际社会的关注。自2007年以来，从世界环境日、八国峰会、亚太经合组织（APEC）峰会到夏季达沃斯峰会等，气候变化、节能减排几乎是逢会必谈的主题。目前，全球气候变暖已经是一个不争的事实，这与使用煤炭、石油等化石燃料的燃烧过程中排放二氧化碳的量密切相关。气候变暖是人类共同面临的挑战，需要国际社会共同应对。

燃烧矿物燃料使空中的悬浮颗粒增加，致使太阳辐射强度减弱；同时，城区的日照持续时间明显减少，并且由城市外围向中心逐渐递减。有资料显示，在1921~1950年间，英国伦敦外围的日照持续时间平均每天4.33h，而在该城市中心地区仅3.60h。我国由于能源结构以煤炭为主，因而太阳辐射强度减弱的现象也特别显著。如山东省2012年平均日照时数为2272.1h，较常年偏少105.9h，至从1998年开始，连续15年偏少，太阳的年总辐射强度减少。1951~1960年这10年间，广州平均日照为1951h。从2001~2010年，广州的平均日照为1616h。太阳是地球生命的源泉，太阳辐射强度的减弱会使生命的质量打折。因此，节能是保护环境和应对全球气候变化的客观要求。

3. 节能是提高生产效率、降低成本的重要手段

节能始终需要一个有效的组织管理体系。在项目前期阶段，一定要做好装置用能优化，特别是系统用能优化工作。应打破各个工艺装置自成体系的传统模式，进行工艺装置和公用工程设施之间的协调优化，尤其是蒸汽/电力和工艺热源之间的协调优化。提高燃料的利用率，采用节能新技术、新设备。与周围其他企业进行能源合作，创造条件，实现大系统范围内的能量逐级利用、热电联产，达到减少能源消耗、减少环境保护压力、提高经济效益的目的。引入能源合同管理模式于企业节能工作中，解决节能投入资金困难的问题。建立科学用能的理论、方法和技术，做到多层次节能与全方位科学用能。

节能是要充分发挥在自然规律所决定的限度内能源利用的潜力，包括利用效率和利用质量，优化能源结构降低能源成本。优化能源结构有两个含义，一是根据不同燃料的热价，不同的热利用率，在不同市场情况下及时调整能源结构，降低能源的购入成本；二是尽量使用绿色能源，逐渐加大绿色能源比例，节约有限的化石能源，合理规划化石能源的使用。

4. 节能是中国政府和国家保护环境意志的体现

党中央、国务院始终高度重视节能减排工作，把它放在维护中华民族长远利益的战略高度坚持不懈地推进，明确提出了建设资源节约型、环境友好型社会的战略任务，并在“十一五”规划纲要中提出具体目标，向人民作出了庄严承诺。

在全球气候变暖的大背景下，我国也要主动承担节能减排的国际责任。因为减少排放、保护环境是我们“以人为本”发展理念的要求，是我们可持续发展的内在要求。我们要努力走出一条低消耗、低排放、高效益、高产出的新型工业化道路，努力实现经济发展和保护环境“双赢”的目标，这是对世界可持续发展和应对气候变化的一大贡献。节能是中国可持续发展道路上迈出的坚实步伐，也表现了我们敢于承担国际义务的勇气和胸襟，是中国政府向国际社会的承诺、向全国人民的承诺。

5. 节能是减小我国国际压力的重要措施

我国对国外资源需求的增长推动了全球资源需求总量的上升。美国能源部下属的美国能源信息局（EIA）公布的数据显示，2013 年 9 月中国原油净进口量超过美国，成为全球最大的原油净进口国。中国日均消费量为 1076 万桶，日均产量为 446 万桶，净进口量为日均 630 万桶。预测未来中国原油净进口量超过美国将成为常态。我国二氧化硫和温室气体排放总量的快速增长已经成为国际关注的另一个焦点。虽然我国人均排放量远小于发达国家，但我国是全球二氧化硫第一大排放国和二氧化碳第二大排放国，二氧化硫和二氧化碳的排放量均占全球排放量 14%，对全球大气污染有着重要影响。随着全球经济一体化的发展，环境问题已经成为影响未来世界格局及国家发展和安全的重要因素。未来我国在这方面的国际压力将不断增加。因此，节约能源、减少需求量是减小国际压力的重要措施。

1.2　节能的基本原理

节能原理的依据是能量守恒及能量转换的客观规律性，即对能的本性认识。对于能的本性认识的当代水平，早在 20 世纪的中叶就已经达到，其标志就是热力学第一定律和热力学第二定律的建立。开展节能分析工作就是要科学地找出节能潜力与部位，制定节能措施的指导原则，规划长短期节能目标。

1.2.1　节能潜力的分析方法

节能潜力就是在经济结构、生产布局及资源等因素均不变的情况下，依靠改进技术装备和提高技术管理水平等措施，进一步提高能源开采、加工、运输、转换、使用等全过程的能源利用效率，从而节约的能量。节能潜力可以用节能量予以评估，考虑到能源消费量和所需

要的有效能量随经济发展而增长，将节能量 ΔE 定义为

$$\Delta E = \frac{\eta E_1}{\eta_0} - E_1 = E_1\left(\frac{\eta_1}{\eta_0} - 1\right)$$

式中，E_1 为对比年的能量消耗；η_0 为基准年的能源有效利用率；η_1 为对比年的能源有效利用效率。

实际上，节能量 ΔE 就是对比年的有效能量（$\eta_1 E_1$）按基准年效率折算后的能源量（$\eta_1 E_1/\eta_0$）与对年的实际能源投入量 E_1 之差。由于 $E_1 = E_0 + \Delta E'$，所以上式也可改写为

$$\Delta E = (E_0 + \Delta E')\left(\frac{\eta_1}{\eta_0} - 1\right)$$

式中，E_0 为基准年的能源消耗；$\Delta E'$为能源消费增量。

通常，对节能潜力的分析主要采用热力学第一定律分析法和热力学第二定律分析法，另外，还可采用热经济学分析法和系统节能分析法等。

1. 热力学第一定律分析法

热力学第一定律即能量转换与守恒定律。这一定律指出：能量是物质运动的量度，能有各种不同的形式，当任何一种形式的能量被转移或转化为另一种形式的能量时，能的量不发生变化。根据这一定律可知，自然界的能量在任何情况下，既不能被创造，也不能被消灭。热力学第一定律具有原则的普遍的重要性，是人类认识自然、改造自然的有力武器。正是由于这一定律的指导，使人们解决了并正在解决着大量的科学与技术问题。热力学第一定律的思想已经深入人心，成为能的计量、能的定量计算以及分析研究有关能的各种问题的理论基础。可见，热力学第一定律所涉及的是关于能在“量”的方面的本性，说明能在“量”上的守恒性，没有区分不同形式的能在“质”上的差别。

节能问题的研究与分析由来已久，其传统的方法主要以热力学第一定律为依据，并沿用至今，称为热力学第一定律分析法。该分析法得到了广泛应用，它主要是用热效率的高低来估计节能潜力，热效率越高说明节能潜力越大。能量平衡工作正是基于这一定律，把能量的来龙去脉搞清楚，确定多少能量被利用，多少能量损失掉。其优点是简单直观，容易理解和掌握，运用得当对节能工作能起到重要作用。其缺点是，由于它所依据的仅是能量在数量上的守恒性，在挖掘节能潜力时有较大的局限性和不合理性。

2. 热力学第二定律分析法

在20世纪50年代以后，热力学第二定律的理论开始在节能研究和节能实践中广泛地应用。事实上，能量不仅有量的多少，还有质的高低。例如，一大桶温水的热量可谓很多，却不足以煮熟一个鸡蛋，而一勺沸水所含的热量可能很少，却可以烫伤人。可见，同样多的两个热量，如果它们的温度不同，即能的品位不同，所产生的客观效果也不同。能的“质”就是的品位、可用性。

热力学第二定律指出了能量转换的方向性，它涉及的是能在“质”的方面的本性：自然界的一切自发的变化过程都是从不平衡状态趋于平衡状态，例如一杯热水自发地将热量传给低温的空气，最后水和空气温度相等，而不可能相反。热力学第二定律的表述方法很多，其中之一是：当任何一种形式的能量被转移或转化为另一种形式的能量时，其品位通常发生变化，但只可能降低或不变，绝不可能提高。这一定律说明，能具有丧失其可用性的特性，或者说，能在质上具有贬值的特性。能量在数量的守恒性和质量上的贬值性，就构成了能量

的全面本性。

现代节能原理与传统的节能原理不同，它所依据的不仅是热力学第一定律，而是同时依据热力学第一、第二定律，并通过直观实用的方式，来体现能的全面本性，由此建立的节能理论和方法，称为热力学第二定律分析法。这种方法有两大类，熵分析法和㶲分析法。由于熵分析法比较抽象，不能评价能量的使用价值，且本身也不是一种能量，现在已被㶲分析法取代。㶲分析法认为：能量 = 㶲 + 炁。㶲是这样一种能，在给定环境的作用下，可以完全连续地转化为任何一种其他形式的能量，而炁是一种不可能转化的能量形式。㶲主要是针对热提出的，即热量中最大能转化为功的部分。采用㶲分析法，可从本质上找出能量损失。

热力学第一定律阐述了能在“量”上的守恒性，热力学第二定律阐述了能在“质”上的贬值性。因此，能量合理利用原则就是：追求供入系统的能量和系统供给用户的能量在数量上平衡，在质量上完全匹配，即能量利用的量和质匹配原则。要节约能源，必须要合理用能；只有遵照能量合理利用原则，才能达到节能目的。

在用能和节能实践中，人们常常仅注重数量的守恒，而忽视质量的匹配。例如，为了方便而常使用高品位能换取低品位能、将高压蒸汽供低压动力使用、用电热取暖等。在节能工作中，首要的问题是“分析节能潜力是否存在及节能潜力的大小”，传统的方法一是用热效率的高低来评估，二是用能量平衡或热平衡率分析，甚至将能量的来龙去脉绘制成能流图，看有多少能量为终端利用，多少能量被损失。显然两种方法均依据热力学第一定律，只考虑了能的数量守恒，体现的仅是能量本性的一个侧面，而不是全面本性。单纯用该分析法得到的结果往往带有不确切、不科学的成分。因此，要真正成功地解决使用能源和节约能源过程中的一系列问题，在运用热力学第一定律的同时，还要自觉地运用热力学第二定律去考察分析，以免对能的认识发生偏颇，这样才能把贯彻“节能优先”的能源战略方针落到实处。

3. 热经济学分析法

20 世纪 60 年代以来，在节能原理领域中又出现了一种新的发展，产生了将㶲分析法与经济因素及优化理论有机结合起来，称为热经济学，即除了研究体系与自然环境之间的相互作用外，还要研究一个体系内部的经济参量与环境经济参量之间的相互作用。一般来说，热力学第一定律和热力学第二定律分析法，在方案比较中仅能给出一个参考方向，而不能得出具体结论。而热经济学分析法可以直接给出结果，这种方法特别适用于解决大型、复杂的能量系统分析、设计和优化问题。

4. 系统节能分析法

系统节能是近年来发展起来的新型节能技术。系统节能就是按照能量品位的高低进行梯级利用，总体安排好功、热（冷）与物料内能等各种能量之间的配合关系和转换利用，从系统高度上总体综合利用好各类能源，并取得最有利的技术经济效果。简单地说，就是利用系统工程的原理，全面考虑能源转换、传递和消费整个系统的用能，使之整体优化，以达到整个系统的节能。按照系统划分的范围不同，有企业系统节能、行业系统节能、城市或地区系统节能和国家系统节能等。

过程系统能量综合、优化以及高效节能过程装备是当今工程节能中的主要手段，国内外对此一直都非常重视。在过程能量系统集成、优化研究方面，英国学者 Linnhoff 等提出了“夹点技术”用于分析换热网络的综合优化，在工业应用中卓有成效。该技术运用拓扑学的概念和方法，对过程系统进行宏观、形象描述，工程技术人员容易掌握。但该技术也存在着一些问题和缺陷，例如很难找到整个系统综合的真正最优结果、未涉及系统综合的热力学和热经济学的定量分析等。

国内华贲教授提出了过程系统能量优化综合的“三环技术”。“三环技术”基于能量转换、利用、回收三个子系统的“三环节模型”，以能量的工艺利用环节为核心，通过分解协调，在子系统㶲经济化基础上实现全局调优。但目前“三环技术”在理论和建模环境以及应用软件开发上还需进一步研究，才能达到比较实用的程度。

在高效节能过程装备方面，特别是换热器方面，国内外进行了大量的研究和开发工作，如热管技术、高效传热低流阻纵流式换热器技术等。但到目前为止，开发新型节能设备大多采用实验的方法，而传统的实验研究存在着费用高，开发周期长，不利于放大设计和优化设计等缺点，因此，开发一个高效节能设备周期长、费用高。未来的发展方向将是采用计算流体动力学和计算传热学的方法来对设备进行数值模拟即 CAE 研究，以便应用这种先进的设计手段来快速开发新的高效节能过程装备。

1.2.2 能源利用效率与用能效益

能源利用效率是衡量能量利用技术水平和经济性的一项综合性指标，对经济增长具有决定性作用。通过能源利用率分析，有助于改进企业的工艺和设备，挖掘节能潜力，提高能量利用的经济效果。

能源利用效率是指能量被有效利用的程度，通常用符号 η 表示。其通用计算公式为

$$\eta = \frac{\text{有效利用能量}}{\text{供给能量}} \times 100\% = \left(1 - \frac{\text{损失能量}}{\text{供给能量}}\right) \times 100\%$$

能源效率标识（Energy Label），是表示用能产品能源效率等级等性能指标的一种信息标识，属于产品符合性标志的范畴。国家对节能潜力大、使用面广的用能产品实行统一的能源效率标识制度。国家制定并公布《中华人民共和国实行能源效率标识的产品目录》，确定统一适用的产品能效标准、实施规则、能源效率标识样式和规格。能源效率标识包括以下基本内容：①生产者名称或者简称；②产品规格型号；③能源效率等级；④能源消耗量；⑤执行的能源效率国家标准编号。

对于不同的对象，计算能源利用率的方法也不尽相同。通常有以下几种计算方法。

1. 按产品能耗计算

对于一个国家或地区可能生产多种产品，对主要的耗能产品如电力、化肥、水泥、钢铁、炼油、制碱等，按单位产品的有效利用能量和综合供给能量加权平均，即可求得总的能源利用率 η_t，即

$$\eta_t = \frac{\Sigma G_i E_{oi}}{\Sigma G_i E_i} \times 100\%$$

式中，G_i 为某项产品的产量；E_{oi}为该项产品的有效利用能量；E_i 为该项产品的综合供给能量（即综合能耗量）。

上述综合能耗量包括两部分，一部分为直接能耗，即生产该种产品所直接消耗的能量；另一部分是间接能耗，是生产该种产品所需的原料、材料和耗用的水、压缩空气、氧气等以及设备投资所折算的能耗。

2. 按部门能耗计算

将一个国家或地区所消耗的一次能源，按发电、工业、运输、商业和民用四大部门，分别根据技术资料和统计资料计算各部门的有效利用能量和损失能量，求得部门的能量利用效率 η_d，即

$$\eta_d = \frac{\text{某部门有效利用能量}}{\text{某部门有效利用能量} + \text{某部门损失能量}} \times 100\%$$

全国或地区的总能量利用效率 η_t 则为

$$\eta_t = \frac{\Sigma\,\text{部门有效利用能量}}{\Sigma\,\text{部门有效利用能量} + \Sigma\,\text{部门损失能量}} \times 100\%$$

3. 按能量使用用途计算

一次能源在国民经济各部门除了少数作为原料外，绝大部分是作为燃料使用。其中一类是作为各种炉窑、内燃机、炊事和采暖等的燃料直接燃烧，另一类是转换成二次能源如电力、蒸汽、煤气等再使用。因此，可按发电、锅炉、窑炉、蒸汽动力、内燃动力、炊事、采暖等用途分别计算各种用途的能源利用效率 η_p，即

$$\eta_p = \frac{\text{某用途的有效利用能量}}{\text{某用途的有效利用能量} + \text{某用途的损失能量}} \times 100\%$$

各种用途总的能量利用效率 η_t 则为

$$\eta_t = \frac{\Sigma\,\text{各种用途的有效利用能量}}{\Sigma\,\text{各种用途的有效利用能量} + \Sigma\,\text{各种用途的损失能量}} \times 100\%$$

4. 按能量开发过程计算

将能源从开采、加工、转换、运输、贮存到最后使用分为若干个过程，分别计算出每个过程的能源利用率 η_i，然后相乘求得总的能源利用效率 η_t，即

$$\eta_t = \prod_{i=1}^{n} \eta_i$$

5. 能源消费系数

除了用上述能源利用效率来衡量能量利用的技术水平和经济性以外，还可采用能源消费系数来评价能源利用的水平。能源消费系数是指某一年或某一时间内，为实现国民经济产值平均消耗的能源量，它是一个从整个社会经济效益去考察能源有效利用的指标。其表达式为

$$\text{能源消费系数} = \frac{E}{M}$$

式中，E 为能源消费量，单位为 kg 标准煤；M 为同期国民生产总值，单位为元或美元（与国外比较）。

6. 用能效益

在节能工作中，如果运用价值工程的观点，用能效益就相当于价值，能源消耗则相当于成本，因此有如下关系

$$\text{用能效益} = \frac{\text{产品功能}}{\text{能源消耗}}$$

不论产品的功能与能耗是增加还是减少，只要用能效益提高，就是取得了节能的效果。这样就从单纯的节能数量扩展到节能效益的范畴。根据产品功能和能耗的改变情况，有以下几种节能类型：

1）功能不变，能耗降低，称为纯节能型。这是目前普遍采用的节能形式。

2）功能提高，能耗不变，称为增值节能。这是一种值得提倡的节能方法。

3）功能提高，能耗降低，称为理想节能。这种情况只有在改革工艺和改进技术后才能实现。

4）功能大幅提高，能耗略有提高，称为相对节能。

5）功能略有降低，能耗大量降低，称为简单节能。这是在能源短缺时不得已才允许采用的方式。

6）功能或提高或不变或降低，但能耗为零，称为零点节能或超理想节能。例如，省去一道工序，或利用生产过程中的化学反应放热代替外供热源等，都属于零点节能形式。

1.2.3 节能的组织管理

广义上讲，节能就是要挖掘节能潜力，降低能源消费系数，使实现同样的国民生产总值 M 所消耗的能源量 E 减至最少。一般节能可从以下几方面进行组织：

1）技术节能。通过技术创新来提高用能设备的能源利用效率，直接减少能耗和 E/M 值。

2）工艺节能。通过改进工艺或采用新工艺，降低某产品的有效能耗。

3）结构节能。通过调整工艺结构和产品结构，发展耗能少的产业，以降低 E/M 值。

4）管理节能。通过科学的组织管理，减少能源和材料消耗，提高产品质量，以间接减少能耗。

其中，技术节能和工艺节能通称为直接节能，结构节能和管理节能通称为间接节能。据初步统计，我国节能潜力中，直接节能潜力占1/3，间接节能潜力占2/3。

1. 直接节能

一切能源利用的过程，本质上都是能量的传递和转换过程。这两个过程在理论和实践上都存在着一系列物理、技术和经济方面的限制因素。例如，热能的利用首先要受到热力学第一定律（能量守恒）和热力学第二定律（能量贬值）的制约。能量在传递和转换过程中，由于热传导、热对流和热辐射，能量的数量要产生损失，能量的品质也要降低。因而能源有效利用的实质是，在热力学原则的指导下提高能量传递和转换效率；宏观上使所有需要消费能源的地方做到最经济、最合理地利用能源，充分发挥能源的利用效果。能源节约既要着眼于提高用能设备的效果，也要考虑整个用能系统的综合优化。为了提高能源的有效利用率，从技术和工艺上可从以下几方面进行组织：

1）从设备的功能和技术上提高能量传递和转换设备的效率，尽量减少转换的次数和传递的距离。

2）大力开发研究节能新技术，如高效清洁的燃烧技术、高温燃气涡轮机、高效小温差换热设备、热泵技术、热管技术及低品质能源动力转换系统等。

3）根据热力学原则从能量的数量和质量两方面考虑，计算能量的需求和评价能源使用方案；按能量的品质合理使用能源，尽可能防止高品位能量降级使用。

4）按系统工程的原理，实现整个企业和地区用能系统的热能、机械能、电能、余热和余压全面综合利用，使能源利用过程实现综合优化。

5）作为节约高品质化石能源的一个有效途径，将太阳能、风能、生物质能、地热能、海洋能等低品质低密度替代能源纳入节能技术，因地制宜地加以开发和利用。

6）加快核能、氢能、可燃冰利用等高新技术的研究开发，推动新技术的利用和替代常规能源。

2. 间接节能

间接节能即结构节能和管理节能，可从以下几方面进行组织：

1）调整产业和工业结构。各种产业和工业部门的耗能量和产值差别很大，如钢铁工业耗能大，但产值较低；而纺织、仪表、电子等轻工业能耗较少，产值较高。在不影响全局的情况下，可以创造条件适当调整产业和轻重工业的比例，适当降低冶金工业的比例，发展高技术的电子产业和生物工程等。

2）合理布局工业。我国的能源生产和能源消费在地区分布上很不均衡，能源生产主要集中在西部、西南和华北地区，能源消费则主要集中在东部和南部，因而造成了“北煤南运”“西电东送”“西气东输”的局面，从而消耗了大量运输能力和电能，增加能源消费成本。根据能源资源分布的特点，在调整工业结构时，合理布局工业是间接节能的主要措施。

3）合理使用能源。各种能源要按品质合理使用，发挥各自优势，以取得最大的经济效益。例如，石油作为优质能源资源，除作为化工原料外，应首先用于运输机械；发电要首先选用劣质煤，因为燃煤和燃油的电厂热效率相差不大；机车应当首先实行电气化；地热资源一般温度较低，应首先应用于采暖；农村则要大力发展沼气，既是能源又是肥源。

4）多种能源互补综合利用。在工业生产和日常生活的能源选择中，要开展多种能源的互补和综合利用。例如，燃煤电站以煤为主要燃料，可以把油作为辅助燃料来实现锅炉的点火和稳燃；在核电站中，把油作为辅助燃料，出现紧急停电事故时，各种备用的柴油发电机组即可紧急起动供电。对于缺乏能源的广大农村地区，除利用薪柴外，还可考虑利用风能、水能和太阳能，并要积极推广沼气，同时也要提供部分商品煤。

5）企业改造、设备更新和工艺改革。通常老企业、小企业的设备落后，效率低、能耗高，而且对环境产生严重污染。因此，对老企业进行设备更新和工艺改造是降低能耗的关键；对于小煤窑、小化肥、小造纸厂和小冶炼厂必须进行关、停、并、转。我国电力工业是耗煤大户，其中，中、低压小型发电机组占相当大的比例，耗煤量大，因此必须对能耗过多的小型机组有计划地加以改造和淘汰。又如，在水泥生产中每吨水泥熟料的平均燃料消耗，湿法窑炉比悬浮预热干式窑炉要高 63%。可见改革工艺同样可以大大降低能耗。

6）改善企业的能源管理。改善企业的能源管理是节能的重要方向，可从以下几方面着手：①摸清企业的耗能状况，用能水平、节能潜力、省能效果；②建立节能管理网络，制定能源消耗的定额及奖惩制度；③健全能源管理的规章制度，即燃料进厂—分区存放—技术档案—定量供应—定额管理—奖惩制度；④加强能源计量管理；⑤合理组织产品的生产过程；⑥消除明显的浪费现象，如跑、冒、滴、漏，管道和设备保温不良，可燃气体的放空等。

1.2.4　节能的环节

节能既是技术性、经济性很强的任务，又是跨越时间、跨越地区、跨越部门和行业的具有很强综合性的工作，因此要实现节能，就要涉及一系列的环节。对节能各个环节的重要作用没有充分估计，就很难全面地实现节能目标。

产品单位能耗的高低，往往直接标志着科学技术水平的高低。因此，科学技术进步与节能进程、节能深度和节能成效的关系十分密切。具体要实现某种产品的节能生产或节能使用，需要对该产品的生产工艺或使用过程进行针对性的研究。节能的技术性与经济性是不可分割的矛盾统一体。为创造经济而有效的节能技术，这种针对过程的个性所进行的研究常常要花费很大力气，越是节能的高级阶段，节能的难度也就越大。当代高水平的节能工艺、节能产品常常是世界上为数众多的科研机构和工厂企业耗费大量资金经过长期的努力所取得的成果。

具体的节能技术带有局部性质，它只有与全局性的环节结合起来，才能在实现全面的节能目标中发挥其应有的作用。譬如一个国家或一个地区，尽管节能技术先进，但产品结构不合理，高耗能产品过多，那么从大局上就决定了单位能耗的产值不可能很高。能源使用的定额管理制度、能源的价格政策、信贷税收政策、奖惩政策等有关的方针政策规章制度，也属于大局性的，解决好了就能极大地调动各方面的因素，为实现节能目标，持久地开展节能工作而发挥作用。为了实施有关的方针政策、执行有关的规章制度，一个由相对稳定的专业人员组成的、从中央到企业具有统一性的、跨越地区与行业具有整体性的节能管理组织，也是实现节能关键的一环。这表明节能的推进除了涉及节能技术与节能经济以外，还涉及节能规划、节能政策、节能立法、节能管理等许多环节。

在众多的环节中，有一个环节是带有基础性的，那就是节能教育，包括节能的宣传与培训。科技教育是一种效应滞后、作用长期的潜在生产力，是意义深远的智力建设。节能是和每个人都有关的事情。通过教育，使广大群众特别是能源工作者及各级能源规划管理人员领悟节能的战略重要性，通晓节能的基础知识，就会为节能工作持久扎实的发展奠定基础。

1.2.5 节能的任务和对象

让更多的人了解节能原理是节能教育的一项重要内容。节能原理的依据是“能”的科学，是能及能量转换的客观规律性，它的任务在于科学地估计节能潜力的大小，确定潜力的部位及其分布，指出潜力的限度及其节能措施的指导原则，借以规定节能的近期任务与战略目标。

节能的推进要涉及很多环节，每一环节都有其自身的丰富内容，对这些内容一知半解或缺乏实际的体验，就做不好那一环节的工作。节能原理并不能为节能技术、节能规划、节能政策等环节提供具体的答案。然而由于节能原理所探讨的是能的本性，是关于节能的一些大原则问题，因此它的重要性是不容低估的。在节能实践的历史和现实中，由于没有掌握节能原理而走弯路、浪费资金、贻误时间的事例屡见不鲜。由于没有掌握节能原理，就有可能提出不恰当的节能指标，作出不恰当的节能战略决策，批准不恰当的节能技术方案。可见，在一定深度及广度上掌握节能原理是非常重要的，对能源经济、能源管理等领域的工作者，对所有热心于节能的人员，也是必需的。

但是，研究节能不能笼统地谈损失，对能源利用过程中的损失需要作进一步的分析。一种是不可避免的损失，例如，锅炉总要排烟，炉体总要散热，灰渣总要带走一部分热量，最先进的大型电站锅炉，热效率也只能达到90%左右。又如，电动机运行起来总有摩擦，铁心和线圈总要发热，最好的电动机也会损失掉一部分能量，而且也不能回收利用。另一种则是可避免或可回收利用的损失，即其中有一部分损失在现代技术和经济条件下，是应该而且可以回收利用的。例如，某些热散失、摩擦损失等是可以减少的，高温烟气余热、化学反应热也是可以回收利用的。第一种损失在目前条件下还难以利用，或者是利用起来经济上很不划算。所以说，在所有损失中，那些属于浪费或采取措施可以减少的损失，以及技术上可以回收利用而且经济上比较合理的损失，才是研究节能的主要对象。

1.3　节能的方法、途径和措施

1.3.1　节能的一般方法

一个国家、一个行业、乃至一个企业的能耗水平是由错综复杂的多种因素共同影响决定的，如自然条件、政策倾向、社会因素，经济发展水平、管理水平、技术水平等。一般工业部门（如石油和化学工业）的能耗水平自然也受到多种因素的影响，但节能方法主要包括三个方面，即结构节能、管理节能、技术节能。

1. 结构节能

当前我国的能源利用效率为 34% 左右，与世界先进水平线差 10 个百分点。与世界先进水平相比，我国在能源效率、单位产品能耗等方面仍然存在较大差距。目前，我国产值能耗是世界平均水平的 2 倍多，主要产品能耗比世界平均水平高 40%。我国的单位产值能耗之所以很高，除技术水平和管理水平落后外，经济结构不合理也是重要的原因。经济结构包括产业结构、产品结构、企业结构、地区结构等。

（1）产业结构　不同行业、不同产品对能源的依赖程度是不同的，有些耗能高，有些耗能低。在经济发展中，若增加省能型工业（如仪表、电子等）的比例，减少耗能型工业（如化肥、冶金等）的比例，全国的产业结构就会朝省能的方向发展。但国民经济的发展，各个工业行业之间存在着客观的比例关系，因此，应研究合理的省能型产业结构。

（2）产品结构　随着产业结构向省能型方向发展，产品结构也应努力向高附加值、低能耗的方向发展。在化学工业中，发达国家在 20 世纪 80 年代就开始重点发展耗能少、附加值高的精细化工产品，据统计，一些国家 1985 年精细化工产品占化学工业产值的 53% ~ 63%，到 20 世纪 90 年代一般在 60% 以上；而我国只有 35% 左右。石油化工、精细化工、生物化工、医药工业及化工新型材料等能耗低而附加值高的行业适宜大力发展。

（3）企业结构　调整生产规模结构是节能降耗的重要途径。与大型企业相比，中、小企业一般能耗较高，经济效益较差。所以，应该有计划、有步骤地调整企业的规模结构，缺乏竞争力的小企业应关、停、并、转。

（4）地区结构　地区结构的调整主要是指资源的优化配置，调整部分耗能型工业的地区结构。高耗能产品的生产应当在能源富裕的地区或矿产资源较近的地区。这样，不仅能保证产品的生产有充足的能源供应，而且从全局年来看，可以节省很多能源。例如，石油和化学工业乙烯生产基地应靠近油田或大型炼油厂；东部地区集中了我国的主要油田，又地处沿海，具有进口石油的条件，适宜发展石油化工；我国中部地区煤炭资源丰富，适宜大力发展煤化工。

2. 管理节能

总体而言，石油和化工企业目前的能源管理水平不高，还不够规范，通过加强能源管理实现节能的潜力还很大。企业加强节能管理主要包括以下四个方面：

（1）建立健全能源管理机构　为了落实节能工作，必须有相对稳定的节能管理队伍，去管理和监督能源的合理使用，制定节能措施，并进行节能技术培训。国家发展改革委员会等五部门于2006年4月公布的《千家企业节能行动实施方案》明确提出，各企业（指重点用能单位）要成立由企业主要负责人挂帅的节能工作领导小组，建立和完善节能管理机构，设立能源管理岗位，明确节能工作岗位的任务和责任，为企业节能工作提供组织保障。

（2）建立企业的能源管理制度　对各种设备及工艺流程，要制定操作规程；对各类产品，制定能耗定额；对节约能源和浪费能源有相应的奖惩制度等。

（3）合理组织生产　应当根据原料、能源、生产任务的实际情况，确定开发多少设备，以确保设备的合理负荷率合理利用各种不同品位、质量的能源，根据生产工艺对能源的要求分配使用能源；协调各工序之间的生产、能力及供能和用能环节等。

（4）加强计量管理　没有健全的能源计量，就难以对能源的消费进行正确的统计和核算，更难以推动能源平衡、能源设计、定额管理、经济核算、计划预算和计划预测等一系列科学管理工作的深入开展。因此，各企业必须完善计量手段，建立健全仪表维护检修制度，强化节能监测。

3. 技术节能

通过技术手段实现节能是石油和化学工业节能的重要方面，一些节能技术的实施还可以同时实现提高质量和产量，综合效益明显。石油和化学工业的节能技术主要包括以下四个方面：

（1）工艺节能　石油和化学工业生产行业甚多，生产过程又相当复杂，因此，生产工艺节能的范围很广，方法繁多，这里仅简要介绍生产工艺节能的基本方向。工艺节能技术中首先是化学反应器，其次是分离工程。化学反应器又取决于两方面的因素：催化剂和化学反应工程。

（2）化工单位操作节能　化工过程操作设备很多，包括流体输送机械（泵、压缩机等）、换热设备（锅炉、加热炉、换热器、冷却器）、蒸发设备、塔设备（精馏、吸收、萃取、结晶等）、干燥设备等，每一类设备都有其特有的节能方式。

1）流体输送机械。对可变负荷的设备，采用转速控制、回收压缩热等。

2）换热设备。换热设备的节能方法有：加强设备保温，防止结垢，保持合理传热温差，强化传热；对锅炉和加热炉还有控制过量空气，提高燃料特性，预热燃烧空气，回收烟气余热；采用高效率设备，如热管换热器等。

3）蒸发设备。蒸发设备的节能措施有预热原料、多效蒸发、热泵蒸发等。

4）塔设备。其节能途径有减少回流比、预热进料、塔顶热的利用、使用串联塔、采用热泵、采用中间再沸器和中间冷凝器等。

5）干燥设备。其节能途径有控制和减少过量空气、余热回收、排气的再循环、热泵干燥等。

（3）化工过程系统节能　化工过程系统节能是指从系统合理用能的角度，对生产过程中与能量的转换、回收、利用等有关的整个系统所进行的节能工作。从原料到产品的化工过程，始终伴随着能量的供应、转换、利用、回收、排弃等环节，如预热原料、进行反应、冷却产物，气体的压缩和液体的泵压等。这不仅是要求提供动力和不同温度下的热量，而且有不同温度的热量的排出。可以根据外供的和过程本身放出的能量的品位，合理匹配过程所需的动力和不同温度的热量；还可以根据工艺过程对能量的需求和热回收系统的优化合成，对公用事业提供动力、加热公用工程和冷却公用工程。

以前的节能工作主要着眼于局部，而实际上系统各部门之间存在着有机的联系。随着系统工程和热力学分析两大理论的发展及其相互结合与渗透，产生了过程节能的理论与方法，把节能工作推上一个新的高度。过程系统节能方法的研究始于 20 世纪 70 年代中期，20 世纪 80 年代在理论上逐渐成熟，方法上逐渐完善，并在工业实践中取得了巨大的经济效益。用一个石油化工企业的例子可以说明该方法的优越性：一个由乙烯厂及其下游产品构成的联合企业，如果每个分厂自行优化节能改造，需投资 220 万英镑，年效益为 114 万英镑，投资回收期 18 个月；而如果对企业整体进行优化节能改造，需投资 330 万英镑，可提高到 266 万英镑的效益，投资回收期主为 15 个月。过去的老厂设计因为没有用这些理论作为指导，往往浪费很大。因此，采用过程系统节能方法，很容易取得显著的节能与经济效益。

（4）控制节能　控制节能包括两个方面：一方面是节能需要操作控制，另一方面是通过操作控制节能。节能需要操作控制，应通过仪表加强计量工作，做好生产现场的能量衡算和用能分析，为节能提供基本条件。特别是节能改造之后，回收利用了各种余热，物流与物流、设备与设备等之间的相互联系和相互影响加强了，使得生产操作的弹性缩小，更要求采用控制系统进行操作。

另外，为了搞好运行中的节能，必须加强操作控制。例如，产品纯度准确控制不够是引起过程能量损失的一个重要原因。若产品不合格将蒙受很大的损失，所以一些设备留有较大的设计裕度，使产品的纯度高于所需的纯度，大大增加了能耗。

再者，在生产过程中，各种参数的波动是不可避免的，如原料的成分、气温、产量、蒸汽需求量等。若生产优化能随着这些参数的变化相应的变化，将能取得很好的节能效果。计算机技术的发展使得这种优化控制成为了可能。

控制节能投资小、潜力大、效果好，目前已引起很多企业的重视，但仍有很大发展空间，尤其是在节能领域。

1.3.2　节能的障碍和途径

虽然节能减排已经成为全社会的共识，但目前落实节能减排工作还存在以下障碍：

1. 产业结构不合理

与发达国家相比，我国产业结构中工业比重偏高，第三产业偏低，低于世界平均水平约 30 个百分点。近年来，我国以增加供应为主要目的建设的钢铁、有色金属、电力、化工、建材等项目，将增加能源消耗和废物排放，增大节能减排的压力。

2. 先进的节能减排技术转化为节能减排绩效需要一个过程

节能降耗一直是我国技术开发和技术改造的重点，但由于改革开放以来我国的节能成绩是在粗放式经营、浪费较大的基础上取得的，技术进步对节能的贡献只有 10%。我国整体技术水平还落后发达国家 15 ~20 年。技术进步转化为企业的节能绩效需要一个过程，不可能立竿见影，一蹴而就。

3. 政策和投资的滞后效应

虽然国家将节能降耗工作放到了一个前所未有的高度，但是政策实施效果，包括针对节能减排的投资发挥的作用，存在滞后期。一些投资还没有马上起到节能减排的作用。能源消耗总量的持续增长，是重点污染物排放总量增加的主要原因。

为此，可从以下几个方面着手，探寻节能减排的有效途径：

1. 变革发展理念，转变经济增长方式

人类中心主义的不断强化导致了人与自然关系的冲突和紧张。节能减排是建立环境友好型社会的前提和基础。在制定经济发展战略时应把自然作为主体，把自然看做是与人类平等的生存对象，把人类社会的道德伦理延伸到自然界，这样我们的政策才会既关注到人，又关注到自然，真正实现人与自然和谐共存。应改变“GDP 等于发展”“重化工就是工业化”等片面认识，使经济增长方式朝着有利于生态环境的方向发展。

2. 建立循环经济发展模式，推进循环经济发展，大力推行可用废弃物资源化

按照循环经济理念，要加快园区生态化改造，推进生态农业园区建设，构建跨产业生态链，推进行业间废物循环。要推进企业清洁生产，从源头减少废物的产生，实现由末端治理向污染预防和生产全过程控制转变，促进企业能源消费、工业固体废弃物、包装废弃物的减量化与资源化利用，控制和减少污染物排放，提高资源利用效率。

大力发展循环经济是节能减排的具体体现，也是可持续发展的重要方面。要优化能源利用方式，提高能源生产、转化和利用效率。以减量化、再利用、资源化为原则，以低消耗、低排放、高效率为基本特征，实现最佳生产、最适消费、最少废弃。

加强对冶金、煤炭、化工、建材、造纸等废弃物产生量大、污染重行业的管理，提高废渣、废水、废气的综合利用率；综合利用各种建筑废弃物、秸秆、畜禽粪便等农业废弃物，推广沼气，积极发展生物质能；大力回收和循环利用各种废旧物资，推动不同行业通过产业链延伸与耦合，实现废弃物循环利用；加快城市生活污水再生利用设施建设，推进中水回用和垃圾资源化利用；发挥建材、钢铁、电力等行业废弃物消纳功能，降低废弃物最终处置量。

积极推进清洁生产。重点抓好冶金、建材、化工、电力、造纸等关键行业的清洁生产，并逐步将清洁生产理念和措施推广到农业、建筑业及服务行业等社会各个领域；以重点工业产业、工业园区为重点，采用清洁生产技术，使清洁生产达标率达到40%左右，建成一批“零排放”企业。抓好循环经济试点示范工作。以技术和体制、机制、政策法规建设为重点，从试验示范入手，逐步形成一批循环经济企业，在不同层次建立试点，推动循环经济发展。积极开发和推广资源节约、替代和循环利用技术，加快企业节约资源、能源的技术改造。

3. 坚决遏制高耗能产业过快增长，大力发展第三产业，引导产业结构的调整和升级

高耗能、高污染物排放、低附加值产品行业，在技改不投入、工艺不改进的条件下，大量消耗能源、牺牲生态环境，盲目扩大生产，以技术的低投入和产量的大规模获取利润。因此，对高耗能重点行业的监控，必须作为当前乃至今后的宏观调控重点，多管齐下，灵活运用经济杠杆，强化调控手段，务求实效。

要大力发展第三产业，以专业化分工和提高社会效率为重点，积极发展生产性服务业；以满足人们需求和方便群众生活为中心，提升发展生活性服务业；要大力发展高技术产业，坚持走新型工业化道路，促进传统产业升级，提高高技术产业在工业中的比例。要积极实施“腾笼换鸟”战略，加快淘汰落后生产能力、工艺、技术和设备；对不按期淘汰的企业，要依法责令其停产或予以关闭。

第三产业的大力发展，无疑会降低单位 GDP 能耗。但在现实中结构调整是一个缓慢的过程，不是一个部门所能解决的，应加强部门之间的协调，通过制度安排和政策引导来实现。要使各级领导和管理者处理好当前利益与长期利益的关系、局部利益和全局利益的关系，兼顾经济社会发展与资源环境的保护。要加强部门之间的协调，减少管理和政策的相互抵消效应，防止部门只追求利益最大化以及由此产生的问题。

4. 以绿色科技为动力，推进节能减排科技进步，提高节能减排效益

发展绿色科技不仅是节约资源、保护环境的重要动力，也是提高自主创新能力、突破绿色贸易壁垒的重要措施。科技创新的一个重要方向就是节能减排、保护环境。企业在生产过程中要开发能够有效地利用资源、尽可能地减少污染物排放的技术和工艺，实行清洁生产，充分发挥科学技术在节能减排中的作用。

要组织实施节能减排科技专项行动，组建一批国家工程中心和国家重点实验室，攻克一批节能减排关键和共性技术。积极推动以企业为主体、产学研相结合的节能减排技术创新与成果转化体系建设，增强企业自主创新能力。在电力、钢铁和有色冶炼等重点行业，推广一批潜力大、应用面广的重大节能减排技术。制定政策措施，鼓励和支持企业进行节能减排的技术改造，采用节能环保新设备、新工艺、新技术。

5. 积极倡导环境友好的消费方式，强化污染防治

大力倡导适度消费、公平消费和绿色消费，反对和限制盲目消费、过度消费、奢侈浪费和不利于环境保护的消费。通过环境友好的消费选择向生产领域发出价格和需求的激励信号，刺激生产领域清洁技术与工艺的研发和应用，带动环境友好产品的生产和服务。同时，通过生产技术与工艺的改进，不断降低环境友好产品的成本，促进绿色消费，最终形成绿色消费与绿色生产之间的良性互动。

抓好污染防治，一是解决工业污染问题，引导现有工业企业走科技含量高、经济效益好、资源消耗低、环境污染少、人力资源得到充分发挥的新型工业化路子；二是强化城市环境污染综合整治；三是强化农业和农村污染防治，大力发展生态农业，壮大绿色农业产业，降低农药、化肥施用量，治理规模化畜禽养殖场污染；四是严格控制新污染，严格执行国家环保法律法规和产业政策，执行环境影响评价和“三同时”制度。

6. 建立长期有效的制度保障，切实加强节能减排法制建设，加大监督检查执法力度

首先应建立健全有利于环境保护的决策体系。建立环境问责制，将环境考核情况作为干部选拔任用和奖惩的依据之一；探索绿色国民经济核算方法，将发展过程中的资源消耗、环境损失和环境效益纳入经济发展的评价体系；积极推动以规划环境影响评价为主的战略环评，从发展的源头保护环境；保障公众的环境知情权、监督权和参与权，扩大环境信息公开范围。

加快完善节能减排法律法规体系，提高处罚标准，切实解决“违法成本低、守法成本高”的问题。要制定和执行主要高耗能产品能耗环保限额强制性国家标准，要加大节能减排执法力度。中央和地方政府每年都要开展节能环保专项执法检查，坚持有法必依、执法必严、违法必究，严厉查处各类违法行为。完善节能和环保标准，开展节能减排专项执法检查。根据新出台的《中华人民共和国节约能源法》和《中华人民共和国循环经济法》，抓紧制（修）订配套法规。组织制定 16 个高耗能产品能耗限额强制性国家标准，制（修）订 16 项节能设计规范、21 项节能基础及方法标准及 17 种终端用能产品（设备）能效标准。

7. 加强行业准入管理，控制增量，加快淘汰落后生产能力

继续严把土地、信贷“两个闸门”和市场准入门槛，严格执行项目开工建设必须满足的土地、环保、节能等“六项必要条件”，对新建和改扩建的项目，有关部门在进行投资管理、环境评价、土地供应、信贷融资、电力供给等审核时，要以行业准入条件为依据，严格把关。要控制高耗能、高污染行业过快增长，加快淘汰落后生产能力，完善促进产业结构调整的政策措施，积极推进能源结构调整，制定促进服务业和高技术产业发展的政策措施。

同时，要严格实施公告制度，对符合准入条件的企业予以公告，并实施动态管理。对已明令淘汰的小钢铁、土焦、改良焦等落后产能要坚决淘汰，杜绝自焙槽电解铝生产能力的死灰复燃。按照国家发展改革委员会《关于做好淘汰落后水泥生产能力有关工作的通知》要求，加快制定淘汰落后水泥产能量化指标，提出具体关闭企业和淘汰生产线名单，并制订切实可行的淘汰落后水泥产能工作实施方案，落实相关责任。严格执行水泥生产许可证换发实施细则、水泥工业污染物排放标准，加速淘汰落后能力。

1.3.3 节能的具体措施

节约能源的具体措施很多，概括起来有以下几个方面：

1. 加强宣传，提高全民节约意识

组织好每年一度的全国节能宣传周、全国城市节水宣传周及世界环境日、地球日、水宣传日活动。把节约资源和保护环境理念渗透在各级各类的学校教育教学中，从小培养儿童的节约意识。将发展循环经济、建设节约型社会宣传纳入“科学发展，共建和谐”重大主题宣传活动。组织开展全国节能宣传周活动和节能科普宣传活动，实施节能宣传教育基地试点，组织《中华人民共和国节约能源法》和《中华人民共和国循环经济法》宣传和培训工作，开展节能表彰和奖励活动。

2. 依法加强节能降耗管理工作，实施强制性能源效率标准和标识制度

要继续保持在节能降耗工作中所取得的成绩，不断更新思想观念，理清工作思路，创新工作方法。进一步认清当前生产形势，进一步挖掘内部潜力，进一步提高节约意识，狠抓成本管理。要强化艰苦奋斗意识，精打细算，从大处着眼，小处着手，从节约一滴水、一度电、一张纸开始，逐步养成勤俭节约的好习惯。要加大废旧物品的回收和循环利用，加大资源消耗管理力度，加强物资管理，提高循环水利用率。要加强工艺纪律、劳动纪律，加强技能培训，熟练掌握操作技能，提高操作水平。要定期对设备进行维护、检查，确保设备运行质量，提高运转效率，缩短停机时间，延长使用周期。坚决杜绝因工作失误引起的各种突发事故，将节能降耗工作做精、做细，做全面。

目前已经有许多国家颁布了关于节能问题的法律。我国自 1998 年 1 月 1 日起，开始施行《中华人民共和国节约能源法》，对推进全社会节约能源，提高能源利用效率和经济效益，保护环境，保障国民经济和社会发展，满足人民生活需要，起到了积极的作用。

3. 大力支持节能技术和可再生能源的研究与开发

我们应加快节能减排技术研发，加快节能减排技术产业化示范和推广，加快建立节能减排技术服务体系，推进环保产业健康发展，加强国际交流合作；加强节能环保电力调度；加快培育节能技术服务体系，推行合同能源管理，促进节能服务产业化发展。

对企业节能技术研发项目给予资金补助，可以有效地提高企业节能技术研发投入的积极性。要组织培育科技创新型企业，提高区域自主创新能力。加强与科研院校合作，构建技术研发服务平台，着力抓好技术标准示范企业建设。要围绕资源高效循环利用，积极开展替代技术、减量技术、再利用技术、资源化技术、系统化技术等关键技术研究，突破制约循环经济发展的技术瓶颈。开发利用太阳能、氢能、风能、生物质能、地热能等可再生能源，有利于优化世界能源结构，改善人类的生态环境，促进世界经济的可持续发展。

4. 采用分布式能源系统

分布式能源系统为分布在用户端的能源综合利用系统，所用一次能源以气体燃料为主，可再生能源为辅。可以使用沼气、风能、太阳能等可再生能源作为分布式能源系统的能源资源，从而减少对化石燃料的使用，既提高了能源转换效率，又减少了环境污染。

5. 全面实施节能减排重点工程

着力抓好节约和替代石油、燃煤锅炉改造、热电联产、电机节能、余热利用、能量系统优化、建筑节能、绿色照明、政府机构节能以及节能监测和服务体系建设等重点节能工程。组织实施一批节能降耗和污染减排行业共性、关键技术开发和产业化示范项目，在重点行业中选择一批节能潜力大、应用面广的重大技术，加大推广力度。加强节能环保电力调度，加快培育节能技术服务体系，推行合同能源管理，促进节能服务产业化发展。

6. 加大节能减排的投入

建立政府引导、企业为主和社会参与的节能减排投入机制。各级政府要加大对节能减排投入，引导社会资金投资到节能减排项目中。鼓励和引导金融机构加大对循环经济、环境保护及节能减排技术改造项目的信贷支持。解决节能减排的资金问题，主要采用市场机制的办法，按照“谁污染、谁治理，谁投资、谁受益”的原则，促使企业开展污染治理、生态恢复和环境保护。

7. 要加强组织领导，健全考核机制

要成立发展循环经济建设节约型社会工作机构，研究制定发展循环经济建设节约型社会的各项政策措施。要设立发展循环经济建设节约型社会专项资金，重点扶持循环经济发展项目、节能降耗活动、减量减排技术创新补助等。要把万元生产总值、化学需氧量和二氧化硫排放总量纳入国民经济和社会发展年度计划；要建立健全能源节约和环境保护的保障机制，将降耗减排指标纳入政府目标责任和干部考核体系。

1.4　我国的节能政策与节能发展动向

1.4.1　我国改革开放 30 年主要的节能政策

节能政策是为提高能源利用率、控制能源消耗和减少污染物排放而制定的一系列政策。我国是能源资源严重短缺的国家。石油、天然气人均剩余可采储量仅为世界平均水平的 7.7% 和 7.1%，储量比较丰富的煤炭也只有世界平均水平的 58.6%。节约能源是人类生存和发展所必需的重要内容，我们党和国家历来对此高度重视。改革开放 30 多年来，我国的节能减排工作取得了巨大成效：20 世纪 80 年代初，我国就制定了“开发与节约并重，近期把节约放在首要位置”的能源发展方针；20 世纪 80 年代中期，提出以效益为核心的能源开发利用战略和以电力为中心的能源消费结构调整战略；20 世纪 90 年代，进一步将各项方针具体化，如进一步强调了能源发展的总方针，即“开发与节约并举，把节约放在首位”。进入21世纪，节能减排工作大范围展开，新《中华人民共和国节约能源法》使节约资源成为我国基本国策，节能减排工作已成为全社会参与的国事、大事。这些政策为我国节能降耗及污染减排都起到了积极的推动作用。

1980年，国务院批准原国家经济委员会、原国家计划委员会《关于加强节约能源工作的报告》和《关于逐步建立综合能耗考核制度的通知》。节能作为一项专门工作被纳入到国家宏观管理的范畴，同时，国家成立了专门的节能管理机构，制定并实施了我国资源节约与综合利用工作“开发与节约并重，近期把节约放在优先地位”的长期指导方针。

1984年，原国家计划委员会、原国家经济委员会和国家科技委员会共同组织编制了《中国节能技术政策大纲》（以下简称《大纲》），其后到1996年三部委对《大纲》进行了修订。1996年《大纲》系统提出了主要耗能行业的节能技术政策，阐明我国2000年节能技术应达到的目标。两次《大纲》的发布，对推动我国节能降耗工作，引导各行各业节能技术的开发、示范和推广，促进节能技术进步发挥了积极作用。

为贯彻国家对能源实行开发和节约并重的方针，合理利用能源，降低能源消耗，提高经济效益，保证国民经济持续、稳定、协调的发展，1986年1月12日国家颁布了《节约能源管理暂行条例》和《中国技术政策　能源》，要求把节约能源作为在国民经济调整时期挖潜、革新、改造的重点来抓，并提出了切实加强节能研究，开发和推广节能新技术、新工艺、新设备和新材料，加速节能技术改造，调整高耗能工业产品结构，降低能源工业自耗能比例等一系列技术政策。2001年该条例废止。

1995年，国务院批准《关于新能源和可再生能源发展报告》和《1996—2010年新能源和可再生能源发展纲要》，提出：积极发展风能、太阳能、地热能等新能源和可再生能源。同年颁布的《中华人民共和国电力法》是中国第一部专论能源的法律。

1996年，八届人大四次会议批准的“九五”计划和2010年远景目标纲要中指出：能源工业要“坚持节约与开发并举，把节约放在首位”的总方针。解决我国能源问题的方针，近期核心问题是努力提高常规能源的利用效率和效益，远期则还要大力开发利用可再生能源和新能源。

为了推动全社会节约能源，提高能源利用效率，保护和改善环境，促进经济社会全面协调可持续发展，1997年11月，全国人民代表大会常委会通过《中华人民共和国节约能源法》，1998年1月1日正式实施。指出：节能是国家发展经济的一项长远战略方针。国务院和省、自治区、直辖市人民政府应当加强节能工作，合理调整产业结构、企业结构、产品结构和能源消费结构，推进节能技术进步，降低单位产值能耗和单位产品能耗，改善能源的开发、加工转换、输送和供应，逐步提高能源利用效率，促进国民经济向节能型发展。要求“采取技术上可行、经济上合理以及环境和社会可以承受的措施，减少从能源生产到消费各个环节中的损失和浪费，更加有效、合理地利用能源”“国家对落后的、耗能过高的用能产品、设备实行淘汰制度”。

1999年2月11日，《中国节能产品认证管理办法》出台。确定了“节能产品”的定义：节能产品是指符合与该种产品有关的质量、安全等方面的标准要求，在社会使用中与同类产品或完成相同功能的产品相比，它的效率或能耗指标相当于国际先进水平或达到接近国际水平的国内先进水平。

1999 年 3 月 10 日，国家经济贸易委员会颁布《重点用能单位节能管理办法》。明确指出，重点用能单位是指年综合能源消费量为 1 万 t 标准煤以上（含 1 万 t）的用能单位；各省、自治区、直辖市经济贸易委员会指定的年综合能源消费量为 5000t 标准煤以上（含 5000t）、不足 1 万 t 标准煤的用能单位。重点用能单位应遵守《中华人民共和国节约能源法》及本办法的规定，按照合理用能的原则，加强节能管理，推进技术进步，提高能源利用效率，降低成本，提高效益，减少环境污染。

为配合《中华人民共和国节约能源法》的实施，我国政府制定了配套法规和政策，包括《中国节能技术政策大纲》《关于固定资产投资工程项目可行性研究报告“节能篇（章）”编制及评估的规定》《重点用能单位节能管理办法》《节约用电管理办法》《民用建筑节能管理规定》《中国节能产品认证管理办法》《能源效率标识管理办法》等，使我国的节能步伐迈上了一个新的台阶。

2000 年 3 月，原国家经济贸易委员会、原国家发展计划委员会颁布《节约用电管理办法》，规定“加强用电管理，采取技术上可行、经济上合理的节电措施，减少电能的直接和间接损耗，提高能源效率和保护环境”“电力用户应当根据本办法的有关条款，积极采取经济合理、技术可行、环境允许的节约用电措施，制定节约用电规划和降耗目标，做好节约用电工作”。

2000 年 10 月 1 日，原建设部发布《民用建筑节能管理规定》，规定“国务院建设行政主管部门负责全国民用建筑节能的监督管理工作”“对不符合节能标准的项目，不得批准建设”“建设单位应当按照节能要求和建筑节能强制性标准委托工程项目的设计”。

2004 年 6 月，国务院原则通过的《能源中长期发展规划纲要（2004 - 2020）草案》明确提出，“在全国形成有利于节约能源的生产模式和消费模式，发展节能型经济，建设节能型社会”。2004 年以来，国家先后对焦炭、钢铁、水泥、电解铝等高耗能行业出台了一系列加大产业结构调整力度的政策文件。

2004 年 11 月，为推动全社会节能，缓解能源约束的矛盾和环境压力，经国务院同意，国家发展改革委员会出台了《节能中长期专项规划》，这是改革开放以来我国制定的节能领域的第一个中长期规划。规划提出，到 2010 年，我国每万元 GDP 能耗由 2002 年的 2.68t 标准煤下降到 2.25t 标准煤，年均节能率为 2.2%，节能能力 4 亿 t 标准煤；2020 年，每万元 GDP 能耗下降到 1.54t 标准煤，年均节能率将提高到 3%，节能能力 14 亿 t 标准煤，相当于同期规划新增能源生产总量的一倍还多。届时将减少 2100 万 t 的二氧化硫排放。规划还提出，“十一五”节能的重点领域是工业、交通运输、建筑、商用和民用，“十一五”期间，国家将组织实施十项节能重点工程，包括燃煤锅炉改造、区域热电联产以及绿色照明工程等。

2005 年 7 月，国务院发布《关于做好建设节约型社会近期重点工作的通知》，强调“必须加快建设节约型社会。以提高资源利用效率为核心，以节能、节水、节材、节地、资源综合利用和发展循环经济为重点”。

2005 年，为了加快建设资源节约型社会，解决经济社会发展面临的能源瓶颈制约，国家发展改革委员会和科技部组织专家对《中国节能技术政策大纲》又进行了修订。此次修订以科学发展观为指导，体现了市场经济的特点，符合可持续发展的要求；从全社会角度来考虑节能技术政策，并体现技术政策的前瞻性，立足当前，着眼长远；以 1996 年发布的

《大纲》为基础，以2010年前推行的节能工艺、技术和设备为目标，相应考虑2020年中长期的节能技术发展方向；反映所处行业节能技术发展现状、存在问题及与发达国家的差距，明确近期和中长期发展技术发展目标、措施；提出淘汰和限制的高耗能工艺、技术和设备，重点开发、示范和推广的节能技术等。

2006年，党的十六大从全面建设小康社会、加快推进社会主义现代化建设的全局出发，要求制定国家科学和技术长远发展规划，国务院据此制定了《国家中长期科学和技术发展规划纲要（2006—2020）》（以下简称《规划纲要》），并于2月9日发布。在《规划纲要》中，能源领域被列为第一重点发展领域，其发展思路是：①坚持节能优先，降低能耗。攻克主要耗能领域的节能关键技术，积极发展建筑节能技术，大力提高一次能源利用效率和终端用能效率。②推进能源结构多元化，增加能源供应。在提高油气开发利用及水电技术水平的同时，大力发展核能技术，形成核电系统技术自主开发能力。风能、太阳能、生物质能等可再生能源技术取得突破并实现规模化应用。③促进煤炭的清洁高效利用，降低环境污染。大力发展煤炭清洁、高效、安全开发和利用技术，并力争达到国际先进水平。④加强对能源装备引进技术的消化、吸收和再创新，攻克先进煤电、核电等重大装备制造核心技术。⑤提高能源区域优化配置的技术能力，重点开发安全可靠的先进电力输配技术，实现大容量、远距离、高效率的电力输配。

2006年8月31日，国务院发布的《国务院关于加强节能工作的决定》，明确提出，到“十一五”期末，万元国内生产总值（按2005年价格计算）能耗下降到0.98t标准煤，比“十一五”期末降低20%左右，平均年节能率为4.4%，重点行业主要产品单位能耗总体达到或接近本世纪初国际先进水平。

2006年，国家制定了“十一五”规划，提出节能降耗和污染排放目标，并作为约束性指标，对推动经济增长方式转变，加强节能环保工作具有十分重要意义。

2007年4月，国家发展改革委员会发布的《能源发展“十一五”规划》提出，要把节能降耗、保护环境和节约集约用地作为转变经济增长方式的突破口和重要抓手；到2010年，我国一次能源消费总量控制目标为27亿t标准煤左右，年均增长4%；煤炭、石油、天然气、核电、水电、其他可再生能源分别占一次能源消费总量的66.1%、20.5%、5.3%、0.9%、6.8%和0.4%。

2007年10月28日，全国人民代表大会常委会通过修改后的《中华人民共和国节约能源法》，从2008年4月1日开始实施。修改后的节能法进一步完善了我国的节能制度，规定了一系列节能管理的基本制度，进一步明确了重点用能单位的节能义务，强化了监督和管理。并明确节约资源是我国的基本国策。

2008年3月3日，国家改革发展委员会发布《可再生能源发展“十一五”规划》，其中明确提出，“十一五”时期可再生能源发展的总目标是加快可再生能源开发利用，提高可再生能源在能源结构中的比例；解决农村无电人口用电问题和农村生活燃料短缺问题；促进可再生能源技术和产业发展，提高可再生能源技术研发能力和产业化水平。

2008年8月1日，国务院发布《公共机构节能条例》，其中规定，公共机构应当加强用能管理，采取技术上可行、经济上合理的措施，降低能源消耗，减少、制止能源浪费，有效、合理地利用能源；并应当建立、健全本单位节能管理的规章制度，开展节能宣传教育和岗位培训，增强工作人员的节能意识，培养节能习惯，提高节能管理水平。

2008 年 8 月 1 日，国务院发布《民用建筑节能条例》，其中规定，各级人民政府应当加强对民用建筑节能工作的领导，积极培育民用建筑节能服务市场，健全民用建筑节能服务体系，推动民用建筑节能技术的开发应用，做好民用建筑节能知识的宣传教育工作。

2008 年 8 月 1 日，国务院发布《关于进一步加强节油节电工作的通知》，其中明确指出，做好节油节电工作，是落实科学发展观、转变经济发展方式、促进经济社会可持续发展的重要途径，也是缓解石油、电力供需紧张矛盾的重要措施，既是一项长期的工作，也是当前的一项紧迫任务。

2008 年 8 月 1 日，国务院办公厅发布《关于深入开展全民节能行动的通知》，其中要求，开展能源紧缺体验、每周少开一天车、控制室内空调温度、减少电梯使用、控制路灯和景观照明、普及使用节能产品、使用节能环保购物袋、减少使用一次性用品、夏季公务活动着便装、培养自觉节能习惯。

2008 年 8 月 29 日，全国人民代表大会常委会通过《中华人民共和国循环经济促进法》，自 2009 年 1 月 1 日起施行。其中明确提出，发展循环经济是国家经济社会发展的一项重大战略。要求发展循环经济应当在技术可行、经济合理和有利于节约资源、保护环境的前提下，按照减量化优先的原则实施。在废物再利用和资源化过程中，应当保障生产安全，保证产品质量符合国家规定的标准，并防止产生再次污染。

为落实《节能中长期专项规划》，实现规划目标，国家发展改革委员会启动规划并提出十大重点节能工程。为组织实施好十大重点节能工程，2006 年 7 月，国家发展改革委员会会同科技部、财政部、建设部、质检总局、环保总局、国管局和中直管理局组织编制了《“十一五”十大重点节能工程实施意见》，这对落实节能中长期专项规划、实现“十一五”节能目标发挥了重要作用。

十大重点节能工程是《节能中长期专项规划》的重要内容，已纳入国家“十一五”规划《纲要》。十大重点节能工程包括：节约和替代石油、燃煤工业锅炉（窑炉）改造、区域热电联产、余热余压利用、电机系统节能、能量系统优化、建筑节能、绿色照明、政府机构节能以及节能监测和技术服务体系建设工程等。实施十大重点节能工程重点内容包括：

（1）节约和替代石油工程　冶金、电力、石油石化、建材、化工等企业以洁净煤、石油焦、天然气、可燃性气体为燃料及原料的节代油改造工程；以煤化工、天然气化工、生物质化工产品替代石油化工产品；发展混合动力汽车、燃气汽车、醇类燃料汽车、燃料电池汽车、太阳能汽车等清洁汽车；推广机动车节油技术；醇醚类燃料及煤炭液化技术的示范及醇类燃料的推广；制定《节约石油管理条例》配套措施等。“十一五”期间，实现节约和替代石油 3800 万 t。

（2）燃煤工业锅炉（窑炉）改造工程　改造锅炉系统，提高锅炉房整体运行效率；以大代小，发展集中供热；发展集中配煤，提高锅炉燃煤品质；在空气污染严重的大中型城市，结合城市小区或园区建设规划，建设起点高、节能效果好的锅炉节能重大示范（试点）工程；对建材、钢铁等行业的燃煤工业窑炉进行节能改造；制定燃煤工业锅炉（窑炉）强制性国家能效标准，对中小型锅炉管理人员和操作人员进行培训等配套措施。“十一五”期间，实现燃煤工业锅炉效率提高 5 个百分点，节煤 2500 万 t；燃煤窑炉效率提高 2 个百分点，节煤 1000 万 t。

（3）区域热电联产工程　在严寒地区、寒冷地区的中小城市和东南沿海工业园区建筑物密集、有合理热负荷需求的地方，将分散的小供热锅炉改造为热电联产机组；在工业企业（石化、化工、造纸、纺织和印染等用热量大的工业企业）中将分散的小供热锅炉改造为热电联产机组；分布式电热（冷）联产的示范和推广；对设备老化、技术陈旧的热电厂进行技术改造；以秸秆和垃圾等废弃物建设热电联产供热项目的示范；热电联产相关的技术、经济政策等配套措施。实现到2010年城市集中供热普及率由2002年的27%提高到40%，新增供暖热电联产机组4000万kW，形成年节能能力3500万t标准煤。

（4）余热余压利用工程　钢铁行业重点实施干法熄焦，高炉炉顶压差发电，高、焦、转炉煤气回收利用；水泥行业重点在日产2000t以上水泥生产线建设中低温余热发电装置；煤炭行业重点回收利用煤层气（矿井瓦斯气）；铜、铝生产企业，化工行业余热利用（如硫酸余热发电）；纺织行业冷凝水回收及锅炉压差发电；独立焦化企业的焦炉煤气回收利用等。“十一五”期间，实现在钢铁联合企业实施干法熄焦、高炉炉顶压差发电、全高炉煤气发电改造以及转炉煤气回收利用，形成年节能能力266万t标准煤；在日产2000t以上水泥生产线建设中低温余热发电装置每年30套，形成年节能能力300万t标准煤；通过地面煤层气开发及地面采空区、废弃矿井和井下瓦斯抽放，瓦斯气年利用量达到10亿m^3，相当于年节约135万t标准煤，既充分利用资源，又为煤矿安全生产创造有利的条件。

（5）电机系统节能工程　电机系统节能改造，提高运行效率。合理匹配，加快淘汰落后低效电机，推广高效节能电机；推广变频调速节能技术，风机、水泵、压缩机等通用机械系统采用变频调速节能措施，工业机械采用交流电动机变频工艺调速技术；制定相关经济激励政策和技术政策、完善电机能效标准体系等配套措施。“十一五”期间，实现电机系统运行效率提高2个百分点，形成年节电能力200亿kW·h。

（6）能量系统优化工程（综合性的系统节能工程）　炼油生产系统能量优化；乙烯生产系统节能优化；合成氨生产系统节能优化；钢铁生产系统优化改造；在石化、化工、钢铁等行业中选择若干企业，支持综合系统节能示范企业（工程）；制定相关技术政策等配套措施。“十一五”期间，实现在冶金、石化、化工等行业推行能量系统优化，降低企业综合能耗，提高市场竞争力。

（7）建筑节能工程　新建建筑严格执行建筑节能设计标准（规范），加强设计、施工、监理和竣工验收的全过程监管；结合城市改造，开展既有居住和公共建筑节能改造；节能型建筑示范（试点）；新型节能墙体材料的生产和推广；建筑节能标准的制定（修订）、实施、检查及监督管理（以新建建筑为重点）等。“十一五”期间，实现住宅建筑和公共建筑严格执行节能50%的标准，加快供热体制改革，加大建筑节能技术和产品的推广力度，分别节能5000万t标准煤。

（8）绿色照明工程　高效照明器具研发及生产线改造；采用大宗采购、需求侧管理和合同能源管理等机制推广高效照明产品；选择试点城市照明节电改造示范；城市高效节能夜景照明系统改造示范；推广使用LED交通信号灯等。“十一五”期间，形成节电能力290亿kW·h。

（9）政府机构节能工程　对中央机关新建建筑提出节能要求，并实行全过程节能管理和监督；结合中央机关办公楼改造修缮计划，推进中央机关既有建筑物及采暖、空调、照明系统节能改造示范、试点；实施政府节能采购（采暖空调设备、照明设备、汽车）；完善相关法规、政策制度等配套措施。“十一五”期间，实现按照建筑节能标准改造的政府机构建筑面积达到政府机构建筑总面积的20%；2010年中央国家机关单位建筑面积能耗和人均能耗在2002年的基础上降低10%。

(10) 节能监测和技术服务体系建设工程　支持各地方节能监测（监察）中心的能力建设，购置必要的节能监测仪器和设备，提高其节能执法和节能监测（监察）的能力；建立以全国节能监测管理中心及各省级中心为主要依托的节能监管体制和监管机制，为国家和各级地方政府依法行政提供组织保障；推行合同能源管理等市场化节能服务新机制，不断拓展节能服务领域，提高各级节能技术服务中心的服务水平；研究促进节能监测（监察）、服务中心发展的相关政策和管理体制。“十一五”期间，实现通过强化省级和主要耗能行业节能监测中心能力建设，依法开展节能执法和监测（监察）；省级和主要耗能行业节能技术服务中心具备为企业、机关和学校等提供节能诊断、设计、融资、改造、运行、管理“一条龙”服务的能力。

通过实施十大重点节能工程，“十一五”期间，累计实现节能能力2.97亿t标准煤，超出了设定的2.4亿t标准煤的目标（未含替代石油），对“十一五”单位GDP能耗降低目标的贡献率超过44%。一些高耗能产品的能耗指标，如火电供电煤耗、吨钢可比能耗、水泥综合能耗等单位产品能耗与国际先进水平的差距明显缩小。

十大重点节能工程所需资金主要靠企业自筹、金融机构贷款和社会资金投入解决。为调动企业、金融机构和社会资金对节能项目投入的积极性，加速推进企业节能技术改造，加快高效节能产品的推广应用，大幅度提高能源利用效率，尽快形成稳定的节能能力，“十一五”期间，国家每年安排一定的资金，用于支持十大重点节能工程中的重点项目和示范项目及高效节能产品的推广。十大重点节能工程超额完成了设定的节能目标，是完成“十一五”单位GDP能耗下降20%的约束性的重要支撑。十大重点节能工程作为《节能中长期专项规划》的重要内容及重要的工程技术措施，在“十二五”期间，将对实现“十二五”节能减排目标继续发挥作用。

1.4.2　我国工业节能现状及发展动向

1. 我国工业节能的现状

工业节能是一项巨大的系统工程，包括工业结构改善、工艺流程改进、产品更新换代等，需要细致工作、全面规划。近20年来，工业节能是世界各国主要节能措施之一。它包括降低水、电、汽、气的消耗，即围绕着水、电、汽、气的多次逐级使用和回收低位能等以降低能耗。提高传热设备的传热效率，即不断提出改进和优化方法，逐步达到设备传热阻力小和维修时间短的目的，以少量的热量损失，换取高效的热量传递。例如，紧凑式换热器具有高达45%的传热效率。对公用工程能量系统（蒸汽/动力、冷却和燃料系统）进行优化调整，以提高能量利用效率和能源效率；随着节能技术的深入发展和能源结构的较大变化，应综合利用各种形式的能量，以保持工业生产中使用低价格的能源。

在工业节能技术中，各国大力发展1971年发端于英国的流化床燃煤技术。这是把煤和吸附剂（石灰石）加入锅炉燃烧室的床层中，从炉底鼓风，使床层悬浮，形成湍流混合条件，从而提高燃烧效率。燃煤流化床的燃烧效率可达85%~99.5%。此外，又大力发展燃气-蒸汽联合循环技术［热效率可达36%~46%，火电煤耗（标准煤）可降低到341~273g/(kW·h)］、热电联产技术（可使一些工厂总能源效率从50%~70%提高到70%~

90%)，以及工业节电技术（如采用电子转速调节/控制器，可使电动机耗电量降低50%）等。

当前我国节能工作面临诸多问题，例如对节能重要性缺乏足够的认识；在发展思路上存在重开发、轻节约，重速度、轻效益的倾向；把节能仅仅作为缓解能源供需矛盾的权宜之计，供应紧张时重视节能，供应缓和时放松节能；片面认为节能可以依靠市场机制来实现，对节能在转变经济增长方式、实施可持续发展战略中的重要地位以及政府在节能管理中的重要作用缺乏足够的认识；节能还没有成为绝大多数企业和全体公民的自觉行动；缺乏有效的节能激励政策，尚未建立适应市场经济体制要求的节能新机制。

国内外实践表明，节能在很多方面属于市场失灵的领域，需要政府宏观调控和引导。目前在财税政策上对节能改造、节能设备研制和应用以及节能奖励等方面，应加强支持的力度，并建立有效的节能激励机制。

节能必须依靠技术进步，而我国节能技术开发和推广应用不够。改革开放以来，我国开发、示范（引进）和推广了一大批节能新技术、新工艺和新设备，节能技术水平有了很大提高。但从总体上看，投入不足，创新能力弱，先进适用的节能技术，特别是一些有重大带动作用的关键技术开发不够。同时由于缺乏鼓励节能技术推广的政策和机制，多数企业融资困难，节能技术推广应用难。

节能监管和服务机构能力建设滞后。目前，全国共有节能监测（技术服务）中心145个，绝大部分受政府委托开展节能执法监督和监测。但总体上看，多数节能监测（技术服务）机构能力建设滞后，整体实力不强。能源统计体系不完善、节能信息不畅，难以适应节能工作的需要。所以当务之急必须加强管理，提高全民的节能意识，激发节能积极性，才能真正将节能工作落到实处。要统筹规划，开展节能技术投资的经济分析和评估，把有限的资金用在经济效益和节能效益最大、对生产质量要求迫切的环节上，节能措施要考虑节能效果，同时也要兼顾改善企业的整体效益，要考虑节能技术的先进性，也要重视量大、面广的普及性项目，有计划地开发、研究、推广一批节能和经济实用的短、平、快技术群，只有这样才能充分发挥节能技术改造对提高企业效益及技术水平的作用。

2. 我国工业节能的发展动向

（1）热能的综合梯级利用　在能量的利用过程中，需要综合考虑能量的数量和品质两方面的属性，只有逐级地利用或转化能量，并尽量缩小两级之间的差异，才能够科学地判定能量是否得到了充分的利用。以物理能的梯级利用为核心，通过不同系统的集成，实现对不同品质的能量的有效利用。

1）先进燃烧和换热技术与设备。开展先进燃烧技术研究，包括水煤浆燃烧技术、循环流化床燃烧技术、煤粉燃烧技术、高温空气燃烧技术、高温燃烧两段脱硫技术、低NO_x/低SO_x燃烧技术、高效燃气辐射管技术等。通过上述技术的改进，可以提高能源的热功转换效率。

换热器广泛应用于化工、石油、动力和核能等工业部门，是工业用能过程热损失的主要环节之一。可以通过降低热阻，来提高换热效率。增加流体的流速和扰动性，可减薄边界层，降低热阻，提高表面传热系数。有必要加大强化传热技术的开发和高效、紧凑式换热器在工业过程中的应用。

2）热声技术的应用。热声技术是基于热致声效应的一种技术，它可以将热能转化为声能，进而用于发电或制冷等。由于热声发动机无机械运动部件，可实现高效率的声学斯特林循环，且采用外燃式工作，因此，热声发电技术具有可靠性高、制造成本低、热效率高（30% ~40%）以及环保等优点。而且热声发电技术可利用太阳能、工业余热以及任何燃料燃烧产生的热能来工作，因而热声发电技术正在成为能源动力研究领域里的一项前沿技术，极具发展潜力和应用前景。

3）联合循环系统。利用技术联合循环的本质是将简单蒸汽循环与简单燃气轮机循环结合起来，实际联合循环的热转功效率已经接近 60%。其本质是，物理能（热）梯级利用的复合循环相对于简单循环取得性能飞跃。基于物理能的梯级利用原理，进一步提高联合循环性能的重点是完善顶循环的放热过程与底循环的吸热过程之间的换热匹配，减小换热过程的品位差。比较典型的有整体煤气化联合循环（IGCC-Integrated Gasification Combined Cycle）发电技术、分布式能源系统等。

（2）能源资源的综合梯级利用

1）化工 – 动力多联产系统。化工 – 动力多联产系统是指，通过系统集成把化工生产过程和动力系统有机地耦合在一起，在完成发电、供热等能量转换利用功能的同时，生产替代燃料或化工产品，从而同时满足能源、化工以及环境等多功能、多目标综合的能源利用系统。作为一种广义的洁净煤利用技术，多联产系统综合了化工生产流程与动力系统的特点，尝试从能源科学、化工科学与环境科学的交叉领域寻找同时解决资源、能源和环境问题的新途径。研究表明，化工 – 动力多联产系统相对于化工与动力分产系统可节能 15% 以上，替代燃料生产与发电成本有望下降 20% 以上，从而有力推进洁净煤利用技术的应用。

例如，我国西部地区如四川、青海、陕西、湖北等省蕴藏着丰富的盐卤和天然气资源，可依据清洁生产、科学用能、资源再循环的指导原则，开展盐卤和天然气资源综合利用的循环经济示范。

2）生态工业园。生态工业园是一个企业集群，基本建立在一块固定的地域之上，不同工业企业间以及工业企业、居民和自然生态系统之间进行良好的合作，有计划地将材料与能源的交换与循环利用集中在一起，实现有效的共享资源，努力使能源与原材料使用最小化，废物最小化且便于处理，从而产生经济与环境效益。我国西部地区蕴藏着丰富的盐卤和天然气资源，依据清洁生产、科学用能、资源循环的指导原则进行的盐卤和天然气资源综合利用的生态工业园正处于示范阶段：采用清洁生产技术，有效减少甚至消除生产过程中的废物和污染物；基于能的梯级利用原理，提高系统能源利用率；从资源再循环的角度，实现氯、CO 等废弃物、污染物的循环利用。生态工业园是实现能源、资源综合利用的良好模式。生态工业园作为循环经济的一个重要发展形态，正在成为许多国家工业园区改造的方向。

3）膜分离技术的应用。膜分离技术被誉为“21 世纪最有前途、最有发展前景”的重大高新技术之一，它在工业技术改造中起着战略性作用。膜技术可应用于许多分离过程，取代传统利用热力学特性的分离技术，是一种高效节能的新型分离技术。以膜法蒸馏技术为例，该技术可以降低塔器高度，节约蒸馏塔能源消耗，减少操作费用。Linas – Tekhno 公司为俄罗斯 1000 万 t/a 密亚斯炼油厂设计建造了改进型膜法蒸馏塔器，该装置已运转 1 年以上，生产汽油和柴油等产品，精馏塔总能耗节约 10%，操作费用节减 50%。因此，应该将新兴的膜分离技术与传统的工艺技术有机结合起来，不断将膜技术的研究成果从实验室推向产业化应用；研究新型聚合膜材料和成膜工艺，进一步制备超薄、高度均匀、无缺陷的非对称膜皮层技术与工艺，同时继续发展无机膜材料在酸、碱、溶剂、高温等环境下，以及对机械强度、抗微生物污染能力要求高的场合的研究与应用。

（3）动力机械节能　我国动力机械领域节能潜力巨大。据统计，泵和风机在用量约3700万台。我国风机、压缩机、泵等为量大面广的通用机械设备，其中80%的设备可调速运行。根据不同的工作状况，进行变频调速技术，一般可节能20%以上，同时还可以起到减少设备磨损，提高设备寿命，降低噪声，改善作业环境的作用。我国矿用通风机总装机容量约为4000万kW，耗能巨大。引入全三维黏性计算流体力学技术进行风机的设计优化以及整体管网系统的分析优化，研制运行控制调整与专家分析系统，建立矿用风机智能安全运行节能控制模块，可以实现节能30%以上（国内泵和风机系统运行效率仅为30%～40%，国际先进水平超过70%）。

电动机等动力机械也存在较大的节能潜力。我国各类电动机总容量约4.2亿kW，实际运行效率比国外低10%～30%，用电量约占全国用电量的60%。为提高电动机的效率，采用冷轧矽钢片代替热轧矽钢片；发展超高效率三相异步电动机；开发铸铜转子电动机；开发高效率高起动转矩永磁同步电动机；采用调速技术改善起动性能和运行特性，提高电动机的运行效率。因此，通过技术改进电动机系统的综合节电率可达30%。

内燃机是消耗石油资源的主要产品之一，目前年产量已达3.5亿kW，耗油指标平均比国际先进水平高10%左右，对其研究开发应用新技术，如直喷、增压、增压中冷、电控、四气门多缸柴油机，电控、增压车用汽油机及节能环保小型通用汽油机、代用燃料内燃机，电控高压燃油喷射系统，这些技术都具有很大的节能潜力。

（4）工业余热余压以及伴生可燃气的回收利用　在我国电力、钢铁、有色金属、石化、建材、玻璃生产、化工、纺织、轻工等高耗能行业进行节能技术分析，一方面是要改进工艺过程，减少浪费；另一方面是增加该工业工程中的二次能源（包括余热、余压、伴生可燃气等）的回收利用，从而提高能源利用效率，降低单位产品的能耗。

1）工业余热余压的回收利用。针对目前的现状，应该积极推进工业过程工艺的改进以及余热余压的回收利用，提高能源的利用率。在钢铁行业，应推广干法熄焦技术、高炉炉顶压差发电技术、纯烧高炉煤气锅炉技术、低热值煤气燃气轮机技术、转炉负能炼钢技术、蓄热式轧钢加热炉技术等余能利用技术。在有色金属行业，推广烟气废热锅炉及发电装置，窑炉烟气辐射预热器和废气余热利用技术。在建材、水泥、玻璃生产过程中，推广低温余热发电技术、余热制冷技术。在化工行业，推广焦炉气化、发电、独立焦化厂焦化炉干熄焦、节能型烧碱生产技术、纯碱余热利用、密闭式电石炉硫酸余热发电等技术。在钢铁冶金等行业的高炉上装配余压涡轮机（TRT），可以回收整个企业用电的6%～8%，如果全国高炉全部采用TRT技术，年可节电百亿千瓦时以上，节能减排效果十分明显。

2）伴生可燃物的利用及垃圾/固体发电。伴随煤炭生产和再加工的煤层气和炼焦气应成为我国的特色能源资源。我国每年有大量的可燃气体直接排空，其蕴含的能量相当于全国发电量的10%，这些可燃气体不仅会造成大量能源浪费，而且产生了严重的环境和安全问题。煤层气和炼焦气的利用技术方案和手段包括气体分离后集中利用、直接化工转化利用、直接燃烧发电，以及上述两种或多种技术手段组合方案。

垃圾中的二次能源物质——有机可燃物所含热量多、热值高。具体的过程是把各种垃圾收集后，进行分类处理。其应用主要为两方面，一是对燃烧值较高的进行高温焚烧（也彻底消灭了病源性生物和腐蚀性有机生物），利用高温焚烧（产生的烟雾经过处理）进行发电；二是对不能燃烧的有机物进行发酵、厌氧处理，最后干燥脱硫，产生主要成分为甲烷的气体，再燃烧发电。

（5）电力电子与节能　电力电子技术是一项综合了控制、电力、电子等于一体的技术，它利用大功率电子器件对能量进行高效变换，控制其输出，从而为各种用电设备提供所需要的电源。它的核心是电能形式的转换，它的主要特征是控制和变换的高效率。

目前在所有的能源中电力方面的能源约占40%，因此，降低电能消耗对于解决能源问题具有相当重要的意义。电能经过电力电子技术处理之后，不仅可以提高效率，优化性能，还能够节约原材料，因此在节约能源方面，电力电子技术有很大的发挥余地。电力电子节能的关键技术主要有热管理技术、开关变频技术、软开关技术、高频技术、有源功率因数校正技术等，这些方法都可以有效地实现能源的高效利用，达到节能的目的。

（6）燃料电池（FC）技术　燃料电池（Fuel Cell）是一种将存在于燃料与氧化剂中的化学能直接转化为电能的发电装置。燃料电池具有以下优点：能量转化效率高、有害气体及噪声排放都很低、燃料适用范围广、模块化强，规模及安装地点灵活、负荷响应快，运行质量高。燃料电池发展潜力较强，预计2020~2030年以后将进入商业化。国际能源署（IEA）预测，到2050年，采用燃料电池发电装机容量将会占全世界发电总装机容量的3%左右（180~300GW）。但是据IEA数据显示，当前固定式燃料电池的单位千瓦容量投资成本高出传统大型燃气联合循环电站约20倍，因此发展燃料电池电站需要进一步克服各方面技术的制约以降低造价、延长寿命、提高可靠性。

工业节能是一项系统工程，除了优化结构、完善制度、改进技术、循环利用外，还需要政府、企业、公众三方的有力配合。国家应强化行业节能信息化管理，完善共性节能技术研发机制，制定推荐性引导、设计和排放标准，应加强考核机制建设，同时将节能目标纳入税收优惠政策框架。形成“政府主导、企业主体、公众参与、法律规范、政策引导、市场运作、科技支撑”的运行机制，才能使工业节能取得重大进展，从而实现我国预定节能减排目标。

思考题

1. 《中华人民共和国节约能源法》中节能的定义是什么？节能有哪些类型？
2. 我国能源消费状况如何？为什么说我国节能具有必要性？
3. 当前我国工业的能源消费和能源利用状况如何？
4. 我国节能有哪些现实意义？
5. 为什么说节能是保护环境和应对全球气候变化的客观要求？
6. 节能的原理什么？举例说明如何应用这些原理？
7. 能源利用效率的计算方法有哪几种？
8. 什么叫能源消费系数？什么叫用能效益？
9. 节能方法主要包括哪些方面？举例说明节约能源的具体措施。
10. 我国改革开放30多年来主要有哪些节能政策？
11. 简述我国工业节能现状及发展动向。

第 2 章　工业耗能设备及热力管道节能技术

2.1　工业耗能设备节能概述

工业是我国的主要耗能行业，在过去三十多年间，我国工业能源消耗占全国能源消耗总量的70%左右。“十一五”期间，我国工业实现了年均11.6%的增长，单位工业增加值能耗累计下降26%，实现节能7.5亿t标准煤。2010年部分省市能耗情况见表2-1。联合国发布的数据显示，在金融危机前的2007年，中国工业生产总值只有美国的62%，而到了2011年，中国工业生产总值就已经是美国的120%。工业涉及的部门多、范围广，有些工业部门是能耗大户，如钢铁、有色、建材工业；有些是能源转换加工企业，如炼油厂、煤加工企业、火力（热力）发电厂等。工业企业不仅消耗一次能源，也消耗大量的二次能源（如电能）。因此，做好工业节能工作，不仅能降低本行业的能源消耗，同时也对交通节能、建筑节能、农业节能以及民用节能带来影响。因此，工业节能是各行业节能的源头和重点。

表 2-1　2010 年部分省市能耗情况

省　市	单位GDP能耗		单位工业增加值能耗		单位GDP电耗	
	指标值（单位：t标准煤/万元）	同比上或下（±%）	指标值（单位：t标准煤/万元）	同比上或下（±%）	指标值（单位：kW·h/万元）	同比上或下（±%）
辽宁	1.439	-5.08	2.257	-6.95	1119.99	-6.82
北京	0.606	-5.76	0.909	-12.30	681.85	-2.74
天津	0.836	-6.03	0.911	13.54	782.88	-8.49
河北	1.640	-5.02	2.999	-9.54	1449.94	-2.52
山东	1.072	-5.46	1.543	-9.20	972.49	-3.86
江苏	0.761	-5.17	1.107	-10.17	1064.25	-5.50
上海	0.727	-6.17	1.957	-5.00	808.49	-6.39
浙江	0.741	-5.41	1.123	-4.96	1176.50	-2.33
福建	0.811	-3.81	1.150	-2.70	1032.05	-5.87
广东	0.684	-4.27	0.809	-6.94	1002.09	-6.13
海南	0.850	-2.81	2.613	-4.53	922.89	-2.61
广西	1.057	-4.43	2.235	-6.68	1279.87	-2.00

工业生产部门有许多通用设备，如锅炉、窑炉、泵和风机、电动机等，这些通用设备是工业部门的主要耗能设备。下面对工业锅炉、窑炉、泵和风机的节能技术加以介绍。值得注意的是，各种工业节能技术都有一定的适用条件，且节能技术在不断发展，因此，工业企业

应结合自身的实际用能状况，开发或选用最适合自己的节能技术。

2.2 工业锅炉节能技术

2.2.1 锅炉技术简介

自古以来，通过燃料燃烧获取热量一直是人类获取能量的一种重要方式。锅炉是一种典型的能源转换设备，它是利用燃料燃烧或其他能源转换的热能把水（或导热油）加热成为热水（热油）或蒸汽的机械设备。锅炉中产生的热水或蒸汽可直接为工业生产和人民生活提供所需要的热能，也可通过蒸汽动力装置转换为机械能，或再通过发电机将机械能转换为电能。提供热水的锅炉称为热水锅炉，主要用于生活，工业生产中也有少量应用；产生蒸汽的锅炉称为蒸汽锅炉，常简称为锅炉，多用于火电站、船舶、机车和工矿企业。

锅炉参数是表示锅炉性能的主要指标，包括锅炉容量、蒸汽压力、蒸汽温度、给水温度等。锅炉容量可用额定蒸发量或最大连续蒸发量来表示。额定蒸发量是在规定的出口压力、温度和效率下，单位时间内连续生产的蒸汽量。最大连续蒸发量是在规定的出口压力、温度下，单位时间内能连续生产的最大蒸汽量。蒸汽参数包括锅炉的蒸汽压力和温度，通常是指过热器、再热器出口处的过热蒸汽压力和温度，如没有过热器和再热器，即指锅炉出口处的饱和蒸汽压力和温度。给水温度是指省煤器的进水温度，无省煤器时即指锅筒进水温度。

1. 锅炉的结构及运行

锅炉整体的结构包括锅炉本体和辅助设备两大部分。锅炉本体一般包括锅和炉两部分，其中锅是指锅炉的汽水系统，由锅筒（汽包）、下降管、集箱、导管及各种受热面（水冷壁、过热器、省煤器、空气预热器）组成，其作用是吸收燃料系统放出的热量；炉是指锅炉的燃烧系统，包括炉膛、燃烧器、烟道、炉墙构架等，其作用在于提供尽可能良好的燃烧条件。锅炉本体中两个最主要的部件是炉膛和锅筒。链条炉的典型结构如图 2-1 所示。

炉膛又称燃烧室，是供燃料燃烧的空间。将固体燃料放在炉排上，进行火床燃烧的炉膛称为层燃炉，又称火床炉；将液体、气体或磨成粉状的固体燃料，喷入火室燃烧的炉膛称为室燃炉，又称火室炉；空气将煤粒托起使其呈沸腾状态燃烧，并适于燃烧劣质燃料的炉膛称为沸腾炉，又称流化床炉；利用空气流使煤粒高速旋转，并强烈火烧的圆筒形炉膛称为旋风炉。

炉膛的横截面一般为正方形或矩形。燃料在炉膛内燃烧形成火焰和高温烟气，所以炉膛四周的炉墙由耐高温材料和保温材料构成。在炉墙的内表面上常敷设水冷壁管，它既保护炉墙不致烧坏，又吸收火焰和高温烟气的大量辐射热。炉膛设计需要充分考虑所用燃料的特性，每台锅炉应尽量燃用原设计的燃料。燃用特性差别较大的燃料时，锅炉运行的经济性和可靠性都会降低。

锅筒是自然循环和多次强制循环锅炉中，接受省煤器来的给水、连接循环回路，并向过热器输送饱和蒸汽的圆筒形容器。锅筒筒体由优质厚钢板制成，是锅炉中最重的部件之一。锅筒的主要功能是储水、进行汽水分离，以及在运行中排除锅水中的盐水和泥渣，避免含有高浓度盐分和杂质的锅水随蒸汽进入过热器和汽轮机中。

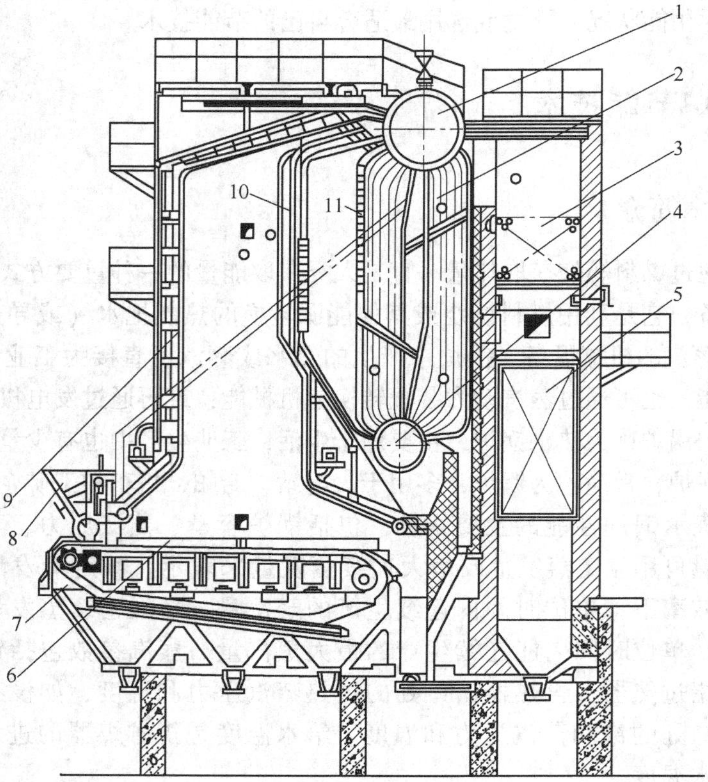

图 2-1　链条炉的典型结构示意图

1—上锅筒　2—锅炉管簇　3—省煤器　4—下锅筒　5—空气预热器　6—防焦箱
7—链条炉排　8—煤斗　9—水冷壁　10—凝渣管族　11—烟气隔墙

锅筒内部装置包括汽水分离和蒸汽清洗装置、给水分配管、排污和加药设备等。其中，汽水分离装置的作用是将从水冷壁来的饱和蒸汽与水分离开来，并尽量减少蒸汽中携带的细小水滴。中、低压锅炉常用挡板和缝隙挡板作为粗分离元件；中压以上的锅炉除广泛采用多种形式的旋风分离器进行粗分离外，还用百叶窗、钢丝网或均汽板等进行进一步分离。锅筒上装有水位表、安全阀等监测和保护设施。

锅炉运行时，对于汽水系统，软化水在加热器中加热到一定温度后，经给水管道进入省煤器，进一步加热后送入锅筒，与锅水混合后沿下降管下行至水冷壁进口集箱；水在水冷壁管内吸收炉膛辐射热形成汽水混合物经上升管到达锅筒中，由汽水分离装置使水、汽分离；分离出来的饱和蒸汽由锅筒上部流往过热器，继续吸热成为一定温度的过热蒸汽（目前大多300MW、600MW 机组主汽温度约为540℃），然后送往汽轮机。

对于燃烧和风烟系统，送风机将空气送入空气预热器加热到一定温度，在磨煤机将煤块磨成一定细度的煤粉，热空气携带煤粉经燃烧器喷入炉膛；燃烧器喷出的煤粉与空气的混合物在炉膛中与热空气混合燃烧，放出大量的热；燃烧后的热烟气顺流经炉膛、对流受热管束、过热器、省煤器和空气预热器后，再经过除尘装置，除去其中的飞灰，最后由引风机送往烟囱排向大气。

为了考核燃烧性能和改进设计，锅炉通常要进行热平衡试验。直接通过有效利用能量来计算锅炉热效率的方法称为正平衡，采用各种热损失来反算效率的方法称为反平衡。考虑锅炉房的实际效益时，不仅要看锅炉热效率，还要计及锅炉辅机所消耗的能量。

单位质量或单位容积的燃料完全燃烧时，按化学反应方程式计算出的空气需求量称为理论空气量。为了使燃料在炉膛内有更多的机会与氧气接触燃烧，实际送入炉内的空气量总要大于理论空气量。虽然多送入空气可以减少不完全燃烧热损失，但排烟热损失会增大，还会加剧硫氧化物腐蚀和氮氧化物生成。因此，应设法改进燃烧技术，争取以尽量小的过量空气系数使炉膛内燃烧完全。

2. 锅炉的分类

锅炉可按照不同方法进行分类。

1）按用途可分为生活锅炉、工业锅炉、电站锅炉、车船用锅炉。

2）按锅筒放置的方式可分为立式锅炉、卧式锅炉。

3）按锅筒数量可分为单锅筒锅炉、双锅筒锅炉。

4）按燃料可分为燃煤锅炉、燃油锅炉、燃气锅炉、余热锅炉、电加热锅炉、生物质锅炉。

5）按燃烧方式可分为室燃炉、层燃炉和沸腾炉等。

6）按燃烧是在锅炉内部或外部可分为内燃式锅炉、外燃式锅炉。

7）按工作介质可分为蒸汽锅炉、热水锅炉、汽水两用锅炉、有机热载体锅炉。

8）按工质在蒸发系统的循环方式可分为自然循环锅炉、强制循环锅炉（即辅助循环锅炉）、直流锅炉和复合循环锅炉等。

9）按水和烟气的流动路径可分为火筒锅炉、火管锅炉、水管锅炉和水火管组合式锅炉，其中火筒锅炉和火管锅炉又合称为锅壳锅炉。

10）按安装方式可分为快装锅炉、组装锅炉、散装锅炉。

11）按制造级别可分为A级、B级、C级、D级、E级（按制造锅炉的压力分）。

12）按出口蒸汽压力可分为常压锅炉、低压锅炉（$p \leqslant 2.5\text{MPa}$）、中压锅炉（$2.5 < p \leqslant 4.0\text{MPa}$）、高压锅炉（$4.0 < p \leqslant 10\text{MPa}$）、超高压锅炉（$10 < p \leqslant 13.7\text{MPa}$）、亚临界锅炉（$13.7 < p \leqslant 16.7\text{MPa}$）、超临界锅炉（$p \leqslant 22\text{MPa}$）。

3. 锅炉的用能平衡分析及节能方向

目前，我国在用中小型锅炉约为50万台，实际运行效率为65%左右，其中90%为燃煤锅炉。如将运行效率提高到80%，年节能潜力约为7500万t煤。如将燃煤锅炉效率提高5%，预计年节煤约2500万t。锅炉的用能平衡图如图2-2所示。

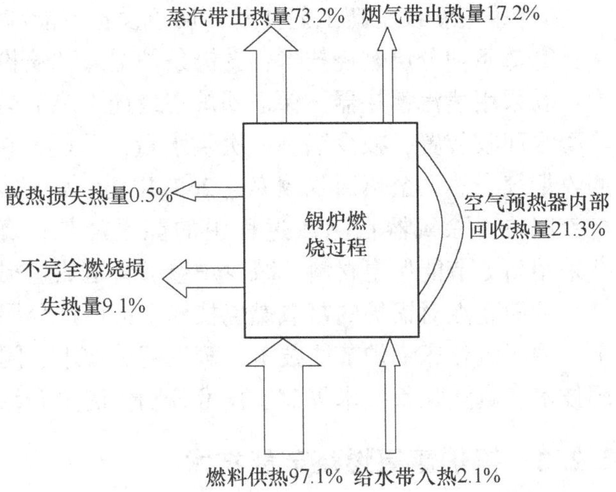

图2-2　锅炉的用能平衡图

在燃煤锅炉产生蒸汽的体系中，进入体系的总能量等于体系输出的总能量（即能量守恒），可表示为

$$Q = Q_1 + Q_2 + Q_3 + Q_4 + Q_5 + Q_6 \tag{2-1}$$

式中，Q表示燃料燃烧输入锅炉的热量，

单位为 J；Q_1 表示锅炉有效利用热，包括锅炉中水或汽吸收的热量，单位为 J；Q_2 表示锅炉的排烟热损失，单位为 J；Q_3 表示气体未完全燃烧热损失，单位为 J；Q_4 表示固体未完全燃烧热损失，单位为 J；Q_5 表示散热损失，单位为 J；Q_6 表示灰渣物理热损失，可忽略，单位为 J。

则锅炉的能量有效利用率 η 计算式为

$$\eta = \frac{Q_1}{Q} \times 100 \tag{2-2}$$

可见，煤燃烧产生的能量中只有 73.2% 转移到蒸汽中，另一部分约占 26.8% 能量通过多种形式转移到了环境中去（即损失掉了）。分析发现，损失掉的能量中，17.2% 由锅炉烟气带走，不完全燃烧损失能量为 9.1%，锅炉散热损失为 0.5%。因此，能量守恒分析，指明了节能的方向，即尽量减少那些转移到体系之外（即环境中）的能量。具体节能方法包括：

1）减少排烟损失。包括控制适当的空气过量系数，强化对流传热；考虑锅炉改造，增设省煤器或空气预热器；如果不方便增设，考虑采取高效烟气余热回收装置，例如高效热管换热器、可预热助燃空气或预热补给软水。但需作全面经济核算，以判断哪种节能措施效果最佳。

2）改进锅炉结构和燃烧方式，以提高燃烧效率，减少不完全燃烧损失。具体方法包括有足够的空气量充足，并能同燃料充分接触；燃烧空间足够大，燃料在炉内有足够的停留时间能完全燃尽；炉膛有足够高的温度使燃料着火。

3）加强锅炉隔热保温措施，以减少热损失。

从宏观层面，可通过对锅炉运行加强管理和采取高新技术进行节能，具体方法如下：

1）推行集中供热，发展热电联产（属于工艺节能）。单纯火力发电的能源利用效率为 40%，而热电（冷）联产的能源利用效率可提升为 80%。

2）加强运行管理，堵塞浪费漏洞（属于管理节能）。①做好燃料供应工作，不同的锅炉供应不同规格的煤（主要是粒度和含水量，以链条炉为例，煤粒度应为 6～15mm）；②严格给水处理，防止锅炉结垢；③清除积灰，提高锅炉效率；④防止锅炉超载，保持稳定运行；⑤加强保温，防止漏风、泄水、冒汽；⑥提高入炉空气温度，一般入炉空气温度增加 100℃，可使理论燃烧温度增高 30～40℃，可节约燃料 3%～4%。

3）采用新设备新工艺技术（属于设备节能和控制节能）。①锅炉（炉窑）富氧燃烧技术；②链条炉分层燃烧技术；③链条炉宽煤种喷粉复合燃烧技术；④循环流化床锅炉节能技术；⑤采用蒸汽蓄热器，保证锅炉在最佳工况下运行，可比采用前节能 5%～15%；⑥设置冷凝水回收装置，减少锅炉一次供水量，节能效果可达 25% 以上；⑦采用高效热管换热器回收烟气余热，余热回收效率达 26% 以上，锅炉热效率可提高 3.1%；⑧采用真空除氧器，可克服热力除氧器在除氧过程中的能量消耗，真空除氧器比热力除氧器节能 50% 以上；⑨采用新型节能保温材料，减少炉壁、管道热量损失。

下面重点对锅炉的富氧燃烧技术、链条炉分层燃烧技术、链条炉宽煤种喷粉复合燃烧技术、循环流化床锅炉节能技术、蒸汽蓄热技术、闭式冷凝水回收技术、锅炉烟气余热回收利用技术、真空除氧技术等节能技术分别作简要介绍。

2.2.2 锅炉富氧燃烧节能技术

目前，我国工业锅炉（包括窑炉）以煤为主要燃料，由于燃料价格不断上涨，工业生产及人民生活都受到了影响。因此，锅炉节能显得越来越重要。20 世纪中期以后，随着一系列反应机理和燃烧规律的建立，燃烧科学被推向新的阶段。为了克服能源利用率偏低和生产、消费当中污染物大量排放等问题，在常规燃烧的基础上，开发出了一种富氧燃烧技术。

1. 富氧燃烧技术的工作原理

富氧燃烧技术采用烟气再循环的方式，用空气分离获得的高含量氧气或纯氧和一部分锅炉排烟构成的混合气代替空气作为燃烧时的氧化剂，以提高燃烧排烟中的 CO_2 含量，其工作原理如图 2-3 所示。富氧燃烧技术不仅能使分离收集 CO_2 和处理 SO_2 容易进行，还能减少 NO_x 排放，是一种能够综合控制燃煤污染物排放的新型洁净燃烧技术。富氧燃烧技术也称为 O_2/CO_2 燃烧技术，或空气分离/烟气再循环技术，是在 O_2/CO_2 气氛下进行的。实践表明，用普通空气助燃，当加热温度为 1300℃时，可利用的热量仅为 42%；而用 26% 的富氧气体助燃时，可利用热量为 56%。工业锅炉（窑炉）若采用富氧燃烧技术，由于助燃气体中氧气含量较高，燃烧就比较充分，不但大大降低了烟气黑度，还因氮气量的减少而减少了热损失，达到节约能源的目的。

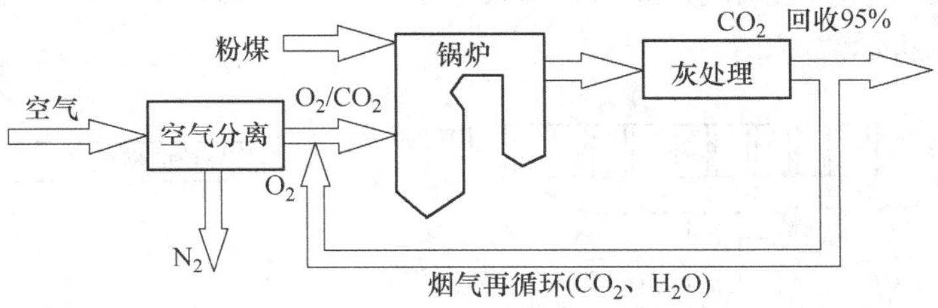

图 2-3　富氧燃烧技术的工作原理

富氧燃烧技术主要由 3 个步骤组成：空气分离、O_2/CO_2 燃烧、烟气压缩与脱水。其中的关键步骤是空气分离制氧，一般只需对常规锅炉进行适当改造即可实施。从空气中制取富氧气体通常有分子筛制氧和膜法制氧两种方法。这两种制氧方法对比见表 2-2。

表 2-2　两种制氧方法的比较

	分子筛制氧法	膜法制氧
原理	利用吸附剂对氧、氮吸附性能的不同来达到分离的目的	利用膜对气体的选择透过性能的不同来达到分离的目的
技术掌握情况	成熟	成熟
装置规模	中、小规模（标准状态下≤10000m^3/h）	中、小规模（标准状态下≤10000m^3/h）
氧气纯度（%）	30～99	23～35
装置生产的副产品	富氮	富氮
设备起动至正常运行时间	数分钟至数十分钟	数分钟至十几分钟
标准状态下设备运行耗电量/（kW·h/m^3）	0.05～0.15	0.06～0.12
设备投资	较高	低
特点	占地小、自动化操作	占地小、自动化操作

2. 膜分离制氧气法

富氧燃烧需要大量的氧气，除了低温分离和变压吸附（PSA）制氧方法外，目前国内外常用的方法为膜分离法。膜法富氧技术被发达国家称为“资源的创造性技术”。该技术系指利用空气各组分透过高分子复合膜时渗透速率不同，在压力差驱动下，将空气中的氧气富集起来获得富氧空气的技术。日本松下电气产业公司和大阪煤气公司开发的膜分离法富氧装置，能生产氧体积分数为28%的富氧空气。美国通用电气公司 UOP 公司制造的富氧发生器可生产氧体积分数为30%的富氧空气。我国自20 世纪 80 年代中期开始研究此项技术，并已研制成功 LTV-PS 富氧膜、ϕ100mm×100mm 卷式组件及装置。

（1）膜法制氧的基本原理　目前，描述渗透物通过高分子的膜传递现象有溶解-扩散模型、孔流模型、不可逆热力学模型等，其中溶解扩散模型得到了普遍认同。溶解-扩散模型认为，气体透过致密高分子薄膜包括溶解和扩散两个过程，气体组分通过膜的过程分为3步：在膜的高压侧，气体混合物中的渗透组分溶解在膜的表面上；溶解在膜表面上的组分，从膜的高压侧通过分子扩散传递到膜的低压侧；在膜的低压侧表面组分解吸到气相。膜法富氧装置由空气过滤器、增压风机、膜法富氧发生器、水环式真空泵、气水分离器等组成。其工艺流程如图 2-4 所示。

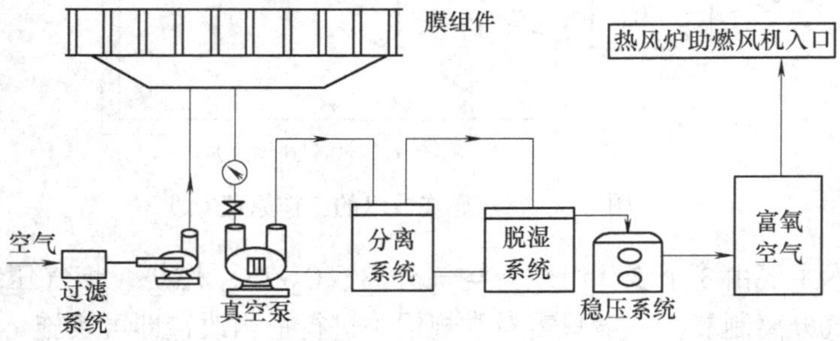

图 2-4　膜法富氧工艺流程

根据气体分子的性质、致密高聚物的物理-化学结构、气体渗透物与高聚物膜之间的相互作用、温度、膜厚等不同，扩散可表现为分形扩散、过渡扩散和正常扩散 3 种行为；随温度和膜厚增大，气体分子在致密高聚物膜内的扩散可能发生从分形扩散、过渡扩散向正常扩散转变的分形渡越现象。

（2）膜法制氧的发展方向　现有的空气分离膜材料有聚合物膜、载体促进输送膜、分子筛膜、离子输送膜。合成高性能膜材料、开发超薄复合膜制备工艺、杂化气体膜分离工艺都是膜法制氧的发展方向，其中最主要的是开发新型液膜用于气体分离。

与深冷法、PSA 法相比，膜法具有设备简单，操作方便和安全、起动快、规模可小可中、不污染环境、投资少、节能效果显著、用途广泛等优点，近年来，膜法制氧已引起国内外的关注，成为一项热门的重要科研及开发项目。它在制备富氧方面的应用正在迅速增长，并正在取代其他高成本及操作不便的分离技术。当氧体积分数在 30% 左右，规模小于 15000 m^3/h 时，膜法富氧技术的投资、维修及操作费用之和仅为深冷法和 PAS 法的 67% ~ 75%，而且规模越小越经济。表 2-3 列出了各种富氧空气制备方法及其经济效益比较，从中可以明显看出膜渗透法的优越性。

表 2-3　各种制氧方法的比较

性能和经济效果	深冷法（高纯）	深冷法（低纯）	变压吸附法	膜 渗 透 法	液体汽化法
产量/(m^3/h)	50～100 000	1 000～100 000	50～4 000	>1 000	>100
纯度(%)	99.6	95	93	40	95.0～99.6
压力/MPa	0.02～0.50	0.02～0.50	0.01	0.01	0.2～15.0
电耗/(kW·h/m^3)	0.80～0.45	0.6～0.4	<0.4	<0.4	>0.8
启动时间/h	30	28	0.2	0.1	0.5
产品成本	中	略低	低	最低	高
设备投资	高	略低	略低	低	最低
综合利用	有其他产品	无	无	无	有
操作性	复杂	较复杂	简单	简单	简单
设备占地	大	大	中	中	小

3. 富氧燃烧技术应用注意事项

（1）O_2/ CO_2 气氛下煤燃烧特性分析　前人研究发现，在 O_2/ CO_2气氛下火焰的着火点模糊且不稳定，未燃尽碳含量高，通过减少循环烟气量、提高二次风中的氧含量和安装氧气喷管等措施可以改善燃烧特性；O_2/ CO_2气氛中煤燃烧的火焰传播速度比相同氧含量的 O_2/ N_2 和 O_2/空气气氛中有明显下降，且随气氛中氧含量的增大而提高，这主要是由于 CO_2的高比热容所致。研究还指出，O_2/ CO_2气氛比相同氧含量的 O_2/ N_2 气氛下的火焰温度低，但气氛的不同并没有影响飞灰反应特性。

综合目前研究成果可知，现有火电厂采用富氧燃烧技术是可行的，而且改造较易进行，但空气分离的巨大能耗和回收 CO_2 的压缩能耗将导致系统效率有所下降。空气分离制氧需要消耗系统能量的 17% 左右，为了便于管道输送而对 CO_2 进行压缩需要消耗系统能量的 9%～14%，虽较常规空气燃烧电站效率有所下降，但比使用空气燃烧同时加装喷氨脱硫设备的机组效率有所提高。O_2/CO_2 气氛较相同氧含量的 O_2/N_2 气氛的燃烧特性略差，通过减少循环烟气量、提高反应气氛中的氧含量及采用合理的燃烧配风技术等措施，可以改善燃烧特性。

（2）富氧燃烧产物中 NO_x 的解决　富氧燃烧技术可以大幅度提高火焰温度、热效率，降低烟气量，是一项具有广阔应用前景的高效节能技术。然而，富氧燃烧使得火焰高温化，由此导致的 NO_x排放增加是限制富氧燃烧技术推广的关键问题之一，不解决 NO_x的控制问题，节能技术也无法实用化。

减少高温火焰中 NO_x 排放量是富氧燃烧作为新型节能燃烧技术得以推广应用的关键之一。从本质上分析，添加稀释剂是另一种形式的烟气循环，一般为在氧化剂侧和燃料侧添加 H_2O、N_2和 CO_2，也有部分研究者研究了 He 的影响。由于减排温室气体、封存 CO_2 越来越成为全球性的迫切需求，用 CO_2稀释燃料或氧化剂、富 CO_2氛围中的燃烧、热解等研究具有现实意义，其目的在于提高烟气中的 CO_2 含量，利于 CO_2分离和回收。

（3）富氧燃烧对环境的影响　采用富氧燃烧技术后，由于燃料燃烧更加充分，减少了以粉尘形式排放的炭粒等除尘器难以收集的可吸入颗粒物；再加上炉内换热的增强、排烟损失的减少等节能因素，燃料消耗量会显著减少，节能效果相当明显，同时也有利于从源头上大量减少粉尘的产生和排放。

采用富氧燃烧技术，还有利于减少和控制 SO_2、CO_2 的排放，但会明显增加 NO_x 的排放。因此，为了推广煤的富氧洁净燃烧技术，需要深入研究煤在富氧燃烧时 SO_2、NO_x 的产生机理，特别是低硫煤富氧燃烧炉内脱硫脱硝的基础研究，寻找有效控制 SO_2、NO_x 排放的措施，以获得节能与环保的双重效益。

富氧燃烧有明显提高燃烧的速度、缩短燃烧时间、提高燃烧温度、降低燃料燃点、燃烧烟气量小、减少排烟热损失、提高热量利用率等一系列优点。

2.2.3 链条炉分层燃烧节能技术

1. 链条炉分层燃烧的工程背景

链条炉是国内使用最为广泛的火床锅炉，大量用于工业领域，这些锅炉在实际运行中燃烧效率只有70%～80%，锅炉的低效性使企业内部能耗高、成本高。为提高企业竞争力，必须采用新技术以改进传统锅炉，提高锅炉的热效率。

目前，工业锅炉中前饲式链条炉在我国使用较为普遍。在这种锅炉中，可通过调节煤闸板的高度来调节煤层的厚度，空气从炉排下方自下而上进入，通过调节各风门开度来实现分段送风，达到较好的燃烧工况。该炉型存在的主要问题是：实际使用中出力不足，不适应负荷剧烈变化，锅炉热效率低，炉渣中碳含量偏高，炉排漏煤量大；由于煤的落差比较大，造成仓内颗粒分配不均，两侧煤块多，中间细煤多，导致煤层通风不均，火床燃烧不均匀，燃烧工况不佳。

在链条炉运行调节过程中，主要调节送风量和炉排速度，而调节送风量对负荷变动最为灵敏。由于火床燃烧的温度很高，燃烧的反应速度又取决于空气的供应量，而增加送风量，提高风速，就能使燃烧加快，并使出力立即增大，反之亦然。因此，应研究煤层分布，寻求同等煤层厚度下风阻最小的布置方式，从而使调节送风量对负荷变动更为灵敏，以达到更好的节能效果。

由流体力学及空气动力学可知，颗粒大小不一的煤粒混合时，理想火床分布形式是大煤粒在下，自下而上煤粒逐渐变小。由于这种形式使煤面分层间距加大，透风阻力减小，同时较大颗粒的煤块被空气包裹的面积增大，更利于燃烧。可见，较大颗粒在下，不仅降低了鼓风机、引风机风压，减小了电能消耗，而且减少了炉排漏煤损失，对燃烧工况有较大改善。

要实现上述理想煤层分布，传统方法可以用风力抛煤机和后饲式机械抛煤机。理论上这两种机械均可将煤分层，但抛煤机一般需要比较高大的开式炉膛，飞灰量大，并且对抛煤机的制造质量要求很高，否则会造成炉膛起堆、抛程不远、抛煤角度倾斜以及机械磨损严重等缺陷；加之工程量大，技术复杂，同时须增加供风设施或机械动力，因此很少有企业愿意采用此法。

近年来分层燃烧技术得到了大力推广。该技术便于对传统闸板式给煤炉进行改造，因而受到企业的普遍欢迎。分层燃烧也是国家重点推广的新型节能环保技术，有效地解决了目前链条锅炉普遍存在的煤种适应性差、出力不足、炉渣含碳量高、冒黑烟等问题。

2. 分层燃烧的工作原理

分层燃烧是通过一台特殊的筛分机械设备来实现的，如图 2-5 所示。该设备外形尺寸和原煤斗相同，内部设置连续转动的转辊，动力来源于锅炉主轴，该转辊主要是用来疏松、搅动原煤，便于原煤的下落。转辊上部设有防漏煤板，同转辊一起来限制给煤量。因为物体下落时，质量大的速度快，因此较大颗粒的原煤就先落下。这样原煤就有规律排列在炉排上，即大颗粒在下面、中颗粒在中间、小颗粒在上面，均匀地铺撒在炉排上并且煤颗粒之间也能有一定的间隙，从而形成一种松散、分层、透风空隙大的煤层结构，有效地避免了炉排上出现火口和燃烧不均的现象，进而提高了煤层的燃尽速度，杜绝拉火现象，提高了锅炉效率。

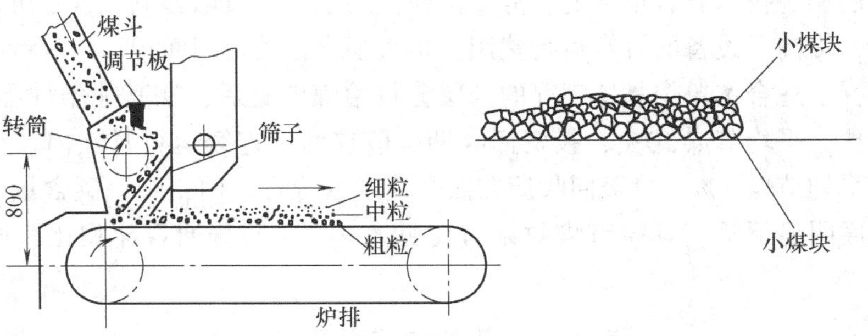

图 2-5　单辊式分层燃烧装置结构示意图

分层燃烧包含的第一个内容是，分层的煤进入燃烧状态后必须是由上而下逐层燃烧起来。分层的煤层通风好，燃烧温度高，煤层的燃烧过程包括动力燃烧、过度燃烧和扩散燃烧三个阶段。这三个燃烧阶段随燃烧条件和燃烧工况的变化而变化，是分层燃烧的第二个内容。强化燃烧室内悬浮可燃物燃烧也是煤燃烧不可少的一个阶段，这是分层燃烧的第三个内容。

分层燃烧技术的基本特征可概括为：①均匀给煤，在锅炉炉排上燃烧的煤颗粒粒度基本一致；②动力给煤，在煤仓向炉排给煤的工艺流程中增加动力给煤装置——给煤机，其作用是减小落煤压力，变密实煤层为松散煤层；③分层给煤，使炉排上的煤层按颗粒大小自下而上排列；④强化悬浮燃烧物燃烧，采用二次风或蒸汽助燃及炉拱的配合，强化悬浮在燃烧室内的微粒煤、挥发分和其他可燃气体完全燃烧；⑤分层燃烧，分层煤进入燃烧后，必须是由上而下逐层燃烧起来。

随着人们节约能源、保护环境等意识的加强，链条炉的分层燃烧技术在生活中得到了越来越广泛的应用。在应用实践中发现，这项技术具有以下优越的特点：

1）对煤种的要求有所降低，提高了对煤种的适应性。

2）锅炉升温升压快，点火方便，能改善着火条件，增强对负荷变化的适应性。

3）减少漏煤量，通风性好，燃烧充分，使炉渣中碳含量大幅度下降，降低了机械的不完全燃烧损失。

4）通风阻力小，减少漏风量，降低了排烟损失，从而提高锅炉热效率，同时也提高了锅炉出力，即使燃用劣质煤也可达到或接近额定出力。

5）提高燃烧效率，降低灰渣中可燃物的含量，达到节煤的效果。使用该装置后锅炉效率一般可提高8% ~12%，炉渣碳含量可以降低10%左右，炉膛温度可以提高50 ~100℃。满负荷运行半年左右，仅节约燃料费用一项即可收回全部设备改造费用。

6）分层给煤装置故障率低，使烧损挡渣器的现象从根本上消除，节省锅炉维修费用。

7）消除因重力作用造成的炉排进煤斗时形成的两侧块多、中间粉多的不均匀给煤状态，达到均匀分层布煤的效果。

8）由于炉排表面煤层燃烧时保持平衡，免除了司炉人员拨水捅火的繁重体力劳动，为锅炉自动化运行创造有利条件。

9）燃料得到了更充分的燃烧，减少了烟尘及有毒气体对环境的影响，减轻了环境压力。

显然，分层燃烧技术有着很强的优势，但在使用中也有负面影响，其不可避免地增加了设备的初投资，提高了设备的日常运行费用，扩大了设备的占用面积。

当用户选择了适合本单位具体工况的分层分行给煤装置后，在其他条件不变的情况下，与普通煤斗相比，平均节煤10%，投资回收期一般在两个连续运行月之内。与以往旧式分层煤斗相比，平均节煤5%，投资回收期在四个连续运行月之内，炉渣碳含量、鼓引风电耗等均有不同程度明显下降。具体节煤效果对比见表2-4（与普通煤斗相比、按连续运行统计）。

表2-4　分层燃烧节煤效果对比

锅炉吨位/(t/h)	小时煤耗/(t/h)	日煤耗/t	日节煤/t	煤均价/(元/t)	日节费用/元
6	1.4	33.6	3.36	380	1276
10	2	48	4.8	380	1824
20	3	72	7.2	380	2736
30　45	5	120	12	380	4560
60　130	12	288	28.8	380	10944

3. 分层燃烧设备的结构和类型

分层燃烧技术自1993年开始就应用到了正转链条锅炉领域，经过近二十年的发展，已由当初最原始的单辊式分层给煤机发展到目前最先进的三辊式分层分行给煤装置。主要有以下几种类型：

1）按安全可靠性（主要体现在供煤的连续可靠性），可分为单辊式、双辊式、三辊式三种。

2）按经济合理性（主要体现在筛分器形式），可分为钢筋条式、渐扩渐缩式（又称梳齿式）、波峰波谷式（又称垄沟垄台式）、可变形组合式四种。

3）按锅炉吨位及煤斗结构，可分为单煤斗式及双煤斗组合式两种。

4）按动力驱动方式，可分为炉排前轴拖动式、自带电动机拖动式及如上两种动力兼备式三种。

5）按煤闸板的数量，可分为单闸板式、双闸板式、三闸板及多闸板式四种。

这些类型中最关键的是前两类，其余的不同结构与类型均是围绕前两类的基本形式，根据用户的具体工况所作的不同组合而已。下面对几种基本结构形式作简要介绍。

（1）单辊式给煤装置　该装置属第一代装置（图 2-6），有一定的节煤效果，但分层后的煤层表面不平整，构造过于简单，煤层厚度控制板的布置位置不太科学：无论煤层厚度控制板在哪个位置，总有一部分原煤是靠拨煤辊上的拨煤条拨转下去，而另一部分原煤却是靠其自重流下，这样前者的下煤量得到控制，而后者的下煤量失去控制，造成炉排上的煤层厚度高低不一，甚至出现垄沟现象。雨季时由于煤潮湿，拨煤辊上的拨煤条很难有效地拨出原煤。冬季，冻煤块在拨煤处打滑，有时炉排断煤，也易出现燃煤滞留的“死区”现象。当锅炉处于热备用和故障停炉期间，原煤沉积达到一定程度，也易形成“死区”现象。出现上述情况时司炉人员锤砸钎捅也无济于事，只好停炉。

（2）双辊式给煤装置　双辊式给煤装置（在图 2-7 中去掉湿煤搅拌辊 2 后所剩余部分）是在单辊式的基础上发展而来的，较单辊式横向增加了一根移煤辊，其作用是承接下煤筒或电动翻斗的供煤，并将其平行移位到拨煤辊上，此举由于增大了燃煤与转辊之间的接触面积，使得煤层闸板的底部可以布置在拨煤辊垂直轴线的延长线上，弧顶燃煤受到煤闸板的有效控制，消除了单辊式设备无法克服的“燃煤自流”现象。

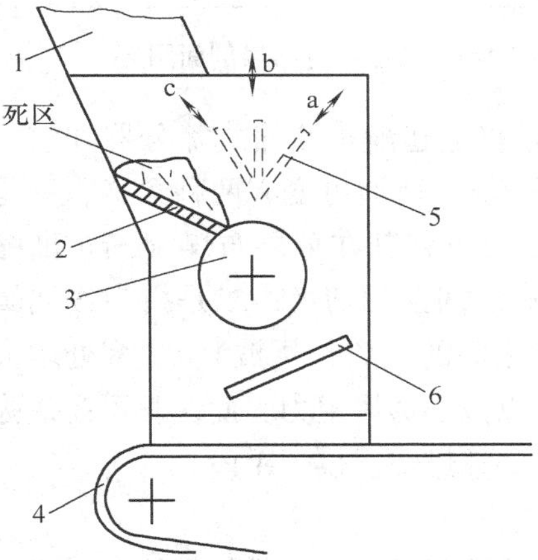

图 2-6　单辊式分层燃烧装置结构示意图

1—下煤筒　2—防漏煤板　3—拨煤辊　4—炉排　5—煤层厚度控制板　6—筛分器

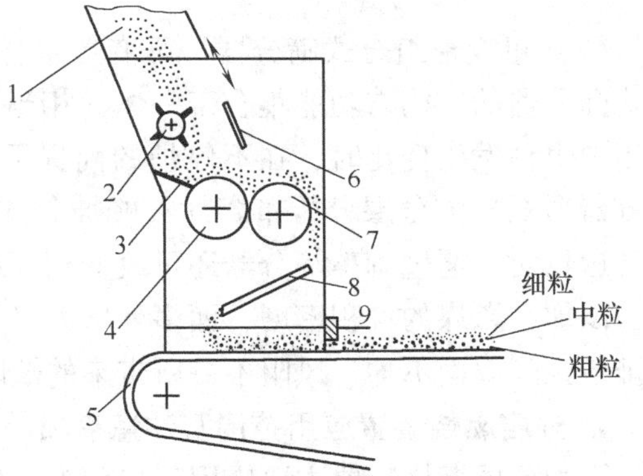

图 2-7　三（双）辊式分层燃烧装置工作示意图

1—下煤筒　2—湿煤搅拌辊　3—防漏煤板　4—移煤辊　5—炉排　6—倾斜式煤层厚度控制板　7—拨煤辊　8—筛分器　9—防漏风活动翻板

（3）三辊式给煤装置　三辊式分层燃烧装置（图 2-7），标志着分层燃烧技术不断得到改进和完善。它是在双辊的基础上进一步发展起来的，增加了第三根转辊，即湿煤搅动辊 2。湿煤搅动辊的上面设置破碎齿，可以强制搅动湿煤，使原煤下落不再单靠自重，而是靠不断施予的机械外力，有效避免了湿煤的沉积。湿煤搅动辊可将冻煤块予以有效的破碎，使下煤始终均匀连续，保证正常燃烧。因此，三辊式分层燃烧装置从根本上解决了分层燃烧惧怕使用湿煤和冻煤的顽症。三辊式给煤装置是目前发展最为完善，应用最广泛的分层给煤装置。

（4）钢筋条式筛分器　钢筋条式筛分器是筛分器的最初形式，相同直径的圆钢按疏密两种间隔做成两个排面，上密下疏地搭接起一个整体排面，双层筛体将炉排上的燃煤，按下大上小的顺序，筛分出三个层面，其节能效果及应用范围与渐扩渐缩式筛分器、波峰波谷式筛分器和可变形组合式筛分器有明显的差距。

（5）渐扩渐缩式筛分器　渐扩指的是燃煤经过筛分器时，其漏煤间隙逐渐均匀扩大，渐缩指的是构成筛分器的每根筛条按燃煤走向，由宽逐渐均匀缩小，其分层机理等同于钢筋条式，但筛分出的煤层不仅是固定的三层，而是无数层，整个煤层断面呈底部大粒、上部小粒均匀的递减趋势（在拨煤辊落煤均匀的前提下），上部表面被最细小的煤颗粒覆盖成为一个平面，如图 2-8 所示。

（6）波峰波谷式筛分器　波峰波谷不同于渐扩渐缩式筛分器将煤层上表面筛分出一个平面的形式，而是把煤层的上表面沿炉排宽度方向布置成均匀的波峰波谷形式，自炉前看去，像垄沟垄台一样的分行排列，如图 2-9 所示，其煤层的上表面积较炉排的有效面积增加了 20% ~40%。

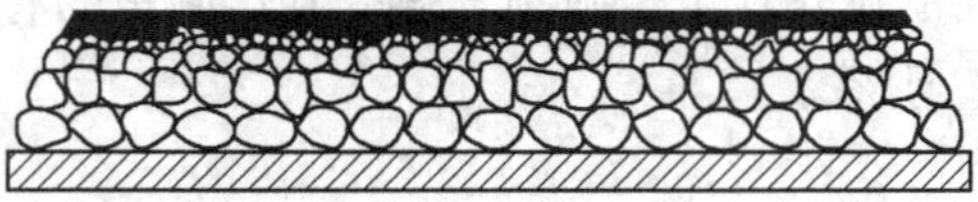

图 2-8　分层布煤剖面图

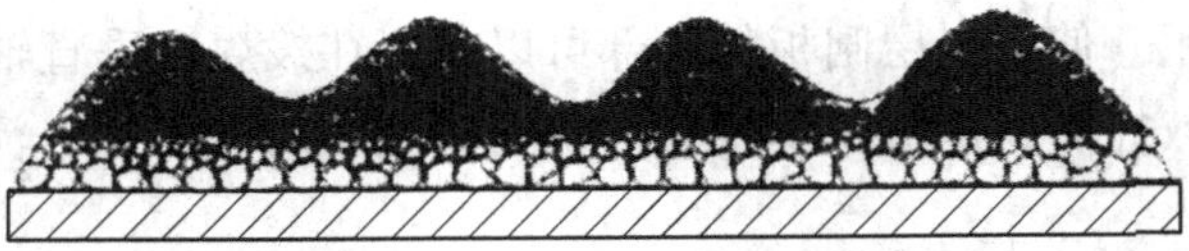

图 2-9　分层分行布煤剖面图

（7）可变形组合式筛分器　可变形组合式筛分器是将上述渐扩渐缩式筛分器和波峰波谷式筛分器的结构与功能集合于一体（相当于两套筛分器）。所谓可变有两种含义，一是指当用户煤种发生变化时，在不停炉的前提下，几分钟之内可将其在分层布煤（渐扩渐缩式筛分器形式）与分层分行布煤（波峰波谷式筛分器形式）间互相切换；二是指当按波峰波谷式运行时，通过调整筛分器还可改变相邻或全部波峰之间的距离（周波），块多处增大周波，以加大燃煤的堆积密度，面多处增大峰谷间高差，以减小通风阻力，此调整可有效弥补炉排各区间块面不均、风阻不一所带来的缺陷，为细化调整燃烧提供了手段。

4. 分层燃烧装置应用范围及注意事项

锅炉分层燃烧装置主要应用于采用煤闸板式给煤方式的正转链条炉排的锅炉。对于分层装置的应用范围，可以根据锅炉形式的不同加以选择。选择的原则主要有以下几个方面：

1）对小吨位斗提式上煤锅炉，由于煤斗上部是敞开式的，不必担心出现“死区”现象，选择双辊式结构、炉排前轴传动方式即可。

2）对大吨位联合上煤锅炉，由于煤斗上部是封闭式的，一旦出现“死区”将难以处理，选择三辊式结构效果最佳；45t/h 以内锅炉，因所需动力有限，选择炉排前轴传动既简单又实用；60 ~130t/h 锅炉应自配动力，以免造成炉排电动机超载。

3）若不论锅炉大小，在选择筛分器时，可参照以下几种模式，即固定使用块煤的锅炉，选择渐扩渐缩式筛分器，按分层布煤方式运行；固定使用面煤的锅炉，选择波峰波谷式筛分器，按分层分行布煤方式运行；所用煤种特别是粒度不固定的锅炉，选择可变形组合式筛分器，当煤种、粒度改变时，相应改变布煤方式，以适应煤种变化。

在设备日常运行中，偶尔会出现一些问题。应用实践中可能出现的问题及解决办法为：

1）煤矸石或石块卡住滚筒。由于近年来煤炭供应较紧张，质量参差不齐，其中有些地区的煤中煤矸石含量较高，导致在运行中煤矸石或石块卡在分层给煤装置的滚筒和后侧板中。这种现象造成了时间不等的停炉修理，对稳定供热造成不同程度的影响。面对这一问题，最好的解决办法是在输煤起始段增设一台粉碎机，但近年使用的粉碎机并不能完全将煤矸石或石块粉碎至合理的颗粒度，还会造成滚筒被卡住的现象。针对这种情况，可在分层给煤装置的两侧板上各开一个检查门，如发现滚筒被煤矸石或石块卡住，则提升分层给煤装置煤闸板，或打开侧面的检查门，放出或拨出卡住的煤块或石块。

2）筛分板烧坏或变形。在锅炉满负荷运行时，由于炉膛温度过高，热辐射较强，极易导致分层给煤装置筛分板烧红、变形，使分层给煤装置丧失功能。防止这一现象发生的方法是，在运行中严格控制火床、火线，尽量不要使火床、火线太靠前，如筛分板已经变形，立即停机，修复筛分板。

3）传动装置保险销切断。分层给煤装置的滚筒与炉排前轴用一条传动链连接，保险销的作用是在超负荷的状态下被及时切断，以起到保护传动链的作用。如果保险销被切断，就说明在滚筒处有石块、煤矸石或其他异物卡住，导致传动装置超负荷。发生这种情况应及时处理：先停机，找到被卡住的异物，清除异物后，再更换保险销，恢复运行。

4）滚筒轴承损坏。在运行中，滚筒轴承损坏主要是由以下几种原因造成的：轴承盖不严密，导致轴承中漏入煤粉，因为某些分层给煤装置两端的轴承座是内置式的，在其他外置式轴承座的分层给煤装置上极少发生。因此，最好的处理方法是，将原先内置式轴承座改造成外置式轴承座，这样可以避免煤粉漏入轴承座损坏轴承。轴承座受热后润滑脂流失导致润滑不良，防止这种现象的方法是定期检查并给轴承加油。冷却水箱损坏、缺水或循环不良，原因是前拱过高，热辐射导致冷却水箱内的水汽化，致使冷却水箱爆裂，防止这种现象的最好办法是，改造降低前拱高度，将冷却水箱完全挡住。实践证明，前拱高度降至 20cm 以下时，能够杜绝冷却水箱过热现象，同时，还要及时检查冷却水阀门，疏通冷却水管路，保证冷却水的供给。

5. 分层燃烧技术应用实例

链条炉的分层燃烧技术有很好的经济效益和环境效益。下面用实例说明锅炉改造前后的节能效果。新疆某热力公司（下属 4 个分公司）供暖总面积达 900 余万 m^2，其规模在全疆位居第二。新疆地区冬季漫长，供暖时间长、能耗高、成本大，节能新技术的应用在该地区尤为重要。根据市政府对现有锅炉必须进行节能改造的要求，热力公司对全公司 22 台锅炉全部实施分层分行给煤装置改造。经公开招标，某研究所生产的三辊式分层分行给煤装置中标，并完成了全部锅炉改造，经年度采暖期的运行检验，节能效果明显。

（1）原有普通煤斗下的情况

1）29MW 以上锅炉煤仓储煤量一般在 80t 左右，煤仓高度 5 ~ 6m，由于煤的自身重力及煤闸板的挤压，使进入炉排上的煤层密度大、透风性差。

2）煤经输送带卸至储煤仓时，块状煤向两侧滚动，产生机械分离，造成沿炉排横向煤层颗粒分布不均匀，炉排两侧块多，中部细煤多。上述问题造成炉排中部（横向）煤层透气性差，通风阻力大，两侧容易漏入冷空气，过剩空气系数上升，锅炉排烟热损失增大；炉排上通风分布不均匀，还容易形成火口，并且许多燃煤烧不透，炉渣中碳含量高，锅炉效率下降，耗煤量增大。

（2）改造后的节能统计　对年度采暖期各种能耗情况进行统计及煤耗量对比，各分公司具体节能数据如下：

1）一分公司共安装分层分行给煤装置6台（65t/h ×4、80t/h ×1、40t/h ×1），年度采暖期较上一采暖期增加供暖面积近40万m^2，用煤总量却减少近1万t，用电总量减少近180万kW·h。经核算，本年度采暖期较上年度采暖期煤耗降低6kg/m^2，共计节煤2.4万t，电耗降低0.87kW·h/m^2，共计节电349万kW·h，煤电总计节约近511万元，总体节能效果明显。锅炉燃烧工况明显好于上一采暖期，工人反映工作强度降低，锅炉燃烧稳定，火床燃烧效率高，鼓引风、炉排电动机负荷降低，供暖质量大大提高。

2）二分公司共安装分层分行给煤装置7台（40t/h ×5、20t/h ×2），本年度采暖期供暖面积与上一采暖期没有较大变化，但与上年度采暖期相比，煤炭耗量从41kg/m^2降到39kg/m^2，共计节约0.3万t燃煤，电耗从4.59kW·h/m^2降到3.97kW·h/m^2，共计节约110万kW·h,以上两项共计节约97万元，节能效果明显。冬季运行锅炉燃烧工况好于上一采暖季，工人工作量降低，鼓引风、炉排、电机负荷降低，供暖质量好于往年。

3）三分公司安装分层分行给煤装置共5台（40t/h ×5），本年度采暖期供暖面积与上一采暖期没有较大的变化，与上年度采暖期相比，煤炭耗量从38kg/m^2降到37kg/m^2，共计节约0.1万t燃煤，电耗从4.74kW·h/m^2降到4.3kW·h/m^2，共计节约72万kW·h，以上两项共计节约50万元，节能效果明显。冬季运行锅炉燃烧情况好于往年，工人劳动强度降低，鼓引风、炉排电动机负荷降低。

4）四分公司安装分层分行给煤装置4台（40t/ h ×4），本年度采暖期供暖面积增长较多，但与上年度采暖期相比，煤炭耗量从56kg/m^2降到43kg/m^2，共计节约117万t燃煤，电耗从6.79kW·h/m^2降到5.61kW·h/m^2，共计节约162万kW·h，以上两项共计节约319万元，节能效果明显。能耗降低幅度大，供暖质量也有很大的提高，锅炉燃烧工况好于往年。

（3）总体效益经济分析

1）使用分层分行给煤装置后，各分公司锅炉燃烧状况均有明显提高，燃烧更加充分，可燃气体排放量和飞灰减少，从而使锅炉出力饱和，实现了节能环保。合理的煤层会减轻对锅炉设备的磨损，减少了炉排故障，同时，因分煤器两侧加装了挡煤板，使锅炉在运行燃烧过程减少了炉排两侧结焦，大大减轻司炉工的劳动强度。

2）在分层分行给煤装置的后箱体与前拱接合面之间，填充厚度为50mm的隔热层，不仅有效防止了设备被烧损现象，而且还可以根据生产需要加装冷却水防护装置，用来保护分层分行给煤装置。

3）煤耗降低。本年度采暖期室外平均气温较前一采暖期低2℃左右，最低温度低于-20℃的天气近60天，供暖需求大于上一采暖期，但单位面积煤耗却低于往年。其中，因使用三辊式分层分行给煤装置节煤约13%，约415万t，单位能耗从上采暖季的42kg/m^2降低至该采暖季37kg/m^2。根据节煤量测算出该采暖季CO_2少排放1048t、SO_2少排放720t、可吸入颗粒少排放747t，为乌鲁木齐市蓝天工程作出了贡献。

4）锅炉电耗降低。分层分行给煤装置使用后，炉排电动机、鼓引风电动机的变频数较前一采暖期低5%左右，单位电耗从上采暖期的4.9kW·h/m^2降低至该采暖期4.2kW·h/m^2，节能效果明显。

5）炉渣中碳含量从前一采暖期的14.17%降低至该采暖期的7.1%，降低幅度巨大，提高了煤炭燃尽率。

2.2.4　链条炉宽煤种喷粉复合燃烧节能技术

1. 复合燃烧的工程背景

链条炉是一种机构比较完善的机械化燃烧设备，具有较好的燃烧稳定性，对负荷变化适应性强，因而在相关行业得到广泛应用，尤其在我国工业、小型电厂及集中供热锅炉房中大量使用。目前，75t/h 以下蒸汽锅炉及 29MW 以下热水锅炉多数采用链条炉。

但链条炉在使用中也存在一定缺馅，主要是出力不足，热效率偏低，特别是在煤种多变、煤质不好的情况下，问题更加严重。运行较好时出力一般为额定出力的 70% 左右，少数运行不好的仅在 50% 左右，灰渣可燃物含量高达 30% ~40%，实际热效率仅在 60% 左右。另外，许多地区链条炉不能燃用当地劣质煤，不得不从远处高价调入优质煤维持运行，造成供热成本大大增高，严重影响锅炉的正常使用，浪费了大量能源。而且，当煤种改变时，链条炉的燃烧效率和锅炉处理量常常会大幅度下降。如何提高链条炉的煤种适应性，以适应目前煤种多变的趋势，成为许多业内人士十分关注的问题。

因此，链条炉的宽煤种喷粉复合燃烧技术引起了人们的关注。该技术主要是为强化炉内燃烧过程，提高锅炉燃烧效率及煤种适应性而开发的。应用这种技术改造锅炉能从根本上解决链条炉在不同煤质条件下着火和燃烧问题。

2. 链条炉宽煤种喷粉复合燃烧的工作原理

由锅炉燃烧理论可知，保持炉膛足够的高度是保证锅炉良好燃烧的首要条件。炉温高，煤在炉内干燥、干馏顺利，达到着火温度的时间短，着火就容易。炉温越高，对煤着火越有利，煤种适应性也越好。在现有燃煤锅炉的燃烧方式中，煤粉炉的炉温最高，煤种适应性比较好，特别是燃用劣质煤的能力较强。在煤粉炉中，煤被磨成煤粉随空气进入炉内进行悬浮燃烧，由于煤粉很细，与空气充分接触，能在很短的时间内获得较高的炉膛温度，并且燃烧得比较完全，热效率高。

原始链条炉改造为喷粉复合燃烧方式的原理，是将链条炉排和煤粉这两种不同的燃烧方式有机结合，共同在一台炉上互为辅助，互为利用，扬长避短。在燃烧过程中，煤粉靠炉排上火焰点燃，煤粉燃烧形成的高温火焰提高了炉膛温度，为链条炉排上的煤层着火提供了丰富的热源，使难以着火的煤着火燃烧顺利，改变了过去链条炉单纯依靠炉拱热辐射引燃的状况，从而使锅炉在负荷多变、特别是改烧劣质煤的情况下，均能达到稳定燃烧。

整个链条锅炉燃烧过程可分为炉排燃烧和煤粉燃烧两个过程。炉排燃烧过程为：链条炉排循环转动，把煤带到炉排上，煤层随着炉排不断地从炉前向炉后移动，并在移动中依次进行预热干馏、着火燃烧、燃尽，最后排出炉渣。煤粉燃烧过程为：煤从煤斗下来，传到给煤机，给煤机根据锅炉负荷大小调整给煤量，将煤均匀地分配给风扇磨煤机；煤的干燥采用高温烟气或热风作为干燥剂，高温烟气接至炉膛上部，通过抽烟管后进入磨煤机并与部分空气混合作为一次风；煤在磨煤机内撞击成粉末，随一次风从燃烧器中部喷入炉内；炉排和煤粉共用一台鼓风机，鼓风机吸入冷空气，经预热器预热后分为两路，一路通向炉排送风管道，为炉排送风，另一路通向燃烧器作为二次风。炉排和煤粉燃烧后的烟气经辐射受热面和对流受热面换热，通过引风机排入烟囱。

3. 链条炉喷粉复合燃烧系统的构成

复合燃烧方式不仅保留了链条炉负荷适应性好、负荷调节方便、技术容易掌握、劳动强度低的优点，同时具有煤粉燃烧效率高、对煤种变化适应性强及燃烧强度高的优势，使炉膛温度提高，强化了炉内燃烧过程，提高了锅炉燃烧效率及煤种适应性。链条炉采用宽煤种喷粉复合燃烧的改造过程主要是通过保留原炉排燃烧系统，同时增加一套制粉、输粉系统达到的，如图 2-10 所示。

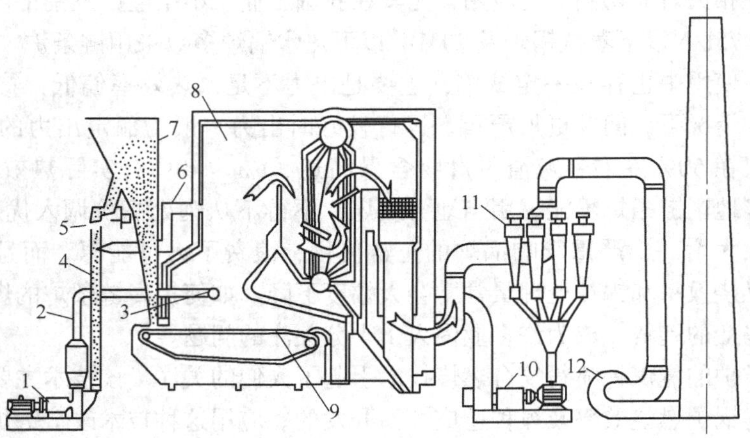

图 2-10　链条炉喷粉复合燃烧系统

1—磨煤机　2—送粉管　3—喷粉口　4—输煤管　5—给煤机　6—抽烟气口
7—煤斗　8—炉膛　9—链条炉排　10—鼓风机　11—除尘器　12—引风机

为了更清晰地表达链条炉宽煤种喷粉复合燃烧系统的运行流程，用流程图 2-11 表示。

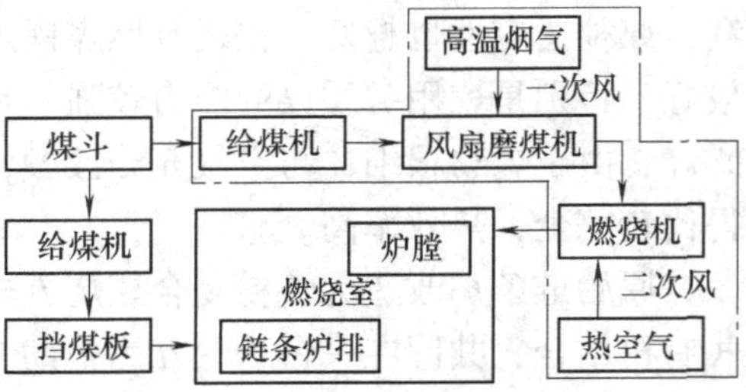

图 2-11　链条炉喷粉复合燃烧流程图

4. 链条炉喷粉复合燃烧技术的主要优势

应用喷粉复合燃烧技术的链条炉与传统链条炉相比，主要优势表现在以下几个方面：

1）具有较好的煤种适应性。可根据煤质好坏调节炉内燃烧状况。煤质好时可直接单独采用炉排燃烧，如煤质不好或遇雨天潮湿，可采用炉排加煤粉复合燃烧。由于链条炉排与煤粉相结合，大大提高了炉膛温度，强化了炉膛燃烧过程，不仅能燃用Ⅱ、Ⅲ类煤，还可改烧贫煤、无烟煤、褐煤和烟煤等。

2）提高了锅炉出力与热效率。通常链条炉运行较好时，炉膛中心温度一般在 1000 ~ 1100℃；出力低、运行较差时，炉膛中心温度一般只有 800 ~ 1000℃，有时炉温低得使煤难以着火，甚至无法运行。采用链条炉排加煤粉复合燃烧后，炉膛中心温度可提高到 1400 ~ 1500℃，大大提高了受热面的换热强度。由传热学可知，辐射传热量与炉膛温度的四次方成正比，因而使锅炉出力大大提高，化学不完全燃烧热损失及机械不完全燃烧热损失大大减少，热效率得以提高。

3）负荷变化适应性强。炉排和煤粉运行时可根据负荷大小随时调整，负荷小时单独用炉排，大时加用煤粉，调节幅度大、速度快，并可临时停炉、压火。在磨煤机临时检修或发生故障时，炉排照常运行，在调节负荷方面要好于其他燃烧方式。

4）运行稳定，具有较好的安全可靠性。在这种燃烧方式中，由于炉排与煤粉的互补作用强化燃烧，煤粉运行的同时有炉排高温火床存在，使煤粉具有长久性可靠热源，运行稳定，不需要专门点火，又可避免因操作不当或突然停电造成的熄火事故，使煤粉燃烧的安全可靠性大大提高。

5）投资小、上马快。用这种改造方法不改变锅炉本体结构，炉体基本不动，对原锅炉安全性毫无影响，原来的鼓风机、引风机照常使用。对煤粉细度要求不高，不需要庞大而复杂的磨煤设备及制粉系统，直接采用系统简单、投资省的风扇磨煤机直吹式制粉系统。由于煤粉与炉排具有互补作用，制粉设备不仅容量小，而且不考虑备用。

6）节能效果好，有效降低煤耗。使用喷粉复合燃烧助燃方式，提高了炉膛温度，使煤能充分燃烧，强化了传热过程，从而提高了锅炉的热效率，节煤率可达 10% ~20%。

7）对环境污染小。使用喷粉复合燃烧技术后，锅炉原给煤机转速可降低，因此，鼓风机和引风机风量减少，飞灰量也大为减少。同时，上部温度的提高使未能燃烧或燃尽的飞灰在此充分燃烧，降低了排烟中飞灰含量。

由此可见，链条炉宽煤种喷粉复合燃烧技术不仅保留了链条锅炉操作方便、负荷稳定的优点，而且还增加了煤粉炉煤种适应性好、热效率高等优点，从而使锅炉在负荷多变特别是燃用劣质煤的情况下，均能达到高效稳定燃烧的效果。但该系统增加了初投资，扩大了日常维修范围，特别是磨煤机等设备要加强维护，这在一定程度上增加了工作量。另外，采用喷粉复合燃烧技术后，锅炉排尘量增加很多，对环境有一定的影响，并且飞灰的增加会加剧对锅炉管的磨损等。

链条炉喷粉复合燃烧技术操作简便易于掌握，但操作不当易引发事故。生产中应做到定人定机，定期检查设备的磨损情况，应特别注意以下几方面问题：

1）输煤系统必须加装除铁器，以免铁块进入磨煤机使磨煤机击板损坏，引发事故。

2）复合燃烧设备必须做好防水措施，一旦水进入磨煤机会造成如下故障：水与煤粉溶合为煤泥，将使磨煤机通道堵死；水进入磨煤机密封材料中会使密封材料失去弹性和强度，并失去膨胀性，导致该密封处大量漏煤粉，污染周围环境。

3）锅炉加装煤粉复合燃烧系统后，烟尘量相应增大，除尘器排尘量增加，应加大除尘器管理，否则会影响除尘效率。

4）锅炉应加强定期放灰、清灰运行管理，防止烟尘堵塞烟道，影响锅炉正常运行。

5）定期检查磨煤机击板磨损状况，做到定期更换。

6）链条锅炉加装煤粉复合燃烧系统后在操作中仍以层燃为主，加煤粉只起辅助作用，生产中应加强运行管理。

5. 复合燃烧技术主要适用范围

链条炉广泛应用于我国工业生产、小型电厂及集中供热系统中。目前 75t/h 以下蒸汽锅炉及 29MW 以下热水锅炉大约有 30 万台，其中链条锅炉占绝大多数。由于我国煤矿分布面广，煤种变化大，链条炉效率普遍较低且出力不足，因此，复合燃烧技术市场潜力非常大，尤其适用于以下场合：

1）因生产和供热发展或锅炉严重老化，锅炉房急待增容而资金或场地比较紧张时，采用此技术可节约近一半投资（与新建锅炉比）。

2）锅炉实际出力严重不足，灰渣可燃物超标，能源浪费过大的锅炉。

3）当地缺少优质煤，致使锅炉运行费用高，需改烧低劣质煤的锅炉。

以上三种情况，在目前链条炉使用中可以说是普遍现象，再加上复合燃烧技术有10% ~ 20%的节煤率，在资源日益匮乏、煤价居高不下的今天，具有显著的经济效益，前景广阔。

6. 链条炉宽煤种喷粉复合燃烧技术应用实例

齐齐哈尔某啤酒厂在啤酒生产中加热、杀菌等所需蒸汽由动力车间提供。动力车间锅炉房内原有一台 10t/h 和两台 6.5t/h 链条锅炉，总出力仅有 12t/h，热效率为 50% ~65%。其中 10t/h 的锅炉出力为 6t/h，热效率为 65%，运行状况较差，不能满足生产需要。该厂于 1998 年 9 月采用复合燃烧技术对该锅炉进行了改造。由哈尔滨市某公司承担啤酒厂 10t/h 链条炉的喷粉复合燃烧技术改造。改造内容包括：增设一套 1t/h 风扇磨煤机直吹式制粉系统，煤粉采用炉烟干燥；锅炉本体炉墙设煤粉燃烧器、抽烟口及防爆门，炉膛增加辐射受热面；给水系统改造；更换引风机；电气系统改造；煤斗增设振动器。

对改造后的锅炉进行了现场热工测试，得出如下结论：改造前平均每吨蒸汽的煤耗量为 200kg，改造后平均降至 184kg，降低了 8%；出力提高了一倍多，达 13 ~14t/h，热效率提高了 10%，达75%；年节煤量和节电量分别为1758t 和15 万 kW · h，年综合效益为39.1 万元，投资回收期为 1.2 年；若改造后常在负荷率较高情况下运行，或将优质煤改烧劣质煤，投资回收期会更短。一般情况下回收期在 0.5 ~2 年。

2.2.5 循环流化床锅炉节能技术

1. 发展循环流化床锅炉的工程背景

循环流化床锅炉是 20 世纪 80 年代才获得规模化发展的燃煤锅炉炉型，是一种新型、高效、低污染的清洁燃煤设备。它具有煤种适应性强、负荷调节范围大、燃烧稳定、脱硫成本低、分级燃烧、有效降低碳氧化合物排放、灰渣综合利用等优点。特别适用于燃用高灰、低挥发分等其他燃烧设备难以适用的劣质燃料，以及负荷要求较高、负荷变化频繁、负荷波动较大的场合。因此，循环流化床技术是国际上公认的商业化程度最好的洁净煤技术之一。

我国的煤种分布较广，有很大一部分是劣质煤及难燃型煤。层燃炉燃用此类煤种时，存在着火困难、负荷量不足、燃烧效率低等问题，难以满足用户的需要。而循环流化床锅炉为流化燃烧方式，燃料适应性较强，可燃用烟煤、褐煤、无烟煤、煤矸石等，很好地解决了上述问题。因此，我国对流化床锅炉的发展提出了迫切的要求。1988 年，第一台蒸发量为 10t/h 的循环流化床工业锅炉通过产品鉴定并投入批量生产。1989 年国内第一台 35t/h 循环流化床发电锅炉通过了技术鉴定。之后，各种循环流化床锅炉逐渐向大型化发展。从 20 世纪 90 年代开始，国家有关部门组织了完善化的 75t/h 循环流化床锅炉示范工程，此后相继成功开发了 130t/h、220t/h、410t/h、440t/h、480t/h、670t/h、1025t/h 循环流化床锅炉。目前，采用国内技术的循环流化床锅炉的可用率、可靠性、效率已经达到国际先进水平，普遍优于引进技术，并积累了大量的经验，使我国成为世界上拥有循环流化床锅炉最多、技术示范广泛的国家。

经过 20 余年的发展，循环流化床锅炉作为首选的高效低污染的新型燃烧设备，已被广泛应用于电力、石油、化工以及垃圾处理等领域，带来了巨大的经济效益和社会效益。

2. 循环流化床锅炉的结构和类型

循环流化床锅炉具有布置合理、结构紧凑的优点，其系统构成如图 2-12 所示，一般分为两部分：第一部分由炉膛（流化床燃烧室）、气固分离设备（分离器）、固体物料再循环设备（返料装置、返料器）和外置换热器（有些循环流化床锅炉没有该设备）等，组成一个固体物料循环回路；第二部分为尾部对流换热烟道，布置有过热器、再热器、省煤器和空气预热器等余热回收设备。

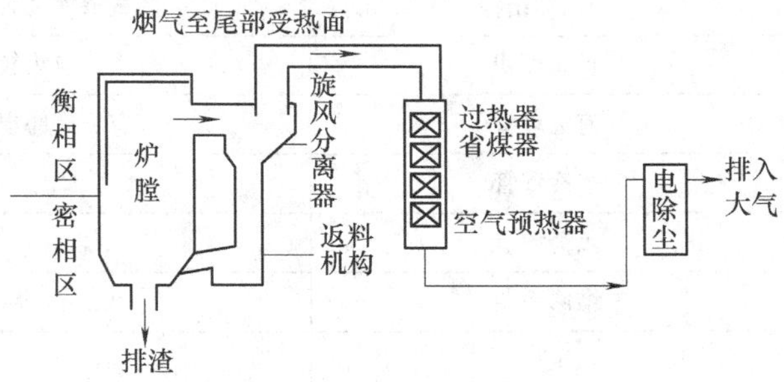

图 2-12　循环流化床锅炉系统构成示意图

根据物料分离器的结构和布置，循环流化床锅炉可分为外循环锅炉（图 2-13）和内循环锅炉（图 2-14）。物料分离器采用立式旋风分离器且布置在炉膛外部的称为外循环锅炉。物料分离器采用水冷蜗壳卧式且布置在炉膛上部的称为内循环锅炉。内循环锅炉由于分离器是由膜式壁构成且布置在炉膛内部，为了最大限度降低磨损，在分离器上覆盖耐磨材料，这样可使辐射面积减少，吸热效率降低。为了补偿这部分损失，在炉膛底部密相区设置埋管。锅炉在运行中，煤粒对埋管磨损十分严重，埋管外的防磨筋一般 0.5～1 年就要重置，埋管发生爆管的几率比较大。因此，根据循环流化床锅炉的使用情况，一般蒸汽量在20t/h以下的锅炉选内循环锅炉，20t/h 以上选外循环锅炉。内、外循环流化床锅炉性能对比见表 2-5。

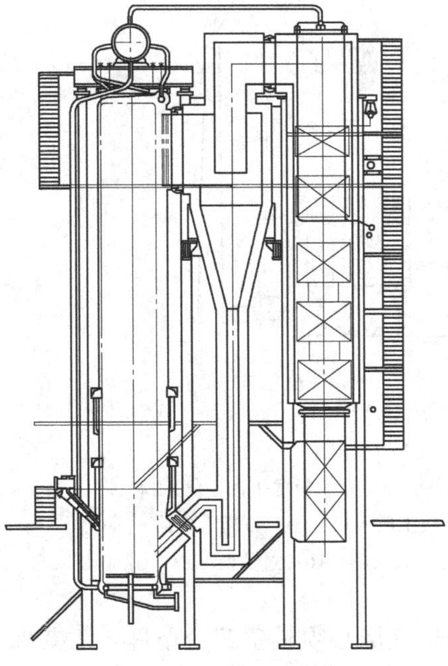
图 2-13　外循环流化床锅炉

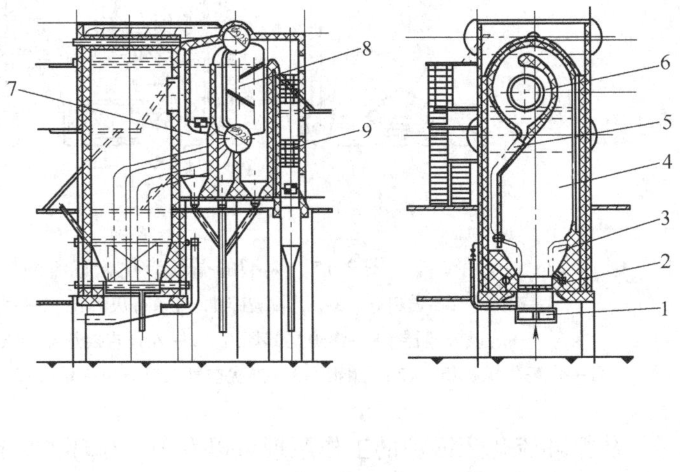

图 2-14　内循环流化床锅炉

1—一次风　2—给煤口　3—二次风　4—炉膛　5—返料系统
6—分离器　7—U 行烟道　8—对流管束　9—省煤器

表 2-5 内、外循环流化床锅炉性能对比

	内 循 环	外 循 环
分离器结构	膜式壁涡壳卧式	旋风分离立式
炉膛面积	较大，点火较难	小，点火易
有无埋管	有、有磨损	无
水冷壁管	膜式壁	光管
负荷调节	较高	高
维修周期	0.5～1 年	5～5.5 年
压火	长	短

3. 循环流化床锅炉的工作原理

典型的循环流化床锅炉的工作原理如图 2-15 所示。其基本工作流程是：煤和脱硫剂被送入炉膛后，迅速被大量惰性高温物料包围，着火燃烧，同时进行脱硫反应，并在上升烟气流的作用下向炉膛上部运动，对水冷壁和炉内布置的其他受热面放热；粗大粒子进入悬浮区域后在重力及外力作用下偏离主气流，从而贴壁下流；气固混合物离开炉膛后进入高温旋风分离器，大量固体颗粒（煤粒、脱硫剂）被分离出来再回送炉膛，进行循环燃烧；未被分离出来的细粒子随烟气进入尾部烟道，以加热过热器、省煤器和空气预热器，最后经除尘器排至大气。

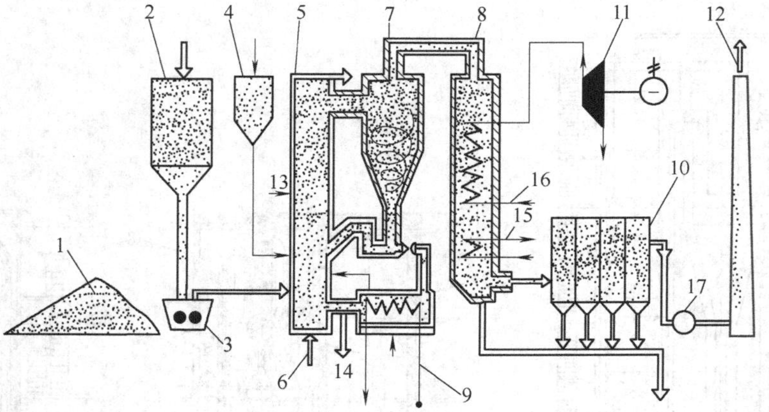

图 2-15 典型的循环流化床直流锅炉的工作原理图

1—煤场 2—燃料仓 3—燃料破碎机 4—石灰石仓 5—水冷壁 6—布风板底下的空气入口 7—旋风分离器 8—锅炉尾部烟道 9—外置式换热器的被加热工质入口 10—布袋除尘器 11—汽轮发电机组 12—烟囱 13—二次空气入口 14—排渣管 15—省煤器 16—过热器 17—引风机

从循环流化床锅炉的工作原理可以发现，循环流床锅炉燃烧必须具备三个条件：①要保证一定的流体速度，且要保证物料粒度处于适当的、使床层维持在快速流区域的粒度；②要有足够的物料分离；③要有物料回送，以及充分的措施以维持物料的平衡。

循环流化床锅炉是一种新型燃用固体燃料的锅炉，与其他燃用固体燃料的锅炉最主要的区别是，其燃料（包括惰性炉料）颗粒处于流态化的反应与热交换过程，物料在炉膛内不

断聚集、沉降、吹散、上升再聚集，使循环床中气体与固体粒子间发生剧烈的热量和质量交换，形成炉内的循环。在燃煤循环流化床锅炉中，燃烧系统的具体运行过程如下：燃料煤首先被加工成一定粒度范围的宽筛分煤，然后由给煤机经给煤口送入循环流化床密相区进行燃烧，且流化速度较高，小颗粒被吹起很多，其中许多细颗粒物料将进入稀相区（衡相区）燃烧，在稀相区产生很高的颗粒含量，并有部分随烟气飞出炉膛。飞出炉膛的大部分细颗粒由固体物料分离器分离后经返料器送回炉膛，再参与燃烧，加大可燃物燃烧深度。可见，循环流化床锅炉燃烧在整个炉膛内进行，而且炉膛内具有很高的颗粒浓度，高浓度颗粒通过床层、炉膛、分离器和返料装置，再返回炉膛，进行多次循环，颗粒在循环过程中进行燃烧和传热。简单地说，有大量物料在炉膛→分离器→返料器→炉膛之间循环，这就是循环流化床锅炉燃烧区域二相流的重要特征。燃烧过程中产生的大量高温烟气，流经过热器、省煤器、空气预热器等受热面后，进入除尘器进行除尘，最后由引风机排至烟囱进入大气。

循环流化床锅炉的床温一般控制在850～900℃。送入布风板下的一次风是用来流化物料，而二次风是沿炉墙从不同高度送入（分级送风）。床的惰性物料（床料）在任何时候都占全部床内固体物的97%～98%，碳的质量分数仅占1.95%～2.18%，因而可以将燃烧温度控制在850～900℃，以保持稳定和高效的燃烧。由于床内98%以上惰性热物料的巨大热容量及流态化燃烧过程，使得燃烧强度增大，其炉膛面的热强度可达3～8MW/h，炉膛容积热强度可达1.5～2MW/m^3，是煤粉炉的8～11倍。因此，与同等功率的其他锅炉比，循环流化床锅炉容积、金属耗量都小得多。循环流化床锅炉具有以下燃烧特点：

1）低温的动力控制燃烧。由于循环流化床燃烧温度较低，一般在850～900℃之间，其燃烧反应控制在动力燃烧区内，并有大量固体颗粒的强烈混合，燃烧效率可达到98%～99%。

2）高速度、高含量、高通量的固体物料流态化循环过程。循环流化床锅炉内的物料参与了两种循环，即炉膛内部的内循环及由炉膛、分离器和返料装置所组成的外循环，整个燃烧过程及脱硫过程都是在这两种循环运动过程中逐步完成的。

3）高强度的热量、质量和动量传递过程。在循环流化床锅炉中可以人为改变炉内物料循环量，以适应不同的燃烧工况。

循环流化床锅炉的传热是极其复杂的过程，它不仅涉及导热、对流、辐射三种基本传热方式，而且传热过程也受到同时存在的燃烧过程、气固流动过程及诸多运行参数操作过程的强烈影响。一般认为，近壁处颗粒或颗粒团非稳定导热是传热的主要部分；在燃烧室上部燃烧区域也占相当份额；而气体对流换热比例相对而言要小得多。若运行于较低气流速度与床内颗粒含量很高时，对流传热可忽略不计。因此，炉膛中固体颗粒含量是影响传热的最主要因素，其次还与床温和换热表面的纵向长度有关。循环流化床炉膛的总传热系数的K值由实验而得，一般在100～200W/(h·℃）之间，其值随床内颗粒密度的变化而变化，密度越高K值越大。

4. 循环流化床燃烧技术的特点及运行注意事项

循环流化床燃烧技术作为一种新型成熟的高效低污染清洁煤利用技术，具有以下优点：

1）燃料适应性强。循环流化床锅炉的炉膛中存在大量由固体颗粒构成的床料，这些炽热的固体颗粒可以是沙子、砾石、石灰石及煤灰。加入的燃料按质量分数计算只占床料总量的1%～3%。由于循环流化床是快速床，不会在运行工况中出现气泡，炉膛内温度能均匀地保持在850℃左右，加入炉膛中的燃料颗粒被迅速加热到炉膛温度并着火燃烧，因而循环流化床不需辅助燃料。实际运行中其不仅能燃烧烟煤、无烟煤、贫煤、褐煤，而且对造气炉渣、煤矸石等劣质燃料也能很好地燃烧。

2）锅炉的效率高。循环流化床锅炉具有循环分离装置，加之生产厂家对分离装置的不断改进和完善，使得分离器的效率高达99%以上，因而该类型锅炉的热效率达到85%以上，燃烧效率在98%以上。

3）锅炉负荷调节范围宽。从国内循环流化床锅炉用户的运行情况来看，该炉型可在30%~110%设计负荷范围内运行，蒸汽温度、蒸汽压力均能保持在正常范围。

4）锅炉的密封可靠。由于国内生产厂家大多采用全密封的膜式水冷壁，取消了原有的膨胀缝，这样既提高了锅炉的效率，又大大改善了操作人员的工作环境。

5）锅炉的防磨措施可靠。由于国内循环流化床锅炉的不断发展，原来让人们头疼的磨损问题现已基本解决，从而使循环流化床锅炉的连续运行时间达到了4000h。国内600多台循环流化床锅炉的运行情况表明，目前采用的一些防磨措施如喷涂、设计预防、密排销钉加耐磨材料、加装金属防磨片瓦、采用合理的管子避让等方法都比较可靠。

6）脱硫效果好。燃煤锅炉排烟中一般含有大量二氧化硫气体，进入大气后将严重污染环境。为了减少烟气中二氧化硫含量，需要用价格昂贵的烟气脱硫装置，或在燃烧过程中加入脱硫剂（如石灰石）。而循环流化床锅炉是低温燃烧，对脱硫非常有利，且循环流化床锅炉的分离器效率高，脱硫剂颗粒可以很细，再加上物料循环使脱硫剂得以循环利用，因此大大降低了二氧化硫的排放，达到了环保要求。

7）NO_x 排放量低。烟气中的 NO_x 按其生成机理可分为热力型、快速型和燃料型。热力型 NO_x 是燃烧用空气中的 N_2 在高温时氧化生成的；快速型 NO_x 是燃料燃烧分解时所产生的中间产物与氮气反应生成的；燃料型 NO_x 是燃料中所含有机氮化合物在燃烧时氧化生成的。在燃煤中快速型占 NO_x 总量较少，一般在5%以下，因此主要是热力型和燃料型 NO_x，而它们与燃烧温度有关，温度越高则其含量越大。循环流化床的炉膛温度一般在850℃左右，此时生成的热力型已较少，再加上合理组织分段送风和分段燃烧，可以有效地减少燃料型 NO_x 的生成。

8）床内不布置埋管受热面。循环流化床锅炉的床内不布置埋管受热面，因而不存在埋管受热面磨损的问题。此外，由于床内没有埋管受热面，起动、停炉、结焦处理时间短，并且长时间压火之后可直接起动。

9）易于实现灰渣综合利用。循环流化床燃烧过程属于低温燃烧，炉内优良的燃烧条件使得锅炉的灰渣碳含量低，灰渣活性好，可作为水泥的掺和料或建筑材料，同时低温烧透也有利于灰渣中稀有金属的提取。

循环流化床锅炉也存在一些不足，表现在以下方面：由于循环流化床的一次风从底部喷出，需要依靠风使燃料保持沸腾状态，因此需要较大的出力；循环流化床的运行维护比较麻烦，不如煤粉炉那么便利；与煤粉炉相比，循环流化床更容易结焦；循环流化床的炉膛磨损严重，锅炉密封也往往不太好。

根据循环流化床锅炉的长期运行经验，运行时要特别注意以下事项：

1）煤质分析。每一批次的煤都应进行煤质分析，还要观察其粒度情况，不同的煤不要混放。循环流化床锅炉虽然对煤种的适应性强，但不同的煤种对应的调节方法各不相同，操作人员必须根据当班使用的煤质进行调节。如果更换煤种，还要预见性的进行调整，以适应新煤种的燃烧需求，保证锅炉无波动正常运行。循环流化床锅炉对煤质的反应比较敏感，当发现炉况波动时，再去分析是否改变了煤种，然后再去调节已来不及了，轻者造成炉况大的波动，重者有可能造成结焦、停炉。

2）结焦。结焦是循环流化床锅炉运行中的常见现象，特别是初次使用的单位，在点火时更容易发生。根据操作经验，防止结焦有以下措施：①防止点火时结焦。底料碳的质量分数一定要在 3% 以下，并且要细一点，最好是掺部分黄沙；风量应开到冷态试验时提供的能使底料完全沸腾的最小风量；投料要得当，当温度升到投料温度时（烟煤≥550℃，无烟煤≥600℃），采取脉冲投料，连续三次，每次投料时间不超过 30s，如果温度继续上升，说明投料成功；当温度达到 800℃ 以上时，关闭助燃源，转入正常运行。特别要注意的是第一次试投，温度不升反降，应立即停止投料，防止底料残炭过高，待温度恢复后再进行第二次试投。②防止运行时结焦。在正常运行时炉膛不容易结焦，结焦多是由煤种的改变和没有及时调节所造成的，也有可能是装置的故障造成的，如风帽损坏、浇筑料脱落、机械故障等。

3）压火。如系统外需要短时间停炉，可采用压火停炉的方式进行操作。压火就是关闭所有进口风门、关停鼓风机和引风机。开车时利用炉膛内储蓄的热量将锅炉起动，无需重新点火。由于停炉时炉膛内聚集大量的煤气，起动锅炉时一定要特别注意，先起动引风机 3 ~ 5min，将炉内煤气抽出，再开鼓风机，否则容易引起爆炸等事故。

4）分离效率下降。首先检查是否漏风、窜气，如有漏风和窜气问题应及时解决；检查分离器内壁磨损情况，若磨损严重则需修补；检查燃煤粒度和流化风量，应使流化风量与燃煤粒度相适应，以保证一定的循环物料量。

5. 循环流化床锅炉的节能减排效益

实际运行情况表明，循环流化床锅炉不但具有较高的燃烧效率（达 97% 以上），而且具有较好的脱硫效果。以 130t/h、220t/h、410t/h 循环流化床锅炉测算（按年运行 5000h、脱硫效率 80%），每台锅炉每年可分别燃用劣质煤 12 万 t、19 万 t、35 万 t，分别减排二氧化硫 2784t、4560t、8502t，节约脱硫费用分别为 222 万元、364 万元、680 万元；由于循环流化床锅炉比煤粉炉的辅助设备少、投资少，因而综合经济效益较好。

6. 循环流化床锅炉技改案例

某矿业集团电力公司 1#锅炉（型号为 SHF-35-39/450）是江西某锅炉厂生产的鼓泡床沸腾炉，于 1990 年 8 月份试运行，最后一次大修时间为 2000 年。由于该锅炉热效率低，燃煤成本较高，虽经多次技改，仍然达不到理想燃烧效果（经济燃烧值为 7.12 ~ 7.54MJ/kg）。为提高锅炉燃烧效率，扩大燃料适用范围，提高经济效益，2005 年 10 月至 2006 年 2 月，该电力公司对老化、低效的 1#锅炉进行全面技术改造，采用当今国内较先进的循环流化床技术，确保锅炉能够燃烧热值为 5.02 ~ 5.86MJ/kg 的燃料，锅炉效率由原来的 67% 提高到 73%。

改造的主要项目为：考虑到锅炉可燃烧热值更低的燃料，根据电力公司周边煤矿的煤质筛分特性，采用循环流化床技术改造该锅炉。因此，对锅炉锅筒、膜式水冷壁、过热器、省煤器、空气预热器及钢结构等部件进行重新设计。炉膛改成悬吊膜式水冷壁结构，炉膛下部呈倒锥形；对锅炉各受热面进行重新布置；高、低温过热器重新设计，降低烟速，保证使用效果和寿命；更新省煤器，在尾部竖井烟道中，设有上、下二级省煤器，采用鳍片式无缝钢管省煤器；重新设计锅炉的耐火保温炉墙。为提高锅炉燃烧效率，对该锅炉系统增设流化燃烧室，一、二级分离器，一、二级返料器，二次风空气预热器等设备。

沸腾炉改造为循环流化床锅炉后，主要技术特点如下：

1）锅炉从风室以上炉膛采用了全膜式水冷壁结构，因而锅炉的膨胀密封得到很好的解决。

2）采用分级分离循环流化燃烧系统。一次风经布风板进入燃烧室，二次风在布风板上方一定高度送入。因此，在燃烧室下部的密相区欠氧燃烧，形成还原性气氛。在二次风口上部为富氧燃烧，形成氧化性气氛，通过合理调节一、二次风，可维持理想燃烧效率，采用分级分离循环流化燃烧系统，理论总燃烧效率达到90%以上。

3）特殊的返料系统。本炉采用自动平衡回灰，返料系统操作简单、可靠，这是循环流化床锅炉区别于沸腾锅炉的一大结构特点。

4）燃烧强度高，炉膛截面积小。炉膛单位截面积热负荷高是循环流化床锅炉的性能特点之一。循环流化床锅炉的截面积热负荷为3～6MW/m^2，接近煤粉炉。同样热负荷下，沸腾炉的炉膛截面积是循环流化床的2～3倍。

5）负荷调节范围大，调节速度快。当负荷变化时，只需调节给煤量、空气量、物料循环量，不必像沸腾炉那样采用分床压火技术。一般循环流化床锅炉的负荷调节比可达（3～4）：1。此外，由于截面风速高和吸热控制容易，循环流化床锅炉的负荷调节速率很快，一般可达每分钟4%～5%。

沸腾炉改造达到的主要指标：额定蒸发量为35t/h，额定蒸汽压力为3.82MPa，额定蒸汽温度为450℃，锅炉效率>73.6%，排烟温度≤155℃，灰渣中碳的质量分数≤4%。锅炉改造前后的技术经济性对比见表2-6。可见，循环流化床锅炉在四种工况点下运行，相对原沸腾炉的热效率有较大提高，节煤效果显著。

表2-6　锅炉改造前后技术经济性比较

项　目	燃料发热量（实际热值）/（MJ/kg）	过热汽平均压力/MPa	平均负荷/（kW/h）	燃烧状况
改造前	6.70（6.56）	3 37	6015	良好
	6.28（6.39）	2 98	5100	一般
	5.86（5.88）			难以运行
	5.44（5.64）			停炉
改造后	6.70（6.56）	3 7	6400	良好
	6.28（6.39）	3 63	6315	良好
	5.86（5.88）	3 52	6250	良好
	5.44（5.64）	3 34	6011	良好

1）节煤分析。对改造前与改造后的锅炉同在4h内，采用5.86MJ/kg工况点进行经济性对比试验，改造前锅炉燃烧炉前燃料为133.6t，改造后锅炉燃烧炉前燃料为104t，改造后锅炉节约燃料29.6t，因而每小时节约燃料7.4t，每天节约燃料177.6t，每年发电时间按300天，每吨搭配燃料按30元计算，仅此一项节约燃料费约160万元。

2）耗电分析。改造后锅炉辅机部分总能耗比改造前多70kW，每年按300天计，按当时电价0.4元/度计，每年1号炉多耗电费20.16万元。

3）经济效益。从节约燃料与耗电综合分析可知，改造前后相比，总体经济效益每年可增收139.84万元。

电力公司1#锅炉技改后，能迅速适应公司周边地区煤种并连续正常燃烧，节煤效果显著。锅炉运行实践证明，改造后的1#锅炉能达到设计要求，即在5.02~5.86MJ/kg各工况点下运行，而5.86MJ/kg为最佳工况点，汽轮发电机带负荷能力较好，更经济、更能体现循环流化床锅炉的技术特点。

2.2.6 锅炉烟气余热回收利用节能技术

随着人们节能意识日益增强，排烟热损失作为锅炉热损失中最大的一项，逐渐得到更多关注。近年来，我国一些电站锅炉先后加装了省煤器、空气预热器等余热回收设备，有效地降低了排烟温度，提高了机组热效率。

省煤器是锅炉尾部低温受热面中的重要换热设备。它可以吸收锅炉排烟的热量而降低排烟温度，并通过对流换热对锅炉补给水进行预热，提高锅炉的热效率，减少煤耗。省煤器的应用可相应减少造价高的蒸发受热面，提高进入锅筒的补给水温度，降低补给水与炉壁间的温差，并减小锅筒的热应力。

现代高参数大容量火力发电机组都采用具有多级回热的朗肯循环，利用汽轮机多级抽汽加热凝结水，因而锅炉的补给水温度已相当高。例如，亚临界压力机组，补给水进入省煤器时温度已高达280℃左右，可见，应用省煤器已无法将烟气冷却到合乎经济要求的温度。然而，锅炉的进风温度一般很低，所以可应用空气预热器吸收烟气热量，加热空气，达到降低排烟温度的目的。空气预热器不仅能降低排烟温度，提高锅炉热效率，而且经过预热的空气参加燃烧能改善燃烧的着火条件和燃烧条件；另外，用预热空气助燃可提高炉内火焰温度，强化炉膛内壁辐射换热。因此，空气预热器已成为现代锅炉的重要设备。

1. 热管式低压省煤器的节能效果

与普通低压省煤器相比，热管式低压省煤器应用了热管工作温度可控制原理，解决了一般管壳式换热器当进口水温较低时，烟气侧金属壁温低于烟气酸露点而产生低温腐蚀和堵灰问题。这就为广泛推广低压省煤器节能技术排除了主要技术障碍。

分离型热管式低压省煤器的工作原理如图2-16所示，烟气加热热管蒸发段，热管内部工质吸热蒸发为蒸汽，进入蒸汽联管，经上升管进入冷凝管，被管外冷却水冷却成为冷凝液，在重力作月下经液体回流管回至热管蒸发段，继续吸收烟气余热蒸发，如此循环，将烟气热量传递给冷却水。

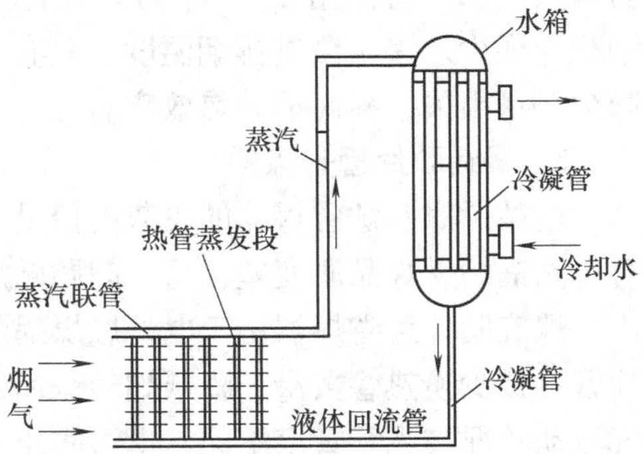

图2-16 分离型热管式低压省煤器的工作原理

在相同的进、出口热网水温情况下，热管式低压省煤器比普通低压省煤器具有较高的烟气侧金属管壁温。热管式低压省煤器烟气侧金属管壁温度可通过烟气侧、水侧的表面传热系数与对流换热面积的变化在一定范围内调节，例如在锅炉排烟温度和热管式省煤器进口水温一定的情况下，可采用增大烟气侧换热面积（如在管外焊接螺旋翅片）或适当减少省煤器水侧换热面积等方法来提高金属管壁温度，使其高于烟气酸露点，防止低温腐蚀。当热管式低压省煤器进口水温只有50℃左右时，也可通过合理的设计，控制烟气侧热管金属管壁温度在100℃左右，这是普通低压省煤器无法实现的，也是热管式低压省煤器最主要的技术优势和特点。

长春某热电公司的两台锅炉均为HG-670/140-14型超高压自然循环煤粉锅炉，由空气预热器出来的烟气经过电气除尘器后出口温度仍达142℃，造成很大的能源浪费。1995年、1998年该厂分别在两台锅炉尾部烟道内加装了分离型热管式低压省煤器，进行余热回收，为长春市某区热网和厂区供热，取到了良好效果。如果采暖期按5.5个月计算，每个采暖期可回收热量12.322万GJ，相当于节约标准煤4800t，折合人民币140万元，为企业创造了显著的经济效益。

从以上分析可见，热管式低压省煤器在实际运行中不但节能效果非常显著，而且很好地解决了热管换热器烟气侧低温腐蚀等问题，完全达到了设计要求。但设计中只考虑将其用于城市供热，加热热网循环水，未考虑用来加热凝结水，换热器水侧设计压力较低，夏季无供暖负荷时省煤器无用武之地，未能充分发挥热管式低压省煤器的作用，有待今后改进。

2. 吹灰防堵塞型铸铁翼状省煤器

铸铁翼状省煤器由于具有优良的防腐作用和良好的节能效果而在锅炉设备上广泛应用。但铸铁式翼状省煤器表面翼片较多，烟气阻力较大，容易积灰；且当锅炉给水温度低，燃煤水分大时，省煤器表面易结露，促使积灰不断增厚。这种省煤器无吹灰设施，时间一长，烟道会严重堵塞，影响锅炉的正常运行和省煤器的功能，造成余热回收效果降低。为解决这一难题，开发了一种吹灰型铸铁翼状省煤器，其结构主要是在省煤器外壳上加装均布12个1/2in（in=0.0254m）空气吹灰管，每3个一组，共四组，如图2-17所示，每班吹灰一次1~2min，可防止省煤器积灰堵塞。吹灰应在锅炉正常运行时进行，吹落的灰尘随同烟气到水膜除尘器中除掉。吹灰用的空气不要带水（先把空气管道中积水排掉），压力以4~6kgf/cm²（1kgf/cm²=0.980665MPa）为宜。实践证明，该省煤器具有很好的防堵灰效果，每使用2~3个月时间停炉检查，省煤器中积灰很少。多次测试排烟温度，只有150~167℃，可减少热量损失，提高锅炉热效率。

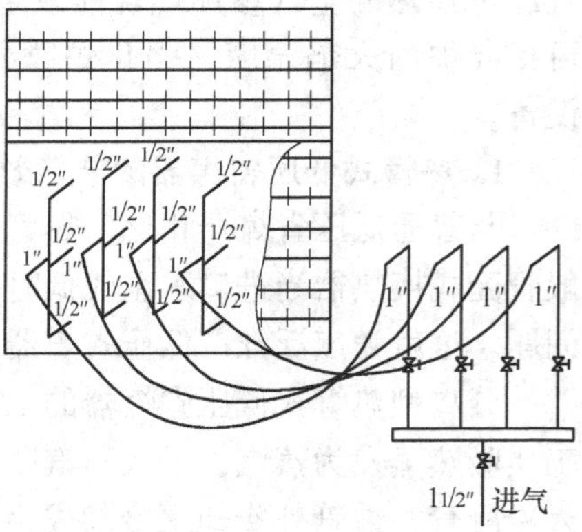

图2-17 省煤器吹灰示意图

3. 螺旋肋片管省煤器

电站燃煤锅炉省煤器的飞灰磨损是一个普遍存在而至今未得到彻底解决的重要问题。随着电站锅炉燃煤品质变差，这一问题越加突出，严重影响电厂的安全经济运行。

螺旋肋片管省煤器用于电站燃煤锅炉，不仅可强化余热利用，而且使用表面积较大的肋片管可减少换热管数量，降低烟气流速，可使省煤器磨损减轻；而烟气流经肋片管束时，烟气流动状况与光管管束不同，也可防止省煤器的磨损。采用螺旋肋片管还可使电站锅炉排烟温度偏高的问题得以解决。

（1）肋片的选择　肋片管通常有环形肋片和螺旋肋片两种形式。环形肋片管（图2-18）

的肋片平面与管轴线垂直，一般是将加工好的肋片套装在基管上，在肋片与基管间存在接触热阻。与环形肋片管不同，螺旋肋片管（图2-19）的肋片平面与垂直于管轴的平面之间成一定角度β，β一般小于9°。在高温高压下工作的螺旋等厚肋片管常采用高频焊接。所谓高频焊接，是先将肋片材料绕在管子上，然后使肋片与基管压熔为一体，其热阻近似为零，能承受交变热应力，肋片焊接后对基管强度无影响。高频焊螺旋肋片管的传热性能优于环形套装肋片管。

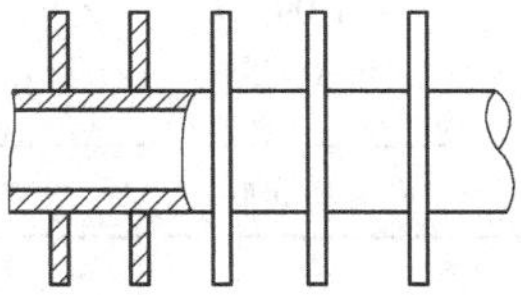

图2-18　环形肋片管

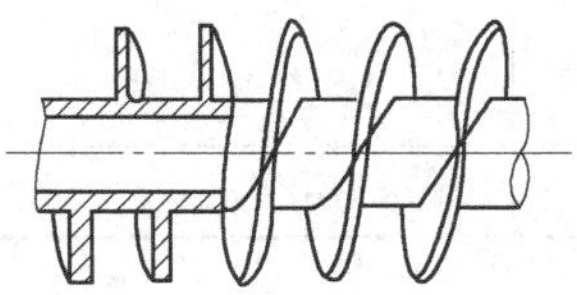

图2-19　螺旋肋片管

螺旋肋片管的管径及肋片尺寸的选择是一个重要问题。增大管子直径可以减少管子根数及总长度，水侧流动阻力减少，也有利于减轻受热面飞灰磨损，能提高锅炉运行安全性，减少安装和检修工作量。国外在肋片管省煤器设计时优先选用ϕ42mm或ϕ45mm的管子。但在进行锅炉改造时，由于受空间尺寸限制，若采用大直径管会使单位体积内的受热面积减少，故采用小直径管可能更为有利。

肋片厚度主要取决于制造工艺的要求，实践证明，加厚肋片对防磨并无效果，反而增加钢材消耗量。增加肋片高度能增大受热面积，从而使管根数和总长度减少，受热面的总质量及烟气侧流动阻力随之降低，但肋片效率相应下降，积灰的程度加重。肋片间距加大能减轻积灰，但会使总受热面积减小。综合考虑以上因素，一般取肋片厚度为1.2~1.9mm，肋高10~19mm，肋片间距10mm。

（2）螺旋肋片管省煤器的节能效果分析

1）对流受热面热力性能的比较方法。受热面的热力性能既取决于它的表面传热系数，也与流体流经该受热面所消耗的能量有关。那些表面传热系数高、阻力能耗小的受热面，是最有效的受热面。为综合考虑受热面的换热与流阻特性，引入力能系数E。所谓力能系数，是指在温差为1℃时，受热面耗费单位功率所传递的热流量。其表达式为

$$E = \frac{\alpha}{P} \tag{2-3}$$

式中，α为受热面折算表面传热系数；P为受热面单位面积上流动阻力所消耗的功率。

若受热面力能系数E的数值较大，则意味着该受热面在耗费一定功率时的换热量较大，因此称该受热面的热力性能较佳。

2）肋片管束与光管管束热力性能比较。为了对肋片管省煤器的节能效果进行分析，以某热电厂#15炉高温省煤器为例，分别计算其原光管结构和螺旋肋片管的力能系数。光管管束按改造前原设计结构，肋片管束为改造后实际结构。表2-7列出了两种管束在不同烟速下力能系数的计算结果。其中肋片管束表面传热系数是按基管外表面积折算的。由表可知，当烟气流速为5~10m/s时，传递相同热量，肋片管的运行耗能仅为光管的30%左右。两种管束的力能系数比较可知，肋片管束的节能效果十分明显。

表 2-7 光管与肋片管省煤器在不同烟速下的力能系数比较

	项　目	5m/s	8m/s	10m/s
肋片管	α_1	690.3	832.3	962.2
	P_1	336.4	770.9	1 466.9
	E_1	2.05	1.08	0.66
光　管	α_2	300.6	357.2	408.4
	P_2	462.2	1 095.7	2 140.0
	E_2	0.65	0.33	0.19
	E_2/E_1	0.317	0.306	0.288

螺旋肋片管省煤器解决了锅炉省煤器的磨损问题，因而螺旋肋片管是一种很有发展前途和应用价值的新型受热面；采用螺旋肋片管省煤器可以节省钢材、减少弯头数、缩短承压管材长度，使省煤器出现故障的可能性大大降低；对燃用松散性积灰煤种的锅炉，采用肋片管省煤器不会产生严重积灰；与光管省煤器相比，肋片管省煤器的节能效果明显；与其他形式的省煤器相比，传递同样热量，肋片管省煤器所占空间最小，适合于机组改造。

2.2.7 供热系统中增设蒸汽蓄热器节能技术

1. 蓄热器的应用背景

工业企业的生产工艺条件经常发生变化，热负荷随之出现高峰负荷和低峰负荷，其次频不同，幅度也大小不一。当外界热负荷变化剧烈时，企业的供热设备即锅炉的热负荷常出现不均衡现象，发生周期性或不规则的波动，使锅炉燃烧效率降低；炉内水位上下剧烈波动，容易造成锅炉事故；且燃烧的经济性降低，锅炉使用寿命受到影响，同时还加大了司炉工操作的劳动强度。因此，对负荷波动或高低峰频繁不一的供热系统，在锅炉和用汽设备之间装设蓄热器（有的企业称为蓄能器）作为热能平衡装置，是一种非常有效的储能和节能方法。用蓄热器来均衡锅炉热负荷，在供汽系统中起到“削峰填谷”的作用，使锅炉负荷稳定，提高锅炉热效率，减少事故隐患，使操作工劳动强度减轻，同时对余热也可充分利用，可获得更大的经济效益。

2. 蒸汽蓄热器的工作原理及适用范围

蒸汽蓄热器是一种以水为介质储存蒸汽热能的压力容器，可并入锅炉供汽系统中一起使用，主要用于均衡生产用汽，使锅炉始终在额定工况下运行，提高锅炉运行稳定性和热效率，并在此基础上节约能源。蒸汽蓄热器的工作原理如图 2-20 所示，首先在压力容器中储存一定量的水，当工艺用汽负荷减小时，将富余蒸汽通入蓄热器中，使容器内水的温度和压力升高，形成具有一定压力的饱和水；当工艺用汽负荷增大时，在容器内压力下降的条件下，饱和水成为过热水，并立即沸腾蒸发产生蒸汽。

可见，蒸汽蓄热器利用水的蓄热能力把热能储存起来，在需要时又能以饱和蒸汽的形态释放出来，以减少热负荷的波动，从而发挥其“削峰填谷”平衡吸收热负荷的独特功能。热负荷波动较大的供热系统、间断性的热能系统、需要储备一定量蒸汽供紧急需要的供热系统、能时间需用大量蒸汽的供热系统等都可应用蒸汽蓄热器。例如，在钢铁行业，转炉或高

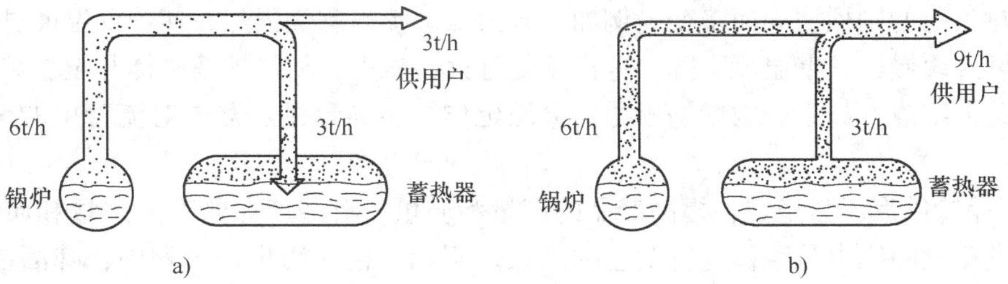

图 2-20　蓄热器与锅炉并联工作原理示意图
a）蓄热过程　b）放热过程

炉汽化冷却装置所产生的蒸汽随冶炼负荷的大小而周期性变化，在锅筒与管网之间设置蓄热器是目前钢厂改造和新上的关键设备，起到稳定系统运行、节省能源的作用。蒸汽蓄热器投入运行以后，能确保锅炉在最佳燃烧工况上稳定运行。

蒸汽蓄热器广泛应用于石油、化工、金属冶炼、橡胶轮胎、纺织印染、化纤、制浆造纸、制糖、卷烟、酿酒、制药、食品加工、饮料、发泡胶、农林加工、火力发电等行业，以及医院、宾馆和大楼等场所。其具体适用的条件和场合如下：

1）应用于用汽负荷波动较大的供热系统。其主要目的是稳定供汽锅炉的供汽压力，从而提高供汽品质和锅炉热效率。

2）应用于瞬间耗汽量极大的供热系统。对于瞬时耗汽量极大的供热系统，可采用容量小的锅炉配以足够容量的蒸汽蓄热器，即可节省初投资，保证供汽。

3）应用于汽源间断供汽或流量波动大的供热系统。在汽源供汽不连续或流量波动大的供热系统，装用蒸汽蓄热器后可以实现连续供汽。

4）应用于需要蓄存蒸汽供随时需用的场合。蒸汽蓄热器作为一种热力设备，可以随时把多余蒸汽储存起来，当热用户遇到正常供汽中断时，可供紧急用汽。

安装蒸汽蓄热器的基本技术要求如下：

1）用汽负荷频繁波动，这种波动具有一定的周期性，或呈现最大负荷与最小负荷交替出现的状况。

2）汽源压力必须高于部分或全部用汽设备所需的压力，这种压差越大，蓄存一定蒸汽量的蒸汽蓄热器的容积就越小。

3）汽源的供汽能力必须略大于一昼夜的平均用汽负荷。

4）具有装设蒸汽蓄热器的场地。

3. 应用蒸汽蓄热器的效果和效益

1）可节省燃料。在热负荷波动剧烈且频繁的供热系统中，装用蒸汽蓄热器后可以消除由于波动负荷对锅炉运行产生的各种不利影响，使锅炉能在较佳的工况下运行，提高其运行热效率，节省燃料。实践表明，某啤酒厂应用蒸汽蓄热器后比上年度节约燃料达 24. 5%。

2）可增大锅炉供汽能力，节省建设投资。在供热系统中使用蒸汽蓄热器配合锅炉供汽，通过蒸汽蓄热器放热可满足高峰负荷的需要，相应地可减少所需的锅炉容量，特别是在高峰持续时间较短的条件下，减少锅炉的容量最多。在一般情况下，如高峰负荷超过锅炉的总容量，采用蒸汽蓄热器来平衡高峰负荷时的供汽，所需要的投资少，且维修费用少。

3）可减少锅炉故障。装用蒸汽蓄热器后，锅炉热负荷保持稳定，可避免因供汽锅炉燃烧工况随热负荷的剧烈波动而多变。例如，赶火时炉膛内燃烧强烈，使炉壁温度过热；压火时炉膛内燃烧缓慢，炉壁温度下降，这样反复赶火、压火，易使炉墙砌体开裂，炉管弯曲变形或水冷壁上结渣。如果炉内燃烧不尽，火焰延伸，会导致过热器或对流管束的金属超温，造成故障。

4）可保持供汽压力稳定，提高产品的产量和质量。有些产业的产品产量和质量与生产过程中所供蒸汽的压力是否稳定有明显的关系。例如，在啤酒生产过程中，啤酒在煮沸时，如果蒸汽压力不足，煮沸强度不够，煮沸不彻底，会导致煮沸时间延长，啤酒颜色加深。瓶装啤酒在杀菌机中，若蒸汽压力不足，将导致杀菌不彻底，杀菌时间延长，啤酒有老化味。

5）有利于保护环境。锅炉配用蒸汽蓄热器后燃烧工况稳定，容易实现最佳工况燃烧，废气中氧化物减少，含尘量低，有利于保护环境。

6）可减轻司炉工的劳动强度。装用蒸汽蓄热器后使锅炉稳定运行，避免了司炉工原来须经常调节燃烧的紧张劳动。

7）具有应急的蒸汽储备。在供热系统中装用蒸汽蓄热器后，如果锅炉机组在运行中突然发生故障进行抢修或临时停电，蒸汽蓄热器能继续供汽一段时间，这样可以减少或避免生产上的损失。

4. 蒸汽蓄热器选用及设计注意事项

1）设计参数要根据不同现场的实际使用情况和要求来确定。蒸汽蓄热器的选用和一般定型设备不同，它的许多设计参数要根据不同使用情况和使用要求进行计算确定。也就是说，要根据企业用汽负荷波动的规律和实际负荷曲线来算出蓄热量等有关参数。设计时，要详尽了解供热系统的现状、合理的供汽及用汽参数、用汽负荷实际波动曲线等，计算确定蓄热量、蓄热器充放汽参数、实际容积、充汽装置孔径及数量，以及采用合适的自控系统，以满足企业生产工艺对供汽的要求。

2）蒸汽蓄热器设计的基本内容。蒸汽蓄热器的设计主要包括两方面的内容，即蒸汽蓄热器的容积计算和热力系统设计。在蓄热器结构设计中，充热和放热过程都是按经验设计的，目前还难以作定量的分析和计算，但这些问题都不影响蒸汽蓄热器的实际推广和应用。需要注意的是，如果蓄热器的容积计算和热力系统设计不当或运行不当，就会失去平衡蒸汽负荷和节约能源的效果。

3）蓄热器的工程设计必须遵循两大基本原则，一是依据用汽单位24h典型的热负荷曲线，二是压力容器安全监察规程。

4）蒸汽蓄热器设计需要确定的主要技术参数。①单位蓄热量 q。单位蓄热量是指蒸汽蓄热器内 $1m^3$ 热介质（水）完全充热到完全放热两种状态所储存的蒸汽量，其单位是 kg/m^3。②所需蓄热量 G。蒸汽蓄热器的蓄热量是指蒸汽蓄热器达到充热压力后降到放热压力时所产生的蒸汽量，单位是 t。③充放热压差 Δp。为了得到较好的蓄热效果，充热压力在 1.37 ~ 2.45MPa 之间时，充放热压差 $\Delta p \geqslant 0.294$MPa；充热压力低于 1.37MPa 时，压差 $\Delta p \geqslant 0.196$MPa。当充热压力较低时，压差还可以适当减小。④蒸汽蓄热器的充水系数 Ψ。蒸汽蓄热器的充水系数是指蓄热器充热终止时容器内水的体积占容积的百分率，一般选取 0.7 ~ 0.9。⑤蒸汽蓄热器的容积。考虑蓄热器内装有一些装置，则蓄热器的实际总容积以蓄热器计算容积的 1.1 倍为宜。

5）供热系统中添置蒸汽蓄热器的方法。在供热工程中拟设置蒸汽蓄热器时，首先须根据具体情况，明确它的用途和期望达到的目标，进行分析论证。一般分为两个阶段进行设计，即可行性分析或初步设计阶段和施工图设计阶段。后者在前者通过论证得到肯定和有关单位批准后进行。

对于已建供热工程项目，其添置蒸汽蓄热器所需的设计基础资料有：

1）已有锅炉的型号、规格、台数及实际蒸发量和工作压力，锅炉的运行热效率。

2）在正常的生产条件下锅炉及各车间有代表性的蒸汽流量记录。

3）全部用汽设备按用汽负荷有波动和基本稳定两大类，分别列出这些设备在一昼夜的用汽参数。

4）现有供热系统图。

5）可供安装蒸汽蓄热器的场地简图，场地下有无工业管线等。

5. 蒸汽蓄热器的应用实例

以某啤酒厂为例，该厂有三台 4t/h 的快装锅炉，由于产能的扩展，高峰用汽量为 15t/h，低峰用汽量为 8t/h，三台 4t/h 锅炉已满足不了生产的需要。于是，在供汽系统中配置了一台 $100m^3$ 的蒸汽蓄热器，解决了生产用汽量的需要。现在只用目前的三台锅炉就可满足生产用汽，锅炉运行工况稳定，热效率提高了 11.5%，供汽量充足，保证了生产的需要。锅炉压力与供汽压力平衡，波动范围为 ±0.1MPa，一台 $100m^3$ 蒸汽蓄热器的制造成本比一台 4t/h 锅炉少，且节省燃煤（假定一台 4t/h 锅炉每小时耗煤以 1t 计算，每天按两班运行，一年运行按 330 天计算，则一年耗煤 5280t）；另外，由于热效率提高了 11.5%，三台 4t/h 锅炉年节省燃煤 1821.6t。

2.2.8　供热系统中闭式冷凝水回收节能技术

1. 冷凝水回收的工程背景

在发电、石油、化工、印染、轻纺、造纸、酿造、橡胶、陶瓷等工业领域中广泛应用蒸汽作为加热介质。蒸汽在各用汽设备中放出汽化热后，变为近乎同温同压下的饱和冷凝水，由于蒸汽的工作压力大于大气压力，所以冷凝水的温度高于大气压下的沸点，其具有的热量可达蒸汽全部热量的 20% ~30%，且工作压力和温度越高，冷凝水含有的热量就越多，占蒸汽总热量的比例也就越大，如图 2-21 所示。如果能够 100% 的回收并利用冷凝水，则不仅节约大量的余热能，还节约了大量水资源，锅炉所需燃料可节约 20% ~30%。

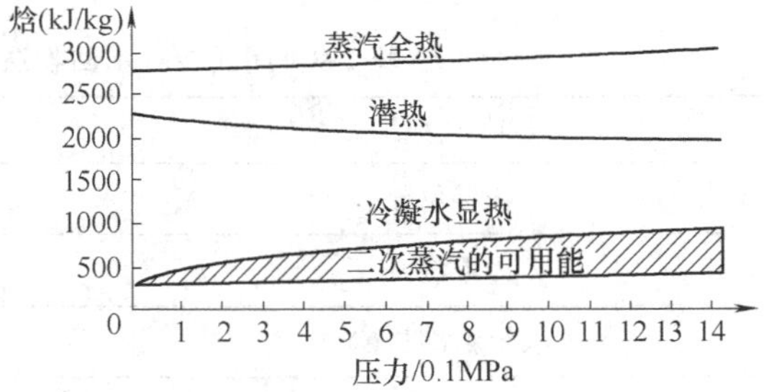

图 2-21　冷凝水的热量比例

20 世纪 80 年代以前，大多数厂家的凝结水都排入地沟，既浪费了水资源和能源，又污染了环境。20 世纪 80 年代发生世界能源危机以后，凝结水的回收才引起人们的重视。目前，多数企业看到了凝结水回收产生的显著经济效益和社会效益，同时面临着能源和水资源不足带来的问题，因而纷纷对生产中产生的凝结水加以回收利用，以期实现节约能源、保护环境和降低生产成本。

2. 冷凝水回收系统分类

冷凝水回收系统用于回收蒸汽系统排出的高温冷凝水，可最大限度地利用冷凝水的热量，节约用水，节约燃料。冷凝水回收系统大致可分为开式回收系统和闭式回收系统两类。

开式回收系统是把冷凝水回收到锅炉的给水罐中，在冷凝水回收过程中，回收管路的一端是向大气环境敞开的，通常是冷凝水的集水箱敞开。当冷凝水从用汽设备进入集水箱时，压力突然降低，部分过热水会闪蒸成为蒸汽而损失掉。

该系统的优点是：设备简单，操作方便，初始投资小，但是系统所得的经济效益差，且由于冷凝水直接与大气接触，冷凝水中的溶氧量提高，易产生设备腐蚀。该系统适用于小型蒸汽供应系统，冷凝水量较小、二次蒸汽量也较少的场所。该系统应用时，应尽量减少冒汽（闪蒸）量，从而减少热污染、水损失和能量损失。

闭式回收系统的冷凝水集水箱及所有管路都处于恒定正压下，系统是封闭的。系统中冷凝水所具有的能量大部分通过一定的回收设备直接回收到锅炉里，冷凝水的热量仅丧失在管网降温部分，由于系统封闭，水质有保证，所以减少了回收进锅炉的水处理费用。其优点是冷凝水回收的经济效益好，设备工作寿命长，但系统的初始投资大，操作不方便。

开式和闭式回收系统仅仅是凝结水回收系统的大体分类，具体的凝结水回收系统还要根据具体的项目情况，如凝结水的现场条件、凝结水的状态参数、回收目的等选用。人们越来越认识到，闭式回收系统是一种较为理想的凝结水回收方式，所以被广大厂家采用。

开式系统和闭式系统各项指标比较详见表 2-8、表 2-9。

表 2-8　闭式回收与开式回收效果的比较

项　目	开 式 回 收	闭 式 回 收	提高回收率（%）
回收软水	80～90	全部	5～20
回收漏气	0	全部	100
回收热量	30～50	全部	50～70
氧气再污染	污染	不	
环境热污染	严重	不	

表 2-9　闭式冷凝水回收系统与开式冷凝水回收系统的比较

项　目	开式回收系统	闭式回收系统
安装位置	地下	地面或地下
水泵汽蚀	有时发生	不发生
回收冷凝水量（%）	约 65～80	≥97
疏水阀漏汽	全部浪费	全部回收
二次闪蒸汽	全部浪费	全部回收
回收热量占百分比疏水阀排出总热量（%）	<40	>95
回收水被二次污染	严重	无
设备腐蚀情况	严重	无
设备寿命/a	<5	10～15

3. 常见的几种冷凝水回收系统

（1）密闭式高温蒸汽冷凝水回收装置　密闭式高温蒸汽冷凝水回收系统如图 2-22 所示。其运行过程如下：锅炉产生的蒸汽至间接加热设备放出潜热，形成饱和状态的高温凝结水，然后经疏水器排出，依靠压差，经回收管网集中回到集水罐内，再由高温凝结水回收装置送进锅炉锅筒，这样形成一个完整的闭式循环。在这个系统中，蒸汽凝结水的回收是连续的、密闭的，而回收装置的运行是间歇的、自动的，节能效果显著，节能率可达 15% ~35%，半年可回收投资。但由于集水罐恒压作用，当升充压力变化时，仍会发生排汽现象。

（2）热泵式冷凝水回收装置　热泵式冷凝水回收系统如图 2-23 所示。热泵式冷凝水回收技术是在密闭式高温蒸汽冷凝水回收装置基础上，采用蒸汽喷射式热泵将冷凝水集水罐内的闪蒸汽升压，回收利用，从而做到汽、水同时回收，使可用蒸汽量大于锅炉供汽量，可使冷凝水在闪蒸汽被吸走的同时温度降低，用带回流喷射器的泵将水打回锅炉或除氧器。由于集水罐处于加压状态减少了疏水器背压，必要时可去掉疏水器进行回收。所以，热泵式冷凝水回收技术节水节能，回收率高，适用于用汽量变化范围大的场合。

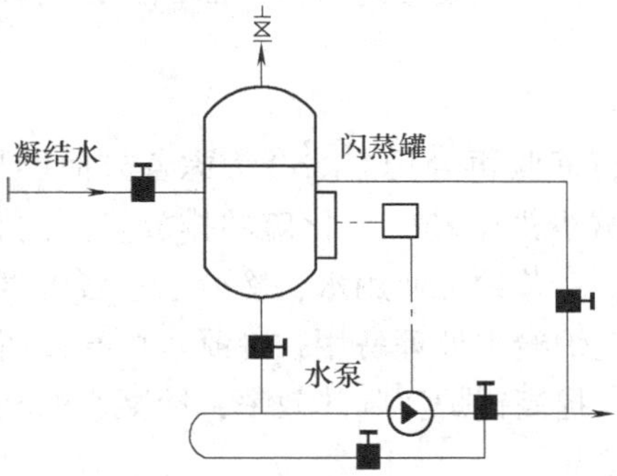

图 2-22　密闭式高温蒸汽冷凝水回收系统

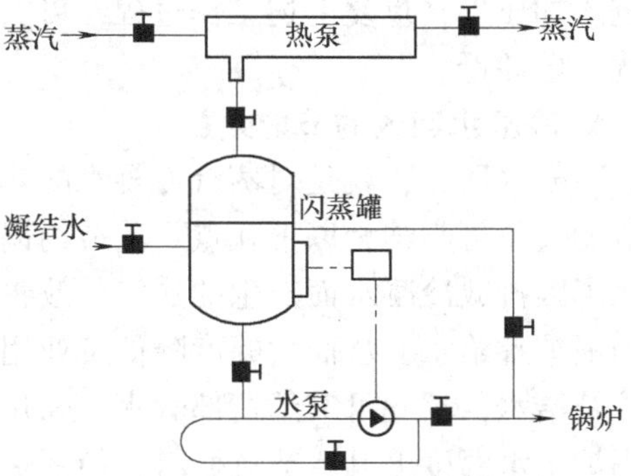

图 2-23　热泵式冷凝水回收系统

（3）废蒸汽及高温冷凝水压缩机回收装置　高温冷凝水压缩机是机械传动系统带动压缩系统工作，将高温混合物加压至比锅炉运行时稍高的压力后压进锅筒，即达到回收节能的目的。在用汽设备的排汽管路接上蒸汽回收压缩机，再把出口管路接至锅炉的锅筒或省煤器出口即可，使其锅炉汽—用汽设备—回收机—锅炉形成一个全封闭循环的无污染回收系统，如图 2-24 所示。该系统投资省，见效快，适用于规模较小的冷凝水系统。

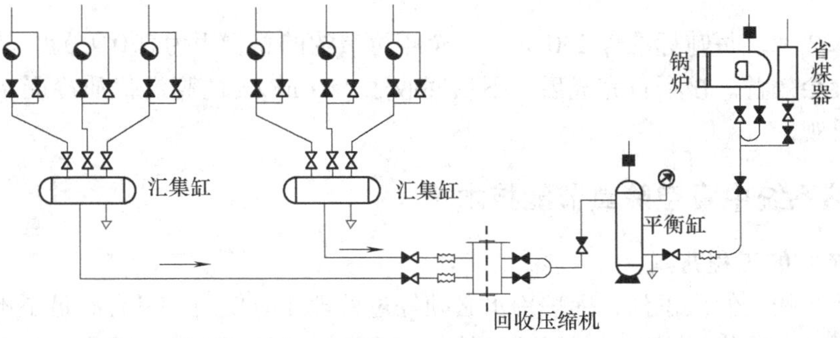

图 2-24　废蒸汽及高温冷凝水压缩机回收系统

截止阀　减压阀　止回阀　疏水阀
安全阀　金属膨胀器　压力表　排空阀

(4) 恒温汽压式冷凝水回收装置　该装置以蒸汽为动力，用气压方法实现回水，如图2-25所示。电控制系统是依靠水位控制由两台交替启闭的电磁阀组成的一个自动工作系统，完成自动回水。该设备是由钢制的集水罐、加压罐及各功能部件组成的一个整体。工作时，凝结水由恒温控制阀节流控制后进入集水罐，然后通过管道进入加压罐，当加压罐的水位升至高设定点时，液位信号控制进汽电磁阀开启，使一定压力的蒸汽进入加压罐，在蒸汽压力的作用下实现输送。当加压罐的水位降至最低设定点时，液位信号控制进汽电磁阀关闭停止进汽，此时排汽电磁阀开启，加压罐的工作废汽通过电磁阀进入废汽凝结器，凝结成水流入集水罐。未凝结汽体超过定压值时由定压阀排出罐外，为凝结水回收利用创造了良好条件。集水罐中的凝结水靠重力再进入加压罐，重复上述工作过程，可实现间断输水工作。该装置运行占地面积少，无腐蚀之忧，电耗低。

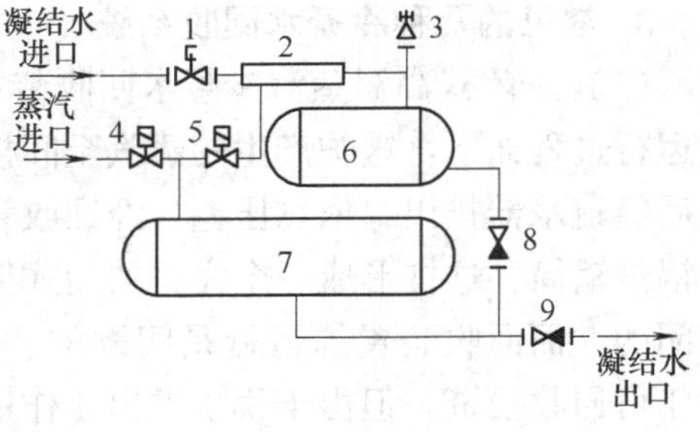

图2-25　恒温汽压式冷凝水回收系统

1—恒温控制阀　2—废汽凝结器　3—定压阀　4、5—电磁阀　6—集水罐　7—加压罐　8、9—止回阀

4. 冷凝水回收的节能效益

冷凝水回收，就是对蒸汽冷凝水的热量和水量进行回收再利用。综合考虑各方面影响，其节能效益可归纳为以下几点：①节约锅炉燃料，可减少烟尘和二氧化硫的排放量。同时，消除了因排放冷凝水而产生的热气，改善了工作环境；②节约工业用水，冷凝水一般可直接作为锅炉补给水，从而大幅度降低工业用水；③节约锅炉给水处理费用，冷凝水可直接用于锅炉补给水，因此可节约这部分水的软化处理费用；④提高锅炉实际热效率，冷凝水的利用使锅炉给水温度上升，节省燃料，使锅炉实际热效率提高。

以某年产80万t氧化铝厂的高压溶出系统为例：安装冷凝水回收装置后，每小时可回收150℃冷凝水150m³。全年可回收的优质冷凝水（即脱盐水）量是

$$150 \times 24 \times 365\text{t} = 1\,314\,000\text{ t}$$

全年回收热量（与20℃新水制备除盐水相比）折合标准煤

$$[(150-20) \times 150 \times 24 \times 365 \div 7000]\text{t} = 24402\text{t}$$

注：150℃冷凝水焓值为150kcal/kg，20℃冷凝水焓值为20kcal/kg，标煤焓值为7000kcal/kg。

以每吨水2元、每吨标准煤250元计，全年可节约的总费用为870万元，具有较好经济效益和良好社会效益。该项目完成后，不仅回收了150 m³/h的高温优质冷凝水，而且回收的热量十分可观。

2.2.9　供热系统中真空除氧节能技术

1. 除氧技术的工程背景

经过不断实践人们认识到，锅炉用水必须经过处理才能使用，只有满足了不同参数的锅炉对水质的要求，才能达到安全运行的目的。在锅炉给水处理工艺过程中，除氧是非常关键的一个环节。氧是给水系统和锅炉本体的主要腐蚀性物质，如果给水中氧含量超标，就会腐蚀锅炉的给水系统和部件，腐蚀产物氧化铁会进入锅炉内，沉积或附着在锅炉管壁和受热面

上，形成难溶解且传热不良的铁垢，并且腐蚀会造成管道内壁出现点坑，使流体流动阻力增大。管道腐蚀严重时，甚至会发生管道爆炸事故。常温（20℃）常压（0.1MPa）下，自来水中的氧含量约为 8mg/L。当给水中溶解氧的含量超过 0.03mg/L 时，短期内就会使给水系统和锅炉本体出现点状腐蚀。据不完全统计，锅炉的各种故障中与氧腐蚀有关的占 40% 以上，约有 70% 的锅炉存在不同程度的氧腐蚀，造成了重大经济损失。在《工业锅炉水质》（GB/T 1576—2008）中，对锅炉水质提出了严格要求，要求蒸发量大于 2t/h 的蒸汽锅炉和额定功率≥4.2MW 的热水锅炉都必须除氧。在锅炉房设置适用的除氧设施，除去锅炉给水中的溶解氧，是保护热力系统设备经济运行的必不可少的手段。

为了防止和减少氧腐蚀现象的发生，对系统的设计和运行管理不容忽视。对于大型的采暖系统，在设计时要选用除氧设施，对补入系统的水要进行除氧处理，使其符合国家标准要求。多年来众多锅炉给水处理工作者一直都在探求既高效又经济的除氧方法，真空除氧技术即是其中一种。

2. 真空除氧设备及工作原理

真空除氧技术的关键是将除氧器内抽成一定真空度，抽真空的常用设备有水喷射泵、蒸汽喷射泵和机械真空泵等。水喷射泵是靠循环水泵把工作水通过喷嘴变成高速水流而产生真空，其运行工况稳定，极限真空度较高；蒸汽喷射泵极限真空度较低，根据上海某厂 20t/h 锅炉运行经验，真空度为 600mmHg（蒸汽压力波动时真空度有变动）；机械真空泵的设备价格高，零件容易损坏，要消耗润滑油，在真空除氧中很少采用。

在实际应用中，水喷射泵抽真空，极限真空度较高，因而除氧水温可以低些。在没有蒸汽的场合，如以蒸汽锅炉作为热水采暖的补给水、海上石油钻井台的回注水等，更可用水喷射抽真空，为水的除氧创造条件。因此，在实际生产中，水喷射泵真空法应用最为普遍。下面重点介绍水喷射泵真空法的应用。

真空除氧的工作原理是根据亨利定律，即气体在水中的溶解度与该气体在水面上的分压力成正比，并与该气体的溶解常数有关。其表达式为

$$b = K\frac{p_i}{p_o} \tag{2-4}$$

式中，b 为气体在水中的溶解量，单位为 mg/L。p_i 为气体在水面上的分压力，单位为 ata；p_o 为标准大气压，等于 1.033ata；K 为在水面上压力等于 760mmHg 时气体的溶解度数 mg/L，可查表 2-10 和表 2-11。

表 2-10　当水面上压力等于 760mmHg 时，O_2、CO_2 和 N_2 的溶解度 K

水温/℃	O_2/(mg/L)	CO_2/(mg/L)	N_2/(mg/L)
0	69.8	3380	29.4
10	54.4	2360	23.2
20	44.4	1730	19.3
30	37.2	1315	16.8
40	33.0	1050	14.8

（续）

水温/℃	O_2/(mg/L)	CO_2/(mg/L)	N_2/(mg/L)
50	29.8	860	13.6
60	27.8	710	12.8
70	26.2		12.2
80	25.2		12.0
90	24.6		11.9
100	24.5		11.8

表 2-11　当水面上干空气（指无水蒸气的状态下）压力等于 760mmHg 时，O_2 和 N_2 的溶解度 *K*

水温/℃	O_2/（mg/L）	N_2/（mg/L）
0	14.6	23.2
10	11.4	18.3
20	9.28	15.3
30	7.77	13.3
40	6.90	11.7
50	6.22	10.7
60	5.81	10.1
70	5.48	9.7
80	5.26	9.5
90	5.15	9.4
100	5.12	9.3

水在沸腾时，水面上蒸汽的分压力增加，溶解于水中的气体分压力随之减小。当水面上充满了水蒸气，而其他气体的分压甚微时，水不再具有溶解气体的能力。根据亨利定律，水中所溶解的气体就会析出，达到除氧（除气）目的。

真空除氧是根据水的饱和曲线特性，使常温水处于真空状态，促使其沸腾，达到除氧的目的。如图 2-26 所示，给出了不同压力下氧气在水中的溶解度曲线。

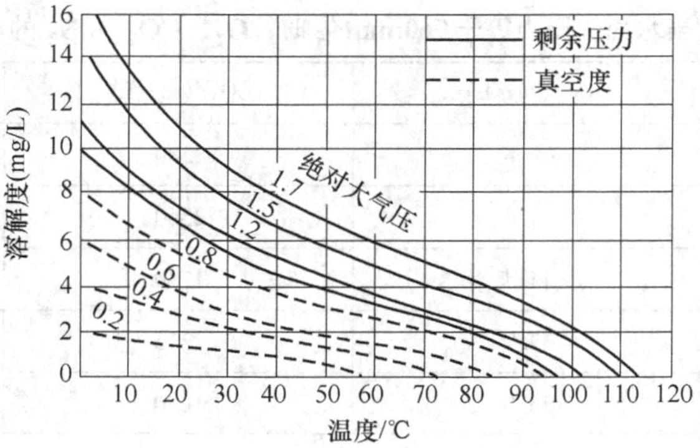

图 2-26　不同压力下氧气在水中的溶解度曲线

真空除氧流程为：待除氧软化水进入系统之后，经加热器适度加热，经过进水分配器喷嘴呈雾状均匀落下，在脱气塔内进行脱气处理，水中逸出的溶解氧被抽真空装置不间断抽走，除氧水由动力泵送到锅炉使用。真空除氧流程如图2-27所示。

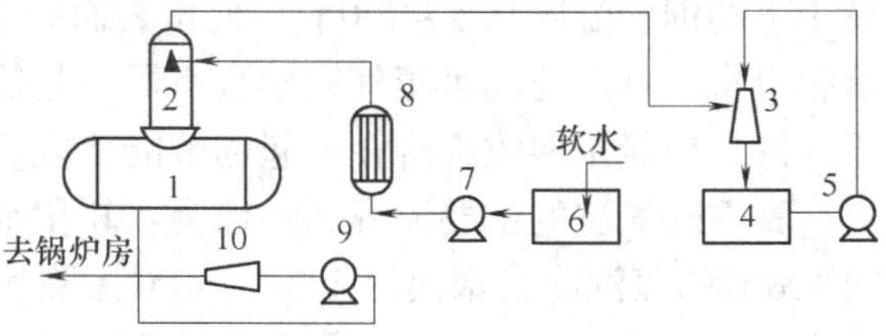

图2-27　真空除氧流程

1—除氧水箱　2—脱气塔　3—水喷射泵　4—循环水箱　5—循环水泵　6—软水箱　7—供水泵　8—加热器　9—动力泵　10—喷射泵

3. 真空除氧技术的主要优缺点和注意事项

真空除氧技术可实现给水在低温或常温状态下沸腾，使水的溶解度降低，水中的气体析出，从而达到除氧的目的。与其他除氧技术相比，真空除氧具有以下优点：

1）真空除氧不耗或稍耗蒸汽，节约了大量能源，提高了锅炉运行的经济效益。

2）真空除氧比热力除氧给水温度范围广，蒸汽量波动大时，也不会影响除氧效果。

3）可利用车间回水提高给水温度，不用加热设备，一次性投资比较少。

4）真空除氧具有更好的除氧效果，大大低于0.5mg/L的国家标准。

5）适应性强，当负荷从0~120%范围内变化时，除氧效果不受影响。

6）可使真空除氧器、真空泵、动力泵和锅炉布置在同一平面上，集中在除氧间内，便于操作、监测和管理。

另外，真空除氧技术也存在一些不足。例如，真空除氧是在负压下运行，且必须保证整个系统的严密性，因而对设备及系统的要求较高，系统相对复杂，安装维护要求较高等。

真空除氧技术经过长期的应用实践，在运行过程中，总结出以下注意事项：

1）循环水泵的工作状况直接影响抽吸真空度，出口压力不可太低。

2）除氧水箱和循环水箱的液位必须密切注视，严防满水和抽空。

3）真空系统必须经常检查，发现泄漏及时处理，保证其绝对密闭。

4）真空表接头和管线应经常检查处理，保证表上反映数据真实。

5）在分析取样时，要保证无气泡溢出，否则说明系统带汽或漏气，需立即检查处理，待无气泡时，方可进行取样分析。

6）操作水温必须控制在适当范围，水温太低时水中溶解氧解吸不完全，太高时水汽化量大，会降低抽吸真空度，此两种情况均会造成水中溶解氧超指标。

4. 真空除氧的应用范围及节能经济效益应用实例

真空除氧技术是一种中低温除氧技术，一般在30~60℃范围内进行。对于负荷波动大而热力除氧效果不佳的蒸汽锅炉、热水锅炉或汽源比较紧张的锅炉，均可用真空除氧技术而获得满意的除氧效果。

真空除氧技术经过长期的实践应用，已充分说明该技术的先进性和可靠性，具有巨大的节能经济效益。实践数据说明，该技术与热力除氧技术相比，可以使锅炉出力节约15%，有效减少了锅炉热损失；该技术有效减少了水蒸气散失，大量节约了水资源，同时也避免了热量通过水蒸气散失的损失；该技术具有利用低位热能的特点，因而可充分利用其他生产环节中的低位废热能量，减少了热量浪费。

锅炉软化水的热力除氧方法虽然简单易行，但需耗用大量蒸汽，而真空除氧法具有蒸汽耗量少的优点。上海某炼油厂建成一套150t/h处理能力的软化水真空除氧/凝结水回收联合设施，水质符合锅炉给水标准。真空除氧是在负压下进行，除氧器中水温保持在器内压力下高于水的饱和温度0.5～1.0℃，使水表面处于沸腾状态，溶于水中的气体（包括氧气）被解吸出来，然后连同水蒸气被抽真空器一起抽出。该联合设施是将真空除氧和生产装置的低压乏汽、冷凝水回收组合在一起的节能装置。

真空除氧法的主要流程和参数为：软化水进中间罐后，分两路泵出，一路与从装置回收的100℃的蒸汽冷凝水换热至30～40℃去除氧器，另一路去除氧器顶部冷凝器。除氧器真空度为700～720mmHg，器内设置聚丙烯多面空心球（11500个/m^3），以增大水表面积，有利解吸水中氧气。除氧器底部除氧水与从装置回收来的低压乏汽换热至80℃左右，然后去蒸气锅炉使用，水中含氧量小于0.05mg/L。

经济效益比较：热力除氧每吨水耗汽36kg，真空除氧为3.3kg，另外，真空除氧泵送耗电85kW，按平均除氧水量200t/h计，可节汽6.5t/h。

2.2.10 工业链条炉的其他节能改造技术

为了与发电用大型锅炉相区别，我国把容量在65t/h以下为工业生产供热、为建筑物供暖的锅炉称之为工业锅炉。据1998年工业普查统计，全国工业锅炉保有量为52万台、120万蒸t，其中70%是蒸汽锅炉，其余是热水锅炉，年耗燃料约4亿t标准煤。工业锅炉形式各异，主要是层燃锅炉（正转链条炉排锅炉多达总数的60%以上），其热效率普遍较低，大多数低于80%。

由于种种原因，如结构设计不合理，制造质量不良，辅机配套不协调，可用煤种与设计不符，运行操作不当等，都会造成锅炉出力不足、热效率低下和输出参数不合格等问题，结果是能源消耗量过大，甚至不能满足生产要求。对于使用寿命期不到一半的锅炉，采取技术改造措施比较经济合理；对于接近寿命期的锅炉，则以更新为佳；究竟采取何种措施，应以技术先进、成熟，经济合理为原则。由于我国锅炉的上述问题比较普遍，所以节能潜力很大，预计可达4000万t标准煤。由于在用的工业锅炉以正转链条炉排锅炉居多，所以当前推广应用的节能改造技术，主要是针对正转链条炉排锅炉。其各种技改措施分述如下：

1. 炉拱改造

正转链条炉排锅炉的炉拱是按设计煤种配置的，有不少锅炉不能燃用设计煤种，导致燃烧状况不佳，直接影响锅炉的热效率，甚至影响锅炉出力。按照实际使用的煤种，适当改变炉拱的形状与位置，可以改善燃烧状况，提高燃烧效率，减少燃煤消耗，现在已有适用多煤种的炉拱配置技术。这项改造可获得10%左右的节能效果，技改投资半年左右可收回。

2. 锅炉辅机节能改造

燃煤锅炉的主要辅机——鼓风机和引风机的运行参数与锅炉的热效率和耗能量直接相关，用适当的风机调速技术，按照锅炉的负荷需要调节鼓、引风量，维持锅炉运行在最佳状况，一方面可以节约锅炉燃煤，另一方面可以节约风机的耗电，节能效果是很好的。

3. 层燃锅炉改造成循环流化床锅炉

循环流化床锅炉是煤粉在炉膛内循环流化燃烧，所以，它的热效率比层燃锅炉高15～20个百分点，而且可以燃用劣质煤；由于可以使用石灰石粉在炉内脱硫，所以，不但可以大大减少燃煤锅炉酸雨气体SO_2的排放量，而且其灰渣可直接生产建筑材料。这种改造已有不少成功案例，但它的改造投资较高，约为购置新炉费用的70%，所以要慎重决策。

4. 旧锅炉更换

这项改造是用新锅炉替换旧锅炉，包括用新型节能锅炉替换旧型锅炉，用大型锅炉替换小型锅炉，用高参数锅炉替换低参数锅炉等，以实现热电联产。例如用适当台数大容量循环流化床锅炉替换多台小容量层燃锅炉，实现热电联产，可大幅度提高锅炉的能源利用效率。此项技改措施节能效益可观，投资回收期较短，长则 4 ~ 5 年，短则 2 ~ 3 年。

5. 控制系统改造

工业锅炉控制系统节能改造有两类，一是按照锅炉的负荷要求，实时调节给煤量、给水量、鼓风量和引风量，使锅炉维持在良好的运行状态。将原来的手工控制或半自动控制改造成全自动控制。这类改造，对于负荷变化幅度较大，而且变化频繁的锅炉节能效果很好，一般可达 10% 左右。二是对供暖锅炉的，在保持足够室温的前提下，根据户外温度的变化实时调节锅炉的输出热量，达到舒适、节能、环保的目的。实现这类自动控制，可使锅炉节约 20% 左右的燃煤。对于燃油、燃气锅炉，节能效果是相同的，其经济效益更高。

工业锅炉的上述各项节能改造内容实施后，均可大幅度地降低煤炭等化石燃料的消耗，从而大幅度减少温室气体 CO_2 的排放量，有利于缓解全球气候变暖，同时也能够减少酸性气体 SO_2 和悬浮颗粒物的排放量，有益于改善地区的生态环境。

2.3　工业窑炉节能技术

2.3.1　窑炉节能概述

工业窑炉是我国耗能大户之一，约占全国总能耗的 25%，节能潜力巨大。我国在用的工业窑炉有 6 万多台，年消耗燃料超过 1 亿 t 标准煤，所用燃料有煤、油、气、电，以煤居多，包括煤制气，主要使用行业有钢铁、有色、建材、机器制造、化工、轻工、食品及军工等。国家实施合同能源管理（EMC）试点以后，三家示范 EMC 公司实施的节能改造项目中共改造了各种工业窑炉近 100 台，其中有冶金电弧炉、钢包精炼炉、轧钢加热炉、热处理炉、烧结炉、矿热炉、烧结窑、玻璃熔窑、陶瓷焙烧窑及水泥回转窑等，主要分布在钢铁、有色、建材、轻工和机器制造业的企业。工业窑炉节能改造的内容很多，主要有热源改造、燃烧系统改造、窑炉结构改造、窑炉保温改造、烟气余热回收利用以及控制系统节能改造等。

（1）热源改造　热源改造的内容视窑炉种类而异，以电为热源的窑炉，按其产品工艺要求，有的是将高频电源改为低频电源，有的是将交流电源改成直流电源，对送电短网进行节电改造，对电极进行自控改造等；有的窑炉由燃油改为燃用各种回收的可燃气，有的由燃油、燃气改为电加热，总之，都是为了减少能源消耗。

（2）燃烧系统改造　对于燃油和燃气窑炉，燃烧系统改造主要是用新型燃烧器取代旧燃烧器，包括回收烟气余热用于预热助燃空气；对于燃煤窑炉，燃烧系统改造是将原煤层燃改造成煤粉悬浮式燃烧，以提高煤炭的燃烧效率。

（3）窑炉结构改造　工业窑炉的结构视不同行业、不同工艺而异，种类繁多，如钢铁、有色金属的熔炼、熔化、烧结、热处理、加热等窑炉，建材、轻工、化工、机器制造、食品等行业的焙烧、煅烧、熔融、热处理、反应干燥、烘烤等窑炉。随着科学技术的进步，节能与环保政策的推行与市场竞争的发展，工业窑炉的结构在不断改进与优化，其主要目的是改善燃烧状况、缩小散热面积、增大窑炉的有效容积。结构改造后既可减少能源消耗，又可以提高产品的质量和增加产量。窑炉的结构改造，尤其是以大代小的项目，只有改造项目的节能效益大于增产等其他效益，方能确认为节能改造项目。

(4) 窑炉保温改造　大部分工业窑炉在1000℃以上运行，温度较低的也有数百度，所以窑炉保温状况与其能源消耗量直接相关。更换新型保温材料或改善窑炉的保温状况，可直接减少燃料消耗和改善工作环境。

(5) 控制系统节能改造　将手动控制或半自动控制改造成自动控制，按产品工艺要求，综合调节进料量、燃料供给量、进风与引风量和成品出窑量，使窑炉处于良好的状态，可获得良好的节能效果。

当前，开发和应用各种科技手段实现工业窑炉的节能，仍是一项十分迫切的任务。下面介绍几种节能方法在工业窑炉的应用。

2.3.2　蓄热式燃烧节能技术

在高温热处理工业窑炉中，二次能源如高温烟气、水蒸气的有效利用对提高窑炉总能效至关重要。最大限度地利用这些二次能源可以大大节约人力和物力，从而获得极大的经济效益。在工业窑炉燃烧系统中安装换热器，将烟气的余热回收，用来预热助燃空气，是节能降耗的有效措施。目前常用的余热回收方式有间壁式换热和蓄热式换热。其中，蓄热式换热具有许多突出的优点，如耐高温、耐腐蚀、预热温度高、节能效率高、使用寿命长等，因而得到了广泛应用。例如，高炉的蓄热式热风炉、平炉的蓄热室、大型钢锭加热炉的蓄热室和玻璃窑炉的蓄热室等，都发挥了重要的节能和环保作用。

在蓄热式换热方式中，蓄热室的蓄热技术经历了从传统蓄热室回收烟气余热到利用高温空气燃烧技术（High Temperature Air Combustion，HTAC）回收烟气余热的发展历程。目前我国工业窑炉节能技术研究的热点——高温空气燃烧技术，也称为无焰燃烧技术（Flameless Combustion），是20世纪90年代以来发达国家开始推广应用的一种全新燃烧技术。其基本思想是，空气预热到800～1000℃，将高温空气喷入炉膛，燃烧区空气中氧的体积分数占2%～21%，维持低氧状态，同时将燃料输送到气流中发生燃烧，与传统燃烧过程相比，高温空气燃烧的最大特点是节省燃料，减少 CO_2 和 NO_x 的排放，可降低燃烧噪声，被誉为21世纪窑炉关键技术之一。在HTAC技术中，一般选用陶瓷材料作蓄热体，蓄热体是高温空气燃烧技术中最关键的部件，也是最具技术含量和体现工业制造水平的部件。

蓄热式高温空气燃烧技术工艺流程如图2-28所示。常温空气流经换向阀进入蓄热体A，经过蓄热体A（陶瓷小球或蜂窝体）时被加热，在极短时间内常温空气被加热到接近炉膛温度（一般比炉膛温度低50～100℃），高温空气进入炉膛后，卷吸周围的烟气形成氧体积分数大大低于21%的低氧高温气流；同时向这股气流中注入液体或气体燃料，使燃料在低氧状态下

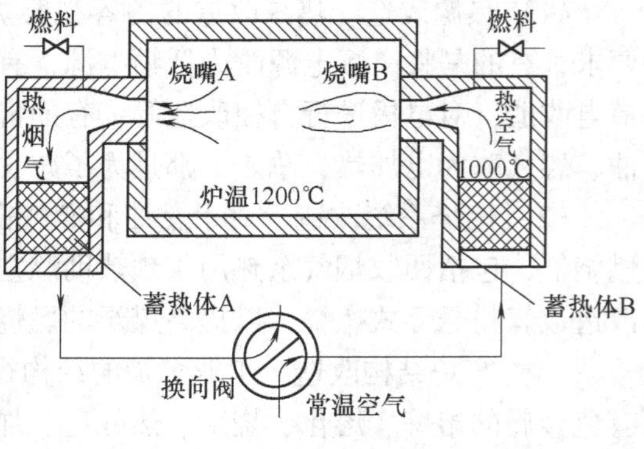

图2-28　高温空气燃烧技术工艺流程

燃烧；燃烧后产生高温烟气，烟气经过蓄热体B时将热量储存在蓄热体B内，温度降至150℃以下经换向阀排入大气。换向阀以一定周期（一般为30～180s）进行切换，使两个蓄热体处于蓄热与放热交替工作状态。

1. 蓄热体材料的基本性质及其选择原则

作为陶瓷蓄热式换热器关键部件之一的蓄热体，其材料的性能指标如耐高温性、蓄热密度、热导率、抗热振性、热膨胀系数、高温结构强度等对换热器的热效率、使用温度、使用寿命和维修周期等将产生重要影响。一般来说，要求蓄热体的材料蓄热量大，换热速度快，高温下结构强度高，可承受较大热应力，频繁冷热变换时无脆裂、脱落和变形，性价比高等。

2. 一种新型高温显热/潜热复合相变蓄热材料

高温显热/潜热复合相变蓄热材料是近年国内外材料科学工作者开发的一种新型蓄热材料，也是今后高温蓄热材料的研究方向之一。这类材料主要由两部分组成：一部分是工作物质（相变材料PCM），一般选择潜热大、蒸气压低的碱金属和碱土金属，如碳酸盐、硫酸盐、硝酸盐及其混合物，利用它们的相变特性进行蓄热和放热；另一部分是基质（载体），能保持材料的不流动性和可加工性。在无机盐（工作物质）发生相变前后，其性能稳定且保持材料原有的形状，可供选择的载体主要有MgO、Al_2O_3、SiC、SiO_2等陶瓷类材料。目前，该类蓄热材料的制备方法主要有两种：一种是混合烧结法，即将两组分按照一定的比例配比，加以适当的添加剂，混料后加压成型，然后以一定的烧成制度烧成；另一种是自发熔融浸渗法，该方法是先按照一定工序烧制出三维连通多微孔陶瓷基体，然后将工作物质（熔融无机盐）自发浸渗入陶瓷基体而成。在使用高温显热/潜热复合相变蓄热材料时，由于毛细管张力作用，无机盐（工作物质）熔化后保留在基体内，不会流出来。使用过程中，既可以利用陶瓷基材料（载体）的显热，又可以利用无机盐（工作物质）的相变潜热和显热，且使用温度随复合无机盐（工作物质）的种类不同而变化。

3. 新型高温复合相变蓄热材料的应用方法

新型高温显热/潜热复合相变蓄热材料应用于高温窑炉蓄热燃烧系统中，可实现工业窑炉高温烟气余热的极限回收，提高燃料的利用率。计算表明，新型高温显热/潜热复合相变蓄热材料若用于炼铁工业中的热风炉，可以代替蓄热室中、下部（温度一般低于1000℃）的耐火格子砖，在相同条件下该材料的蓄热量是普通耐火格子砖的2～3倍，所以在满足相同蓄热量和热风温度的条件下，蓄热室体积可减少34.7%～40.5%，高度可降低8～9.4m，单台热风炉的建造费用可降低7.7%～10.5%。采用新型高温显热/潜热复合相变蓄热材料，蓄热式换热器的体积、高度、热惰性减小，且换热效率有所提高，这对降低工业窑炉的能耗有重大意义。

2.3.3 燃料预热节能技术

许多用低热值煤气作燃料的工业窑炉，采用煤气和助燃空气双预热的节能技术，例如，高炉热风炉采用水－碳钢热管换热器预热高炉煤气和助燃空气，加热炉和热处理炉采用金属管状换热器预热高炉煤气和混合煤气等，均取得显著的节能效果。

煤气预热（一般预热到200℃）虽能改善燃烧条件，提高燃烧温度，降低燃料消耗，但稍有疏忽便会酿成爆炸事故。因此，如何合理设计和安全使用煤气换热器，以保证其正常运行是个值得重视的问题。以下是根据实践总结的几点经验。

1. 用高热值气体供料的窑炉，尽量避免采用煤气预热技术

因为预热高热值气体燃料比预热低热值气体燃料所取得的节能效果小。另外，高热值的气体燃料还容易发生爆炸事故。

2. 换热器无泄漏、耐腐蚀是安全运行的主要保障

换热器泄漏的主要原因是焊缝开裂及腐蚀穿孔。焊缝开裂是因为焊缝强度不足由热应力的破坏作用造成的。换热器在运行过程中，其内外壁温差高达300℃以上，从而产生强大的切应力，导致较薄弱的焊缝开裂。因此，制造煤气换热器时，对焊缝应严格按照压力容器的标准来施工和验收。腐蚀穿孔是由于换热器的工作介质具有较强的腐蚀性所致。所以，煤气换热器应选用经探伤检查合格的锅护钢板及管材，或选用耐腐蚀的不锈钢板及管材。

3. 空气、煤气双预热的节能工艺设计，应采取可靠的安全措施

（1）设置准确可靠的一氧化碳含量检测报警装置　设置一氧化碳含量检测仪及计算机，并在煤气换热器前后的烟道内连续取样，检测烟气内一氧化碳的含量，若含量超过表2-12所列设定值，表示烟气内可燃气体含量已接近或达列爆炸限值，装置就会发出声光报警信号，从而及时发现煤气换热器的泄漏情况。

表 2-12　设定烟气中一氧化碳报警含量参考值

烟气种类	燃气成分（%）								参考设定值
	CO_2	CO	H_2	CH_4	N_2	O_2	C_mH_n	H_2O	
高炉煤气	14.5	25.5	1.5	0.5	58.0				$7.86+R$
焦炉煤气	2.0	6.0	59.0	25.5	4.	0.4	2.2		$0.28+R$
纯氧顶吹转炉煤气	18.5	59.0	1.5		20.6	0.4			$10.75+R$
烟煤发生炉煤气	5.0	27.0	14.0	3.0	51.0				$3.95+R$
无烟煤发生炉煤气	6.0	24.0	15.0	1.0	54.0	0.56			$3.71+R$
高焦混合煤气	9.02	15.32	26.49	11.73	29.30		1.03	0.55	$0.77+R$

（2）增设备用排烟机或备用直通烟道　在增设烟气余热回收系统的加热炉改造设计中，由于烟道内放置空气、烟气换热器，使排烟阻力大为增加，烟囱抽力严重不足，所以一般都要增设排烟机，以保证正常排烟。但是，当排烟机发生故障或停机检修时，由于炉子需要保温，烟囱的抽力仍可将烟气通过排烟机及排烟管排出一部分，仍有一部分在烟道中积累。如果煤气换热器大量泄漏，则容易造成事故。对此，可设置备用排烟机或备用直通烟道。前者占地面积和投资较大，但在主排烟机发生故障时仍可保证正常生产；后者只能在排烟机停机时加快排烟速度，而不能满足炉压正常操作的要求。应当指出的是，这两种办法均不能杜绝烟道爆炸事故，只能加快排烟速度、减少烟道内的烟气积累。

（3）烟道上设置爆发孔　设置爆发孔有两个作用：发生爆炸时泄爆，以减轻爆炸威力，减少损失；当仪器报警时迅速打开爆发孔，利用烟道内的负压吸入空气，降低可燃气体含量，延缓爆炸事故发生，争取处理时间。爆发孔的数量可根据烟道的大小及长度确定。爆发孔可做成钢盖状置于烟囱顶部，采用砂封密封。

4. 严格执行安全操作规程，密切注意和分析异常现象

正常生产时应密切注意和分析出现的异常现象。例如，煤气换热器前后烟道内压差变大（即换热器烟道侧的阻力变大），说明煤气换热器可能泄漏或部分堵塞；煤气换热器前后煤气总管上（设有压差检测显示仪）压差变小，说明煤气换热器可能泄漏；各支管（一般设在煤气换热器之后）煤气用量之和显著小于总管流量（流量孔板设在换热器之前）显示值，也说明煤气换热器有泄漏；在产量不变而又无其他特殊因素影响的情况下，如果煤气用量比投产初期的用量增加较大，也应检查煤气换热器是否泄漏。

2.3.4　水泥窑炉中低温余热发电节能技术

水泥工业是建材工业的耗能大户，其能耗量占建材工业总能耗的 50% 左右，因而搞好水泥工业节能是实现建材工业节能降耗的关键。目前我国水泥工业正处在技术结构和产品结构调整时期，调整的重点包括应用技术先进、能耗低、产品质量好的新型干法窑外分解技术，以及推广余热利用技术等。经过几年努力，水泥能耗有了明显降低，截至 2012 年年底，全国新型干法生产线 1637 条，设计熟料产能达 16 亿 t。在新型干法生产线中，约 20% 的生产线单位产品能耗和污染物排放达到或接近国际先进水平，其余生产线与国际先进水平仍有相当差距。其主要原因如下：

1）工艺技术和装备落后。目前我国水泥窑型中，技术先进、能耗较低的预分解窑比例较小，仍以机立窑为主体，产品标号低，环境污染较严重。

2）窑炉余热回收利用率低。水泥工业除极少数预分解窑利用余热发电，利用部分废气余热用作烘干物料，以及部分干法中空窑利用废气余热发电外，大部分生产线窑炉余热未能有效利用，致使大量热能损失。

3）耐火材料性能差，使用寿命短。耐火材料性能差，致使窑炉系统热量散失增大，窑炉使用寿命缩短，增加了窑炉检修次数，降低了窑炉运转率，从而增加了能源消耗。

在水泥生产工艺过程中，熟料煅烧需要较高烧成温度，因而需要消耗大量燃料来满足要求。目前先进的新型干法工艺，单位熟料烧成热耗为 2900 ~ 3000kJ/kg，其中，熟料生成热约占 42%，冷却机熟料和预热器飞灰带走的热量约占 5%，系统表面散热约占 13%，预热器废气和冷却机废气带走的热量约占 33%，其他热损失为 7%。如果将 400℃以下低温废气余热转换为电能并回用于水泥生产，可使水泥熟料生产综合电耗降低约 60%，或水泥生产综合电耗降低约 33%。纯低温余热发电就是利用预热器和篦冷机排出的废气热量产生低品味的蒸汽，推动低参数的汽轮机组做功发电，以节约能源，降低成本。据统计，日本有近 80% 的水泥窑都有纯低温余热发电系统，全国平均热料发电量近 40kW · h/t，回收的电能已达到水泥工业电耗的 40%。

1. 水泥窑炉中低温余热发电技术的原理

以 30℃左右的软化水经除氧器除氧后，用水泵加压进入窑头余热锅炉省煤器，加热成 190℃左右的饱和水并分成两路，分别进入窑头余热锅炉锅筒和窑尾余热锅炉锅筒，然后依次经过各自锅炉的蒸发器、过热器，产生 1310℃左右的过热蒸汽，汇合后进入汽轮机做功，或闪蒸出饱和蒸汽补入汽轮机辅助做功；做功后的乏汽进入冷凝器，冷凝后的水和补充软化水经除氧器后再进入下一个热力循环。余热发电系统的关键设备是窑尾、窑头余热锅炉和汽轮发电机组。

2. 水泥窑炉中低温余热发电系统的主要类型

水泥窑炉中低温余热发电系统的主要类型包括纯余热发电系统、带补燃锅炉的余热发电系统、有机朗肯循环余热发电系统和混合工质余热发电系统。

（1）纯余热发电系统　纯余热发电技术和传统的发电一样，以水为工质采用朗肯循环实现余热利用。这种系统用余热锅炉代替常规锅炉，系统结构简单，运行可靠，初投资较少，其工作原理如图2-29所示。其缺点是系统运行受生产线负荷波动的影响较大。

（2）带补燃锅炉的余热发电系统　带补燃锅炉的余热发电系统是在余热锅炉后面安装补燃锅炉，如图2-30所示。余热锅炉产生的低压蒸汽或者高温水，经过补燃锅炉加温加压，提高蒸汽参数，然后在汽轮机中做功。这种余热发电系统可通过调整补燃锅炉的容量达到所需的功率，设备可以采用标准系列产品，技术成熟可靠，而且不受余热供应的制约，避免了生产线负荷波动对机组运行稳定性的影响，可延长机组的寿命。其缺点是投资较高，系统较复杂，运行成本较纯余热发电系统高。

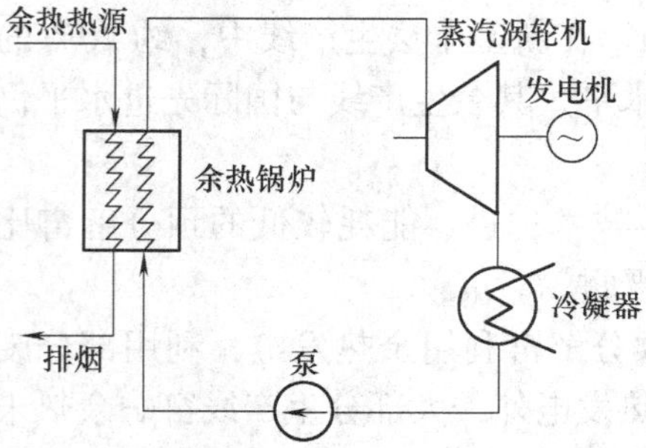

图2-29　纯余热发电系统工作原理

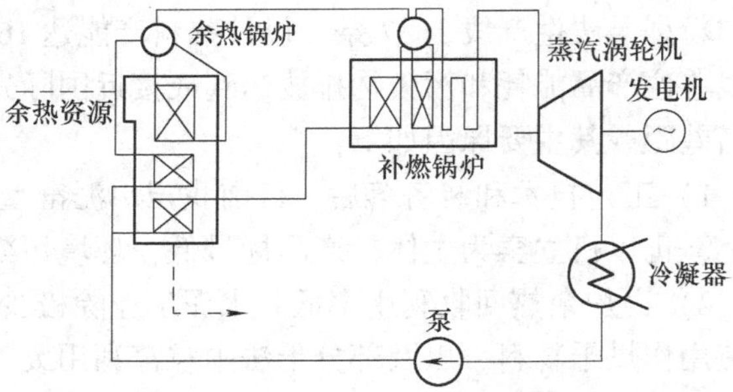

图2-30　带补燃锅炉的余热发电系统工作原理

（3）有机朗肯循环余热发电系统　当余热温度低于370℃时，以水为工质的朗肯循环不能有效地回收余热，此时可以考虑有机朗肯循环（Organic Rankine Cycle，ORC）余热发电技术。有机朗肯循环以低沸点的有机物为工质吸收废气余热，产生一定压力和温度的有机物蒸汽，进入汽轮机膨胀做功，汽轮机排汽在凝汽器中凝结成液态有机物。

相对于常规朗肯循环，有机朗肯循环具有以下优点：

1）有机工质沸点低，有利于利用较低温度的热源；其比体积小于水蒸气，所需汽轮机的尺寸和排气管道的尺寸以及冷凝器的换热面积都较小；它的凝固点低，在较低温度下仍能释放出能量，因此在寒冷天气可以增加出力，冷凝器也不需要防冻设施。

2）在膨胀做功的过程中，从高压到低压始终保持在干蒸汽状态，可以避免湿蒸汽对汽轮机所造成的腐蚀破坏，更有效地适应部分负荷运行及大的功率变动。

3）在缺水地区，ORC电厂优先使用空冷凝汽器，比水蒸气电厂使用的空冷凝汽器体积小得多，价格也低得多；有机工质冷凝压力高，系统在接近和稍高于大气压力下工作，不需要真空抽汽系统。

4）有机工质的声速低，在叶片轮周速度很低时就能获得有利的空气动力特性，在常规转速下就具有较高的汽轮机效率。

（4）混合工质余热发电系统　采用混合工质来代替单一工质进行余热回收，可更好地回收中低温余热。以 NH_3-H_2O 混合物为工质的卡林纳循环低温余热发电系统工作原理如图 2-31 所示。

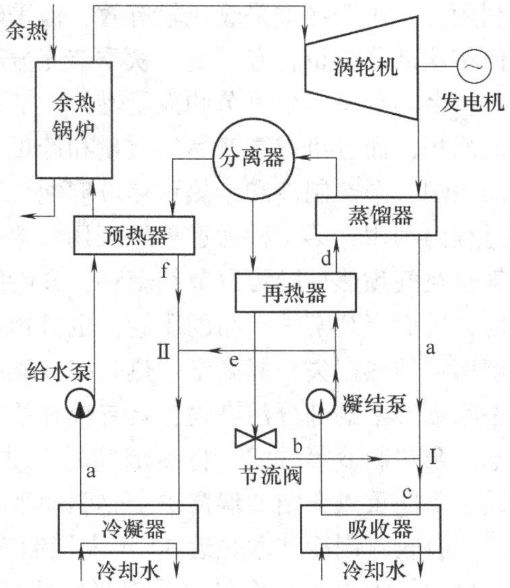

图 2-31　卡林纳循环低温余热发电系统工作原理

其循环过程为：70% 的氨水溶液经过给水泵加压和预热器升温之后，进入余热锅炉中加热，产生 70% 的过热氨水蒸气，进入汽轮机做功。汽轮机排汽经过蒸馏器冷却，然后被 34.59% 的贫氨溶液（b 股）稀释为 44.81% 的基本溶液（c 股），进入吸收器中凝结；离开吸收器的饱和液体经凝结泵加压，一部分（d 股）经过再热器和蒸馏器升温后，进入分离器，在分离器中分离出 96.85% 富氨蒸汽（f 股）和 34.59% 的贫氨溶液；34.59% 的贫氨溶液经再热器冷却和节流阀降压，与 70% 的工作溶液混合形成 44.81% 的基本溶液；96.85% 的富氨蒸汽经预热器冷却后，和另一部分基本溶液（e 股）混合为 70% 的工作溶液，然后凝结为饱和液体，再经给水泵送到余热锅炉，完成一个循环过程。

该发电系统的优点是：①混合工质的蒸发过程是变温过程，相对于单一工质循环的定温蒸发而言，其吸热蒸发过程更接近热源的放热过程线，这样可以减小换热过程的平均换热温差，降低不可逆损失，从而提高循环的效率；②对于不同的余热热源，可以根据其放热特性，选择不同组分、不同含量的混合物，使工质的吸热过程与热源的放热过程达到最佳换热匹配。

2.3.5　玻璃窑炉余热驱动吸收式制冷节能技术

玻璃工业作为能耗大户，其能源费用占企业生产成本相当大的比例。由于管理水平低及生产工艺落后等原因，目前我国玻璃熔窑的热效率比较低，产品单耗高，与国外先进水平存在较大差距。国外玻璃熔窑的热效率一般在 40% ~50%，尽管我国也采用了诸如蓄热燃烧、窑炉保温等多项节能措施，但我国玻璃窑炉的热效率仍然只有 10% ~30%。如何在生产过程中最大限度地利用能源，回收再利用各项余热资源，是提高玻璃窑炉热效率和节能减排的主要途径。

在玻璃窑炉的各项热损失中，离开蓄热室的排烟余热量所占比例最大。玻璃窑炉烟气余热是指玻璃窑炉排放的烟气中含有的可回收利用的热量。由于玻璃窑炉主要依靠燃料直接燃烧释放出热量来加热原料，其排烟温度多为 980 ~1600℃。当烟气温度为 1000 ~1300℃时，热烟气余热将占窑炉总能耗的 50% ~70%。面对如此丰富的高温余热资源，如何经济有效地加以利用，是当前玻璃窑炉节能工作的重大课题，也是提高企业能源利用率，解决企业能源供需矛盾的主要途径。通常，玻璃窑炉采用蓄热燃烧后离开蓄热室的烟气温度仍有 500 ~600℃，烟气所散失的热量占窑炉总投入热量的 25% 左右，占燃料化学热的 40%。这部分余热的传统利用方式是，让烟气进入余热锅炉产生蒸汽，供生活用热。这种“热—热”回收利用方式用于冬季采暖比较有效，但采暖季节结束后，这部分余热就白白浪费了。因此，如何将这部分热量在春、夏、秋季节充分利用就成为玻璃窑炉节能的一项重要内容。

余热利用不仅可节约大量燃料、节省运输费用、减少大气污染、改善工作条件、减少占地面积，而且可提高产品的质量和产量。目前，窑炉排烟余热回收利用技术有余热发电、余热锅炉、余热制冷和余热预热玻璃配合料等。从烟气余热利用途径上可分为两种：第一种是过程内利用，第二种为过程外利用。第一种借助于各种空气-烟气换热装置，可预热助燃空气，空气预热后既可以节约燃料，又能够提高燃烧温度，并改善窑炉内燃烧温度分布的均匀性，进而提高窑炉产品的质量；也可预热投入玻璃窑炉的配合料和碎玻璃，一方面可降低玻璃熔窑的热损失，提高窑炉热效率、能源利用率和产品质量，另一方面可降低排烟温度，并去除烟气中的部分污染物，具有较好的节能环保效益。第二种主要是采用余热锅炉、余热发电、余热制冷等方式，将热烟气用于供热、发电或供冷。相比而言，第一种是更经济的方式。下面重点介绍玻璃窑炉余热驱动吸收式制冷技术。

吸收式制冷技术是近 30 年发展起来的一项新技术。吸收式制冷技术按照制冷剂不同，可分为氨吸收式制冷与溴化锂吸收式制冷。其中溴化锂溶液对环境无污染且对人体无危害，因而溴化锂吸收式制冷技术用得越来越多。溴化锂吸收式制冷系统主要由冷凝器、节流阀、蒸发器、发生器、吸收器及溶液泵组成，如图 2-32 所示。其工作原理是：在发生器 4 中为溴化锂浓溶液，余热热源将溴化锂浓溶液加热，溴化锂蒸汽离开发生器进入冷凝器 1，在冷凝器 1 中凝结成液体，液态溴化锂经过节流阀 2 后进入蒸发器 3，从外界吸收热量变成气态，实现制冷；然后溴化锂气体进入吸收器 6 进行吸收，使得溴化锂含量不断增加，当其含量达到一定值时，由溶液泵打入发生器，进行新的制冷过程，如此循环。在循环过程中，由于发生器 4 内溴化锂蒸气的溢出，发生器 4 内溴化锂含量不断降低，当其含量降低到一定值时，形成的稀溶液流入吸收器，溴化锂含量增加。因此，发生器 4 和吸收器 6 形成了溴化锂溶液回路。

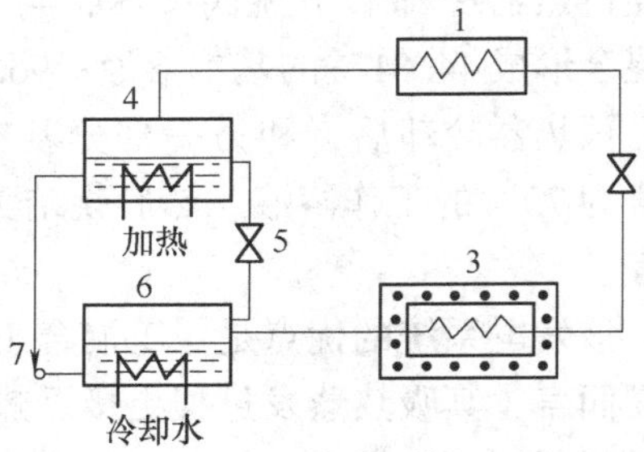

图 2-32　吸收式制冷系统工作原理图

1—冷凝器　2—节流阀　3—蒸发器　4—发生器

5—溶液节流阀　6—吸收器　7—溶液泵

溴化锂吸收式制冷技术的主要优点是：①利用热能为动力，这种动力是低位热能，如余热、废热、排热等，因而可大量回收利用余热；②以热能为动力的制冷技术，比压缩式制冷更节电，在我国电力短缺的形势下，使用这种技术更具有现实意义。这种“热—冷”的热回收方式在春、夏、秋三季应用在玻璃熔窑余热回收中，对于经常“闹电荒”的北方，节电效果十分显著。

在春、夏、秋三季，玻璃窑炉排出的废气温度在 400 ~ 500℃，采用余热锅炉的进行回收，已经不能充分利用。与此同时，车间操作室、办公室以及周边的宾馆、饭店空调却需要消耗大量电力，吸收式制冷技术正好把这部分热量用于空调制冷，做到热尽其用。吸收式制冷技术所用热源无需太高的温度，因此用在玻璃熔窑烟气余热回收是可行的。洛阳某玻璃厂第二浮法线采用此项技术，节能效果非常显著。可见，吸收式制冷技术为低位热能的充分利用提供了一条有效的途径。另外，溴化锂吸收式制冷技术对环境无污染，因此值得大力推广。

2.3.6　工业窑炉的管理节能技术

目前工业窑炉为达到较高的热效率和㶲效率，必须根据炉型和负荷等情况，采取以下的能源管理技术，以最大限度地节能降耗：

1）按照热力学的观点优化工业窑炉的工艺流程、工作介质及其参数。

2）以强化炉内传热为目标，优化工业窑炉的结构和传热过程，并制定科学的操作规程。

3）尽可能地采用连续加热方法，严格限制间歇加热过程，对于工艺流程中的加热设备也应尽可能做到“合二为一”，以减少窑体材料和传热损失。

4）设备主体和管道系统上设置有效的隔热保温层，要综合考虑窑炉墙衬厚度、管道保温层厚度与费用的关系，即最佳经济厚度。

5）充分利用工业窑炉的余热以预热燃料、助燃空气和工艺用原料，或者作为其他用能设备的能源。

2.4　泵与风机节能技术

2.4.1　泵与风机变频调速节能技术

1. 变频调速技术的工程背景

在工业生产和产品加工制造业中，风机、泵类设备应用范围广泛。通常风机设备主要用于锅炉燃烧系统、烘干系统、冷却系统、通风系统等场合，根据生产需要对炉膛压力、风速、风量、温度等指标进行控制和调节，以适应工艺要求和运行工况。最常用的控制手段是调节风门、挡板开度的大小来调整受控对象。这样，不论生产的需求大小，风机都要全速运转，而运行工况的变化使能量以风门、挡板的节流损失形式消耗掉了。在生产过程中，不仅控制精度受到限制，而且还造成能源浪费和设备损耗，从而导致生产成本增加，设备使用寿命缩短，设备维护、维修费用居高不下。

泵类设备在生产领域同样有着广阔的应用空间，提水泵站、水池储罐给排水系统、工业水（油）循环系统、热交换系统均使用离心泵、轴流泵、齿轮泵、柱塞泵等设备，根据不同的生产需求往往采用调节阀、回流阀、截止阀等节流设备进行流量、压力、水位等参数的控制。这不仅造成大量的能源浪费，以及管路、阀门等密封性能降低，还加速了泵腔、阀体的磨损和汽蚀，严重时损坏设备、影响生产、危及产品质量。

风机、泵类设备多数采用异步电动机直接驱动的方式运行，存在起动电流大、机械冲击、电气保护特性差等缺点。这不仅影响设备使用寿命，而且当负载出现机械故障时不能瞬间动作保护设备，时常出现泵损坏的同时电动机也被烧毁的现象。据不完全统计，全国风机、水泵、压缩机有 4200 万台电动机，用电量占全国总发电量的 40% ~50%，其电能消耗和阀门、挡板相关设备的节流损失，以及维护、维修费用占企业生产成本的 7% ~25%。这些设备的驱动电动机大多电能利用率较低，将这些电动机的电能利用率提高 10% ~15%，全年可节电 300 亿 kW · h 以上。

众所周知，在通风或供水系统中，风机和水泵的功率都是根据最大流量设计的，而使用中实际流量随各种因素（如季节、温度、工艺、产量等）而变化，往往比设计的最大流量小得多。通常情况下流量调节只能通过调节阀门、挡板的开度，即通过关小和开大阀门、挡板来实现。当所需流量调小时，管网内的流体压力反而增大，而此时电动机的轴功率则基本不变，部分电动机功率消耗于管网的扬程（压头）增加（这是无谓的消耗）。可见，阀门、挡板调节流量（即节流调节）时，实质上是通过改变管网阻力来实现的，是一种不节能的调节方式。

20 世纪 80 年代初发展起来的变频调速技术，正是顺应了工业生产自动化发展的要求，开创了一个全新的智能电动机时代。变频调速技术一改普通电动机只能以定速方式运行的陈旧模式，通过调速控制装置改变电动机转速，使得电动机及其拖动负载在无须任何改动的情况下即可按照生产工艺要求调节输出，从而降低电动机功耗达到系统高效运行的目的。加之变频调速器（简称变频器）易操作、免维护、控制精度高，并可实现多功能化等特点，因而采用变频器驱动的控制方案正逐步取代风门、挡板、阀门的控制方案。

交流电动机的调速方式有多种，变频调速是最佳的调速方案，可以实现风机、水泵的无级调速，并可方便地组成闭环控制系统，实现恒压或恒流量控制。20 世纪 80 年代末，变频调速技术引入我国并得到推广，现已在电力、冶金、石油、化工、造纸、食品、纺织等多种行业的电动机传动设备中得到应用。目前，变频调速技术已经成为现代电力传动技术的一个主要发展方向。变频调速技术具有诸多优点，如卓越的调速和起动性能、高功率因数和显著的节电效果，能够改善现有设备的运行工况，提高系统的安全可靠性和设备利用率，延长设备使用寿命，以及适用范围广等，被认为是最有发展前途的调速方式。

风机、泵类等设备采用变频调速技术是我国节能的一项重点推广技术，受到政府部门的普遍重视，《中国节能技术政策大纲》中把泵和风机的变频调速技术列为“九五”计划重点推广的节能技术项目，《中华人民共和国节约能源法》第 39 条也把它列为通用节能技术加以推广。实践证明，变频技术用于风机、泵类设备调速控制具有显著的节电效果，是一种理想的调速控制方式，既提高了设备效率，又满足了生产工艺要求，并大大减少了设备维护、维修费用，还缩短了停产周期。其直接和间接经济效益十分明显，设备一次性投资通常可在 9 ~ 16 个月内全部收回。

2. 变频调速技术的工作原理

传统的流量调节方式通过改变阀门或挡板开度来实现，此时电动机仍处于全速运行状态。因此，这种方法存在严重的节流损耗。根据泵和风机的比例定律（也称为相似定律），流体的流量 q 与叶轮转速 n 一次方成正比，即

$$q/q_e = n/n_e \tag{2-5}$$

扬程（全压）H 与转速 n 二次方成正比，即

$$H/H_e = (n/n_e)^2 \tag{2-6}$$

电动机消耗的功率 P 则与转速 n 的三次方成正比，即

$$P/P_e = (n/n_e)^3 \tag{2-7}$$

式（2-5）、式（2-6）及式（2-7）中的下标“e”均表示额定工况参数。

当转速减小时，流体流量成正比减少，而电动机功率以三次方的速率下降。采用变频调速技术后，从理论上计算，如流量由 100% 降到 70%，则转速相应降到 70%，扬程降到

49%，而电动机的功率降到 34.3%，即节约电能 65.7%。由此可见，变频调速技术的节电效果非常显著。

由电机学可知，电动机转速 n 与电源频率 f 之间存在如下关系

$$n = \frac{60f}{p}(1 - s) \tag{2-8}$$

式中，n 为电动机转速；f 为电源输入频率；s 为电动机转差率；p 为电动机磁极对数。

变频调速就是通过改变供给电动机的工作电源频率达到改变电动机转速的目的。变频器则是基于上述原理采用交-直-交电源变换、电力电子、微电脑控制等技术的综合性电气产品。

3. 泵与风机变频调速的节电原理

水泵实际扬程 $H(Q, t)$ 是流量 Q 和时间 t 的函数，其大小同工艺要求和设备自身的调节能力有关。在带有调速装置的泵站系统中，$H(Q, t)$ 可按工艺要求（如管网特性要求、生产工艺要求）通过调节水泵转速或开启泵的台数实现。在没有调速装置的情况下，由于水泵自身特性同工艺要求不匹配，泵输出的实际扬程 $H(Q, t)$ 一般会大于工艺要求的扬程，这样将有部分扬程被浪费。水泵轴功率 P 大小即水泵电耗与出口流量 Q、扬程 H 及泵效率 η 有关，轴功率（输入功率）P 可用下式计算

$$P = \frac{9.81 \times Q \times H}{\eta} \tag{2-9}$$

式中，Q 为水泵流量，单位为 m^3/s；H 为水泵扬程，单位为 m；η 为效率，单位为%。

图 2-33 至图 2-35 可以说明泵与风机变频调速的节电原理。如图 2-33 所示，N_1 为泵与风机的特性曲线；曲线 1 为泵与风机在给定转速下满负荷即系统阀门全开运行时的扬程、流量点和效率点的轨迹；曲线 2 为部分负荷时，系统阀门部分开时的阻力特性曲线，即泵与风机要克服管路摩擦，管内压力（或流动阻力）随流量的平方而变化。泵与风机的实际运行工况点是泵与风机的特性曲线与管路阻力曲线的交点。当用阀门控制时，如果要减少流量，就要关小阀门，使阀门的摩擦阻力变大，阻力曲线从 1 变成 2，流量从 Q_1 减小到 Q_2，扬程则从 H_1 升高到 H_2，实际运行工况点从 C_1 移到 C_2。

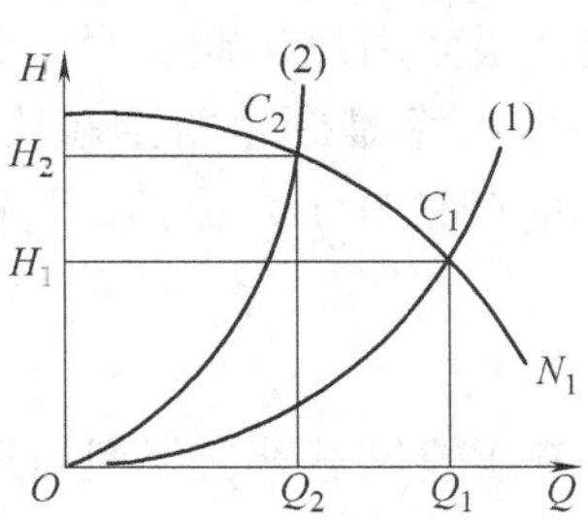

图 2-33　泵与风机的特性曲线

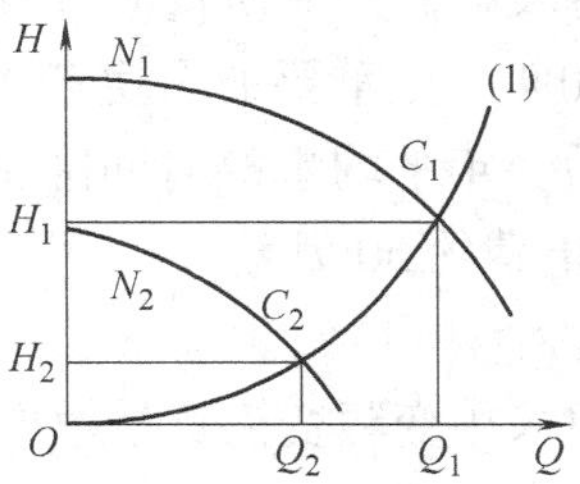

图 2-34　变频泵与风机的特性

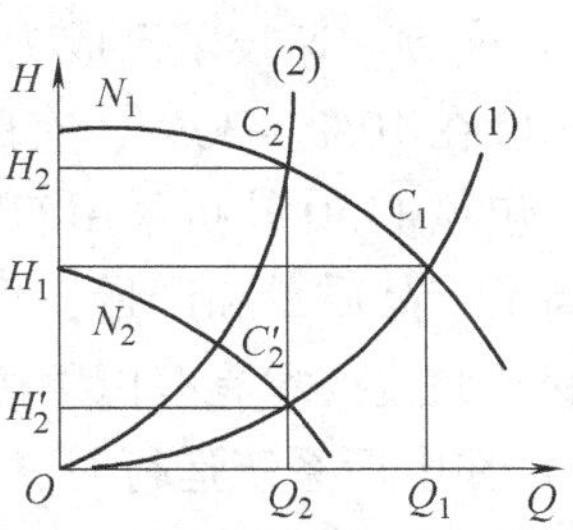

图 2-35　泵与风机变频前后的特性曲线

从图 2-33 可以看出，随着阀门关小，所输送流体的流量虽然减少，但扬程却反而增加，轴功率 P 比调节前减少不多。若采用变频调速，管路的阻力特性曲线不变，随着电动机转速下降，扬程—流量特性在图 2-34 中由曲线 N_1 变为曲线 N_2，系统实际工况点也由 C_1 变到 C_2，代表轴功率的面积比采用阀门调节时显著减少，两者之差即为节省的轴功率，也就是图 2-35 中的矩形 $C_2H_2H_2'C_2'$ 的面积。

由泵与风机的相似定律可知，当改变电动机转速以改变泵与风机转速时，如果保持效率不变，则流量 Q、扬程 H、功率 P、与转速 n 存在如下关系

$$\frac{Q_2}{Q_1}=\frac{n_2}{n_1},\quad \frac{H_2}{H_1}=\left(\frac{n_2}{n_1}\right)^2=\left(\frac{Q_2}{Q_1}\right)^2,\quad \frac{P_2}{P_1}=\left(\frac{n_2}{n_1}\right)^3=\left(\frac{Q_2}{Q_1}\right)^3 \tag{2-10}$$

采用变频调速来调节流量时，流量变化引起的功率变化见表 2-13。从表中可以看出，随着流量减小，功率显著下降；同时，扬程下降，进而使噪声将大大降低。这种控制方式可从根本上消除风机、水泵设备由于选型或负荷变化而造成的“大马拉小车”的动力浪费现象，消除了挡板节流阻力，使风机、水泵始终运行在最佳工作状态。如果采用多泵并联恒压变量供水，其中一台泵可使用变频泵，其余采用工频泵。

表 2-13　变频流量风机理论节能效果（%）

Q_2/Q_1	n_2/n_1	H_2/H_1	P_2/P_1
100	100	100.0	100.0
90	90	81.0	72.9
85	85	72.3	61.4
80	80	64.0	51.2
70	70	49.0	34.3
60	60	36.0	21.6
50	50	25.0	12.5

4. 变频调速技术的特性及注意事项

我国变频调速技术的应用已取得显著成绩，主要表现在以下两个方面：

1）变频调速技术的应用已发展到新阶段，以石油、石化、冶金、机械等行业为例，都经过了单系统试用、大量使用和整套装置系统使用三个发展阶段。例如，广东某石化公司和九江某石油化工厂现已应用常减压和催裂化变频装置，取得了节能、增产的显著效果。

2）变频调速技术已成为节约能源及提高产品质量的有效措施，很多用户实践证明，节电率一般在 10%～30%，有的高达 40%。更重要的是生产中的一些技术难题也得到解决。例如，包钢 1150 轧机采用变频装置后，年平均事故时间降至工作时间的 0.1% 以下，大幅度提高了产品质量和产量，且年节约电费约 50 万元。

变频调速技术具有以下优良的特性：

1）在电厂系统运行时，泵与风机采用变频变流量技术方案，节能效果显著，特别是适用于负荷波动较大的系统。

2）采用变频调速技术后，由于电动机、风机的转速普遍下降，减少了机械摩擦，将延长设备的使用寿命，降低设备的维修费用，同时也降低了风机的噪声。

3）采用变频调速后，电动机可以软起动，起动电压降减少，大幅度减少了对电网的冲击。

4）变频调速时平滑性好，效率高。低速时，特性静关率较高，相对稳定性好。

5）变频调速范围较大，精度高，能保证生产工艺稳定，提高产品的质量和产量。

6）变频器体积小，便于安装调试，维修简便。

虽然变频调速技术有以上众多优点，但必须要有专用的变频电源，造价较高，一次投入成本较大。在使用变频调速时，还应注意以下几点：

1）由于变频器集成度高，整体结构紧凑，散热量大，对于温度、湿度和粉尘含量要求较高，所以提供一个良好的运行环境才能保证变频器的稳定运行。

2）对于新控设备电动机需长期运行的，需在变频器上加装手动工频旁路装置，以便在变频器出现故障短时间无法恢复时，切换到工频旁路运行。

3）变频器的设定参数多，每个参数均有一定的选择范围，使用中常常遇到因个别参数设置不当而导致变频器不能正常工作等问题。

4）变频调速控制系统是集计算机技术与电力电子逆变技术于一体的新型传动控制系统，为了更好地发挥其功能，维护保养是工作中必不可少的。

总之，在使用过程中如果对变频器的性能掌握不全面，总会出现各种各样的问题，只有熟悉它的性能及原理，使用起来才能得心应手。

5. 浙江某电厂风机系统变频节能改造实例

浙江某电厂的鼓风机为定流量系统，过去仅采用节流调节方式，存在耗电大、噪声大，且供风调节性能不良等问题，因此电厂决定对鼓风系统进行变频改造。由原来的节流调节改造为采用 PLC（可编程）控制技术的变频恒压运行调节方式。风机设计参数见表 2-14。

表 2-14　风机设计参数

电动机型号	台　数	风量/(m^3/h)	转速/(r/min)	功率/kW	总功率/kW
JO_2-72-4	2+1	32900	1480	30	90

（1）改造方案

1）安装 3 台控制设备，控制箱内各安装变频器一台及其他控制设备，总费用为 19.4 万元。

2）将风机电力电缆先接至变频器，而后通过变频器接至电动机，同时，变频控制箱内设置电动机的旁路控制，即当变频器发生故障时，可以通过旁路切换。在变频器隔离退出进行检修时，电动机能继续以工频方式运行。

3）接收风机管道出口压力、流量信号，并将压力和流量信号送至变频器控制柜。

（2）设备配置及功能　变频系统的主要设备包括变频器、可编程序控制器（PLC）、变频柜等。改造后，除具有变频器的变频调节功能外，还具有以下 5 种功能：

1）根据压力和流量信号自动调节转速；在控制屏上安装手动装置，可通过手动调节电动机转速；在就地控制屏上安装转速表，实现电动机转速自动和手动转换。

2）机组负荷低于 50% 时，单台风机运行。

3）当机组负荷超过 50% 时，变频系统能自动切换成双台风机运行，恒压向锅炉鼓风。

4）实现对电动机运行的欠电压、过流、断相、过载、短路、失速等保护功能。

5）三台鼓风机故障停机自动联锁，并在联锁解除的情况下，能实现单台风机的启停。

（3）改造效果分析

1）该设备采用先进的变频器调速技术和 u/f 控制技术，由变频器实现无级平滑调速，动态响应快，调整灵活稳定，大大提高了系统的自动化程度，其风量调节性能也得到很大提高。

2）实行变频调速后，通过改变变频器的频率来调节电动机的转速，大大简化了调节手段，变频器既是动力源，又是执行机构，取代了电动阀，解决了电动阀带来的问题。

3）实行变频调速后，该设备的输出功率自动跟随负载的变化而变化，大大降低了电能的消耗。改造前后的能量消耗分别见表2-15和表2-16。从表中可以看出，改造后全年运行费用合计节省了5.6（20.61－15.01＝5.61）万元，而改造方案投资增加了19.4万元（变频器系统投资），投资回收年限约为3.5年。而一般风机的使用寿命为15～20年，故采用变频调节在风机使用寿命期内可节约60～90万元，经济效益显著。

表2-15　改造前耗电量及电费

负荷率（%）	全年运行时间/h	功率/kW	用电量/(kW·h)	电费/万元
100	1200	60.0	72000	4.82
90	1500	54.6	81900	5.49
80	1800	48.6	87480	5.86
70	1500	44.2	66300	4.44

表2-16　改造后耗电量及电费

负荷率（%）	全年运行时间/h	功率/kW	用电量/(kW·h)	电费/万元
100	1200	60.0	72000	4.82
90	1500	43.8	65700	4.40
80	1800	30.8	55440	3.71
70	1500	25.4	30900	2.07

4）改造后装置具有过流、过压、欠电压、短路、过负荷等多项故障保护及报警功能。

5）变频调速改造后，实现了电动机的软起动，对电动机和电网的冲击大幅度下降，延长了设备的使用寿命，提高了电气保护质量。

6）装置具有双变频切换功能，即在某一变频器出现故障时，可自动切换到另一变频器，可靠性大大提高。

7）降低了风机的噪声。

2.4.2　泵与风机切割叶轮节能技术

当泵与风机的使用工况偏离设计工况时，其效率要比在设计工况及其附近工作时的效率低。在实际工作中机组额定功率变化或管道阻力变化时，常使泵或风机的容量过大或过小。当容量过大或过小，不能满足生产实际需求时，需要对已有的泵或风机进行改造，而现场改造泵或风机最简便的一种方法就是切割或加长叶片。容量过大时采用切割叶轮外径的方法，使泵或风机的流量、扬程、功率降低；容量过小时采用加长叶轮外径的方法，使流量、扬程、功率增加。

切割或加长叶片属于局部改造，严格来说，不能用相似原理来计算改造后的参数。但实践证明：当尺寸变化小于原叶轮直径20%时，叶片出口角和效率变化不大，可认为改造前后仍满足几何相似，切割前后叶片的出口角和通流面积基本不变，泵或风机效率近似相等。

这样，切割后叶轮出口速度三角形与切割前的速度三角形相似。如用上角带撇的表示切割后的参数，上标不带撇的表示切割前的参数，则切割前后的参数关系可按如下两种情况确定。

1）对中、高比转速（又称比转数）泵或风机（比转速 $n_s=80\sim350$ 的泵或风机）来说，可认为叶轮切割前后的出口过流面积不变。当切割与接长叶轮外径时，转速不变，叶轮出口宽度 b_2 变化稍大，而且出口宽度 b_2 往往和直径 D_2 成反比，即切割前后叶轮直径和出口宽度满足

$$D_2b_2=D'_2b'_2 \tag{2-11}$$

这种情况下，当叶轮外径由 D_2 变化到 D'_2 时，流量 Q、扬程 H、效率 η_v 变化如下

$$\frac{Q'}{Q}=\frac{H'_2c'_{2r}\eta'_v}{H_2c_{2r}\eta_v}=\frac{D'_2b'_2c'_{2r}\eta'_v}{D_2b_2c_{2r}\eta_v} \tag{2-12}$$

式中，c 为绝对速度；下标 r 为径向分量；下标 2 为叶片出口处的参量。因 $D'_2b'_2\approx D_2b_2$，$\eta'_v\approx\eta_v$ 故可得

$$\frac{Q'}{Q}=\frac{c'_{2r}}{c_{2r}}=\frac{D'_2n'}{D_2n}=\frac{D'_2}{D_2} \tag{2-13}$$

扬程间的关系为

$$\frac{H'}{H}=\frac{u'_2c'_{2u}\eta'_h}{u_2c_{2u}\eta_h}=\left(\frac{D'_2}{D_2}\right)^2 \tag{2-14}$$

式中，u 为叶轮圆周速度分量；η_h 为水力效率。

功率间的关系为

$$\frac{P'}{P}=\frac{\rho'Q'H'}{\rho QH}=\left(\frac{D'_2}{D_2}\right)^3 \tag{2-15}$$

2）对低比转速的泵或风机（比转速 $n_s=23\sim80$ 的泵或风机）来说，叶轮外径稍有变化，其出口宽度 b_2 变化不大，甚至可认为没有什么变化，即 $b_2=b_2'$，在这种情况下，若转速保持不变，当叶轮外径由 D_2 变化到 D_2'时，其流量、扬程和功率的变化关系如下

$$\frac{Q'}{Q}=\frac{H'_2c'_{2r}\eta'_v}{H_2c_{2r}\eta_v}=\frac{\pi D'_2p'_2c'_{2r}}{\pi D_2p_2c_{2r}}=\frac{D'_2c'_{2r}}{D_2c_{2r}}=\left(\frac{D'_2}{D_2}\right)^2 \tag{2-16}$$

扬程间的关系为

$$\frac{H'}{H}=\frac{u'_2c'_{2u}\eta'_h}{u_2c_{2u}\eta_h}=\left(\frac{D'_2}{D_2}\right)^2 \tag{2-17}$$

功率间的关系为

$$\frac{P'}{P}=\frac{\rho'Q'H'}{\rho QH}=\left(\frac{D'_2}{D_2}\right)^4 \tag{2-18}$$

式（2-13）~式（2-15）为切割定律表达式，表明用减小或增加 D_2 的方法可在转速不变的情况下使性能曲线下降或上升。必须指出，切割定律与相似定律在本质上是完全不同的。

在实际应用切割定律时，通常采用绘制“切割抛物线”的方法。由式（2-14）和式（2-15）两式中消去 D'_2/D_2 得

$$\frac{Q'^2}{Q^2}=\frac{H'}{H}\text{或}\frac{H}{Q^2}=\frac{H'}{Q'^2}=K \tag{2-19}$$

式中，K 为常数。

由此说明，叶轮切割前后的扬程和流量的比例关系是不变的，也就是说，对中、高比转速泵或风机，切割前后的扬程与流量之间存在着如下函数关系

$$H = KQ^2 \tag{2-20}$$

这是以坐标原点为顶点的二次抛物线方程，通常称为切割抛物线方程。它只说明切割前后的扬程和流量在同一条抛物线上互相对应。只有在切割抛物线上的点才符合叶轮的切割定律。切割抛物线上的点是叶轮切割前后的对应工况点，但并不是相似工况，因为切割后叶轮的其他尺寸并没有按同一比例缩小，切割前后的叶轮并不保持几何相似。当叶轮切割量不大时，认为效率近似相等，所以切割抛物线又称为等效率曲线。利用切割抛物线就可以确定输出量减小多少，叶轮应切割多少的问题。

叶轮的切割量不能太大，否则切割定律失效，并使泵效率明显降低。叶轮外径的切割或接长应以效率不致降低太多为原则。叶轮外径的最大切割量与比转速 n_s 有关，n_s 越大，允许的切割量越小，n_s 越小，允许的切割量越大，见表 2-17。

表 2-17　最大切割与比转速的关系

比转速 n_s	60	120	200	300	350	>350
$(D_2 - D'_2)/D_2$	20%	15%	11%	9%	7%	0%

为了保证泵或风机在切割后运行的经济性，要求泵在较高的效率范围内工作，一般规定泵工作时的效率与最高效率之间的差值 $\Delta\eta$ 为 7%。于是，对于泵或风机只能在允许降低效率 $\Delta\eta$ 为 7% 范围内的切割。这样每台泵都可得到一条和切割最小直径对应的扬程性能曲线，以及和最高效率范围对应的过 A、B 两点的两条等效率曲线 AD 与 BC，泵在工作时，其工作点应落在由 $ABCD$ 所围成的工作区内。图 2-36 所示的Ⅰ为未切割前的水泵性能曲线，AB 是降低效率 $\Delta\eta$ 范围内的工作段。Ⅱ为切割后的水泵性能曲线，CD 是切割后降低效率 $\Delta\eta$ 范围内的工作段，由 $ABCD$ 所围成的区域称为切割高效工作区。

改变叶片长度的节能情况可从图 2-37 分析得到。假定风机工况点为 $C(Q_c, H)$。其流量 Q_c 大于所需流量 Q_0，现将叶片截短，使风机特性曲线由原来曲线Ⅰ变成曲线Ⅱ。管网阻力特性线 R_2 仍然保持不变，则曲线 R_2 与曲线Ⅱ相交于 $B(Q_0, H_0)$。改造后的风机在新工

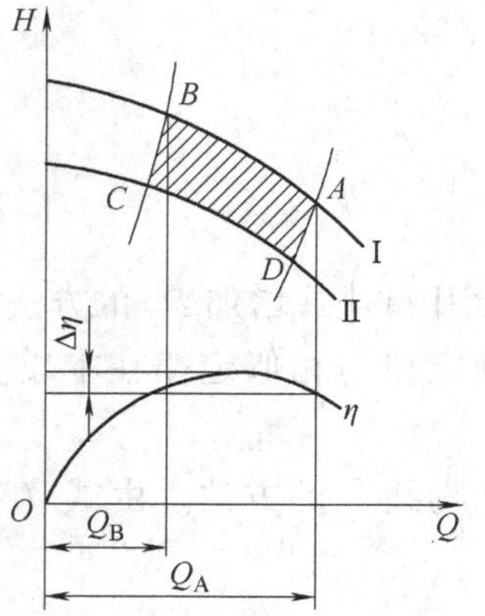

图 2-36　离心泵的切割高效区

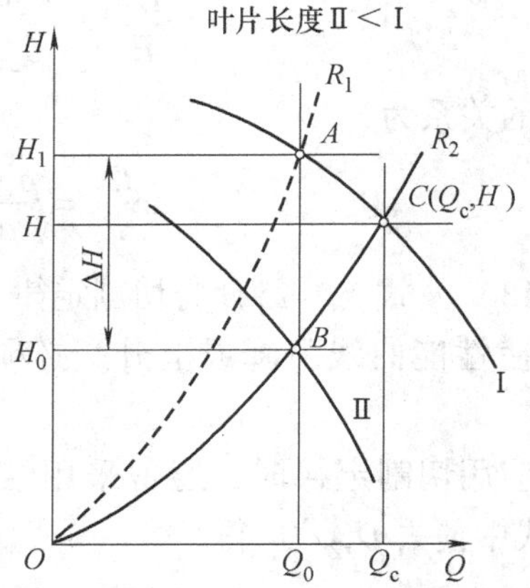

图 2-37　变叶片长度的节能原理

况点 B 工作，满足用户对 Q_0 的要求。如果采取节流调节方式，可达到同一流量 Q_0。因为风机特性线保持不变，而管网阻力特性线由曲线 R_2 变到曲线 R_1，曲线 R_1 和 I 相交于 $A(Q_0, H_1)$。流量目标虽已达到，但增加一项压力损失 $\Delta H = H_1 - H_0$。显然，截短叶片方法优于节流调节。如果叶片不是截短而是加长，其原理同上，同样满足用户要求。

叶轮切割与加长方法及有关问题：

1）对于离心泵，不同比转速的泵应采用不同的切割方式，如图 2-38 所示。对于低比转速 $n_s < 60$ 的多级泵，其叶轮出口和导叶连接，在这种情况下，为了能够保持叶轮外径与导叶之间的间隙不变，对水流的引导作用比较好，切割时一般只切割叶片而仍保留前后盖板。但是，对于比转速较大的泵若不切割前后盖板，将使圆盘摩擦损失增大，导致效率下降较多，因而在切割 $60 < n_s < 140$ 的离心泵时，可将叶片和前后盖板同时切去。对高比转速离心泵，则应当把前后盖板切成不同的直径，使流动更加顺利，前盖板处的直径要大于后盖板处的直径。实践证明，采用叶轮后斜切割方式（不保留后盖）可以改善泵或风机性能曲线的稳定性。

2）对于风机，在切割的计算上与风机实际性能有一定误差，难以精确确定流量和扬程。

一般来说，切割量越大，误差值越大。为了使切割叶片尽可能符合实际，最好分两次以上切割，边切边试，逐渐达到所需的外径尺寸，以免切去过多，难于补救。如果叶轮直径的切割量在 7% 以内，一般出口角 β_{2A} 及频率 η 近似看做不变。

风机叶片加长一般维持原方向，保持出口角 β_{2A} 不变，接长量在 5% 以内应一次进行，以免影响叶轮强度。叶片加长后一定要验算功率，以免烧坏电动机。必要时要验算强度，确保安全可靠性。

叶片切割后，风机蜗舌可保持不变，但叶片加长后蜗舌与叶轮间隙减小，如果间隙过小，机械可靠性将下降，噪声增大，效率也会降低。此时需适当放大间隙，如图 2-39 所示，叶片未加长前，蜗舌为虚线，放大后蜗舌为实线。

叶片加长或截短后，应对叶轮进行动平衡、静平衡试验，也可以根据具体情况，只做静平衡试验。

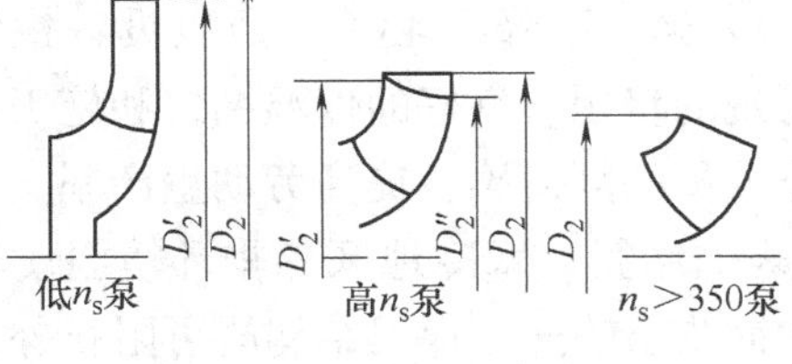

图 2-38　叶轮的切割方式

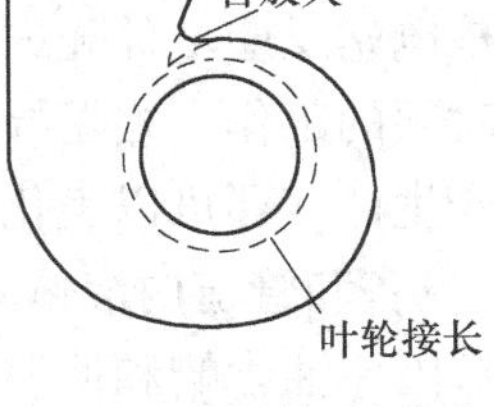

图 2-39　泵舌间隙放大

2.5　热工设备与热力管道保温节能技术

2.5.1　保温工程概述

在工业生产中，当热力设备及管道在高于或低于周围环境温度下操作时常需要保温

（保冷）。保温（保冷）是为减少保温（保冷）对象的内部（外部）热源向对象外部（内部）传递热量而采取的一种工艺措施，保温和保冷又统称为绝热。为了达到保温或保冷的目的，需要采用一些特殊性能的材料或结构构成合理的保温层，这些材料称为保温材料或保冷材料，也统称为绝热材料。按热量传递的方向来看，保温与保冷是有所区别的，但实际工程中又往往不严格区分，统称为保温。因此，本书中未特别指明时，保温也包括保冷。

热工设备与热力管道输送的流体多种多样，温度有高有低。凡要求输送的流体温度应保持稳定，尽量减少热量或冷量损失；或当外界温度降低时，流体容易结晶、凝结，外界温度升高时，液体容易蒸发的管路都应进行保温。同时，保温还能减少因凝结的液体积聚而造成的腐蚀，防止发生被管子烫伤事故，降低室温，改善操作环境。

1. 保温的目的

1）减少热损失、节约燃料。电站是化石燃料的最大消费者之一，随着新机组的投入运行，燃料的需求量不断增长。电站设备和管道采取良好的保温措施后，与未采取保温时相比可使热损失降低96% ~97%。电站保温工程允许的热损失标准相当于每度电多消耗4~5g标准煤，对于容量为100万kW的电站，等于每天多消耗120t标准煤。实际上，由于保温工程的缺陷，热损失远远超过这一标准。热网管道保温不良可使实际热损失由设计允许的全年供热量的5%上升到10% ~12%，而保温结构损坏部分的热损失可达25% ~30%，致使集中供热所带来的经济效益完全被热损失所抵消。据计算，每平方米热表面保温后每年可节约2.5t标准煤。

在建筑和工业中采用良好的保温技术与材料，往往能起到事半功倍的效果。统计表明，建筑中每使用1t矿物棉绝热制品，一年可节约1t石油。北京某小区采用情况表明，每年单位面积节煤率为11.91kg标准煤。对于工业设备与管道，采用良好的绝热措施与材料，可显著降低生产能耗和成本，改善环境质量，同时将取得较好的经济效益。例如，工业设备和管道工程采用良好的保温措施，可使热量损失降低95%左右，用于保温材料的投资通常一年左右可以通过节能收回。

2）保证操作人员安全，改善劳动条件。常温环境下，热力设备和管道保温后，保温层表面的温度一般不应高于50℃。只有在此规定的表面温度下，才能保证操作人员有良好的工作条件，避免烫伤和长期高温环境对健康的损害。国外研究指出，由于改进保温结构和工艺质量，使核电站反应堆外壳内环境温度从48.9~54℃下降到43℃，所以设备检修人员可以进行较长时间的工作，缩短检修时间，节约可观的费用。良好的保温结构和施工工艺不但可以实现安全生产，还可以美化环境，增加操作人员的舒适感，提高劳动生产率。

3）防止设备和管道内液体降温、冻结和外表面结露。寒冷地区冬季环境温度较低，输送原油的管道因原油含蜡和低温下粘滞阻力增大而难于输送，保温结构既可阻止外界低温对管道内介质的影响，也可延滞管道内介质热量的过快散失，以保障油路的通畅。在高寒地区可采用聚氨酯泡沫塑料硬质制品对油罐的地坪进行保温，以防因冻土鼓胀使油罐和接管开裂而造成漏油事故。对室内管道也应进行保温，以防管道表面结露而对金属造成腐蚀。

4）保持低温，减少冷量损失。在采用低温技术的领域，如利用制冷剂来进行冷却和冻结时，在储存制冷剂的管道和容器上进行保温后，可以减少冷量损失，保证生产工艺过程的顺利进行。在长距离输送较低温度的物质时，为减少土壤传热和日照的影响，对地下管道也要采取保温措施。

5）延长设备和管道的运行寿命。缺少良好的保温，热力设备运行时会使室内温度升高，造成传动机械的轴承和马达发热，缩短机械的使用寿命。例如，一些排烟设备经常会因保温不良，造成烟气结露，使金属产生溃疡性腐蚀，从而缩短设备寿命。

6）防止火灾，提高耐火绝缘性能。

2. 保温的范围

为了维护安全和减少热损失，下列设备、管道及附件一般都要保温，有特殊要求的除外。

（1）防止烫伤的保温范围　设备和管道表面温度超过60℃时，在下列情况下应进行保温：

1）需经常操作或维护的管道，操作距离在2m以内。

2）从平台、狭窄通道及其他出入口处能触及到的管道、设备和附件。

3）卧式设备或其他设备，其外径在1.25m以下的应全部保温。当外径超过1.25m时，只对高出地面或距工作台2m以内的管道进行保温。

在下列情况下为防止人员烫伤，可用镀锌钢丝或钢板网作保护罩来代替保温：

1）保温管道上不需要保温的法兰和阀门。

2）防止烫伤的保温管道上的法兰和阀门。

3）蒸汽凝结水管。

4）80℃以上的设备的入口。

5）80℃以上的热交换器和冷凝器上的法兰。

（2）提高设备耐火等级的保温范围

1）直径大于1.5m的设备支架和裙座。

2）直径小于1.5m的设备支架和裙座，只在外侧涂抹石棉水泥。

（3）为减少热损失而要求的保温范围，但要求散热的管道除外

1）温度在100℃以上的蒸汽管道、高温水管以及各种热力设备。如果为了减少热损失使之不影响工艺过程，介质温度等于或小于80℃时，管道、设备也需要保温。

2）送热风的鼓风机、引风机以及送风管道、排烟管道等。

3）在生产中要求介质温度保持稳定的设备和管道。

4）燃油管道、煤粉制备系统的管道及其设备。

5）输运或储存的介质可能凝固、结晶或冻结的管道或设备。

6）外表面可能结露、凝水的管道或设备。

保温范围应根据工程的需要来确定，以上提出的保温范围可供设计时参考。除有特殊要求外，下列设备和管道一般不保温：

1）鼓风机和压缩机。

2）柔性接管、软管接头、疏水器、除污器等。

3）表压等于或小于1.76kg/cm^{2}的蒸汽管道上的法兰和阀门。

4）热力管道的支架、导向架等。

2.5.2 保温材料与保温结构

保温的实质是减少热工设备与热力管道内外的热量传递，因此保温材料应选用热导率

小、空隙率大、质轻、受振动时不易损坏的材料。用于保冷的材料除满足上述要求外，还应不易吸水、来源广泛和价格便宜。

1. 保温材料的分类

保温材料一般是轻质、疏松、多孔的纤维材料，种类繁多，常用的有石棉、矿渣棉、玻璃棉、硅藻土、膨胀珍珠岩、蛭石、多孔混凝土、聚氯乙烯和聚苯乙烯泡沫塑料等。按照材质和技术特征的不同，保温材料可分为以下类别。

按其成分不同，保温材料可分为有机材料和无机材料两大类。有机保温材料具有堆密度轻、热导率小、原料来源广、不耐高温、吸附时易腐烂等特点，如软木、聚苯乙烯泡沫塑料、聚氨基甲酸酯、羊毛毡等。无机保温材料具有不腐烂、不燃烧、耐高温等特点，如石棉、硅藻土、珍珠岩、玻璃纤维、泡沫混凝土、硅酸钙等。

按照使用温度，保温材料可分为高温、中温和低温保温材料三种。高温保温材料的使用温度可达700℃以上，主要用于各种工业锅炉耐火砖间的填充材料；中温保温材料使用温度在100～700℃之间，是热力设备及管道常用的保温材料；低温保温材料用于工作温度在100℃以下的保冷工程中。

按照形状不同，保温材料可分为多孔材料、松散粉末、纤维、颗粒、瓦、砖等。膨胀珍珠岩及其制品、可发性聚苯乙烯属常见的多孔材料；石棉、矿渣棉、玻璃棉是纤维状的保温材料；胶粉聚苯颗粒、蛭石砖、挤塑板等是建筑中常用的保温材料。

按照堆密度来分，保温材料有重质、轻质、超轻质三类。重质保温材料的堆密度为400～600kg/m^3，轻质保温材料的堆密度为150～350kg/m^3，超轻质保温材料的堆密度小于150kg/m^3。

按照导热性能，保温材料可分为低导热性、中导热性和高导热性保温材料。具体分类见表2-18。在工业设备和管道的保温中，一般选用低导热性和中导热性的材料，而在建筑工程中，则需从保温性能、装饰美观和经济性等方面综合考虑后选用。

表2-18 保温材料按热导率分类

材料分类	平均温度下的热导率上限		
	25℃	125℃	300℃
低导热性材料	0.05	0.07	0.11
中导热性材料	0.10	0.12	0.18
高导热性材料	0.15	0.18	0.23

综合以上分类，工程中常用的保温材料及其类属见表2-19。

2. 保温材料性能要求

1）热导率小。选用保温材料时一般热导率应小于500J/(m·h·℃)，按规范要求，特殊情况下其热导率也不应大于840J/(m·h·℃)。确定保冷材料的热导率时，应考虑其在负温和潮湿环境中使用的修正系数。例如，采用合成泡沫塑料修正系数可取1.2～1.35，沥青黏结制品和炭化软木制品可取1.2～1.4，采用填充法的各种材料可取1.7～2，其他矿纤材料、颗粒材料、无机材料泡沫制品等可取1.4～1.8。

表 2-19 工程中常用的保温材料及其类属

分类			品种
纤维状	无机质	天然	石棉纤维
		人造	矿物纤维（矿渣棉、岩棉、玻璃棉、硅酸铝棉等）
	有机质	天然	棉麻纤维、稻草纤维、草纤维等
		人造	软质纤维板类（木纤维板、草纤维板，稻壳板、蔗渣板等）
微孔状	无机质	天然	硅藻土
		人造	硅酸钙、硅酸镁等
	有机质	天然	炭化木材
气泡状	无机质	人造	膨胀珍珠岩、膨胀蛭石、加气混凝土、泡沫玻璃、火山灰微珠、泡沫粘土等
	有机质	天然	软木
		人造	泡沫聚苯乙烯塑料、泡沫聚氨酯塑料、泡沫橡胶、钙塑绝热板、泡沫酚醛树脂等
层状	金属		铝箔、锡箔等

2）具有一定的机械强度，其抗压强度一般不应小于 $3kg/cm^2$。这样可保证材料在自重及外力作用下，不易产生变形及破坏。

3）不易燃烧且耐高温。

4）堆密度小，一般保温材料的堆密度应低于 $600kg/m^3$。

5）吸水率小。对于保冷材料，应采用吸湿率、蒸汽渗透系数小的材料，或基本不吸水的憎水材料和新型泡沫材料。

6）对于保冷材料，应能在低温下长期使用。

7）施工方便且价格低廉。

此外，还应具有无毒无味，不腐烂，能抵抗虫害、鼠害等性能。

3. 保温结构及施工工艺

按照施工方法不同，常见的保温结构可分为湿抹式、绑扎式、填充式和缠绕式等。

湿抹式保温采用不定型保温材料，如膨胀珍珠岩、石棉纤维、硅藻土熟料、白云石粉、膨胀蛭石等，需加入一定比例的水、水玻璃或耐火黏土等黏结剂，搅拌成均匀的塑性泥团，涂抹于保温设备和管道上。该方法便于接岔施工和填充孔洞，不需支模，整体性好，是一种传统的保温结构和工艺。

绑扎式保温是国内广泛使用的保温结构形式，将多孔材料或矿纤材料等制成的保温板、管壳、管筒或弧形块直接包覆在设备和管道上。根据管径大小，一般需用 1.2 ~ 2mm 的镀锌钢丝固定。

填充式保温是将松散的矿纤材料或多孔颗粒材料填充到设备和管道的周围，达到一定的密实程度。填充法保温是仅次于绑扎法保温的一种工艺形式，常用于沟道内直接填充、蒸汽锅炉穿墙管的密封和隔热、阀门法兰和膨胀节部位的可卸式保温结构、悬吊式填充保温结构及管道填充保温结构等。

缠绕式保温常用于小管径管道和热工仪表管道上。按照介质温度和使用工况可采用石棉绳、石棉布、高硅氧绳或铝箔进行多层缠绕保温。施工时应注意每圈应彼此靠紧，以防松动，第二层要仔细压缝，保持外观齐整。绳的两端应用镀锌钢丝牢扎在管道上，外表可做灰泥抹面层再用玻璃丝布包缠。

随着保温技术的发展，近年来在工程中也广泛采用了现场发泡的保温施工技术。现场发泡保温材料中聚氨酯使用较多，该材料的低温性能好但不抗高温，施工方便快捷，故多用于保冷的场合，如冷库、冷藏车、船舶冷藏舱内壁等。聚氨酯现场发泡施工对发泡材料的配合比例要求较高，对发泡要求的气压和喷枪喷孔尺寸更要从严掌握。由于现场发泡大都在较大的墙面和舱面上进行，应掌握好喷枪的运行线路和速度，以保证喷扫过的表面保温材料不流挂、无漏喷，发泡及时、厚度均匀。这种保温层的外部防护采用企口木板、塑料板或镀锌铁皮，施工中要求拼接和搭接部位严密可靠。

在施工质量管理中，需注意成型类保温材料的应用。可制作成型的保温材料较多，包括复合硅酸盐和岩棉等。就现场配制成型的珍珠岩混凝土保温材料而言，其优点是耐腐蚀、阻燃、造价低，缺点是堆密度大、体积大，吸水后重量增加明显。在施工质量管理中，还要控制材料成分的配比，保证成型制品的强度和保温效果。对防护层的施工质量要充分重视，防护层失效后膨胀珍珠岩吸水，重量增加，严重的可压弯管道、压垮支架，造成事故。管道支架的强度和跨距设计应考虑保温材料的重量，如将珍珠岩混凝土用作管道保温材料时，对增加的重量应予关注，并适时调整支架间距。该保温材料的防护层施工与纤维类相似。

2.5.3 保温结构设计

1. 保温结构设计的一般原则

保温工艺技术虽较简单，但工程质量难以从外表进行判断，所以从设计开始就应提出全面的质量管理要求。在设计保温结构时，应根据技术性能指标来选取保温材料，并以其中一项或几项指标作为重点。例如，保冷工程应同时考虑材料的吸湿性或透气性系数；高压蒸汽管道应着重考虑材料在高温下性能的稳定性；密闭工况下的高温设备应避免采用酚醛树脂粘结的保温材料；露天管道、地下直埋管道和油脂管道等除应符合一般技术条件外，还应有各自特殊的技术要求。

设计保温结构应考虑工艺配合的完善性，即施工简易、劳动效率高、文明施工、外观整齐、维修方便等。例如，烟道、热风道等矩形管道的加固筋应适当配合保温成型制品的尺寸，筋的高度不能大于保温主层的厚度；不保温的管道不要与保温管道敷设在一起；保温管道应与建筑物保持足够的距离等。

高温高压管道的热损失较大，直接影响运行时的环境温度，在设计中还应注意以下问题：

1）采用矿物纤维及其制品时，设计计算的保温主层的厚度应有10%～20%的裕量。

2）安装后，保温的实际厚度不能低于设计值，尤其是弯头、拐角、异型件和阀门等部位。

3）对阀门法兰及支架的热表面应尽量加以保温，以避免反复热胀冷缩使金属产生疲劳而导致阀门法兰的泄漏。

4）在保温托架及支承环与管道金属壁之间应严格安装隔热石棉垫。因为保温结构内的金属插入件将使热损失增大30%，高温蒸汽管道不易采用填充法的保温结构。

2. 保温层的经济厚度

（1）保温效率　保温层的保温效果以保温效率 η 来衡量，保温效率 η 的计算式为

$$\eta = \frac{Q_0 - Q}{Q_0} \tag{2-21}$$

式中，Q_0 和 Q 分别为保温前和保温后所散失的热量。

在平面保温的情况下，保温层厚度越大，保温效率越高，而管道保温则稍有不同。设管道的散热损失为 Q_0，则

$$Q_0 = 2\pi r_1 \alpha_0 (t_i - t_r) \tag{2-22}$$

保温后的热损失 Q 为

$$Q = \frac{2\pi(t_i - t_r)}{\dfrac{1}{\alpha r_2} + \dfrac{1}{\lambda}\ln\dfrac{r_2}{r_1}} \tag{2-23}$$

式中，α_0 和 α 分别为裸管和保温管外表面向空气的传热系数；r_1 和 r_2 分别为裸管和保温管的半径；t_i 和 t_r 分别为管内热流体和管外空气的温度；λ 为保温材料的热导率。

由于 $\alpha_0 \approx \alpha$，$Q_0 > Q$，则有

$$\frac{\alpha}{\lambda} > \frac{r_2 - r_1}{r_1 r_2 \ln\dfrac{r_2}{r_1}} \tag{2-24}$$

现将 $Q_0 = Q$ 时的保温层厚度 $b(b = r_2 - r_1)$ 称为临界厚度，其值因 α/λ 和 r_1 的不同而异，当保温材料的厚度在临界厚度以上时，随着保温层厚度的增加，其保温效率提高。

（2）保温层的经济厚度　如图2-40所示，通常保温层越厚，保温效果越好，散失的热量也越少，燃料消耗费用曲线 A 随保温层厚度的增加而减少，但保温层的施工费用曲线 B（包括原材料费）相应增加。两者之和为图中曲线 C，曲线 C 最低点对应的厚度为总消耗费用最低的厚度，称为经济厚度。计算保温层厚度时，还要考虑气候条件、材料价格、热能价格等及各种价格上涨率的综合因素。

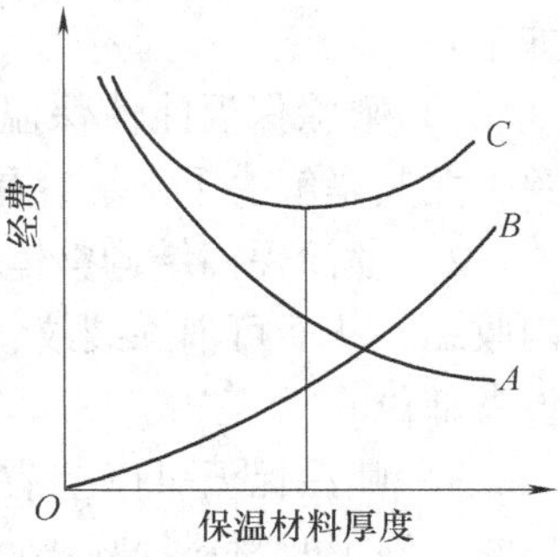

图2-40　消耗费用随保温层经济厚度的变化

现以 ϕ159mm 蒸汽管道保温为例，设输汽温度为250℃，常年运行。查 GB/T 4272—2008《设备及管道绝热技术通则》中此类管道允许最大散热损失值 Q_b 为 147W/m^2，及由热力管道保温等级散热系数 φ，逐级按公式 $Q_s = \varphi Q_b$ 计算管道散热损失 Q_s，见表2-20，初定目标值为128～136。

表2-20　热力管道散热损失与各等级散热系数

热力管道等级	特　级	一　级	二　级	三　级
φ	≤0.8	≤0.85	≤0.92	≤1.0
Q_s	≤128	≤136	≤147	≤160

按《设备及管道绝热技术通则》中保温层表面散热损失计算公式，以表2-20目标值为散热损失值，用逼近法求保温层厚度。计算时可按经验和生产厂家提供保温层厚度确定。以10mm 的直径级差进行修正，以岩棉管壳为保温材料计算，得出保温层外径为 D_0 = 319mm。再按《设备及管道绝热技术通则》中保温层经济厚度计算公式，对 D_0 值进行验证和修正，

使保温厚度在技术上可行、经济上合理。经修正的保温层厚度为82mm，最终确定此值为保温层厚度值。此值可达到特级管道标准。考虑企业的经济情况及今后因泄漏而拆除保温层进行修复，也可选用沥青玻璃布或复合玻璃钢树脂板保护层，保温寿命为3～5年。

2.5.4 热工设备保温技术

1. 火电厂动力设备的喷涂保温

喷涂保温是射流技术在绝热工程中的应用，是20世纪70年代初发展起来的一项新技术。喷涂保温分为湿式和干式两种喷涂法。湿式喷涂保温由于施工速度慢、工效低，且喷涂系统容易造成堵塞，故现已较少采用。干式喷涂保温是一种适合于无机材料（膨胀珍珠岩、矿物纤维）和有机材料（聚氨酯泡沫塑料）的优质高效的先进施工方法。喷涂保温优点很多，近年来已广泛应用于石化、冶金、电力等工程热工设备。这种保温方法，国外是20世纪60年代末应用于工程，国内是80年代初应用于工程。

近年来，从国外引进了喷涂设备，也有国内专业企业自制了喷涂设备，喷涂材料选用矿纤材料，在石化、冶金行业应用发展较快，并已在炼油厂常压炉衬里、加氢加热炉、冶金电极焙烧炉、大型高温退火炉以及电厂锅炉炉顶密封等方面应用，效果很好。

喷涂保温结构与过去采用块式保温结构的硅酸钙制品、矿棉及其他纤维材料（填充法、粘贴法）或复涂硅酸盐绝热涂料相比，喷涂保温可使汽轮机停机后的冷却速度大大降低，基本上可消除冷却过程中各部件间温差过大的缺点，改善了汽轮机运行条件。具体优点如下：

1）喷涂保温能使保温材料与气缸紧贴在一起，从而消除了保温层与气缸产生脱壳现象，尤其是解决了下缸容易脱壳的问题。

2）喷涂保温结构整体性好，由于纤维呈三维方向排列，经高温后保温结构不会产生定向收缩，从而可消除裂纹，改善保温效果，降低散热损失，喷涂保温尤其适用于外形复杂的设备部位。

3）喷涂保温可以节省保温材料，其保温层的厚度可比采用其他方法的保温厚度减少15%，施工时材料损耗小。

4）节省人力约1/3，提高了施工机械化程度，有利于现场文明施工。

5）提高了保温结构强度、密封性以及抗振性。

2. 汽轮机的保温

现役汽轮机设备的保温多采用由多孔纤维材料（玄武岩纤维）构成的多层保温和铝箔护罩。这种保温可以吸收设备本身产生的辐射能和声能。铝箔与隔热层不同，它具有较高的热辐射性。多孔纤维和铝箔交替层结构是当今保温效果最佳的形式。按特定的管道或设备部件的直径将它做成型板，并在其中填充玄武岩纤维和安置铝箔。这样制成的组合式产品，可拆开为扇形部件，放入运输包装中。当前的成品规格为：

1）密度为120～150kg/m^3。

2）层数为6～8。

3）层厚为20～30mm。

4）铝箔厚度为0.04～0.06mm。

5）制品厚度为100～120mm。

6）制品长度为1000mm。

7）使用温度为600℃。

关于燃气轮机的保温层数，应考虑到频繁和快速起动及停机的运行工况。保温效果与在大气温度变化下气缸向外散热和气缸的热膨胀性相关。保温层存储热量，以减缓气缸的冷却。良好的保温可以协调汽轮机起动时转子和气缸的热膨胀性，以及均衡气缸的温度。保温参数校正取决于用红外热像仪测定的气缸温度。

3. 锅炉的保温

做好动力锅炉的保温是项很困难的工作，因为空气易于穿过围护结构的泄漏处，被吸入燃烧室和烟道，由此降低锅炉效率达3%～5%。围护结构通常用沉重的耐热混凝土建造。在变工况运行中，由于加热面和耐热混凝土的热膨胀系数不同，而在耐火层围护结构上产生裂缝，冷空气通过裂缝被吸入燃烧室。为了减少冷空气渗入燃烧室和烟道，满足电力技术规程的标准值和改善锅炉运行，耐火层可采用轻型热稳定混凝土，此混凝土由小于8mm的细粒填充物、小于3mm的钢丝和含铝的彩色泥煤粉固结物组成，其在工作拉应力下柔软性优于重型混凝土3倍，并能保证锅炉加热面发生热变形时不产生裂缝。

2.5.5 热力管道保温技术

1. 技术要点

管道保温需按设计的材质及保温层厚度进行施工。一般先敷设保温管壳，对蒸汽管道保温可采用硅酸铝纤维制品，然后用镀锌钢丝将管壳绑扎牢固，每层材料都用镀锌钢丝绑扎，每块材料不少于两道双股钢丝，保温材料敷设时要错峰压缝。在保温层敷设结束后进行外护层的施工，外护层采用金属外护，常用铝合金板等。金属外护下料加工需一套白铁加工机械，以确保保温外护加工美观。管道弯头加工成虾米弯形式，阀门制成保温盒，既美观又拆卸方便。外护固定采用抽芯铝铆钉，间距为200mm左右。安装好的金属外护层要做到牢固、美观、防水。

2. 管道保温施工方法

1）准备工作。管道安装完毕，并经严密性试验或焊接检验合格；应确保热工测量仪表、蠕胀测点等均安装完毕，所有临时支撑点均拆除；确保管道表面的灰尘、油沟、铁锈等杂物已清除干净。如果设计规定需涂刷防腐剂，要在防腐剂完全干燥后方可进行保温施工。

2）按设计要求选用各部位所需的保温材料、外护层材料和保温结构。硅酸铝纤维制品、岩棉板施工时，厚度必须符合设计要求，对缝与环缝包扎严密，绑扎16#钢丝或18#镀锌钢丝，钢丝间距应匀称，松紧一致。

用保温管壳施工时，必须先将符合设计要求的保温管壳用镀锌钢丝捆扎在管道上，每块保温管壳应有两道双股镀锌钢丝加以捆扎，拧紧后的钢丝头要随手嵌入保温材料缝隙内。

对于垂直管道及设备，为了支撑保温层重量，每隔3m左右设一个承重托架，其宽度比保温层厚度小10mm，当管子不准焊接时可采用夹环。若已有钩钉，可不设托架。

当保温层厚度较大（矿纤材料超过100mm）时，应分层施工，并要错缝压缝，不得有空隙。

金属护壳施工长度一般为500～900mm，展开长度为保温外圆周长加30mm～40mm的搭接尺寸，环向、轴向各在摇线机上压出一道突筋，并留出宽为 5 ~ 10mm 的边。膨胀缝处外护搭接尺寸增加，一般为 75 ~ 150mm，且不用铆钉固定。对不同外径、不同弯曲度的管道，要制定标准的下料方法。

所有室外金属包裹层的缝隙和穿过处应采用适当的绝缘胶，以防止水的渗入。

3. 管道保温施工的质量标准及检验要求

1）保温施工前，应根据国家有关标准对所有使用的材料做质量检验。

2）保温材料施工时，应拼缝严密，一层错缝，二层压缝，有孔洞处要用碎料填塞密实。

3）保温层捆扎要牢固，每块保温材料不少于两道双股镀锌钢丝。钢丝直径的选择视保温外径尺寸而定。一般情况下，保温外径 <150mm 时，用 18#镀锌钢丝；保温外径 $\geqslant 150$mm 时，用#16 镀锌钢丝。

4）管壳保温层的接缝应放在管侧面，不应放在顶部或下部。

5）法兰连接处，须留有拆卸间隙，长度以能拆卸螺栓为准，一般为螺栓长度加 20 ~ 30mm。

6）管道支架附近的保温结构应留有足够的间隙，使得管道热胀冷缩时不致破坏主保温结构。

7）设备上的短管、法兰和人孔要露出保温结构之外，伸出短管的保温层应与其相连管道的保温层一致，施工时将设备上的铭牌留出，并在其周围做好防漏渗水处理。

8）保温施工期间，切忌保温材料受潮，尤其是室外保温，应在晴天进行，做到主保温层和外护同时施工，并有切实可行的防雨应急措施。

9）金属罩壳要紧贴主保温层上，并搭接牢固。

10）罩壳环向搭口向下，相邻搭口方向与管道坡度方向一致。轴向搭缝采用插接，先用钻头在护罩上钻孔，然后用抽芯铆钉固定，间距为 200mm 左右。露天管道支、吊架露出铝皮的地方应在吊杆上加装防雨罩，以防雨水进入保温层。

11）当环境温度不超过 25℃时，保温外护层表面温度应不超过 50℃。

思 考 题

1. 我国工业的能源消耗状况如何？有哪些工业部门属于能耗大户？

2. 我国工业生产部门有哪些通用的主要能源消耗设备？

3. 我国工业锅炉有哪些主要的结构形式？常用的重要节能技术有哪些？

4. 简述链条炉的结构组成及其工作原理。

5. 如何对锅炉开展用能平衡分析，以及确定节能方向？

6. 举例说明链条炉的具体节能方法。

7. 锅炉采用富氧燃烧技术的节能原理是什么？

8. 链条炉分层燃烧节能技术的关键是什么？有几种具体形式？

9. 链条炉宽煤种喷粉复合燃烧节能技术的原理是什么？

10. 循环流化床锅炉的工作原理是什么？为什么说循环流化床锅炉是一种新型、高效、低污染的清洁燃煤技术？

11. 锅炉烟气余热回收利用节能技术有哪些具体方法？

12. 简述蒸汽蓄热器节能技术的原理。
13. 简述闭式冷凝水回收装置的工作原理及优势。
14. 简述真空除氧技术与传统除氧技术相比的节能优势。
15. 工业窑炉的主要节能技术有哪些?
16. 简述水泥窑炉中低温余热发电技术的原理。
17. 简述泵与风机变频调速节能技术的工作原理。
18. 简述热力设备及管道保温节能技术的具体方法。

第3章 工业余热回收节能技术与设备

能源是发展国民经济和保障人民生活水平的重要物质基础。从可持续发展的观点看，能源是我国经济发展的一个制约因素。我国的能源消费存在两个主要问题：一是单位产品能耗高。主要用能产品的单位产品能耗，相对发达国家高25%～90%。如我国原油加工综合能耗为110kgce/t，而国际先进水平为73kgce/t，高出50.7%；乙烯综合能耗为984kgce/t，而国际先进水平为629kgce/t，高出56.4%。二是单位产值能耗高。我国的单位产值能耗是世界上最高的国家之一。我国1kg标准煤能源产生的国民生产总值为0.36美元，而据统计，世界平均值为1.86美元，日本是中国的15.5倍，法国是中国的9倍。目前我国的能源利用率只有33%左右。因此，提高能源利用率具有重要意义。

影响能源利用率的因素很多，如生产设备和技术的先进性、工艺流程的合理性、使用过程中设备的完好程度、设备及其系统的维护保养情况，以及能源管理工作的水平高低等。在工业生产的燃烧、加热或冷却过程中，为了使工艺介质达到设计要求的温度，不可避免地有多种形式的余热被排放出来。从提高能源利用率和节能降耗的角度看，合理回收和利用余热是非常必要的，从技术上也是可行的。但这不是说所有的余热都必须加以回收，因为采取余热回收技术必须考虑两个问题：一是余热回收的经济性，在一定回收期内回收余热的价值应大于余热回收的全部投资；二是现有技术的可行性，例如，有些中低温烟气具有很强的腐蚀性，一般的余热回收设备无法解决腐蚀问题。当然，提高生产设备及其系统的能源利用率最好的办法还是从其自身出发，采用先进的技术、合理的工艺流程、良好的维护保养、加强能源管理等，尽量减少余热的排放。

3.1 工业余热资源及其利用概况

3.1.1 我国的工业余热资源

在工业生产系统的能量利用过程中，输入系统的总能量可分为可利用的有效能和不可利用的损失能，对有效能的重复利用部分和损失能的回收利用部分统称为可回收的能量，这些能量都是系统排放的能量，因而可简称为余能。余能可分为载热性余能、压力性余能和可燃性余能。载热性余能即余热（或称废热），包括各种排汽、工质、物料、产品、废物、冷却水等所携带的热能，如锅炉的烟道气，燃气轮机、内燃机的排气，焦炭、熟料、炉渣等物理热。压力性余能又称为余压，是指某些排气、排水等有压力或有落差流体的能量。利用流体的余压可以驱动机械做功或发电。可燃性余能是指可以作为燃料利用的可燃物，包括排放的可燃废气、废液、废料等，如高炉气、转炉气、焦炉气、炼油气、油田伴生气、矿井瓦斯气、炭黑尾气、纸浆黑液、甘蔗渣、可燃垃圾等。

余热是在一定经济技术条件下，在能源利用设备中没有被利用的能源，也就是多余、废弃的能源，因而过去常称为废热。它包括高温废气余热、冷却介质余热、废汽废水余热、高温产品和炉渣余热、化学反应余热、可燃废气废液和废料余热，以及高压流体余热等。

在我国的工业生产过程中，大量的余热都未加以充分利用而白白地浪费掉，如各种炉窑的烟道气（200～300℃）、高炉炉气（约 1500℃）、需要冷却的化学反应工艺气（300～1000℃）、高温炼焦炉排出的赤焦（温度高达 1000℃）等。而且随着工业的发展和工厂设备的大型化，对动力和电力的需求量增大，同时工厂排放的余热（废热）量也增大。

在我国的能源消费结构中，工业生产部门消费的能源，约占全国总能耗的 70%。而在先进工业国家，工业生产技术和节能技术越发达，工业能源消耗所占的比例越小。我国工业生产部门能耗较高的原因，除了产业结构不合理以外，主要还包括生产设备陈旧、生产工艺落后、技术的高科技含量低、能源缺乏综合利用，尤其是缺少余热（或废热）回收利用装置，即使有余热回收利用装置，设备也比较陈旧或设计不够合理，热效率偏低。另外，我国工业生产系统自动化程度低，有些工作人员节能意识淡薄，能源管理工作不完善等，也是造成能源浪费的原因。

我国工业余热资源丰富，余热资源利用提升空间大。2012 年底统计，工业余热资源约占燃料总热量的 17%～67%，其中可回收率达 60%。目前我国余热资源利用比例低，大型钢铁企业余热利用率约在 30%～50%，其他行业则更低。而根据《节能减排“十二五”规划》，到 2015 年将新增余热余压发电能力 2000 万 kW，形成 5700 万 t 标准煤的节能能力。

在我国的冶金、石油、化工、轻工、建材、电力等部门的炉窑中，余热资源分布广泛，见表 3-1。

1）化学工业中，如合成氨工业、乙烯工业、硫酸工业等，尤其是我国拥有大量的中小型氮肥厂，在生产过程中化学反应放出大量余热，可以回收利用。另外，合成盐酸的氯化氢高温合成气、二氯乙烷合成气、甲醇合成气、炭黑厂的废气都含有大量余热，但是大部分工厂的余热未被回收利用。据统计，化学工业的余热资源大约占整个行业燃料消耗量的 15%，可见，回收利用这部分余热可节约大量能源，经济效益和社会效益非常显著。

2）冶金工业历来都是能源消耗的大户，其转炉余热、干熄焦余热、海绵铁余热、高炉煤气余热、有色冶金余热等均可利用余热锅炉加以回收。钢铁冶金业能耗约占全国能耗的 10%，占整个工业部门能耗的 15.25%。冶金企业的能源费用占企业生产总成本 20%～30%。钢铁企业从原料、焦化、烧结到炼铁、炼钢、连铸以及轧钢等工序中产生大量的可利用的废气余热。利用好这些余热对于钢铁企业节能降耗、减少生产成本具有重要意义。

3）建筑陶瓷行业消耗的热能主要集中于干燥和烧成工序，其能耗占整个企业能耗的 80% 以上。其中约有 61% 用于烧成工序，干燥工序能耗约占 20%。我国陶瓷行业的能源利用率为 28%～30%，而发达国家的能源利用率一般高达 50% 以上。建筑陶瓷企业的窑炉产生的烟气所带走的热能数量巨大，且温度较高，可达 400～500℃，占窑炉总热量的 25%～35%，喷雾塔产生的烟气和水汽所含热能虽然温度较低（80～120℃），但数量巨大。目前，人们对这部分余热利用已经重视起来，开始推广窑炉的余热利用技术。例如，直接加热干燥坯体或喷雾泥浆，在换热器中用烟气余热加热助燃空气和气态燃料，设置余热锅炉生产蒸汽，以及用于冷热电联产等。

另外，轻工业行业的造纸黑液碱余热，建材行业的水泥窑余热、玻璃窑余热，电力系统中的燃气轮机余热等也可用余热锅炉加以回收利用。在各种工业窑炉的能量支出中，烟气余热约占 15%～35%。这些烟气净化后是一种输送方便、不易造成环境污染的优质能源。如何回收利用这些烟气余热是节能降耗的一个重要课题。

表 3-1　我国各类工业部门的余热来源

工业部门	余热来源	余热约占部门燃料消耗量的比例（%）
冶金工业	高炉转炉、平炉、均热炉、轧钢加热炉	33
化学工业	高温气体、化学反应、可燃气体、高温产品等	15
机械工业	锻造加热炉、冲天炉、退火炉等	15
造纸工业	造纸烘缸、木材压机、烘干机、制浆、黑液等	15
玻璃搪瓷工业	玻璃熔窑、坩埚窑、搪瓷窑等	19
建材工业	高温排烟、窑顶冷却、高温产品等	40

3.1.2　我国工业余热回收利用现状

随着工业的快速发展和能源供求关系的日益紧张，为提高能源利用率，减少能源消耗，并降低产品的成本，各个工业企业不得不开始回收利用过去废弃的余热，用它产生蒸气、热水作为供热、供气和动力的辅助能源，或预热其他物料。人们把此过程称为余热回收或废热回收。

余热利用的主要方式有三种（见表3-2）：第一种是余热的直接利用，即把余热当做热源使用，如通过燃烧器、换热器等设备来预热空气、烘干物料、产生热水或蒸汽、进行供热或制冷等；第二种是余热的间接利用（作动力使用），即把余热通过动力机械转换为机械功，带动转动机械或带动发电机转换为电力；第三种是余热的梯级综合利用。

表 3-2　我国工业余热种类及主要利用方式

余热种类	形态	回收方式	回收产物	余热用途
产品、炉渣的显热	固体载热	固—气换热器、固—水换热器	热风、蒸汽、热水	供热、干燥、采暖、发电、动力、制冷
锅炉、窑炉、发动机的排气	气体余热	余热锅炉、空气预热器、热管换热器、热泵	蒸汽、热风、热水	内部循环、干燥、供热、发电、动力、采暖、制冷、海水淡化
工艺过程冷却水	液体余热	换热器、热泵、蒸汽发生器	热水、蒸汽	锅炉给水、供热、采暖、制冷
副产品可燃气	化学潜热	余热锅炉	燃料、蒸汽、热水	发电、动力、供热、采暖、制冷

余热直接利用是最经济、最方便的利用方式，具体方式有以下几种：

（1）预热空气或煤气　利用烟气余热，通过换热器（空气预热器等）预热工业炉的助燃空气或低热值煤气，将热能返回炉内，同时提高燃烧温度和燃烧效率，减少燃料消耗。

（2）预热干燥　利用烟气余热来预热、干燥原料或工件，将热能带回装置内，也可起到直接节约能源的作用。例如，利用电炉的高温废气预热废钢，可降低电炉冶炼的能耗；利用工业生产过程中的排气来干燥加工零部件和材料，如干燥铸工车间的铸砂模型等，还可以干燥天然气、沼气等燃料，在医学上，工业余热还可以用来干燥医疗器械。

（3）生产蒸汽或热水　通过余热锅炉回收烟气余热，产生蒸汽或热水满足生产工艺或生活的需要。温度在 40℃以上的冷却水也可直接用于供暖。高温金属构件由水冷改为汽化冷却，产生蒸汽，则可提高余热的利用价值，扩大使用范围。

（4）余热制冷　用低温余热或蒸汽作为吸收式制冷机的热源，加热发生器中的溶液，使工质蒸发，通过制冷循环达到制冷的目的。当夏季热用户减少，余热有富余时，余热制冷不失为一种有效利用余热的途径。

（5）驱动热泵　对不能直接利用的更低温度的余热，可作为热泵系统的低温热源，通过热泵提高其温度水平，然后再加以利用。

余热的间接利用，也可称作动力回收。对于中高温余热，最好使其产生动力，直接作用于水泵、风机、压缩机或带动发电机发电。例如，工业窑炉和动力机械的排烟温度大都在 500℃以上，甚至 1000℃左右，这样就可以装设余热锅炉产生蒸汽，推动汽轮机产生动力或发电；对于中温余热，为提高动力回收效率，宜采用低沸点介质（如正丁烷），按朗肯循环进行能量转换，达到余热动力回收的目的。

余热的梯级综合利用方式，是根据工业余热的温度高低而采取的不同方法，以做到"热尽其用"，因而它是最有效的余热利用途径。例如，利用高温余热产生蒸汽，通过供热机组取得热电联供的效果；利用有一定压力的高温废气，先通过燃气轮机做功，再利用其排气通过余热锅炉产生蒸汽，进入汽轮机做功，形成燃气－蒸汽联合循环，以提高余热的利用效率，加之使用汽轮机抽气或排气供热，余热经多次利用，更增强了其回收利用的效果。

就余热的利用效果来说，余热的梯级综合利用效果最好，其次是直接利用（产生蒸汽、热水和热空气即供热），第三是间接利用（转换为机械功或转换为电力）。余热的实际利用过程中，要根据余热资源的数量和品位及用户需求，尽量做到能级匹配，以及"先易后难，效益大者优先"的原则。余热蒸汽的合理利用顺序是：①动力供热联合使用；②发电供热联合使用；③生产工艺使用；④生活使用。余热热水的合理利用顺序是：①供生产工艺使用；②返回锅炉使用；③生活使用。余热空气的合理利用顺序是：①生产使用；②暖通空调使用；③动力使用。

冶金企业常见的烟气余热利用方式有：①安装换热器；②安装余热锅炉；③炉底管汽化冷却；④热电联产；⑤制冷。回收后的热量主要用于预热助燃空气、预热煤气和生产蒸汽等。目前，我国冶金企业烟气的余热利用中，高温烟气余热的利用情况较好，而中低温烟气余热的回收利用率较低。各钢铁企业一般只回收利用烟气温度较高的部分，例如用高温烟气预热助燃空气，而通过空气预热器后 400～500℃的中温烟气则大部分企业没有加以利用，至于温度更低的 300℃以下的低温烟气更是没有得到利用。国外已研究开发利用 200℃以下的低温烟气余热用于供暖和制冷。就我国现有的技术水平而言，排入烟囱的烟气合理温度可以达到 150～180℃，发达国家排入烟囱的烟气温度可低于 100℃。因此，如何利用 300℃以下的低温烟气余热是一个急需解决的问题。

3.1.3　余热资源对口回收利用设备

我国余热资源存在于各个工业生产部门，热源载体种类繁多，且热量多少、品位高低、特性等各不相同，从而导致回收余热的设备结构各异、规格也千变万化，但总体上都可归属于余热锅炉、换热器和热泵三大类。

工业余热（或废热）按照温度等级大体可划分为三类，高温余热：温度高于600℃，如工业炉窑、冶炼高炉的废气、炉渣的余热；中温余热：温度介于200～600℃之间，如一般立式、卧式烟火管锅炉的烟气余热；低温余热：温度低于200℃，如一般机械化燃烧锅炉的烟气、工厂企业的废水、废汽等的余热，这种余热虽然品位低，但余热数量很大。

这种温度等级的划分具有一定的主观性，合理的等级划分应根据某种温度的余热所能产生的最大经济效益来确定，即回收的余热价值应大于所采用的余热回收装置的投资。温度不同即所含热能的品位不同，回收利用的方法和难易程度也不同，尤其高、中温余热不可能一次性充分利用，可进行二级甚至四级利用，如果高温余热直接用作低温热源同样会造成“大材小用”。因此，应综合考虑经济性和技术性两方面因素，开发余热对口高效回收和梯级综合利用技术及装备，使热能利用效益最大化。

1. 高温余热

工业用燃料一般为碳氢化石燃料，其在大气压下的燃烧装置中最高理论燃烧温度可达1900℃，但在实际装置中测到的火焰温度却在1650℃以下，其原因是二次空气和其他冷却介质进入炉内，从而降低了火焰温度。由于实际燃烧温度低于理论燃烧温度，所以，燃烧装置排放的高温余热的温度也相应降低，实际生产过程中的最高余热温度在1100～1200℃。可见，高温余热仍有很大的利用价值。常见的高温余热形式有高温气体余热与高温固体余热两类。

（1）高温气体余热　可采用余热锅炉回收，采用余热发电系统更符合能级匹配的原则，也可采用既能回收对流传热又能回收辐射传热的高温气体用换热器；余热的综合回收利用，可先用余热锅炉，再用换热器。对较低温度烟气的余热，在没有适当热用户的情况下，将余热转换成电能再加以利用，也是一种可以选择的回收方案。

余热发电有以下几种方式：①利用余热锅炉生产蒸汽，再通过汽轮发电机组，按凝汽式机组循环或背压式供热机组循环发电。②以高温余热作为燃气轮机工质的热源，经加压、加热的工质推动燃气轮机做功，在带动压气机工作的同时，带动发电机做功。③采用低沸点工质（氟利昂等）回收中、低温余热，产生的氟利昂蒸汽按朗肯循环在涡轮机中做功，带动发电机发电。

（2）高温固体余热　高温固体主要有炼焦炉的炽热焦炭、锅炉煤渣、炼钢厂的钢坯以及生产或深加工的管件等，这些固体含有较高的余热利用价值。高温固体余热的回收比较困难，要根据实际情况采取对应的回收技术：①对于较小颗粒的高温固体，可采用流态化过程来回收余热；②对于较大块的高温固体，采用气体热载体进行余热回收，如干熄焦工艺，它是利用惰性气体来冷却炽热的焦炭，再使吸热后的高温气体流进余热锅炉，产生蒸汽发电。

2. 中温余热

由于带中温余热的介质温度不高，余热回收过程中换热设备的温差较小，其传热效率必然不如高温余热回收设备，因此，在余热回收过程中必须参考高温余热回收和低温余热回收的技术和装置，才能提高经济效益。中温余热的对口回收利用设备有以下几种：

（1）蒸汽锅炉空气预热器　它是锅炉尾部烟道中的中温烟气通过翅片管将进入锅炉前的空气预热到一定温度的换热器。空气预热器用于提高锅炉的入炉空气温度，降低燃料消耗。它多用于燃煤电站锅炉，可分为管箱式、回转式两种。

（2）燃气轮机换热器　燃气轮机由压气机、燃烧室、涡轮机、控制系统和辅助设备组成，是将气体压缩、加热后送入涡轮机中膨胀做功，以连续流动的气体为工质带动叶轮高速旋转，把一部分热能转变为机械能的旋转原动机。涡轮机排出的中温气体可采用换热器来回收余热。

（3）省煤器　省煤器是利用锅炉尾部烟道中的中温烟气来加热锅炉给水的换热器，它吸收的是中温烟气的余热，可降低烟气的排烟温度，节省燃料，提高锅炉热效率，故称之为省煤器。

3. 低温余热

低温余热一般有两个来源：一是在生产过程中排放的低温介质或循环水，二是在高、中温余热回收过程中排放的低温余热。在实际生产中，低温余热的量往往比高、中温两种余热的总和还要多，因此，对大量低温余热的回收非常重要。绝大部分低温余热来自生产设备排出的 200℃以下的各种气体或液体，特点是传热温差小，传热效率低，排出量大，在工业企业分布面很广。低温余热的利用在技术上一般相当复杂，通常把低温余热资源作为预热物料的一种辅助热源，只要在经济上有一定价值，就应当尽可能地回收。随着热泵技术的发展，低温余热可以作为驱动热泵的热源，并在此过程中提高了热能的品级。

低温余热的对口回收利用设备主要是热泵，它是一种利用高位能使热量从低位热源流向高位热源的节能装置。热泵实质上是一种热量提升装置，作用是从周围环境中吸收热量，并把它传递给被加热的对象（温度较高的物体）。依据热泵驱动力不同，热泵主要分为压缩式热泵和吸收式热泵等。

3.1.4　我国工业余热回收利用技术

余热的种类和形态不同，所采用的余热利用技术差别也很大。对于流体介质携带的余热，最基本的方法是将一种较高温度的流体余热经过传热装置传给温度较低的流体。在比较不同的余热回收方案时，基本原则是：①回收率尽可能高；②回收成本尽可能低，或回收期尽可能短；③适应热负荷变化的能力强。

下面分别举例说明固体余热、液体余热和气体余热的利用技术。

1. 固体余热利用——干法熄焦余热利用技术

在工业生产中，许多产品需要经过高温加热才能形成，如焦炭、钢坯、钢锭、砖瓦陶瓷、耐火材料等，刚出炉的产品及炉渣都含有大量显热可回收利用。现以干法熄焦余热利用技术为例，说明固体所含显热的利用方法。

焦炭是由煤在炼焦炉中经过高温加热释放出挥发分而生成的产品。从炼焦炉排出的焦炭温度一般在 1000℃左右，以前通常采用湿法熄焦，即将冷却水喷淋于赤焦进行冷却，冷却水吸收焦炭的热量后排放于环境中。可见，湿法熄焦不但浪费了赤焦的全部显热，而且还会造成大气热污染。目前多采用干法熄焦，即将温度较低的惰性气体通入密封的熄焦室，对赤焦进行冷却，吸热后温度升高的惰性气体被送入余热锅炉作热源，产生的蒸汽可用于工艺需要或发电。

干法熄焦余热利用的工艺流程如图 3-1 所示。温度约为 1000℃的赤焦出炼焦炉后进入盛焦桶，盛焦桶被吊至干熄焦室内，赤焦被循环的惰性气体冷却到约 200℃后，由排料装置送至带式运输机运往储焦槽。用于熄焦的惰性气体由循环风机将冷风从干法熄焦室底部鼓入，经过赤焦层后被加热到 800 ~ 850℃，然后从熄焦室进入沉降室，在沉降室内除去大粒焦粉后送入余热锅炉作热源。从余热锅炉尾部排出的惰性气体降温至200℃左右，经除尘器除去焦粉后，用循环风机送入熄焦室继续循环使用。循环气体来源于空气，在循环冷却过程中，空气中的氧和焦炭反应生成 CO 和 CO_2 后即形成惰性气体。其成分为：N_2（体积分数为70%～75%）、H_2（体积分数为2%）、CO（体积分数为8%～10%）、CO_2（体积分数为10%～15%）。操作中要加强检测，控制CO的体积分数不要超过18%，以免发生爆炸事故。给水预热后用给水泵送入余热锅炉，用循环水泵促进炉内水的强制循环。从锅筒产生的饱和蒸汽经继续加热后变成过热蒸汽，可供发电使用。沉降室及除尘器排出的焦灰粉由焦粉输送机送至粉槽。

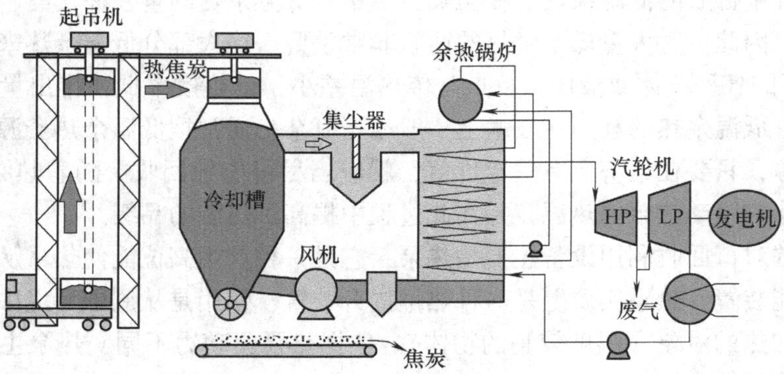

图 3-1　干法熄焦余热利用工艺流程

一般情况下，1t 赤焦在干法熄焦室可供利用的显热约为 1200×10^3kJ，考虑到给水预热温度为150℃，则余热锅炉可产生 3.9MPa、440℃的过热蒸汽为 0.3～0.4t/h。对每小时熄焦 70t 的熄焦室，可配置 6000kW 凝汽式汽轮发电机组。我国宝钢焦化厂引进干法熄焦装置，其设计产焦炭量为 171×10^4t/a，干法熄焦装置约可产蒸汽 70×10^4t/a。

2. 液体余热利用——工业炉冷却水余热利用技术

一般的工业炉（如冶金炉、矿热炉等）冷却水余热利用系统，冷却水套中水的温度一般为50～60℃，有的可达80～90℃，因为温度不高，应用受到限制，主要用作工业或民用供暖热源，或者低沸点发电系统的热源，也可以作为热泵的低温热源等。

这些热水可直接供给热用户使用，也可经余热加热器由工业炉烟气余热加热后供给热用户使用。用户排出的冷水集中在储水箱内，由循环泵将冷水供给工业炉冷却水套使用。为了保证工业炉的冷却效果，另配备了辅助冷却系统，即将水套排出的部分高温水在散热水池中降温后，用循环泵将低温水供给工业炉水套使用。

3. 气体余热利用——炼油厂催化裂化装置再生烟气余热利用技术

重油在高温和催化剂的作用下裂解，催化剂逐渐结焦而失活，需要除去催化剂表面的积炭，在烧焦过程中产生660℃、0.23MPa左右的再生烟气。对于这些高温烟气中的热能和压力能的回收利用，大型装置一般采用烟气轮机、轴流风机、汽轮机、电动机（或发电机）的联机方式来回收能量，再采用余热锅炉回收再生烟气余热，产生大约3.8MPa、440℃左右的蒸汽，并入管网后供应催化裂化装置气压机的使用。重油催化裂化产生的烟气主要成分是 N_2 和 CO_2，还有部分 SO_2 和粉尘，容易造成省煤器管束的磨损、堵塞和锅炉产汽下降，以及省煤器受热面被腐蚀等问题。

4. 气体余热利用——水泥窑炉高温烟气余热发电技术

水泥工业是建材行业的第一耗能大户，是建材行业节能减排的重要环节。在水泥生产过程中，窑头熟料冷却机和窑尾预热器排放350℃以下的大量废气，热量约是水泥熟料烧成系统总耗热量的30%。为了要降低水泥熟料热耗及电耗，提高废气余热利用率，采用纯低温余热发电技术将水泥窑头、窑尾排放的废气余热转化为电能。我国水泥窑余热发电技术发展较快，开发了针对不同窑型的发电系统，水泥生产线耗电量的30%可通过余热发电供给，具有良好的经济效益和社会效益，现已接近国际先进水平，被拉法基等国际大型水泥集团采用。

3.2　余热（废热）锅炉——高温余热回收的关键设备

余热锅炉是节能工程中回收高温余热普遍采用的一种技术装备，因此，余热锅炉的研究、推广和应用，对实施高效节能具有极其重要的意义。

3.2.1　余热锅炉的结构形式及特点

1. 余热锅炉的结构组成

余热锅炉是以工业生产过程中所产生的余热（如高温烟气余热、化学反应余热，可燃废气余热、高温产品余热等）为热源，吸取其热量产生一定压力和温度的蒸汽或热水的设备。余热锅炉也常称为废热锅炉，从余热锅炉在工艺流程中的作用出发也称为急冷器或激冷器。余热锅炉利用的余热不仅是高温气体的显热，还有某些废气中所含的少量可燃物质的化学能，如 CO、H_2、CH_4、H_2S、C、C_6H_6等。余热锅炉是余热回收和利用设备中最重要的设备之一。利用余热锅炉是回收高温余热最经济有效的途径。

余热锅炉的主体结构包括辅助燃烧装置、过热器、对流蒸发受热面和省煤器等。辅助燃烧装置主要是调节由于烟气变化而引起的蒸汽量的波动，提高供汽的稳定性和可靠性，或增加蒸汽量，或在加热炉管炉时利用该装置的燃烧继续产生蒸汽，故应视具体情况决定是否设置辅助燃烧装置。对蒸汽量波动和供汽可靠性等因素无要求时，一般不设辅助燃烧装置；当余热锅炉尾部装有空气预热器时，不能设置辅助燃烧装置。当蒸汽用户或全厂管网有过热蒸汽要求时设置过热器。对流蒸发受热面（蒸发器）即余热锅炉本体。省煤器主要降低排烟温度，以充分利用余热，但相应增加了烟气阻力，采用自然引风的余热锅炉不能设置省煤器。

余热锅炉的结构和工作原理基本上与普通工业、动力锅炉相同，也由省煤器、蒸发受热面和过热器等组成，但由于热源分散，温度高低不同，因此不能像普通锅炉那样组成一个整体，也没有一个比较固定的理论燃烧温度。它的布置应服从工艺要求，多采用分散布置，但并不一定将其放置在生产工艺的尾部。此外，余热载体的组分各种各样，生产过程排出的废热气体中往往含有腐蚀性气体和大量半熔状态的灰尘，腐蚀问题比普通锅炉严重得多，而灰尘会导致余热锅炉在高温区和水冷壁上产生熔灰和结焦现象，从而严重影响其正常传热和水循环。因此，在余热锅炉的设计中应充分考虑废气的特点，设置完善的除灰清焦装置和防腐蚀措施。在大多数情况下，余热能源的热负荷是不稳定或周期波动的，为了使余热锅炉保持供汽稳定，在系统中常常还需要并联工业锅炉，在锅炉中加装辅助燃烧器或蒸汽蓄热器，以调节负荷。

（1）受热面的选定　烟道式余热锅炉形式陈旧，效率低，金属耗量大，清灰困难，故目前投产的余热锅炉绝大部分是水管蒸汽锅炉，其不足之处是受热面热强度大，对水质要求高，水容积小，适应蒸汽负荷的变化性能差，需要砖堵做外围结构，故外形尺寸较大，整体性差，安装较复杂。

管壳式余热锅炉按水管组成方式不同又可分为三种形式：一是排管式，采用集箱与锅筒连接。由于管径大，循环回路短，水循环阻力小，故适用于自然循环的锅炉。排管又分为水平倾斜管与垂直管两种。前者管束易积灰，锅筒设置较高，后者占地面积较大。二是弯管式，由弯管组成，也适用于自然循环的锅炉。其又分为双锅筒弯管与上锅筒下集箱两种，前者适宜布置在独立烟道中，后者适用于布置在主炉本体或炉头、炉尾作为水冷壁管。三是蛇管式，由于管径小，水循环阻力大，故适用于强制循环锅炉。其中又分为卧式、立式两种。

（2）循环方式的确定　强制循环的余热锅炉，汽水混合物借助于循环泵在受热管中流动，故受热面的布置比自然循环更为灵活、紧凑。单位受热面积吸热量比自然循环大，在同样烟气温度和流速下可节约钢材20%左右。其缺点是需多耗一定电量，运行费用比自然循环高，停电时被迫停炉，循环泵订货困难，并增加管理维修工作量。而自然循环耗电量比强制循环少，循环可靠，不受停电限制，操作管理方便，故目前各中、小型余热锅炉大部分是自然循环的，只有在蒸发量大，余热锅炉在车间布置受到限制时，才考虑强制循环方式。

（3）排烟方式　增设余热锅炉后，工作炉排烟系统的阻力相应增加，故需考虑整个排烟系统的排烟方式是自然的还是强制的。对于蒸发量在4t/h以上的余热锅炉可采用强制排烟方式；对于蒸发量为2～4t/h或更小些的余热锅炉，可采用降低烟气流速的方式减小整个系统的烟气阻力，也可采用增加烟囱抽力的办法实现自然排烟。

2. 余热锅炉的结构形式

由于余热载体的成分、特性等和燃烧材料燃烧所生成的烟气有显著的差异，并且各种余热载体千差万别，因而所设计的余热锅炉在不同场合也各具特点，结构上也有一定区别。余热锅炉的形式、结构及特点见表3-3。

表3-3　余热锅炉的形式、结构及特点

分类	形式	结构	特点
按烟气通路分类	壳管式（火管式）	烟气在管内流动，水在管外和壳体之间流动	结构简单，价格低，不易清灰；适用于低压、小容量
	烟道式（水管式）	水在管内流动，烟气在管外流动	结构复杂，耐热、耐压，工作可靠
按水循环方式分类（水管式锅炉）	自然循环式	利用水和汽水混合物密度的差异循环	结构简单
	强制循环式	依靠水泵的扬程而实现强制流动	拥有水量少，结构紧凑，可布置形状特殊的受热面
按传热方式分类（水管式锅炉）	辐射型	只在烟气通路四周壁面设置水冷壁结构	适合于对高温烟气余热回收
	对流型	在烟气通路中设置受热面，靠对流换热	适合于对中、低温烟气余热回收

（续）

分　类	形　式	结　构	特　点
按受热面型式分类（水管式锅炉）	光滑管型	受热面采用光滑管	这是一种最基本的形式，工作可靠，用途广泛
	翅片管型	受热面采用翅片管	结构紧凑，可使锅炉小型化；但在耐热、积灰、耐腐蚀方面，受到限制
按传热管布置分类（水管式锅炉）	叉排式	传热管相互交叉排列	传热性能好；清灰、维修困难
	顺排式	传热管相互顺排排列	传热性能差；清灰、维修容易
按烟气流动方向分类	平行流动式	烟气平行与传热管流动	传热性能差；受热面磨损少，不易积灰
	垂直流动式	烟气流动方向与传热管相垂直	传热性能好；适用于烟尘含量低的烟气
按受热面构成分类		只有蒸发器	结构简单
		装有蒸发器和省煤器	余热回收量增大
		装有蒸发器、省煤器和过热器	可提高回收蒸汽的品位

（1）管壳式余热锅炉　管壳式余热锅炉由蒸发器、分配室、汽锅筒、上升管、下降管组成。高温过热气体流入分配室，经蒸发器放热流至出口管排出；给水进入锅筒后，经外部下降管流入蒸发器吸热，汽水混合物经上升管到锅筒，在锅筒内经汽水分离器将水分出，水蒸气由蒸汽出口流出。

（2）烟道式余热锅炉　烟道式余热锅炉由上、下锅筒和管束组成，有的烟道式余热锅炉还有过热器和省煤器。高温过程气体流经过热管束后，进入对流管束和省煤器，放热后，由余热锅炉尾部排出，给水经过省煤器预热后，进入上锅筒，并在上、下锅筒和对流管束之间循环，同时被加热。水蒸气经上锅筒的汽水分离装置分离后，进入过热管进行过热，过热蒸汽从过热管出口流出。

3. 余热锅炉的特点

相对于工业锅炉，余热锅炉具有如下特点：

（1）理论燃烧温度不固定　余热锅炉一般不直接用化石燃料或其他可燃物质，除特制的燃烧可燃废料的废热锅炉外，余热锅炉的热源大部分为某些生产过程中的剩余热量或过程尾部排出的热量。由于生产工艺过程以及排放条件不同，余热温度也不一样，有高有低，一般在500～1000℃之间，高的可达1500℃以上。因此，余热锅炉没有比较固定的理论燃烧温度。

（2）锅炉部件的布置分散　余热锅炉的热源是来自各种不同的生产工艺过程的排放物，且排放废热的部位也不固定，尤其在化工、石油企业中，锅炉部件的布置一般比较分散，并不一定是将余热锅炉放在生产过程的尾部。因此，有的余热锅炉就不能像普通锅炉那样把换热部件组装在一个壳体内，成为一个整体。但是一般为了节省投资和检修方便，在设计余热锅炉时，还应该考虑尽量把它们集中配置。

（3）腐蚀严重　余热锅炉的热源比普通的工业锅炉广泛，余热载体的组分各种各样，有的也和普通燃料的烟气差不多，有的则含有腐蚀性极强的组分，如 SO_2、SO_3、NO，H_2S、CH_4、H_2、NH_3 等，因而腐蚀问题要比普通工业锅炉严重得多。并且由于露点的关系，某些废热气体的出炉温度要受到一定的限制。

（4）完善的除灰清焦装置　有些生产过程排出的废气中夹带有大量半熔状态的粉尘和烟灰，因而会导致余热锅炉的高温区和水冷壁上产生熔灰和结焦，严重影响余热锅炉的正常传热和水循环。如果没有完善的除灰清焦装置，余热锅炉就不可能正常运行。

（5）自控和调节装置要求高　化学工业中余热锅炉的换热部件多半是分散安装在流程的各部位，相互之间的联系非常紧密，锅炉水侧的工况变化将会通过传热面影响工艺气侧的操作条件，致使整个工艺流程产生连锁反应，影响产量和质量。例如，由于传热的影响而使工艺气流温度上升或下降，不能保证本设备或后续设备的最佳反应温度，导致转化率下降，影响产量和质量；由于这一设备的产量变化，进一步使后续设备的负荷受到影响；而且反应温度的经常波动还会降低催化剂的使用寿命。现代余热锅炉向高温高压形式发展，对可靠性、安全性和稳定性的要求很高。因此，要保证余热锅炉在稳定条件下连续正常运行，以保证产品的产量和质量，自动控制和调节机构以及与之相配的仪表是相当重要的，甚至是必不可少的。

（6）余热锅炉的设备要求高　在一些石油化工企业中，有的余热锅炉不但水侧是高温高压，而且工艺气侧也是高温高压，因此，对余热锅炉设备的严密性、材料的耐热性、水质，以及避免产生不必要的热应力等都有很高的要求。

余热锅炉利用高温烟气来生产蒸汽具有下列优点：

1）在沸腾过程中，加热面上的热流率很高，余热锅炉是余热回收装置中结构最紧凑的形式。

2）与其他相似结构的余热回收装置相比，余热锅炉的设备投总资额较低。

3）一般情况下，余热锅炉适用于高温烟气，其表面传热系数较高，液体接近沸腾时可使管子保持在较低的温度，因而不必考虑使用特殊材料及寿命长短等问题。

由于上述优点，余热锅炉已成为余热回收和利用系统中重要的设备之一。利用余热锅炉回收高温余热是最为经济、有效的一个途径，它在各个工业部门都得到了广泛应用。

4. 余热锅炉的布置

（1）布置成独立单体　此类布置方式的余热锅炉都设在副烟道上，并有引风机，但往往受到主体车间的位置限制，余热锅炉距工业炉较远。由于烟气由副烟道接入余热锅炉，因而不影响工业炉生产，余热锅炉检修也不受工业炉生产的限制。目前此类布置较普遍，也比较合理。

（2）布置在工业炉的烟道内　此类布置方式余热锅炉直接放在工业炉的烟道内，距工业炉较近，一般不设引风机，烟气仅借工业炉烟囱抽力抽出，由于烟囱抽力小，受热面积不能过多过密，通过烟气流速也较低，一般在 4m/s 左右，故易使烟灰沉积，尤其是没有旁通烟道，有时会影响生产。当烟气热量不大，或受车间位置限制，引风机设备不能解决时，可采用此类布置方式。

（3）直接设在主炉炉壁上　退火炉、隧道窑的冷却段以及加热炉的炉头，其相应区段温度在 1000℃左右，设置余热锅炉主要利用烟气的辐射热。此类布置方式不需要引风机，烟气由主炉的烟囱抽力引出。

3.2.2　余热锅炉的发展概况

20 世纪初美国首先在铜反射炉后装设余热锅炉，开始做回收余热的尝试，20 世纪 30 年代在炼钢平炉后面开始装设余热锅炉。在这几十年中，世界各国对余热锅炉也不同程度地进行了一些研制工作，而进展却一直缓慢。其原因除了对余热利用重视不够之外，更主要的是没有掌握其规律。20 世纪 50 年代后，余热利用技术才得到较快发展。尤其在 20 世纪 60 年代闪速熔炼技术的出现，对余热锅炉的研制工作更起了促进作用，使积灰、腐蚀、磨损等方面的问题都得到了较好的解决。现仅以有色冶金余热锅炉为例，进一步说明余热锅炉的发展情况。其发展基本上可分为初期、中期和成熟期三个阶段。

1. 初期阶段

在初期阶段中，人们对有色冶金余热的特点和烟气、烟尘的特性等了解得不够，错误地把余热锅炉当做一般锅炉来对待，以为把一般通用的锅炉装上去即可达到回收余热的目的。在此情况下，各国先后设计了一些余热锅炉。根据资料我们了解到，图 3-2 所示为美国在 1900 年在安纳次达铜冶炼厂反射炉后装的斯达林型余热锅炉，图 3-3 所示为日本在 1952 年设计的第一台沸腾焙烧炉余热锅炉，资料显示，这些锅炉运行不久即被积灰堵死。

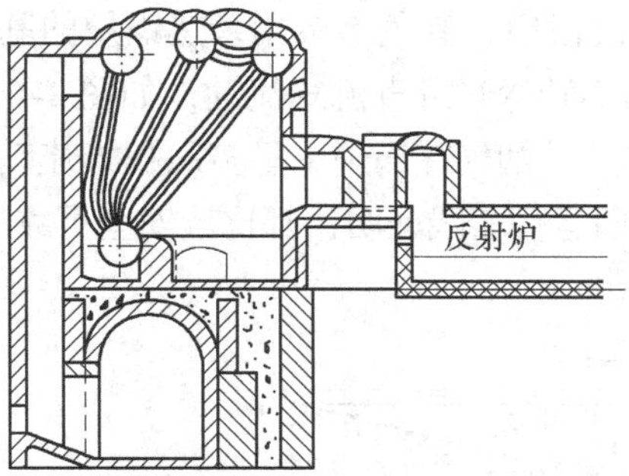

图 3-2　斯达林型余热锅炉

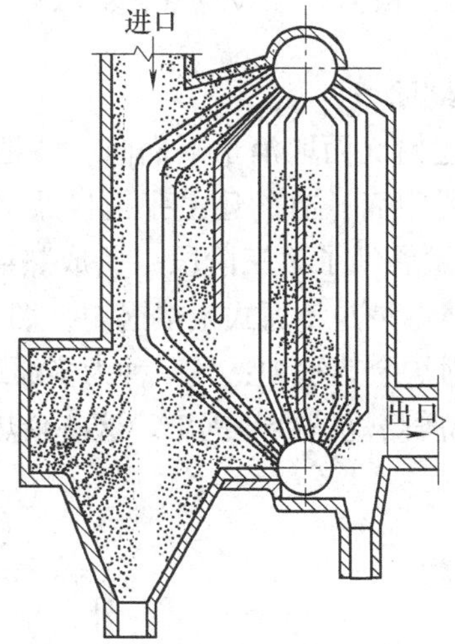

图 3-3　第一台沸腾焙烧炉余热锅炉

图 3-3 所示余热锅炉积灰的主要原因是由于烟气进入第一通道时，首先和锅炉管成横向冲刷，在下部灰斗处亦成横向冲刷，在炉膛中间又布置了受热面，使烟气和烟尘的辐射放热受阻，从而使烟尘大量的黏附在管壁上。下部灰斗的砖面没有水冷壁保护，加上烟气转向第二通道时产生的涡流，从而也加剧了烟尘的堆积。

2. 中期阶段

为了解决严重的积灰问题，经过反复研究和改进，使余热锅炉的发展进入了中期阶段。图 3-4 所示为铜反射炉余热锅炉，图 3-5 所示为改进后的沸腾焙烧炉余热锅炉。这些余热锅炉的特点是都有一个较大的辐射冷却室。辐射冷却室的作用是把烟温降低到某一特定温度下，使烟尘由熔融状态变成固体颗粒，并在其中沉降下来，然后烟气再进入对流区。这样做虽然使积灰问题有所改善，但每当冶炼原料、燃料种类有所改变，或冶金炉负荷需要强化时，经常出现严重积灰，而以下锅筒处最为严重，往往迫使余热锅炉停炉清灰，以致影响了正常工艺生产。

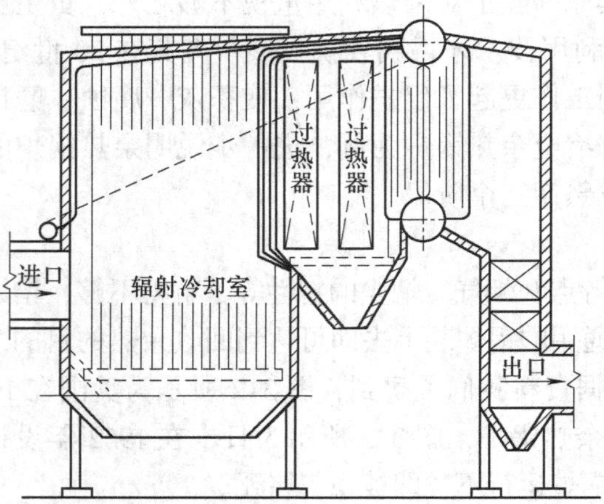

图 3-4 铜反射炉余热锅炉

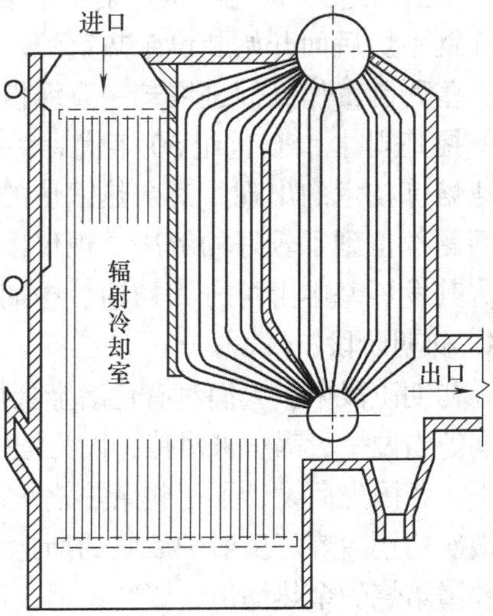

图 3-5 改进后的沸腾焙烧炉余热锅炉

3. 成熟期阶段

鉴于上述情况而取消了下锅筒，并把上锅筒和集箱都移至炉外，把对流受热面改为纵向冲刷的屏式受热面，有的还主张把自然水循环改为强制水循环。这样到 20 世纪 60 年代末及 70 年代初即发展到了第三阶段——成熟期。在这个阶段中，有色冶金用余热锅炉的基本结构形式有两种，一种是直通式余热锅炉，烟气在锅炉内不转弯，成直流式流动，如图 3-6 所示改进后的铜反射炉余热锅炉；另一种为多通道式余热锅炉，烟气在锅炉中呈多回程式流动，如图 3-7 所示的沸腾焙烧炉余热锅炉。这些余热锅炉经长期运行实践证明，都比较安全可靠。

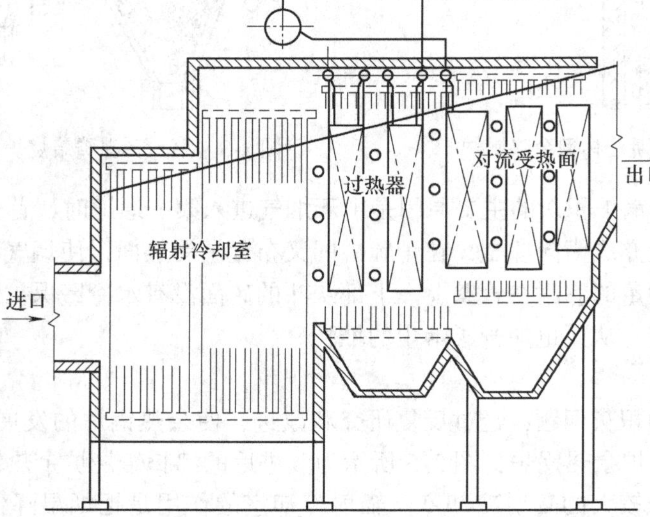

图 3-6 改进后的铜反射炉余热锅炉

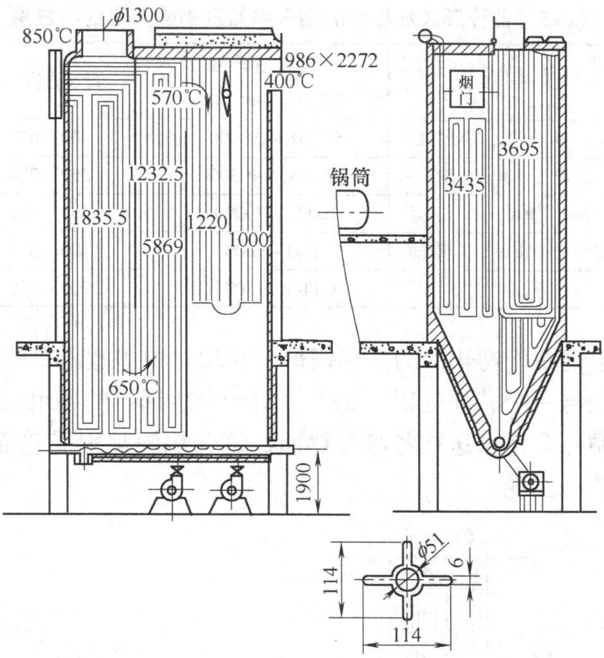

图3-7 沸腾焙烧炉余热锅炉

3.2.3 余热锅炉在工业余热回收中的应用

1. 用于加热炉烟气余热回收的余热锅炉

加热炉用途广泛、种类繁多，包括钢铁企业中的均热炉、钢板加热炉，化学工厂、食品工厂中的原料加热炉以及机械加工企业中的锻造炉等。一般加热炉的燃料多为燃气或油类，烟气中的灰分较少但 SO_3 和 SO_2 比例较高，故应注意烟气的腐蚀性。表3-4中所列为不同燃料燃烧后生成烟气的 SO_x 含量及露点。表3-5中所列为各种形式加热炉的烟气参数及相当蒸汽的蒸发量。

表3-4 不同燃料燃烧后生成烟气的 SO_x 含量及露点

燃料种类	燃料中S的质量分数	燃烧后烟气中 SO_x 的质量分数/10^{-6}	烟气露点/℃
C重油	1.2%~3.5%	600~2200	105~125
轻质油	<1.2%	<600	100~105
天然气	—	—	60~70
高炉煤气	H_2S（20~30）$\times10^{-4}$	20~50	70~80
焦炉煤气	H_2S（50~100）$\times10^{-4}$	5~15	95~105

对于加热炉烟气的余热，一般按照“先自身利用，再向外供能”的原则予以回收，即将高温烟气首先用于预热燃烧用空气、燃气或物料，然后再根据换热器排出烟气的温度，或选用余热锅炉，或使用其他中、低温余热回收装置，以综合利用。按照这种能级匹配、阶梯用能的原则，可收到最大的节能效果。

表 3-5　各种形式加热炉的烟气参数及相当蒸汽的蒸发量

加热炉种类	燃　料	标准状态下的烟气量/(m^3/h)	烟气温度/℃	相当蒸发量/(t/h)
钢板加热炉	重油、高炉气、焦煤气	50000～150000	400～450	10～30
炼焦炉	高炉气、焦炉气	150000～40000	250～270	15～40
石油加热炉	重油	10000～20000	400～500	2～50
燃气轮机排气	轻质油、A 重油、B 重油	30000～60000	400～515	7～150
玻璃熔融炉	重油	10000～75000	200～300	15～40

图 3-8 所示是用于钢铁厂均热炉的余热锅炉。在均热炉炉膛出口的烟道中，设置几组独立的受热面，它们分别与一个共同的锅筒相连，由于余热锅炉的各组受热面分散布置，因而采用强制循环，通过循环泵将水送往各组受热面。该余热锅炉因受热面相互独立，故组装、检修、扩展、调整都较易实现。

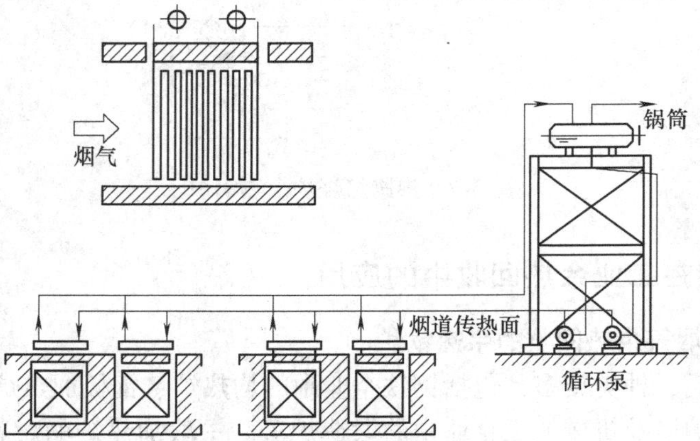

图 3-8　用于钢铁厂均热炉的余热锅炉

2. 用于熔解炉的余热锅炉

有色金属冶炼炉、玻璃炉窑等都属于熔解炉，这类炉子的烟气中常含有大量被加热物料带入的腐蚀物及灰尘，工业废物燃烧炉也属于这一类。由于灰尘含量高，用于熔解炉的余热锅炉一般采用光管受热面；为了防腐蚀，应控制受热面的温度高于烟气的酸露点，以防低温腐蚀；另外，还应采用耐高温腐蚀的材料，以防高温腐蚀。图 3-9 所示为用于铜精炼炉的余热锅炉。

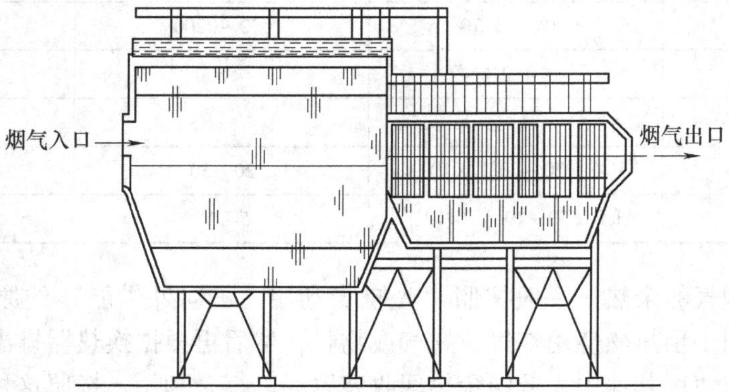

图 3-9　用于铜精炼炉的余热锅炉

铜精炼炉烟气中 SO_2 体积分数高达10%～12%，灰尘量为50～100mg/m³（标准状态下）。为了防止低温腐蚀，余热锅炉的运行压力定为5.0MPa；此外，铜精炼炉高温烟气中的某些灰分处于熔融状态，当遇到受热面时则黏附在受热面上，致使受热面堵塞，降低其传热性能。为此，在余热锅炉的前半部采用四周为水冷壁的大辐射室，在此主要依靠辐射传热，从而避免了高温熔融灰尘与受热面的直接接触。在余热锅炉后半部采用对流受热面，烟气流经多排管束时以对流方式换热。

为便于排灰，在辐射室和对流受热面下部都设有灰斗。由于铜精炼炉烟气中灰分的硬度高，磨损性大，为减小对流受热面的磨损，应注意流经受热面的气流速度及受热面的布置方式。这种余热锅炉一般都采用强制循环方式，以便于结构设计。

3. 回收固体余热的余热锅炉

高温产品及高温排渣的温度很高，含有大量显热，为冷却这些产品，通常采用干式冷却装置回收其热量。通常，可使空气或惰性气体流经高温产品层，再对空气或惰性气体所携带出的热量予以回收。在此过程中，会带出大量的粉尘，因此回收这部分热量的最好方法是利用余热锅炉。图3-10所示为焦炭干式冷却装置的系统。

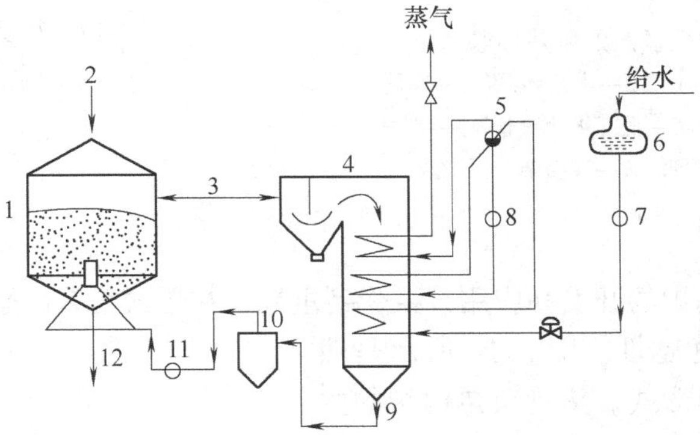

图3-10 焦炭干式冷却装置的系统

1—冷却器 2—焦炭入口 3—热气体入口 4—余热锅炉 5—锅筒 6—除氧器 7—锅炉给水泵 8—锅炉循环泵 9—冷却气体出口 10—旋风分离器 11—冷却器风机 12—冷却焦炭入口

在该系统中，炽热的焦炭堆放在冷却箱中，冷却用气体（通常为 N_2）从下部进入冷却箱，流经填充层吸收焦炭的显热后从上部流出，经除尘后进入余热锅炉。从余热锅炉出来的 N_2 再一次经过除尘后，由冷却气体风机鼓入焦炭冷却箱，循环使用。由图3-10可见，该余热锅炉采用强制循环方式；采用这种余热锅炉回收焦炭的显热，一般1t焦炭可生产0.5t蒸汽。

固体余热回收的另一个典型例子是钢铁厂热延压车间赤热厚钢板显热的回收，如图3-11所示。余热锅炉的水冷壁布置在连续移动的钢板的上部和下部，形成一个换热通道，利用热辐射方式换热。由于水冷壁是水平布置的蛇形管，所以余热锅炉采用强制循环。

4. 燃气发动机中小型余热回收装置

图3-12所示是往复式发动机中最常用的余热回收装置。

虽然余热锅炉和夹套式热能回收装置可以分开设置，但由美国波特公司制造的成套系统将两种功能的设备组合在一个单一的锅炉中，该系统的效率可达75%。值得注意的是，这种将简单装置组合成一体，使热能回收系统更紧凑。

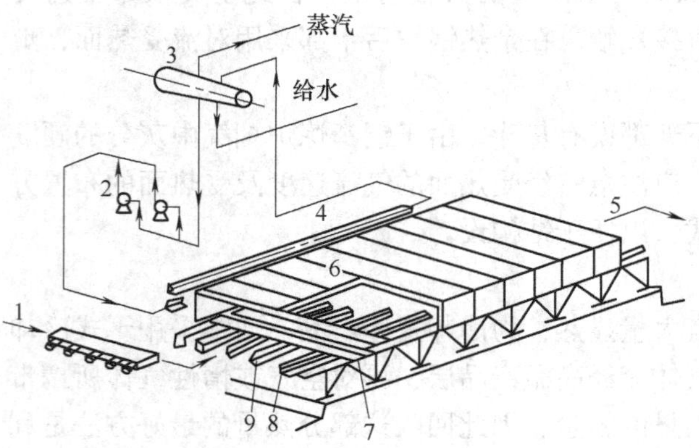

图 3-11　赤热厚钢板显热的余热回收系统
1—送入钢材（赤热钢板）　2—水循环泵　3—锅筒
4—管箱　5—移出钢材　6—上部水冷壁管　7—钢材
8—下部锅炉管　9—移动架

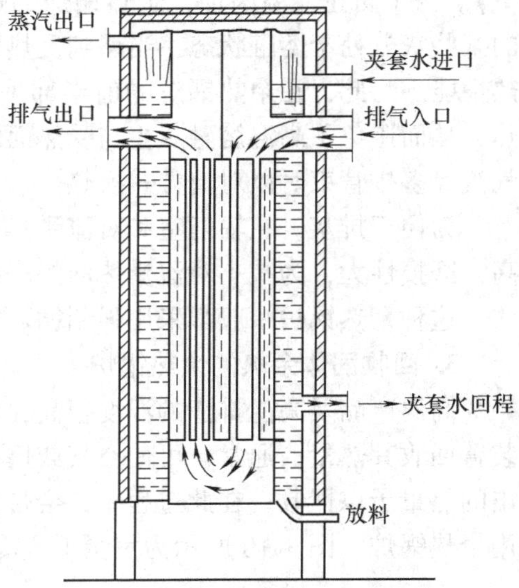

图 3-12　往复式发动机中最常用的余热回收装置

5. 热管余热锅炉

近年来热管余热锅炉的开发和应用日益受到重视，在形式繁多的余热锅炉中，热管余热锅炉显示了其独特的优越性。图 3-13 所示是热管余热锅炉的基本结构形式。热管余热锅炉的主要部件是锅筒和热管管束。锅筒设计与一般蒸汽锅炉相同，取决于所需提供的蒸汽参数。热管工质、管材和加热段与冷却段的长度比取决于烟气和蒸汽参数，通常加热段为翅片管，冷却段为光滑管。热管管束与锅筒的连接方式有两种，一种是焊接，即永久性连接，这种方式制作简便，但不易拆换；另一种是可拆换的活动连接，这种方式要求按锅筒压力选择适当的密封结构。

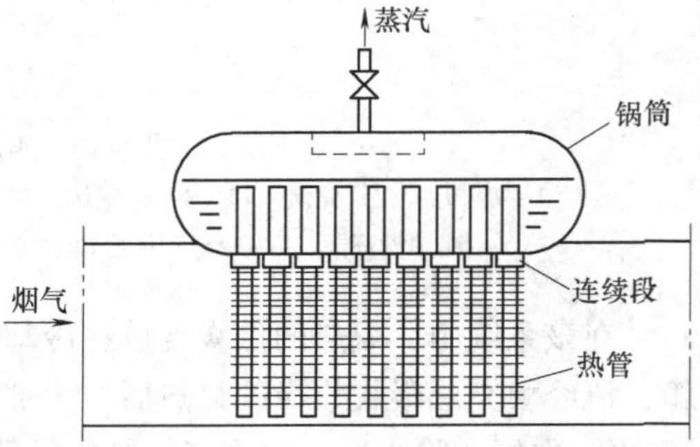

图 3-13　热管余热锅炉的基本结构形式

热管余热锅炉的主要特点如下：

1）结构简单。除一个锅筒和热管管束外，没有其他部件（如集箱）。

2）具有烟管锅炉和水管锅炉的双重优点。热管的加热段插入烟道中，类似于水管锅炉，加热面在管外部；热管的冷却段插入锅筒内沸腾水中，类似于烟管锅炉，受热面在管外部。由于烟气和水都在热管外部换热，积灰、积垢便于清理，因而可采用扩展受热面。

3）余热锅炉的整体强度性能好。热管与锅筒连接于一点，热管两瑞可在烟气中或水中自由膨胀，因而可避免因受热不均而造成的热应力。

4）维修方便。由于热管是可拆卸的，在余热锅炉大修时，可逐根检查热管的性能，对性能衰退或腐蚀严重的热管可容易地进行更换。

在设计、选用余热锅炉时，应注意下列要求：

1）烟气温度受热管工质制约，不宜过高。对于以水为工质的热管，其最高烟气温度为600～800℃。为确保热管内工质——水的温度不超过250～280℃，热管管束的前几排管可采用光滑管，并辅之以加长冷却段等措施。当烟气温度高于800℃时，可采用高温热管（如钠热管等）。

2）热管余热锅炉适用于中、小型场合，烟气流量及蒸发量不宜过大。对于热管式余热锅炉，锅筒不仅是蓄存水和进行汽、液分离的容器，而且是一个换热设备，其尺寸要确保热管冷却段全部浸没在水中。若通过余热锅炉的烟气流量过大，则热管长度增大，锅筒直径也就相应增大。图3-14所示是美国Q—Dot公司研制的热管余热锅炉。该余热锅炉由四部分组成，包括锅筒、热管管束、管箱、运行和安全控制系统。

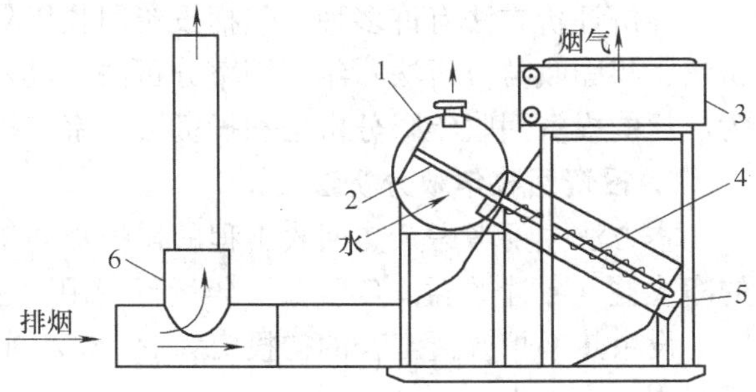

图3-14　热管余热锅炉系统

1—压力容器　2—热管（凝结段）　3—省煤器　4—热管（蒸发段）　5—管箱　6—三通阀门

热管的光滑管部分浸没在锅筒的水中，其翅片管部分装在管箱中，流经管箱的烟气的热量通过热管传递给锅筒中的水，以产生蒸汽。运行控制系统的作用是保证余热锅炉的正常进水和蒸汽压力稳定，当运行控制系统失灵时，安全控制系统将保护锅筒和热管管束免受损坏。在热管余热锅炉入口烟道上，安装有旁通阀，改变旁通阀的开度可以改变流经余热锅炉的烟气量，从而可调节余热锅炉的蒸发量。为了提高余热锅炉系统的经济性，通常在其出口烟道上安装省煤器，用以预热余热锅炉的进水。

该热管余热锅炉采用碳钢热管，管内壁刻有螺纹槽道并装有吸液芯，管外翅片有两种形式：当烟气温度低于400℃时，采用镶片管；当烟气温度超过400℃时，采用高频焊接翅片管。热管的翅片可采用平翅片（即环形翅片）或锯齿形翅片，后者具有更好的传热特性，但在磨损性较强的燃煤烟气中，建议采用平翅片。

该热管余热锅炉的控制系统主要包括蒸汽压力控制和水位调节。对于系统中只有一台热管余热锅炉的场合，蒸汽压力的控制可以通过控制输入热量，即通过改变旁通阀的开度来实现；如果系统中包括几台火焰锅炉和几台余热锅炉，则余热锅炉在满负荷下运行，火焰锅炉在变工况下运行，通过改变投入火焰锅炉的燃料量来按制蒸汽压力。水位调节的主要任务是保证锅筒中的热管浸没在合适的水位之下。

热管余热锅炉的主要设计参数是排气温度和蒸汽压力，排气温度的高低决定了所产生蒸汽压力的高低。Q-Dot公司建议的排气温度的上限为650℃，若烟气温度高于650℃，则必须采用更为昂贵的液态金属工质和新的热管材料，这在经济上是不合理的，此外，在高温下烟气的辐射换热就不可忽视了，这时热管蒸发段的环形翅片管就不够理想了。排气温度的下限为260℃，若低于260℃，烟气和蒸汽之间的传热温差过小，会使设备的经济性下降。一般推荐蒸汽压力以不超过1.7MPa为宜，应尽量选用较低的压力值，这是因为压力过高，对应的蒸汽温度也高，会使传热温差变小。传热量减少，则会使设备投资回收期增长。

3.2.4 余热锅炉及其附属设备的投资效益分析

利用余热锅炉回收高温烟气的余热以产生蒸汽，主要目的是节约能源，但在工程中选用余热锅炉时除注重节能外，还必须对投资效益进行分析，做到节约相同的能源而花费最少的资金。

经济评价方法有许多种，包括投资回收年限分析法、投资回收率分析法、净收益现值分析法、年净收益分析法、年利润率分析法、收入 - 成本比值分析法等。下面简要介绍应用较为广泛的投资回收年限分析法和投资回收率分析法。

1. 投资回收年限分析法

本方法主要考虑余热回收工程的初投资和年收益两个因素，以余热回收工程每年所产生的净收益（年净收益 = 年收益 - 年运行费用）去偿还初投资的年限作为评价指标。

设余热锅炉改造工程的初投资为 P，工程实施后每年获得的净收益为 A，则该工程的投资回收年限 τ 为

$$\tau = P/A \tag{3-1}$$

式（3-1）中，没有考虑资金随时间的增值因素，是一种静态的投资效果分析。若采用动态的效果分析，设资金的年复利率为 i，则年净收益按 i 折算到初投资时的现值为

$$P = \frac{(1+i)^{\tau} - 1}{i(1+i)^{\tau}}A \tag{3-2}$$

由此可得出动态的投资回收年限 τ 为

$$\tau = \frac{\lg \dfrac{A}{A - iP}}{\lg(1+i)} \tag{3-3}$$

采用投资回收年限分析法进行方案评价时，应把余热锅炉改造工程投资的回收年限与国家各部门规定的标准投资回收年限 τ_0 相比较，凡是 $\tau \leqslant \tau_0$ 的，则认为该工程投资是合理的。在多个方案进行对比时，回收年限最短的方案是最优方案。

2. 投资回收率分析法

余热回收工程投入使用之后，在确定的使用年限内，逐年将有一定的净收益，它一方面用于偿还初投资，另一方面又创造利润。如果净收益按照资金的某一利率积累，在使用年限终期恰好等于工程的初投资，那么这一利率就称为投资回收率。

投资回收率 r 可以表示为

$$P = \frac{(1+r)^{\tau} - 1}{r(1+r)^{\tau}}A \tag{3-4}$$

式中，P 为初投资；A 为年净收益；τ 为使用年限。

式（3-4）中的$\frac{(1+r)^{\tau}-1}{r(1+r)^{\tau}}$部分为均摊现值折算系数，用 USPW 表示。

若余热锅炉改造工程的投资回收率 r 大于社会资金增值的年复利率 i，则表示该工程的投资可带来经济效益。因为使该工程实施的投资里带来资金的增值超过了社会资金的增值。若存在有不同的方案供选择时，首先应剔除 $r<i$ 的方案，在剩余的方案中，i 最大的方案就是经济上最合理的方案。

【例】 某工业炉排烟温度为 820℃，排烟量（标准状态下）为 10000m^3/h，为提高工

业炉的热利用率而装设余热锅炉，余热锅炉排烟温度降为230℃，相应回收热量 8.42×10^6kJ/h,若余热锅炉每年工作7000h，则每年节约重油1600t。余热锅炉工程初投资为75万元，分析其投资效果。

【解】 若重油价格为300元/t，则每年的燃料节约费 S 为

$$S=300\text{元/t}\times1600\text{t/年}=48\text{万元/年}$$

余热锅炉年运行费用7万元/年，则年净收益 A 为

$$A=(48-7)\text{万元/年}=41\text{万元/年}$$

设资金的年复利率 $i=10\%$，则由式（3-3）可求得投资回收年限 τ 为

$$\tau=\frac{\lg\dfrac{41}{41-0.1\times75}}{\lg(1+0.1)}\text{年}=2.12\text{年}$$

即2-12年可回收余热锅炉工程的初投资。

根据投资回收率的计算原理，当余热锅炉使用年限为10年，资金的年复利率 $i=10\%$ 时，可求得该余热锅炉工程的初投资控制范围。

根据式（3-4），以 $\tau=10$ 年，$i=r=10\%$ 查相关手册得USFW=6.144，故

$$P=6.144\times41=252\text{万元}$$

即该余热锅炉工程的初投资应当控制在252万元以内。

应当指出，本节所述投资效果分析法也适用于其他余热回收和利用工程的经济分析。

3.3 管壳式换热器在余热回收中的应用

3.3.1 换热器的类型及结构发展

换热器也称热交换器，是把热量从一种介质传递到另一种介质以满足规定工艺要求的换热设备。在过程工业中，换热器是保证工业系统正常运转、工艺介质温度合理、节约能源及回收余热（或废热）的关键设备，并且在金属消耗、动力消耗和投资方面在整个工程中占有较大份额。据统计，在一般石油化工企业中，换热设备投资占全部投资的40%～50%；在现代石油化工企业中占30%～40%；在热电厂中换热设备投资约占整个电厂总投资的70%。由此可见，换热设备的合理设计和运行对企业节约金属材料、能源、资金和空间都十分重要，提高换热设备综合性能并减小其体积，在能源日趋短缺的今天具有更大的经济效益和社会效益。

换热器作为一种技术成熟的设备，在工业生产中占有重要的地位。特别是在余热回收利用中，借助换热器回收余热可获得热空气、热水、蒸汽等，以供助燃、干燥、采暖、制冷等工业及生活之用。因此，换热器是余热回收工程中的关键设备。

换热器按照工作原理可分为三大类：混合式换热器、蓄热式换热器和间壁式换热器。

（1）混合式换热器 混合式换热器又称为直接接触式换热器，其热量交换是依靠热流体和冷流体直接接触互相混合实现的，在热量传递的同时伴随有相态的变换或混合。它具有传热速度快、效率高、设备简单等优点。工业生产中的冷却塔、洗涤塔、气压冷凝器等都是冷热流体直接接触式的换热器。

（2）蓄热式换热器　蓄热式换热器又称蓄能式换热器，是热流体和冷流体交替流过同一蓄热体、间歇操作的换热设备。当热流体通过蓄热体壁面时为加热期，热量被壁面吸收并储存起来；而当冷流体再通过此壁面时则为冷却期，壁面将所储存的热量传给冷流体。热量的传递是通过同一壁面周期地加热和冷却来实现的。这类设备通常用于气体介质间的换热。

（3）间壁式换热器　间壁式换热器又称表面式换热器，其主要特点是：冷、热两种流体被导热的壁面隔开，在换热过程中两种流体互不接触，热量由热流体通过壁面间接地传递给冷流体。按其换热壁面形状不同，间壁式换热器有如下结构形式：①管式换热器，包括管壳式换热器、蛇形管换热器、套管式换热器、喷淋式换热器、翅片管式换热器、盘管式换热器和U形管式换热器等；②板式换热器，如螺旋板式换热器、平板式换热器、翅片板式换热器、板壳式换热器等；③特殊形式的换热器，如空气冷却器、流化床热交换器和热管换热器、非金属材料换热器等。

管壳式换热器是间壁式换热器中最常用的一种结构形式，也是最早标准化的换热设备。其主要结构形式有固定管板式换热器、浮头式换热器、U形管式换热器、填料函式换热器、蛇管式换热器、双壳程换热器、单套管换热器、多套管换热器、外导流筒换热器、折流管式换热器、热管式换热器、插管式换热器、滑动管板式换热器。按照管束支撑（或折流板）的结构形式不同，管壳式换热器可分为单弓形折流板换热器、双弓形折流板换热器、三弓形折流板换热器、圆盘-圆环型折流板换热器、螺旋折流板换热器、折流杆换热器、空心环换热器、整圆形孔板换热器、异型管自支撑换热器等。管壳式换热器以其高度的可靠性、广泛的适用性、选材广和成本低等优点，尤其适用于高温、高压的工况，以及在长期使用中积累的丰富经验，在石油、化工、轻工、能源、动力、医药和食品等行业广泛应用。

传统的管壳式换热器采用光滑圆管和单弓形折流板组合结构，流体在壳程作垂直于管轴向的横向流动，存在较大的传热死区，使得这种结构换热器的整体传热效率降低、流动阻力增大，并且在大雷诺数下常发生流体诱导振动而导致换热器失效。为解决这些问题，国外于20世纪70年代首先开发出折流杆换热器。它以折流杆取代传统的折流板来支撑管束，所产生的自由流道使壳程流体作平行于管轴向的纵向流动。该技术不但有效地避免了流体诱导振动，而且还克服了传统强化传热手段的弊病，即不增加泵功率也可实现强化传热。在一定工况下，其总传热系数与压降之比高于折流板换热器。

为了最大限度地利用热能和回收余热，国内外学者对换热器的强化传热技术开展了大量的研究，研究重点在于使之结构更紧凑、换热效率更高、运行时流阻更小。概括起来，管壳式换热器的强化传热及结构发展主要表现在以下三个方面：

1）各种新型高效换热管的开发和应用，以强化管程的对流传热。换热器管程主要通过改变传热面的形貌或管内插入物来增加流体湍流度、扩展传热面积，从而实现强化传热和节能的目的。现已开发出多种高效强化管，即对光管进行加工得到各种结构的异形管，如横纹（槽）管、螺旋槽（纹）管、缩放管、螺纹管、波纹管（波节管）、螺旋扁管、变截面管和翅片管等，如图3-15所示。其中，螺旋槽管和波纹管等已有许多工程应用实例。多数强化管对管程和壳程的对流传热同时具有强化作用，以强化管程传热为主。根据不同工况，采用高效强化管与新型管束支撑的不同组合，可达到最佳的传热效果。

2）管内插入物的开发和应用。提高管内流体的换热强度，除了采用强化管以外，还可

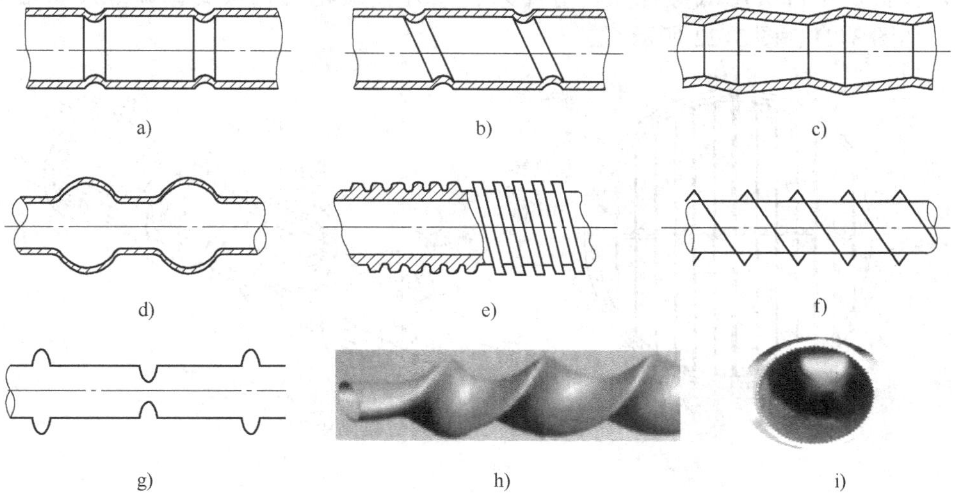

图 3-15　各种表面强化管的结构形式

a）横纹（槽）管　b）螺旋槽（纹）管　c）缩放管　d）波纹管（波节管）
e）螺纹管　f）螺旋翅片管　g）变截面管　h）螺旋扁管　i）三维内肋管

采用简便易行的管内插入物，如扭带、螺旋扭片、静态混合器、螺旋（线）弹簧、波带、丝网和多孔体等，如图3-16所示。插入物是一种扰流子，以固定的形状加装于换热管内，与管壁相对固定或随着流体振动，对流体产生扰动或破坏管壁表面的液体边界层而达到强化传热的目的，并具有防垢、除垢的效果。用插入物作为强化管内单相流体传热的一种手段，易于装拆，维护简便，尤其适用于在原有设备的基础上进行强化传热改造。

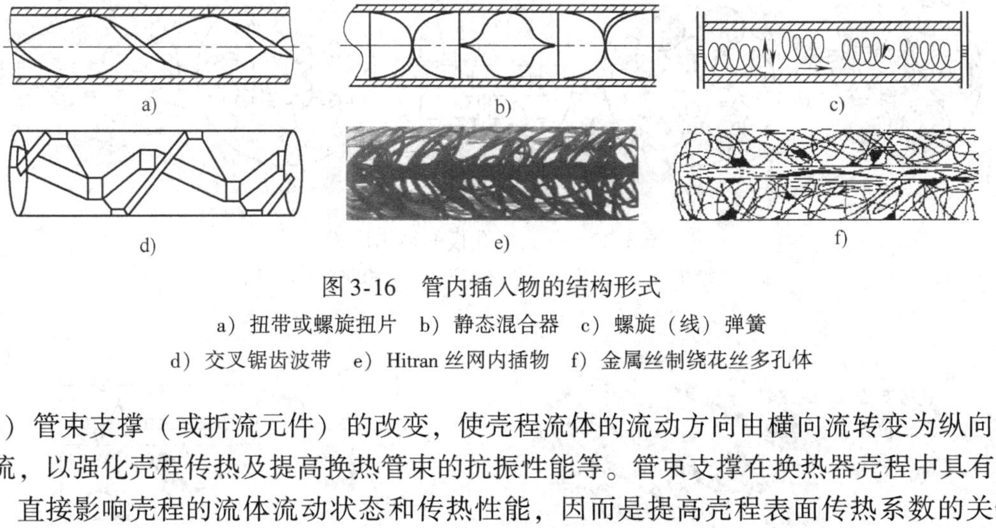

图 3-16　管内插入物的结构形式

a）扭带或螺旋扭片　b）静态混合器　c）螺旋（线）弹簧
d）交叉锯齿波带　e）Hitran 丝网内插物　f）金属丝制绕花丝多孔体

3）管束支撑（或折流元件）的改变，使壳程流体的流动方向由横向流转变为纵向流或螺旋流，以强化壳程传热及提高换热管束的抗振性能等。管束支撑在换热器壳程中具有扰流作用，直接影响壳程的流体流动状态和传热性能，因而是提高壳程表面传热系数的关键部件。目前国内外已开发出多种新型管束支撑结构，如折流杆、空心环、刺孔膜片、整圆形孔板、格栅支撑等，如图3-17～图3-20所示。这些新型管束支撑结构换热器的共同特征是：壳程流体沿轴向冲刷管束，与管程流体可实现完全逆流，有效温差大，传热死区小，支撑结构对壳程流体有扰动作用，能有效地促进流体湍流和强化壳程传热。此类换热器在一定工艺条件下具有传热效率高、流体阻力小、基本消除了流体诱导振动、抗结垢能力强、设备投资及运行费用低等优点。近年来，又开发出花瓣孔板支撑和螺旋折流板等结构形式，如图 3-21、图 3-22 所示。

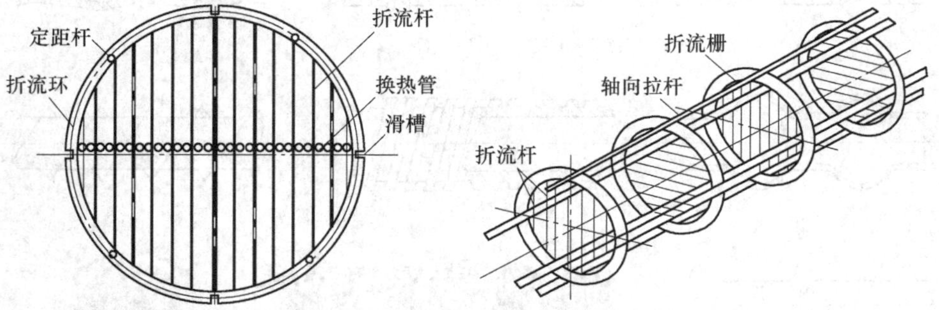

图 3-17　折流杆支撑及其折流栅组件

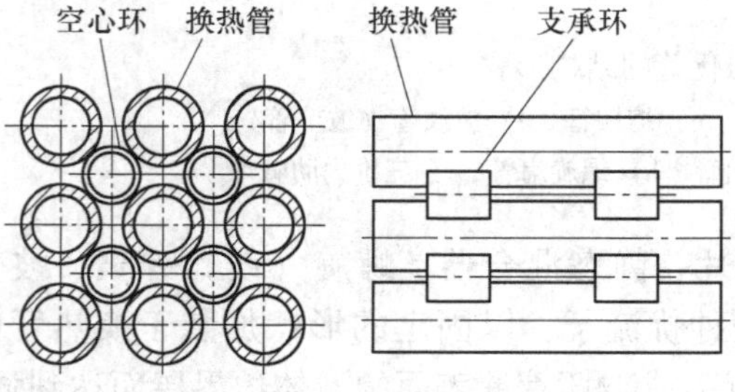

图 3-18　空心环支撑

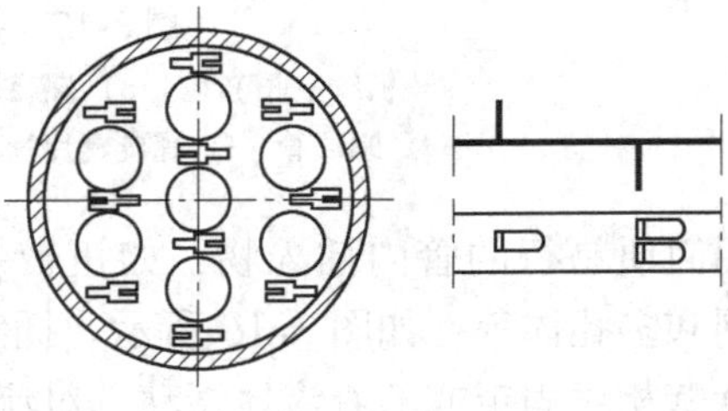

图 3-19　刺孔膜片支撑

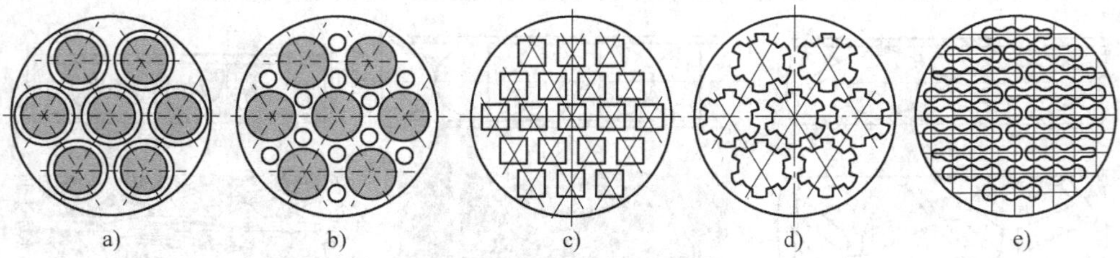

图 3-20　整圆形孔板的结构形式

a）大管孔　b）小圆孔　c）矩形孔　d）梅花孔　e）网状

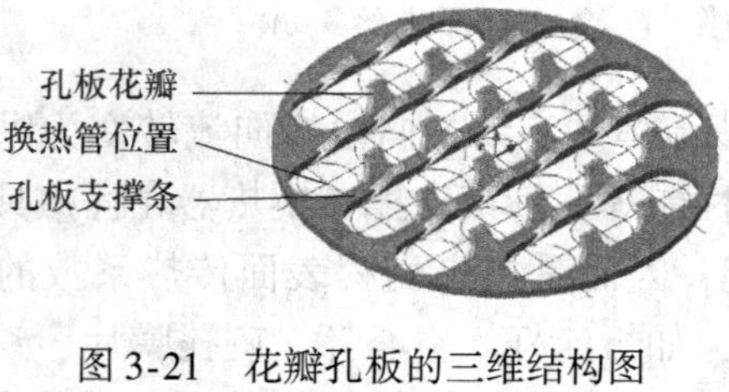

图 3-21　花瓣孔板的三维结构图

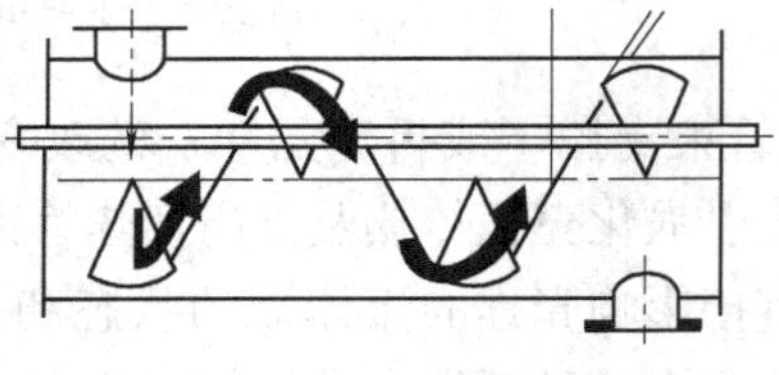

图 3-22　螺旋折流板示意图

实际应用的换热器结构形式及种类繁多，每种换热器都有各自适用的特定工况。为此，在实际应用中，应根据介质、温度、压力的不同，选择不同形式的换热器，以便扬长避短，为工业生产带来更大的经济效益。

3.3.2　强化管换热器在余热回收中的应用

对于工业生产过程中产生的余热或废热，可利用各种强化管换热器进行回收再利用，以达到节能降耗的目的。例如，热电厂排放的废污水一般温度在70℃以上，可把这些热量加以回收用于加热居民的生活用水；锅炉排放的烟气一般都在200℃以上，可采用强化管换热器作为锅炉的空气预热器，利用这些烟气余热加热空气，或把强化管换热器作为锅炉的省煤器，用这些烟气余热加热锅炉的补给水；还可采用强化管换热器给居民用的液化气加热，使液化气能够充分气化，达到节能的目的。总之，正是利用强化管换热器高效传热的特点，吸收废弃介质中的热能，变废为宝。

1. 波纹管换热器回收废汽余热的节能应用

当前我国电力工业发展迅速，火力发电厂是靠燃煤、燃气或燃油等提供电力。热电厂除供应电能外，还可利用蒸汽轮机已经做过功的蒸汽或汽轮机排出的废汽为区域生产和生活供热，为此需要一定数量的换热设备。随着供热技术的发展和换热设备的不断创新，换热设备的改造和更换要考虑设备投入的综合经济效益。以某热电厂的改造项目为例，更换一台汽-水型立式（悬挂）换热器。用波纹管换热器替代原光滑直管换热器，考虑改造前安装基础，管口连接方位和操作空间等限制，为满足用户具体要求，改造后仍保证其外形规格尺寸不变。改造前后的换热器综合性能对比见表3-6。由表中数据可知，改造后表面传热系数提高了近3倍；换热效率提高了近2倍，设备重量降低了近50%。蒸汽是靠燃煤提供的热量而获得的，用280℃蒸汽代替320℃蒸汽，不仅减少了投资，同时降低了传热温差，减少了能源消耗，使该热电厂节省标准煤价值近50万元/年。另外，由于波纹管换热器具有抗结垢的特性，大大降低了维修工作量，所以其综合经济效益大幅度提高。

表3-6　改造前后换热器的综合性能对比

指标类别	壳管式（改造前）	波纹管式（改造后）
公称直径/mm	ϕ1000	ϕ1000
蒸汽温度/℃	320	280
换热管材质、规格	H68ϕ19×1	1Cr18Ni9Ti（ϕ42/ϕ32）×0.8
换热管数/根	1640	238
管程数（管程）	2	2
换热面积/m^2	500	170
传热系数/[W/(m^2·K)]	1200	3383
换热量/W	39.5×10^6	66.9×10^6
净重量/kg	9700	5300
寿命/年	≤5	≥10

2. 螺旋槽管换热器回收烟气余热的节能应用

电站锅炉空气预热器主要有管式空气预热器和回转式空气预热器两类，各有其优缺点。螺旋槽管是综合性能最被看好的一种强化传热管，与光管相比，管内表面传热系数可提高1倍，甚至还可更大，用于替代烟气在管内流动的光管制作空气预热器，不仅可提高其传热能力，还可提高管子的壁面温度，减轻预热器低温段的低温腐蚀和积灰堵灰。由于螺旋槽管空气预热器的优越性，特别是在减少积灰堵灰方面独树一帜，自螺旋槽管替代光管制造空气预热器投运以来，国内已大量采用螺旋槽管空气预热器。

50412A 型锅炉是 20 世纪 70 年代配 125MW 机组的早期产品，如图 3-23 所示。该锅炉按无烟煤/贫煤设计，热风温度 t_{rf} 和排烟温度 t_{py} 的设计值分别为 $t_{rf}=400℃$ 和 $t_{py}=146℃$，但尾部受热面按单级布置原则设计，因而需要布置大量空气预热器受热面。锅炉除采用 2 台 ϕ6300mm 的回转式空气预热器（受热面积为 39500m^2）外，还在其前面（按烟气流向）布置一层高度为 4.5m 的管式空气预热器（受热面积为 11600m^2）。该锅炉尾部竖井烟道截面尺寸为 6.5m×9.6m（深度×宽度），比一般同容量锅炉的尺寸（7.5～8.6）m×9.6m 小很多。在尾部竖井烟道中，若按常规方法布置管式空气预热器，即预热器管箱分前后 2 组，在烟道的 2 组之间留出一块不布置管子的空间作为热空气出口流道，则尾部烟道内所能布置的预热器管子数目就明显减少，不仅受热面积要小很多，管内烟气流速也会很高，预热器管子会遭受严重的磨损。因此，该锅炉预热器采用了管子布满整个尾部烟道的设计。空气经回转式预热器加热后分前后 2 股，即沿烟道的前后方向进入管式预热器，并在管子之间的空间流动，一边吸热，一边折向 90°，再从烟道左右两侧整个截面引出，进入锅炉热风道，这种不合理的空气预热器布置和空气引出系统，使各管子之间的空气流动极不均匀。流场计算显示，在烟道截面的中部区域，大约有 30% 管子几乎没有空气流通，大量空气经烟道截面的四角部位短路通过，使预热器的热交换能力大幅度下降。该锅炉管式预热器的烟气温降 $\Delta\theta$ 和空气温升 Δt，原设计值分别为 $\Delta\theta=63℃$ 和 $\Delta t=82℃$，实际运行值只有 $\Delta\theta=17℃$ 和 $\Delta t=26℃$。管式预热器吸热量严重偏低，使锅炉排烟温度高达 $t_{py}=193℃$，热风温度低至 $t_{rf}=370℃$，分别比设计值偏高 47℃和偏低 30℃。热风温度偏低，又影响制粉系统的经济运行和燃料的完全燃烧，锅炉运行效率只有 84%～85%。

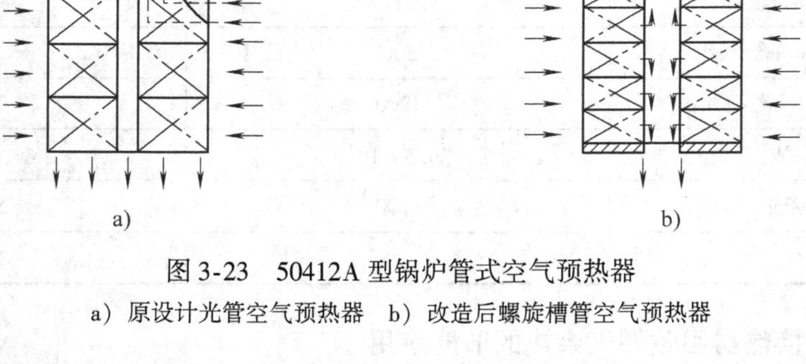

图 3-23　50412A 型锅炉管式空气预热器

a）原设计光管空气预热器　b）改造后螺旋槽管空气预热器

2002 年采用螺旋槽管技术对该管式预热器进行了改造设计。将管式预热器管箱沿前后分成 2 组，2 组之间留出一个不布置管子的中间通道，预热器两侧管箱由护板覆盖，不让空气由此通过。空气在管式预热器加热后进入中间通道，折向 90°后从两侧进入热风道。该系统解决了空气在管子之间流动的不均匀问题。由于前后2组管箱之间要留出一块不布置管子的中间通道，预热器布置管子的数目和受热面的面积明显减少，为解决吸热量不足和管内烟气流速过高问题，采取了大管径的螺旋槽管强化传热技术，大管径可增加烟气流通截面的面积，降低烟气流速，螺旋槽管可增加预热器的传热能力。2003年年底，该锅炉进行了空气预热器的改造，改造前后的有关试验数据见表3-7。可以看出，锅炉改造后排烟温度降至144℃，热风温度提高到405℃，锅炉效率提高了3.5个百分点。据计算改造后年标煤节省量达万吨。目前，螺旋槽管空气预热器已作为新建电站煤粉锅炉的配套预热器提供给用户，如鸡西发电厂、田东发电厂的125MW机组，抚顺发电厂、阜新发电厂的200MW等机组新设计的锅炉，都采用了全套设计的螺旋槽管空气预热器。

表3-7　50412型锅炉改造前后锅炉效率实验数据对比

参　　数	改造后（螺旋槽管空气预热器）	改造前（原光管空气预热器）
负荷/MW	130	125
锅炉蒸发量/（t/h）	411	410.5
热风温度/℃	405	371
排烟温度/℃	143.8	192.6
锅炉效率（%）	88.36	84.92

3. 横纹管换热器在化肥生产方面的节能应用

横纹管折流杆换热器是融合了折流杆换热器技术与横纹管强化传热技术的一种组合式高效换热器。折流杆换热器是美国菲利浦公司在20世纪70年代为解决天然气换热器的流体诱导振动问题而开发的一种杆式折流栅换热器。其特点是抗管束振动能力强，消除了壳程滞流区，改善了壳程流体的速度和温度的分布。近年来，桂林化工机械厂与华南理工大学合作，把在相同管内流速下传热效果优于螺旋槽管的横纹管用于折流杆换热器，1995年5月设计制造了DN1400横纹管折流杆换热器，并在云南某中型化肥厂变换系统投入工业运行，取代了原来使用的DN2400列管式折流板主热交换器，以540m^2的换热面积取代了原设备的1627m^2换热面积，设备质量由原来的37.61t减少到17.27t，设备投资节省了1/3。横纹管折流杆换热器的开发应用结果证明，强化传热元件与折流杆的有机组合，在提高管程换热速率的同时也可提高壳程的换热速率。工业运行证明，横纹管具有传热效率高、流体阻力小、抗振性能好的特点。

湖南某氮肥厂变换系统原有一台热交换器，经过多年使用需要更换设备。其主要技术参数为：工作压力为0.7MPa，工作温度——半水煤气进口温度为120℃、出口温度为380℃，变换气进口温度为425℃、出口温度为285℃，换热面积为614m^2。1990年长沙化工机械厂根据华南理工大学提供的工艺参数为该厂设计制造了一台横纹管换热器，1992年10月投入使用，经测试，其工作压力为0.7MPa，半水煤气进口温度为162℃、出口温度为325℃，变换气进口温度为440℃、出口温度为261℃，满足了原设备的工艺和设计要求，日产合成氨50t以上。该换热设备在实际运行中效果显著，与原有设备相比，换热面积由614 m^2降至198 m^2，减小换热面积68%。设备直径由1600mm减小至800mm，直径减小了50%。设备质量由22t减轻至5.7t，节省钢材74%，节省设备投资费用53%。由此可见，横纹管换热器具有良好的发展前景。

4. 螺旋翅片管在余热锅炉和省煤器中的节能应用

作为燃气-蒸汽联合循环电站的三大主要设备之一，余热锅炉处于燃气轮机和蒸汽轮机之间，是系统整体优化和各主要子系统匹配的一个关键所在，起着承上启下的作用。余热锅炉的结构、性能以及参数都极大地影响到系统中其他设备乃至整个系统的性能。联合循环余热锅炉的显著热力特点之一是“变温显热源”。加入联合循环系统的燃料化学能转化为热能被逐级利用；高温段通过燃气轮机转换为机械功（或电）输出；燃气轮机的排气显热在余热锅炉中被回收，产生蒸汽或热水，用于驱动汽轮机或用于其他加热设备。这样，联合循环余热锅炉的进口烟气温度较低，其烟气与受热面之间的传热以对流传热为主，而辐射传热常可忽略。提高烟气流速，可以提高烟气侧表面传热系数，以强化换热，从而使换热面积有所减小，但这将使烟气流过余热锅炉的阻力增大，燃气轮机的背压上升，导致整个机组的功率与效率下降。一般情况下，燃气轮机背压每提高1%，机组的功率下降0.5%～0.8%。因此，为强化余热锅炉中烟气与工质之间的对流换热，同时减小余热锅炉烟气侧的压损系数，在余热锅炉中大量采用各种形式的螺旋翅片管受热面。翅片管束的传热及阻力性能将影响余热锅炉和燃气轮机的运行性能。

近年来，多家锅炉厂和电厂应用螺旋翅片管改造光管省煤器都取得了较好的效果，不仅降低了锅炉排烟温度，提高了锅炉效率，而且解决了省煤器的磨损问题。例如，某电厂与有关单位合作将8号锅炉原光管省煤器改为错列布置的螺旋翅片管省煤器，改造后螺旋翅片管省煤器运行良好，排烟温度降低了20℃左右；吉林某热电厂15号炉将光管省煤器改造为螺旋翅片管省煤器后，不仅解决了磨损问题，而且使锅炉排烟温度降低；朝阳发电厂2号炉将上级光管省煤器改为螺旋翅片管省煤器后，翅片管省煤器既能防止飞灰磨损，又降低锅炉排烟温度；山西某热电厂3～5号锅炉将低温省煤器改造成翅片管省煤器后，有效地解决了其磨损问题；金竹山电厂4号炉将原光管低温再热器改为螺旋翅片管低温再热器后，既减轻了磨损，同时在保证低温再热器吸热量的前提下，又能增大低温再热器的检修空间，便于防磨防爆检查与检修；鲤鱼江电厂7号炉将省煤器改造为螺旋翅片管后，烟速下降为6.63m/s，有效地减轻了磨损，而且综合经济效益显著提高；清河电厂1号炉将下级省煤器由光管改为螺旋翅片管后，达到了降低烟速、减轻省煤器磨损的目的。螺旋翅片管束不但广泛应用于常规电站锅炉省煤器，而且在余热锅炉上也得到了成功的应用。如深圳某热电公司对PG9171E燃机余热锅炉的翅片管束受热面进行了改造，结果表明，改造后的翅片管束具有重量轻、尺寸小、成本低等特点。对于大型燃气-蒸汽联合循环余热锅炉中所采用的翅片管束，小管径的优点较多。运行结果表明，小管径的翅片管束具有传热性能好，管内工质流动阻力小，起动性能好，烟气阻力小等特点。

5. 内展翅片管式换热器的节能效果

某空压站应用内展翅片管（图3-24）式换热器后，经过近5个月的运行，在体积相同的情况下，冷却效果优于列管式换热器，节水率可达44.4%。与列管式换热器相比，每年可节约水费4.2万元（以1.0元/t水计）。因其冷却效果较好，可将无热还原干燥塔的还原时间由原来的5min切换一次改为8min

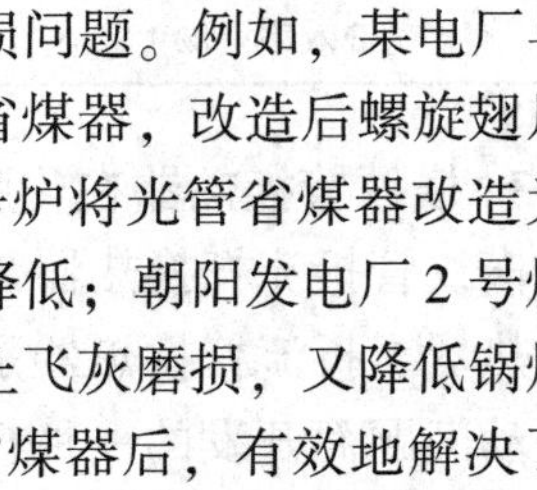

图3-24 内展翅片管的结构简图
1—换热管外壁 2—换热管内壁
3—内展翅片 4—管芯

切换一次，故一组干燥塔可节约用风2.51%，折算成电量每年可节电68.7万kW·h，折合人民币35.5万元（1kW·h电按0.5元计）。大约一年即可收回设备投资。

在PVA维纶装置中，涉及的气-液热交换的设备较多，在安徽某高新材料股份有限公司，内展翅片换热器就得到了广泛应用，例如，在有机分厂就有聚合三塔冷凝器、回收三塔冷凝器、回收五塔冷凝器、回收六塔冷凝器、催塔冷凝器等。以聚合三塔冷凝器为例，对比一下内展翅片换热器和光管换热器的性能参数。换热器流程说明：从聚合三塔出来的甲醇蒸气由塔顶进入冷凝器，选用普通管壳式换热器时，需要选用两台换热器串联使用，先经过第一台换热器冷凝后进入到第二台换热器冷却到工艺所要求的温度，未完全冷凝的蒸气进一步冷凝。选用内展翅片换热器以后，仅需选用一台换热器就能满足工艺要求，并且设备安装方式由原来的卧式改为立式，充分利用塔的高度，使得占地面积大大减小，布置结构更加合理。换热器的材质选用304，换热管规格为ϕ32mm×1mm，翅片材质也用不锈钢304。聚合三塔冷凝器选用普通壳管式换热器和内展翅片换热器的性能参数对比见表3-8。由表中的性能参数对比可知，采用内展翅片管换热器，设备体积仅为普通管壳式换热器的50%，占地面积不到普通管壳式换热器的20%，由于采用了单台设备，并且有设备体积较小和采用立式安装等优势，所以该设备可以直接立于塔旁，无需专门为其准备设备安放空间，降低了投资成本；每小时节约用水122t，相对普通管壳式换热器节水率为32.1%；热流密度是普通管壳式换热器的3.12倍，可见其高效性。

表3-8　普通管壳式换热器与内展翅片管换热器的性能参数对比

项 目 名 称	内展翅片管换热器	普通管壳式换热器
甲醇处理量/(kg/h)	13 000	13 000
甲醇入口温度/℃	65	65
甲醇出口温度/℃	37	42
冷却水入口温度/℃	30	30
冷却水出口温度/℃	40.5	37
总传热系数/[W/(m²·K)]	1446	343
热流密度/(W/m²)	20100	6448
耗水量/(kg/h)	258336	380123
光管换热面积/m²	135	240×2
换热管有效长度/mm	4000	5000
换热器管束尺寸/mm	ϕ900×4000	ϕ900×5000×2

6. 缩放管换热器在硫酸工业的节能应用

云南某公司锌厂硫酸装置分为铅、锌两个系列，锌系列是以硫化锌精矿沸腾焙烧产生的SO_2烟气为原料，设计生产能力173kt/a，转化工序采用Ⅳ Ⅰ－Ⅲ Ⅱ、“3＋1”转化换热流程。转化工序原4台换热器均采用空心环管壳式换热器，其换热管均采用横纹管，Ⅰ换热器规格为ϕ3600mm×7700mm，材质为不锈钢，换热面积为1064m²；Ⅱ换热器规格为ϕ3600mm×7200mm，材质为碳钢，换热面积为872m²；Ⅲ换热器规格为ϕ3600mm×13200mm，材质为碳钢，换热面积为2644m²；Ⅳ换热器规格为ϕ3600mm×11300mm，材质为碳钢，换热面积为1913m²。生产要求进转化工序气体中SO_2的体积分数为7.0%，气量为$7.3\times10^4m^3/h$。由于锌系列转化工序换热器选型不当，一方面转化工序的部分热量被带入吸收工序，造成循环水冷却系统负荷增加，设计中一吸塔入口烟气温度为210℃，而实际生产中为226℃；另一方面转化工序的部分热量被带入大气中，生产中进二吸塔的烟气温度为180℃，而Ⅳ换热器管程出口烟气温度为222℃，进二吸塔的烟气量有$6.1\times10m^3/h$，为降低进二吸塔烟气温度，需常开SO_3冷却风机，使得转化工序的部分热量损失在大气中。自2005年8月锌系列投产以来，转化工序存在操作调节频繁、系统难以维持自热平衡、能耗较高、系统压力降逐渐增大等问题，影响了锌系列的正常运行。

2007年3月，该公司对锌系列转化工序换热器进行了技术改造，仍选用空心环作为换热管的支撑结构，但换热管选用缩放管。改造后换热器Ⅰ换热器规格为$\phi3200mm\times7900mm$，材质为不锈钢，换热面积为1300m²；Ⅱ换热器规格为$\phi3100mm\times7500mm$，材质为碳钢，换热面积为1149m²；Ⅲ换热器规格为$\phi3200mm\times14500mm$，材质为不锈钢，换热面积为3530m²；Ⅳ换热器规格为$\phi3200mm\times11800mm$，材质为碳钢，换热面积为2643m²。改造后换热器总换热面积增加了2129m²，4台换热器改造后的表面积却减少了46.80m²。锌系列转化工序换热器改造完成后，沸腾炉开始投料，24h后停用外加热源煤气炉，6h后停用电炉。至此，整个转化温度已达到生产工艺要求。转化工序的自热平衡维持较好，系统压力降明显小于原设计值，生产中操作调节比较稳定，转化系统运行良好，外加热源未再开启。改造前后换热器管程、壳程进出口温度见表3-9。

表3-9　改造前后换热器管程、壳程进出口温度

项　　目	Ⅰ换热器		Ⅱ换热器		Ⅲ换热器		Ⅳ换热器	
	壳程	管程	壳程	管程	壳程	管程	壳程	管程
设计进/出口温度/℃	582/455	292/432	497/440	367/432	457/210	70/369	444/210	90/294
改造前进/出口温度/℃	586/465	248/454	513/422	310/415	435/226	59/310	416/220	79/249
改造后进/出口温度/℃	597/449	299/456	499/419	361/436	455/212	59/361	445/222	85/299

注：改造前进出口温度为2007年1~2月平均值，生产中使用外加热源补热，外加热源设在Ⅰ换热器壳程出口至转化器一段的管道上；改造后进出口温度为2007年5~6月平均值，生产中没有使用外加热源。

锌系列转化工序4台换热器改造后硫酸产量平均增长了96t/d，以1年生产330天、酸价350元/t计，新增产值1108.8万元/年。原有常开37kW稀释风机、22kW助燃风机、900kW电炉，现已全停，以1年生产330天、电费0.40元/（kW·h）计，节约电费达303.81万元/年。外加热源升温煤气已全停，节约煤气量达86400m³/d，以1年生产330天、煤气费0.15元/m³计，节约费用427.68万元/年。每年产生直接经济效益1840.29万元。尾气排放合格率从2006年的95.2%提高到2007年的99.48%。

7. 缩放管换热器在制碱工业中的节能应用

浙江某公司所属电化厂烧碱蒸发系统，在技术改造中采用强化传热的方法来提高装置的生产能力，在不增大蒸发器外形尺寸及质量的前提下，实现了扩产的目的。

在改造过程中采用缩放管替代原光滑管，作为蒸发器加热室的换热管，改变流体的流动状态，特别是边界层的湍流度增大，使碱液侧的表面传热系数提高，换热管内液体的径向温度分布梯度减小，使传热效率提高。同时，由于碱液的湍流度增大使得结垢几率降低，洗涤周期延长，装置开工率提高。以空心环支撑结构替代折流板，有效地降低了换热器壳程流体蒸汽的阻力，使得壳程蒸汽的进出口温差减小，提高了有效传热温差，进一步强化了传热效果。蒸发器采用上述强化传热技术措施后，经过72h的运行，实测数据见表3-10。

表3-10 蒸发器改造前后运行参数对比（运行72h）

项目	出碱量（100% NaOH）	蒸汽消耗/t	总换热面积/m^2	蒸发强度[kg/(m^2·h)]	吨碱蒸汽耗量/t
改造前	6.5	18.2	220+110×2=660	9.85	2.8
改造后	8.5	22.1	220+110×2=660	12.8	2.6

改造后设备安装完全在原位置上进行，不必做土建及结构上的任何变动，节省投资、方便快捷，生产能力已由4.3×10^4t/a扩大到5.5×10^4t/a，蒸发强度由原来的10kg/（m^2·h）提高到13kg/（m^2·h），装置生产能力提高了30%，完全达到了预期的效果，装置的技术水平在国内同行中处于领先地位；降低蒸汽消耗0.2t/t 100% NaOH，按5.5万t/a生产规模计算，全年可节约蒸汽11000t，价值百万元，经济效益显著。由此可见，采用强化传热技术可大量节省设备用材，降低设备制造成本，有着显著的经济效益和社会效益。

8. 螺旋扁管换热器在炼油厂的节能应用

1997年，兰州某炼油厂决定在酮苯脱蜡装置中将原换热器更换为螺旋扁管换热器，该装置原来使用普通弓形折流板换热器2台，型号为BES800－2.5－145－6/25－6（B＝300），经计算，选用2台型号为LCLF600－2.5－74.5－6/25－6（ST＝250）的螺旋扁管换热器代之。与原设备相比，每台换热器可节省换热面积近一倍，但从计算结果来看，换热面积的富裕量达149.5%，还可以减小型号，考虑到管壳程压降及首次使用该形式换热器，为安全起见，选择了小于原规格2个等级，即DN600的换热器。在结构参数中，仍选择ϕ25mm的换热管，管心距离为32mm，正方形旋转45°布置，以利于流体流动及壳程清洗。在单管传热试验时，曾选出螺旋扁管的最优导程：200mm、250mm、300mm。实验表明，对于相同导程的螺旋扁管，ϕ25mm管的传热与阻力性能明显优于ϕ19mm管。导程的大小与表面传热系数也有直接关系，导程太小，管内外流速加大，螺旋线点接触增多，强化了尾流的作用，表面传热系数提高，但阻力也增大了；导程过大，流速改变不大，传热效果不明显。为此，换热器设计时的导程选250mm。1998年6月，两台螺旋扁管换热器设计制造完毕，并通过专家鉴定。1998年底，两台设备投入使用，迄今运行良好，得到用户好评。随后，该厂常减压装置需要多台换热器，处理介质为原油、常四线油、减四、减五、减六线油及减渣等高黏度流体，并为其进行了工艺设计选型计算，较普通换热器的壳径降低1～2个等级，节省投资约30%。

3.3.3 高效管束支撑换热器在余热回收中的应用

1. 高效折流杆换热器在氮肥工业中的节能应用

我国有中小氮肥厂500多家，其化肥总产量占全国化肥产量的一半以上。然而中小氮肥厂普遍存在技术落后、能效低的问题，是我国的耗能大户，因此节能降耗成为这些企业的主要问题。换热器是氮肥生产过程中的关键设备，尤其是管壳式换热器具有耐高温、高压、处理量大、制造技术成熟等优点，在换热器市场中占有量在70%以上。目前氮肥厂使用的管壳式换热器大都采用传统的折流板（单弓形挡板）结构。这种换热器传热效率低，材料及能量消耗大，而且抗流体诱导振动能力差，易引起设备的破坏与腐蚀，使用寿命较短。因此，氮肥厂现有换热器急待开展技术改造和设备更新换代。

（1）高效节能折流杆换热器的关键技术　高效节能折流杆换热器与传统的折流板管壳式换热器比较，在内部结构上有较大改进。

1）壳程内部采用折流杆组成的折流栅取代折流板作管间支撑物，使壳程流体由横向流动变为平行流动。这不仅大大减少了传热死区，而且大幅度减少了流体因多次反复折流而损失的壳程压降。

2）采用螺旋槽型强化传热管，使流体在管内外纵向流动时对流传热得到强化。其强化传热机理为：壳程流体在非传热界面的区域，如管间支撑物的局部地区，形体阻力损失很小，而大部分的流体压降可用来促进传热管传热界面上的流体湍流，能以较低的流体输送功获取较高的传热膜系数；螺旋槽管可利用粗糙的传热肋面来促进边界层流体的湍流，减薄传热滞流底层厚度，从而强化边界层传热，并且使管内和管外的传热同时得到了强化。

3）在换热器壳程进出口处设计变截面导流筒结构，使流体在壳程尤其是进出口附近区域的分布更加均匀，换热面积得到更有效的利用，同时减少了流体对管束的冲刷。

经过多年研发，目前已有适用于气-气、气-液、液-液无相变及有相变的新型高效节能换热器系列。新型换热器与现行管壳式换热器相比，总传热系数提高35%以上，壳侧阻力降减小50%以上，处理相同的热负荷，所需设备体积小、重量轻。目前，高效节能换热器的设计技术已比较成熟，其流体力学与传热学计算已自成体系，其强度计算与结构设计可参照GB 151—1998《管壳式换热器》执行。在结构设计方面，高效节能换热器还具有以下特征：

1）换热管大都采用正方形排列，并由折流杆组成的折流栅支承，从上下左右4个方位将其固定。当换热器壳体直径为800mm时，折流栅宜采用单排换热管的布杆方式，即折流栅在每排换热管间都布折流杆，组装后相邻的两个折流栅中的折流杆方向相互垂直。当换热器壳体直径大于800mm时，折流栅宜采用双排换热管的布杆方式，即折流栅在每两排换热管之间布置一根折流杆。两种折流栅中的折流杆交替布于不同的两排换热管间，组装后相邻的两个折流栅中的折流杆方向相互垂直。

2）各折流栅之间的间距与壳体直径有关。理论与实践证明：壳体直径在600～800mm时，间距宜采用150mm；壳体直径在900～1200mm时，间距宜采用200mm；壳体直径在1300～1600mm时，间距宜采用250～300mm。按这种关系组装的换热器在使用时可得到较高的综合性能，即较高的$K/\Delta p$（传热系数与压降之比）。

3）螺旋槽换热管由机床轧制而成。其主要几何参数为换热管外径d_o、壁厚t、螺距s、槽深h、槽半径R及螺旋角α。这些参数对该换热管的传热强化效果及使用中的强度指标有重要的影响，实际应用时应根据换热管的规格合理选择。表3-11列出了6种常用螺旋槽换热管的规格及尺寸参数。

4）高效节能换热器壳侧适用于流体速度高、雷诺数大的场合，当壳侧流体雷诺数较低或出现层流状态时，其壳侧传热效果还不及传统折流板换热器，实际设计时要特别注意。推荐的雷诺数值为4 500以上。

表 3-11　常用螺旋槽换热管的规格及尺寸参数

规　　格	管外径 d_o/mm	壁厚 t/mm	螺距 s/mm	槽深 h/mm	槽半径 R/mm	螺旋角 α（°）
ϕ14×2	14	2	6	0.8	2	15
ϕ19×2	19	2	8	0.8	3	15
ϕ25×2	25	2	10	0.8	4	15
ϕ25×2.5	25	2.5	10	1.0	4	15
ϕ32×3	32	3	13	1.2	5	15
ϕ38×3	38	3	15	1.2	5	15

（2）高效折流杆螺旋槽管换热器的应用情况　氮肥生产中换热方式比较单一，绝大部分是无相变的气-气、气-液、液-液之间的热交换，主要分布在合成氨的变换、精制、合成等工段，少数为有相变的传热，如氨的冷凝或蒸发及水的汽化等。因此，新型高效节能换热器系列非常适合在氮肥工业中应用。

1）在合成氨变换系统的应用。目前国内不少中小型合成氨厂变换系统已采用全低变工艺。该系统变换气（在进变换炉一段以前为半水煤气）的工艺流程为：半水煤气→焦炭过滤器→饱和塔→气水分离器→热交换器（管内）→变换炉一段→调温加热器→变换炉二段→主热交换器（管间）→第一水加热器→变换炉三段→热水塔→第二水加热器→冷却塔→脱硫装置。系统热水流程为：热水塔→热水泵→调温加热器→第一水加热器→饱和塔→补充软水→热水塔。第二水加热器的软水为锅炉提供加热的软水，冷却塔用水为工厂大池内循环水。以上流程中的主热交换器、第一水加热器、第二水加热器及冷却塔皆为管壳式换热器，而且目前大都沿用传统的折流板结构，因而高效节能换热器在该系统中有巨大的应用潜力。

湖北某化肥厂年产 6 万 t 合成氨装置，其变换系统采用全低变工艺，该厂对变换系统的主热交换器、第一水加热器、第二水加热器、冷却塔 4 台设备进行了设计改造，以新型高效节能换热器替代原传统的折流板换热器。改造后两种设备参数情况比较见表 3-12。

表 3-12　新老换热器的参数情况比较

项　　目	主热交换器		第一水加热器		第二水加热器		冷　却　塔	
	旧型	新型	旧型	新型	旧型	新型	旧型	新型
公称直径/mm	1600	1200	1200	900	1200	900	1400	1000
总传热系数/[W/(m^2·K)]	53.2	76.7	82.3	124	101.6	146.5	89.4	130.8
壳程压力降/kPa	1.15	0.546	1.83	0.86	1.83	0.86	1.57	0.72
换热面积/m^2	850	464	480	252	480	252	630	305
设备质量/t	18.2	13.1	12.5	9.4	12.5	9.4	15.7	10.8
设备投资/万元	16.38	13.1	11.25	9.4	11.25	9.4	14.13	10.8

从表 3-12 可看出，新型换热器与旧型换热器相比，各设备总传热系数均提高 40% 以上，压降的减少均超过 50%。该系统 4 台设备的总质量由旧型的 58.9 t 降至新型的 42.7t，净节省钢材 16.2 t，节约一次性设备投资 10.31 万元。该系统的阻力降减少 2.4kPa，大大降低了系统的动力消耗，节约了大量的电能。

另外，该系统的新型主热交换器的壳体采用夹套结构，使半水煤气在进入换热器的管程以前在夹套内预热，温度由130℃提高到160～170℃，不使用预腐蚀器便可解决主热交换器的露点腐蚀问题。原来主热交换器最多使用1～2年就因发生腐蚀破坏而被更换，而新型高效节能换热器连续使用5年尚未发生腐蚀现象。节约设备的维修费及设备的重复性投资费用近20万元。

该系统的第二水加热器，即变换工段锅炉软水加热器，其主要目的是使变换气冷却，同时使软水的温度尽可能地提高。新型第二水加热器使软水出口温度由原先的不超过70℃提高到83℃，热回收量明显增加。原第二水加热器内部腐蚀严重，往往使用不到半年换热管就有腐蚀穿孔现象，一年即需整台报废；而新设备内部采用变截面导流筒结构，防止了变换气对管束的垂直冲刷，解决了原加热器的腐蚀问题，不仅可节约设备的重复性投资及维修费用，而且因新设备传热效率高，使系统中锅炉节煤或多产蒸汽，每年直接产生经济效益20万元以上。

2）用作尿素装置的氨冷凝器。国内中小尿素装置一般采用水溶液全循环法。在4万t/a尿素及“四改六”通用设计中，氨冷凝器为串联的3台卧式传统折流板管壳式冷凝器，分别为氨冷凝器A、B、C。氨冷凝器A的换热面积为110m^2，B、C的换热面积均为220m^2。由于液氨中存在腐蚀性极强的氨基甲酸铵溶液，设备的壳体及换热管材质均采用不锈钢1Cr18Ni9Ti，设备造价昂贵，因此采用传热效率高、质量轻的新型设备可达到节省投资的目的，选用新型的氨冷凝器后取得了较好的效果。

河南某化肥厂的第一套尿素装置，其旧型氨冷凝器B仅使用一年就因腐蚀而报废，用1台换热面积为130m^{2}的新型氨冷凝器更换以后，不久氨冷凝器C也不得不更换。这样氨冷凝器B、C均更换为130m^{2}的新型设备。自投用以来，虽然该厂的循环水水量不足，冷却塔结构陈旧，夏天时进水温度高达35～38℃（设计水温32℃），但仍能满足尿素装置的正常运行，生产负荷稳定在200t/d左右，吨尿素氨耗也在设计范围之内。由于使用效果好，三年后该厂新上的第2套6万t/a尿素装置中，同样采用了3台换热面积均为130m^{2}的不锈钢新型氨冷凝器。新旧氨冷凝器的经济参数比较见表3-13。

表3-13 新旧氨冷凝器的经济参数比较（单台）

类　型	壳体直径/mm	换热面积/m^2	造价/万元
新型	700	130	15.8
旧型	800	220	22.4

从操作指标看，新型氨冷凝器传热效率高，并且氨冷凝器的进出口压差很小，因此氨冷凝后能顺利地流入液氨缓冲槽内。另外，由于新型氨冷凝器质量较轻，故易于在高框架上安装。实践证明，该设备在小尿素生产中的使用是可靠的。

高效节能换热器系列产品已在合成氨和小尿素生产中得到成功的应用。实践证明，这种换热器不仅具有高效、节能、不易结垢等特点，而且彻底解决了流体振动对换热器的破坏，大大提高了设备的使用寿命。由于减少了35%以上的换热面积，设备的体积减小，质量减轻，投资降低，受到了合成氨生产厂家的普遍欢迎。

2. 高效折流杆换热器在电力行业的节能应用

（1）在热电厂闭式水冷器中的应用　汕头某发电厂2号机闭式冷却器是俄罗斯产品，

单台机配置 2 台 100% 容量的折流板式换热器，单台折流板闭冷器的换热面积为 760m^2，换热管使用 B30 白铜管。冷却水源为海水，走管程，壳程走工业水。按制造厂家设计要求，正常运行时，一台闭冷器工作，另一台备用。为增强壳侧换热，壳侧设置若干折流板，使工业水在壳程反复换向垂直冲刷换热管束，通过增大流体的流速和湍动，来提高壳程增强换热。

这种装有折流板的管壳式换热器，由于壳程流体横掠管束，并通过折流板不断改变流向，导致其存在以下几个致命缺点：①在壳侧存在一定空间的流动死区，使换热器有效传热面积比实际面积减少 25% ~30%；②壳程流体横向冲刷管束会使换热管产生正面冲击和管后涡流脱落振动，引起换热管破裂和管头泄漏，导致换热器的寿命大大缩短；③壳程流体通过折流板产生折流，使其流动阻力增大，如果增大折流板跨距，其流动阻力会减小，但防振性能又将变差，振动与阻力相互矛盾；④流体中的污垢容易沉积在流动死区的换热管表面，从而影响换热管的传热及寿命；⑤振动引起应力脉动，会使管材中的微观缺陷扩展，直至产生裂纹；⑥换热管采用铜管材质，耐海水腐蚀性差，极易被腐蚀。

在电厂实际运行过程中，由于上述缺陷的综合影响，传统的闭冷器使用寿命普遍较短，而且由于振动经常断管，运行一年就有 500 多根管断裂，直接影响凝结水水质和机组的安全经济运行。另外，大、小检修期间的查漏、堵管耗时耗力，堵管后换热效果变差，达不到换热要求。为解决传统折流板式闭冷器换热管上述问题，该发电厂决定采用折流杆换热器技术对该闭冷器进行改造，经过热力计算，电厂采用 1 台用钛管作换热管且换热面积为 960m^2 的折流杆闭冷器，就足以满足机组的满负荷运行，闭冷器的换热管由原 B30 铜管改用更能耐海水腐蚀的 TA2 管，但传热性能较 B30 差。改造前后闭冷器的主要参数见表 3-14。

表 3-14　改造前后闭冷器主要参数对比

结构参数	改造前	改造后
型号	ОГ－760	BLQ1000
形式	折流板式	外导流折流杆式
运行台数	2 台/机	1 台/机
外形尺寸	9540mm × ϕ1200mm	9515mm × ϕ1495mm
换热管材质	B30	TA2
换热管规格	ϕ22mm × 1mm	ϕ22mm × 0.5mm
换热面积	760m^2/台	960m^2/台
闭冷水量	1300m^3/(h · 台)	2600m^3/(h · 台)
海水量	3700m^3/(h · 台)	3700m^3/(h · 台)

闭冷器于 2001 年 12 月 30 日在该发电厂 2 号机上开始投入运行，闭冷器改造前、后运行数据记录（1）、（2）见表 3-15、表 3-16。由表中数据可看出，该闭冷器各种性能参数均达到或超过设计要求。用 1 台新型折流杆式闭冷器取代改前的 2 台折流板闭冷器，就足以满足机组的满负荷运行；改造后闭冷器相对体积小，换热面积仅为改造前的 63%（改造前两台总面积 2 × 760m^2），可缩小布置场地、简化管道系统；壳程压降仅有 0.11 MPa，比改造前压降低得多，说明折流杆换热器的壳程流体阻力小；降低了循环水量。改造后闭冷器开式

水（海水）的实际用量为4450m^3/h左右，较改造前的7400m^3/h节约了2950m^3/h，相当于开式水泵节约用电325kW·h，单这一项全年可节省厂用电250万kW·h，节约费用50万元；而闭式冷却水实测流量为2740 m^3/h左右，超过设计值2600 m^3/h约140m^3/h。这主要是由于采用折流杆换热器的杆式支撑结构，使得换热器壳程流动阻力减小，增大了壳程的流体速度，增大了换热器的传热系数，从而提高了换热性能；虽然钛管的传热性能没有铜管好，但是试验所测的总传热系数在2900～3230W/（m^2·K）之间，换热效率明显提高。这是因为折流杆消除了壳程流体的流动死区，增加了有效换热面积，强化了传热。经过夏季的运行，闭冷水出口端差都小于设计要求值2.5℃；折流杆壳程中流体的流态为纵向绕流，对管子没有横向冲刷，消除了横向振源。折流环之间的距离布置较小，用折流杆支承管子，增加了管子的支承点和牢固性。壳程进、出口处设置导流筒，流体环绕筒体圆周进入冷却器管束时流速很低，避免了流体高速喷射直接冲击管子的情况，从而使管子不再产生诱导振动。

表3-15　2号机闭冷器改造前运行数据记录（1）

时　间	负荷/MW	海水温度/℃		闭冷水温度/℃		端差/℃
		进　口	出　口	进　口	出　口	
9月5日	297	27.0		32.2	28.6	1.6
9月28日	304	27.2		32.1	28.8	1.6
10月15日	300	25.8		30.0	27.5	1.7
11月2日	303	25.4		30.0	27.2	1.8
10月12日	298	22.6		38.0	24.6	2.0

注：2001年进行试验，两台闭冷器投入运行。

表3-16　2号机闭冷器改造后运行数据记录（2）

时　间	负荷/MW	海水温度/℃		闭冷水温度/℃		端差/℃
		进　口	出　口	进　口	出　口	
1月4日	255	15.4		20.4	17.8	2.4
1月29日	271	15.9		20.6	17.9	2.0
3月28日	269	22.6		27.5	24.7	2.1
5月10日	294	27.0		32.1	29.0	2.0
6月10日	293	29.1		34.0	31.1	2.0
8月1日	240	28.3		33.5	30.2	1.9
9月17日	250	27.2		32.8	29.5	2.3

注：2002年进行试验，一台闭冷器投入运行。

（2）在热电厂加热系统中的应用　火力发电机组中的低压加热器几乎全部采用的是U形管折流板式换热器，它的结构特点是换热管为铜合金光管，为适应热膨胀的要求，一般设计成U形结构。壳侧采用折流板，它使壳程流体反复横向流过管束，增大了流体湍动，提高了壳程传热系数，同时对换热管起到支撑作用。但这种结构和流体流动方式有如下缺陷：①流体反复横向流过管束，容易激发管束振动，即产生换热器的流体诱导振动，这种振动常常使换热管破裂。据统计，换热器初次使用一个月后就有换热管破裂的情况发生。②流体反复横向冲刷管束并不断改变流动方向会产生较大的形体阻力，往往超过允许的压降值。③存在较大的流动死区而引起局部传热系数降低，结垢严重。

长期以来，韶关某发电厂 8 号机（机组容量为 200MW）的 4 号低压加热器由于流体横向冲刷管束引起 U 形弯头及换热管与管板连接处破裂，加上蒸汽腐蚀的影响，也引起管身的破裂，经常需要堵管，造成停机，损失很大。因此，该发电厂在 1998 年初决定对其进行改造，采用折流杆换热器代替折流板换热器，原换热器的壳体不动，附属设备及管接口均不变，只更换换热器管束，换热管由原来的 ϕ19mm×1mm 锡黄铜管换成 ϕ19mm×2mm 锅炉用无缝钢管，换热管与管板的连接采取先用亚弧焊接再胀接的方式。改造后的加热器于 1998 年年底投入使用。1999 年 10 月，广东省电力试验研究所对其进行了性能验收试验。在满负荷下（200MW）下进行了两次试验，温升为 21℃，出水端差小于 5℃，完全达到了设计要求。

这次改造是在原壳体不变的情况下进行的，在固定的壳体内径下进行折流杆换热器的布管。由于换热管外径都是 ϕ19mm，因此，换热面积在改造前后基本相同。在达到相同的运行参数条件下，虽然改造后的换热器换热面积没有减少，但与改造前的折流板换热器比较仍具有以下优点：①换热管由铜管改为钢管，钢管的热导率比铜管的小，而且换热管管壁增厚，在相同的传热面积下达到同样的传热效果，说明折流杆换热器比折流板换热器的传热性能好。②换热管由 ϕ19mm×1mm 铜管改为 ϕ19mm×2mm 锅炉用无缝钢管，换热管与管板的连接采用先焊接后胀接的方式，换热器管束耐蚀性、抗冲击性、抗振性增强。因此换热器的使用寿命延长。③改造后的换热器壳侧的压降比改造前明显降低。④锡黄铜管比锅炉用无缝钢管贵得多，换热管由铜管改为钢管，在相同的换热面积达到同样的使用效果情况下，换热器的成本大大降低。

3. 高效折流杆换热器在石化行业的节能应用

中国石油天然气股份有限公司辽阳石化分公司乙烯装置于 1992 年成功地完成了裂解气压缩机 21C201 的更新改造，但由于段间冷却器 21E202、21E203、21E204 采用浮头式换热器，投入运行后冷却效果不好，增加了压缩机的负荷。一年后，该公司发现段间冷却器发生管束微漏，管内积垢较重，尽管冷却水阀门开到最大，裂解气的出口温度仍然达不到工艺要求的数值。公司于 1994 年决定对其进行改造，选用了三台折流杆式换热器代替原有的三台浮头式换热器，浮头式换热器与折流杆换热器的工作情况对比见表 3-17。

表 3-17 浮头式换热器与折流杆换热器的工作情况对比

换热器形式	规格尺寸/(mm×mm)	换热管规格/(mm×mm×mm)	换热管数目	换热面积/m^2	设备质量/kg	工作温度/℃		冷却水阀开度（%）
						管 程	壳 程	
浮头式	ϕ1100×8404	ϕ19×2×7000	1212	455	18320	15/25	96/25	100
折流杆	ϕ1100×7300	ϕ25×2.5×6000	728	335	14755	15/25	96/25	50~60
浮头式	ϕ1000×7121	ϕ19×2×6000	980	344	11070	15/25	92/25	100
折流杆	ϕ900×7018	ϕ19×2×6000	818	285	8950	15/25	92/25	60~70
浮头式	ϕ1000×7196	ϕ19×2×6000	924	322	10740	15/25	98/25	100
折流杆	ϕ900×7108	ϕ19×2×6000	818	282	8950	15/25	98/25	60~70

从表中可以看出，在相同工况下，折流杆换热器比浮头式换热器的换热面积减少了12%～26%，虽然换热面积减少了，但裂解气的出口温度却达到了工艺的要求。设备质量减少了17%～19%，节省了换热器的投资成本；在满足系统工艺的条件下，冷却水的阀门的开度下降了30%～40%，不但改善了裂解气的冷却效果，而且减少了冷却水的用量，节约了大量的工程费用。

4. 空心环支撑换热器在硫酸工业中的应用

云南某公司20kt/a硫酸生产系统于1987年建设投产，以锌精矿为原料，采用沸腾酸化焙烧，ⅢⅠ－ⅣⅡ“3＋1”两转两吸工艺。转化工序原采用传统的双圆缺形列管式换热器，长期以来难以维持自热平衡，只得带电炉生产。2003年5月以来，硫酸系统尾气烟囱开始冒“白烟”。15天的监测结果表明，转化率平均仅为94.34%，吸收率为98.94%，换热器Ⅲb漏气率为21.40%，Ⅳb漏气率为108.51%，Ⅳ漏气率为5.10%。由此可见，转化工序已不能适应正常生产。经过工艺核算，公司决定选用4台空心环管壳式换热器替代原有6台换热器。

2003年12月28日，该公司空心环管壳式换热器投入运行，改造前后的运行情况见表3-18。

表3-18 改造前后运行情况

项 目	改 造 前	改 造 后
一吸塔进气温度/℃	190～230	160～190
二吸塔进气温度/℃	60～80	150～160
主风机进口压力/kPa	9～11	8～8.5
主风机出口压力/kPa	14～19	11～14
转化率（%）	92～96	97～98.5
电耗/(kW·h/t)	210.03	165.73
硫酸日产量/t	60～65	80.34

改造后的运行情况表明：采用新换热器后，二吸塔进气温度提高到150℃以上，改变了以往二吸塔进气温度过低、Ⅳ换热器易产生冷凝酸腐蚀的现象，从而大大延长了换热器的使用寿命；在送风量不变的情况下，主风机进口压力较以前下降了1～2kPa，出口压力下降了4～5kPa，风机电耗减少20%～30%。转化系统实现了自热平衡，无需带电炉运行生产，电耗由210.03kW·h/t降至165.73kW·h/t，生产每吨酸降低电耗44.3kW·h；转化率提高了2～5个百分点，尾气接近排放指标，减轻了对环境的污染；增产硫酸15～20t/d，由此每年增效超过100万元。

5. 空心环换热器在石化工业中的应用

在石化工业的加氢、脱氢及重整装置中，使用着大型的气体管壳式换热器。由于气体压力低，体积流量大，热导率低，同样存在设备庞大、投资费用高、阻力大、能耗高的问题。

南京某烷基苯厂E301换热器的改造是一典型例子。该厂是20世纪70年代末期从美国UOP（国际石油）公司全套引进的年产7kt烷基苯装置。其中脱氢装置的联合进料—反应产物换热器（E301）是将反应器排出的高温气体与进入反应器的低温气体换热，由于该设备长期达不到设计指标，每年还需多烧610t燃料油，使系统能耗增加，该问题一直没有得到很好解决。直至 1991 年，金陵某石化公司采用了华南理工大学的空心环管壳式换热器技术后，才从根本上解决了这一设备难题。由于空心环管壳式换热器的传热性能好，气体阻力小，在原 E301 换热器下部加装一段空心环管壳式换热器，换热器阻力仅增加 9.9kPa，小于系统压缩机压力富余量（20kPa），而换热量可增加 697kW，完全缓解了气体加热炉超负荷运行的情况，消除了炉管超温运行的不安全因素，确保了系统的生产安全，而且每年节省燃油 420t（价值 38 万元）。而整个改造工程设备投资不足 30 万元，一年就从节油效益中收回改造成本，其改造工程非常成功。美国 UOP 公司目前在全世界同类场合有 20 多套这样的设备，全都存在换热量达不到设计指标的问题，南京某烷基苯厂 E301 换热器改造的成功，将有利于解决类似的工业换热器问题。此外，该新型换热器在石化行业中推广应用，在系统较低气体压降的条件下，可有效加大系统换热量，获得良好的节能降耗经济效益，其应用前景十分诱人。

经过对 50 多个厂家的近百台套空心环管壳式换热器应用情况粗略统计，由于该换热器可节省换热面积、降低系统阻力，增加产量及节能降耗，累计经济效益在 1 亿元人民币以上。

6. 螺旋折流板换热器在石化行业的节能应用

（1）在常减压蒸馏装置中的节能应用　螺旋折流板换热器是一种高效管壳式换热器，介质在其壳程中的流动既不是横向流，也不是纵向流，而是一种螺旋状斜向流。这种流动方式能适用于包括高黏度原油、渣油在内的所有介质，这种结构显著地提高了传热效率，大幅度降低了压降，控制了振动造成的破坏，减少了污垢沉积的可能性，为换热设备大型化提供了广阔的前景。由大连某传热技术有限公司设计制造的最大螺旋折流板换热器直径为 4m、管长为 8m（蒸汽稀释发生器），用在抚顺乙烯装置上；另外十余台分别用于抚顺石油一厂、二厂、三厂和盘锦炼油厂的催化、常减压及焦化装置上。使用结果表明，螺旋折流板换热器各种性能指标均优于原弓形折流板换热器。据统计，采用螺旋折流板换热器热效率都有大幅度提高；同时，由于提高了总传热系数 K 值，减少了换热面积，大大减少了金属消耗，从而降低了装置的设备投资。

某炼油厂常减压蒸馏装置试运一台新型螺旋折流板换热器（改造前是垂直弓形折流板换热器），其管程介质为水，壳程介质为渣油。设备投入使用后，运行稳定。改造前后标定数据和计算结果见表 3-19。其技术经济分析如下：

1）改造前垂直弓形折流板换热器的年换热量为 294.59kW × 24 × 365 = 258063kW = 2580.63MW；改造后试用的螺旋折流板换热器的年换热量为：589.14kW × 24 × 365 = 5160870kW = 5160.87MW。因此，改造后的螺旋折流板换热器比改造前的垂直弓形折流板换热器一年可多换热：5160.87 − 2580.63MW = 2580.24MW。增加的换热能力如果折合成重油为 222t，现市场重油销售价在 0.10 ~ 0.15 万元/t 浮动，如果按平均市场价 0.125 万元/t 计算，则折合人民币为 27.75 万元/a。本次试用的螺旋折流板换热器比弓形折流板换热器芯子多付出 3.2 万元，用 0.12 年即可回收多付出的投资。

2）由于螺旋流动状态，螺旋折流板换热器壳程介质不易沉积，不易结垢，一般可延长 50% 的使用周期，减少相应的检修、清洗费用；同时，可以按照停产检修时间差别，计算相应减少的停产损失费用。

3）该设备因螺旋流动方式，阻力减小，可以有效地降低压力损失，减少电耗。

表 3-19 改造前后标定数据与计算结果

比 较 参 数	螺旋折流板换热器	弓形折流板换热器
渣油流量/(t/h)	63	63
入口油温/℃	116	116
出口油温/℃	102	109
入口水温/℃	22	22
出口水温/℃	32	25.5
换热器热负荷/kW	589.14	294.59
加权温度差/℃	83.27	74.69
换热面积/m^2	244	244
传热系数/[W/(m^2·K)]	29.0	16.2
两种结构的传热系数的比值	1.79	

(2) 螺旋折流板换热器在油冷器中的节能应用　油冷器广泛应用于炼油及石油化工过程中，传统油冷器存在以下问题：①传热效率低，设备投资大，能源利用率低；②流动阻力大，运行费用高。因此降低油冷器的投资和运行费用，是当前炼油生产过程中需要解决的重要问题之一。低肋管机加工容易，强化传热效果明显，在油冷器中得到广泛应用，但低肋管是一种二维管型，翅片间距小，翅间湍流程度低，坯管厚度大。针对低肋管的上述不足，邓先和、张正国等开发了花瓣管油冷器，但花瓣管必须采用铜材制造，不仅设备成本高，而且应用场合也受到限制。为此，新开发了带有周向三维翅片的冠形翅片管，它是一种高效换热管型，是在低肋管和锯齿形管基础上发展的采用钢材制造的三维翅片管。翅片管在增大传热系数的同时，会增加流动阻力，因此必须采用合理的支撑结构，以减小流动阻力。螺旋折流板就是一种流阻性能优良的支撑结构，由于加工困难，传统的螺旋折流板采用铜材分块设计制造，相邻折流板间存在三角死区，安装、运输以及使用场合都受到较大限制，故采用钢质连续螺旋折流板。

中国石化广州分公司 32 号润滑油 511－1/2 油冷器达不到使用要求，经改造，换成螺旋折流板低肋管油冷器，运行费用大大降低，但在气温高时传热量不够，仍然影响生产正常进行，需进一步改造以满足使用要求。经实地测试，螺旋折流板低肋管油冷器总传热系数不超过 500W/(m^2·K)，壳程传热系数不超过 800W/(m^2·K)。如果仍选用低肋管，管外径为 16mm 时，即使取管束直径为 0.35m，管长也达 5.0m，显然不满足上述要求。如果采用螺旋折流板冠形翅片管油冷器，经采用上述实验数据设计，选取管外径为 12mm，当管长 4.0 m、管束直径为 0.3m 时，以坯管外表面为基准计算的换热面积富余量达 30%，壳程总压降不超过 0.03 MPa。因此，该公司决定采用冠形翅片管代替原油冷器中的低肋管，折流板仍采用螺旋折流板。油冷器由华南理工大学设计，广州石化设计院复核确认，并由华南理工大学制造成功，节省设备投资 30%。正式投入使用后，现场测试结果表明，油冷器的传热与阻力性能均达到设计要求，达到了改造的目的。在传热性能方面，传热系数比低肋管油冷器高 20%～35%；在运行中的动力消耗也相应减小，与相同规格的弓形折流板油冷器相比，节省动力消耗 30%。经过半年运行，油冷器可满足使用要求，没有再出现影响生产正常进行的情况。传热系数一直没有明显下降，经抽芯检验，传热管及折流板表面无污垢沉积，说明螺旋折流板冠形翅片管油冷器不仅有优良的传热性能，防垢性能也相当好，而其优良的传热性能使设备功耗大大降低，为企业带来了可观的技术经济效益。

3.4 热管换热器在余热回收中的应用

3.4.1 热管的工作原理、特性及种类

热管是一种新颖的高效传热元件，其传热能力是铜的数百倍，比普通金属高几百倍至数千倍，故有“热超导体”之称。1964年，美国Los Alamos科学实验室的G M Grover及其合作者首先制成了高温钠热管，并定名为Heat Pipe。1967年，该实验室首次将一支不锈钢-水热管送上了地球卫星轨道并运行成功，1968年，热管第一次用于测地卫星GEOS-Ⅱ，用来控制仪器的温度。1965年，Cotter首次提出了较完整热管理论，并得到了世界各国科学家的高度重视，德国、意大利、荷兰、英国、前苏联、美国、法国及日本等国相继对热管的理论和应用开展了大量试验研究，使热管技术得到快速发展。

1972年，我国第一根自制钠热管成功投入运行，接着研制了以氨、水、导热油为工质的热管，之后从航天技术到民用工业，热管技术都取得进展，并促使热管在空间技术、电子电器、能源动力、化工、轻工、冶金等多方面获得应用。自20世纪80年代以来，我国的热管研究与开发重点放在节能和能源的综合利用，相继开发了热管气-气换热器、热管气-水换热器、热管余热锅炉、高温热管蒸汽发生器、热管热风炉等各类热管产品。由热管组成的热管换热器具有传热效率高、结构紧凑、流体阻力损失小，有利于控制露点腐蚀等优点。热管技术产品被我国列为“八五”节能推广产品，目前已广泛应用于电力、冶金、化工、炼油、锅炉、造纸、烟草、陶瓷、交通、轻纺、食品、机械等行业中，其应用的行业和对象见表3-20。热管作为废热回收和工艺过程中热能利用的节能设备，取得了显著的节能效果和经济效益，一般投资回收期都在一年左右。

热管是由管壳、管芯（或称吸液管）和传递热能的工作液体（工质）等组成的一个高真空封闭系统，其工作原理如图3-25所示。管壳是由碳钢、不锈钢、铜等金属材料制造的能承受一定压力的完全密闭的管状容器，内部空腔具有较高的原始真空度；管芯紧贴管壁，是由毛细多孔结构的材料制成，它一般为金属丝网或烧结的金属粉末，其作用是一方面把工质液体分布到整个管壳内壁面，另一方面提供冷凝液回流的方式和动力。工作液体是热管工作时传递热量的工作介质，一般为水、氨、甲醇、丙酮、R－21、R－113等，其中水的工作范围为45～210℃。工作液在热管内呈气态和液态两种工作状态，在热管处于真空状态下被充入，并填满毛细材料中的微孔，然后予以密封。热管中工质的选用要考虑到工质蒸汽运行的温度范围，以及工质与管芯和管壳材料的相容性。在合适的温度范围和相容性条件下，还要根据与工质热流相关的热力学的各种限制来选择工质的种类和充装量，这些限制有黏性限制、声速限制、毛细限制、携带限制和核沸腾限制等。

热管按照各部分的功能可分为三段：一端为蒸发段，中间为绝热段（即与外界无热交换），另一端为冷凝段。当蒸发段受热时，毛细材料中的液体自热源吸热蒸发产生蒸汽，蒸汽在压差的作用下沿中间通道高速流向另一端冷凝段，蒸汽在冷凝段向冷源放出潜热后冷凝

成液体，液态工质在管芯毛细压力或重力等的回流动力作用下，再沿毛细多孔材料返回蒸发段，如此循环往复，将热量从一端传到另一端。从热管内部的工作过程来看，也对应分成三个工作段，即汽化段、输运段和放热凝结段。利用这种原理工作的热管称为毛细管式热管。

另有一种重力式热管，又称为两相热虹吸管，如图 3-26 所示。重力热管是热能工程中应用最为广泛的一种热管。它一般竖直安装，可以不用管芯，热管蒸发段吸收废气热量并通过管壁传递给液态工质，工质吸热后以蒸发与沸腾的形式转变为蒸汽，蒸汽在压差作用下上升至冷凝段，并凝结成液体放出汽化热，热量通过管壁传给管外的冷流体，冷凝液依靠工质自身重力沿热管内壁下流到蒸发段。重力热管要求对管内部进行一些清洗或发蓝处理。由于热管内部抽成真空，所以工质极易蒸发与沸腾，热管起动迅速。热管在冷、热两侧均可装设翅片，以强化传热。

表 3-20 热管应用的行业和对象

行 业	应用对象
冶金	高炉热风炉、烧结机、退火炉
化工	合成氨厂、小化肥厂、硫酸沸腾炉、盐酸合成炉、化学反应器、焚烧炉、结晶过程
炼油	裂解炉、加热炉
动力	电厂锅炉、工业锅炉
交通	蒸汽机车、船用柴油机、汽车排气利用
机械	制动器散热、刀具冷却、润滑油冷却、轴承冷却、干燥机
建材	水泥窑炉、陶瓷窑炉、玻璃窑炉热回收及利用
电力	电动机散热、交压器散热
轻纺	热载体炉、空调机、热风炉、热定型机
造纸	纸机热回收系统
民用	取暖器、干燥器、中央空调换气（热回收）

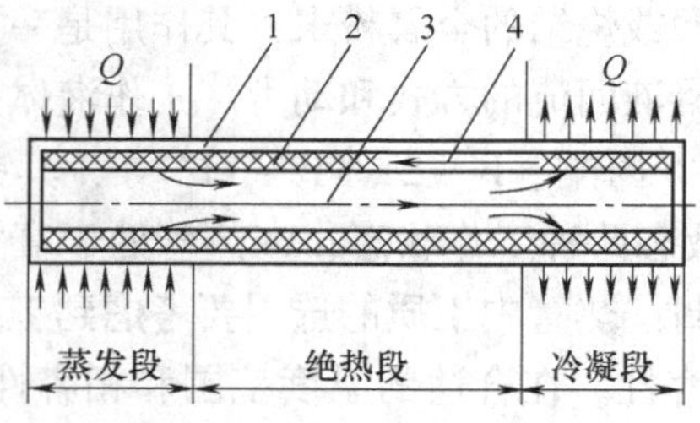

图 3-25 毛细管式热管的工作原理

1—管壳 2—管芯 3、4—工作液体

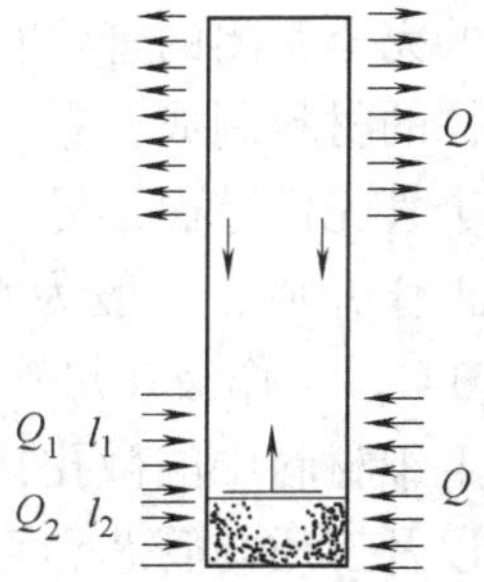

图 3-26 重力式热管的工作原理

热管工作时是通过在全封闭真空管内工质的蒸发和冷凝来传递热量的，主要有以下特性：

（1）具有极高的导热性 由于热管的传热主要靠工作液体的汽、液相变来吸收和释放潜热，热阻很小，有效热导率非常高，蒸汽流动传输热量的阻力也很小，并且多数工质的潜热很大，因此，热管具有极强的传热能力和很高的传热效率，不需要很大的蒸发量就能带走大量的热。由热管的传热量和相应的管壁温差折算而得的表观热导率，是最优良金属导热体的100～1000倍。

（2）具有热流密度变换能力 热管中蒸发和凝结的空间是分开的，可以独立改变蒸发段或冷凝段的传热面积，这样可以实现热流密度的变换，在蒸发段可用高热流密度输入，而在冷凝段可以用低热流密度输出，反之亦然。

（3）具有低热阻的等温面（优良的等温性） 热管工作时，管内蒸汽处于饱和状态，饱和蒸汽的压力决定于饱和温度，饱和蒸汽流动和相变时的温差很小，热阻很小，蒸汽从蒸发段流向冷凝段所产生的压降也很小，而管壁和毛细芯比较薄，所以热管的表面温度梯度很小，即热管表面的等温性很好。

（4）热流方向的可逆性 一根水平放置的有芯热管，其内部循环动力是毛细力，因而任意一端受热即可作为蒸发段，而另一端向外散热就成为冷凝段。这就是毛细管式热管随着冷、热源的转换而内部热流方向具有可逆性。一些先放热后吸热的化学反应器即可利用热管的此特点，达到节能的目的。

（5）热二极管与热开关特性 热管可做成热二极管或热开关，热二极管类似于电子二极管的单向导电性，就是只允许热流向一个方向流动，而不允许向相反方向流动；热开关则是当热源温度高于某一温度时，热管就开始工作，低于该温度热管就不工作，相当于一个温度开关。

（6）恒温特性 一种可控制温度热管，使得冷凝段的热阻随加热量的增加而减小、随加热量的减少而增大，热管在加热量大幅度变化的情况下，蒸汽温度变化极小，从而实现对温度的控制。

（7）对环境的广泛适应性 热管的形状可随热源和冷源的条件而变化。热管可做成电动机的转轴、燃气轮机的叶片、钻头、手术刀等。热管既可用于重力场，也可用于无重力场（空间）。

（8）可远距离传热 例如分离式热管，也是利用工质的汽化-凝结来传递热量，与重力式热管不同的是，分离式热管是将受热部分与放热部分分离开来，应用于冷热源相距较远或冷热流体绝对不允许接触的场合。

根据热管的上述诸多性质，选择不同汽化热的工质，在相对小的温差下，不需要任何附加功，工质就可以把大量的能量从热管的蒸发段传送至冷凝段。同时，一般的工质有相对大的汽化热，这就决定了热管有很高的传热效率，在能量保存方面有很高的使用价值。

热管的形式和种类繁多，不同结构、材质和工作介质的热管有不同的用途和适用场合。

根据热管的工作温度范围，可将热管分为低温热管（cryogenic heat pipe）、常温热管（common temperature heat pipe）、中温热管（middle temperature heat pipe）和高温热管（high temperature heat pipe），对应的工作温度范围分别为－273～0℃及以下，0～250℃、250～450℃和450～1000℃。其中，以中、高温热管在工业中的应用最为广泛。选用热管时必须根据热管的工作温度来选用管内的工质。低温热管的工质有丙酮、氨、氟利昂等；常温热管的常用工质是水，水的工作温度为90～250℃；中温热管的常用工质是萘，萘的工作温度为

280～400℃；高温热管的常用工质有钠、钾等液态金属，工作温度一般在450℃以上。

按照工质回流的动力或工作原理，热管可分为吸液芯热管、重力热管或两相闭式热虹吸管、重力辅助热管、旋转式热管、分离型热管、电流体动力学热管、电渗透热管等。按照管壳于工作液体的组合方式，热管可分为铜-水热管、碳钢-水热管、铜钢复合-水热管、铝-丙酮热管、碳钢-萘热管、不锈钢-钠热管等。按照结构形式，热管可分为普通热管、分离式热管、毛细泵回路热管、微型热管、平板热管、径向热管等。常用热管的型号与技术参数见表3-21。

表3-21 常用热管的型号与技术参数

型号	管材	工质	直径/mm	长度/m	工作温度/℃	翅片形式	翅片材料
ZJSW	钢	水	$\phi25\sim\phi60$	1～6	50～300	可选用管外焊接螺旋翅片、轧制翅片、整体串片及翻边翅片	材料品种有铝、铜、钢、及不锈钢
ZJCW	铜	水	$\phi10\sim\phi40$	0.3～4	80～180		
ZJAA	铝	氨	$\phi10\sim\phi40$	1～4	～60～70		
ZJAAC	铝	丙酮	$\phi10\sim\phi40$	1～4	0～120		
ZJSN	钢	萘	$\phi25\sim\phi60$	1～6	300～400		
ZJR	钢	导热姆	$\phi25\sim\phi60$	1～4	0～350		
ZJSP	不锈钢	钾	$\phi25\sim\phi60$	1～6	400～1000		
ZJSS	不锈钢	钠	$\phi25\sim\phi60$	1～6	500～1200		

3.4.2 热管换热器的构造、类型及特点

由于单根热管传热量有限，于是把多根热管集中起来按一定行列间距布置，成束装在框架的壳体内，用中间隔板将热管的蒸发段（吸热段）和冷凝段（散热段）隔开，形成了冷、热介质的流道，使热源中的热量通过热管束源源不断地传至冷源，这种热管元件的组装体就是热管换热器。热管换热器基本结构及工作原理如图3-27所示。典型的热管换热器外形一般为长方体，主要部件有热管束、箱体和中间隔板。隔板对热管束起支承作用，并将箱体分为冷、热介质的两个流动空间，以保证两侧流体互不混淆；热管横穿隔板，一端与热流体接触，一端与冷流体接触；热管元件的蒸发段和冷凝段外壁可根据需要加装翅片以增大传热面积，强化对流传热过程；两侧流体均为垂直横掠管束流动，以提高管外传热系数。

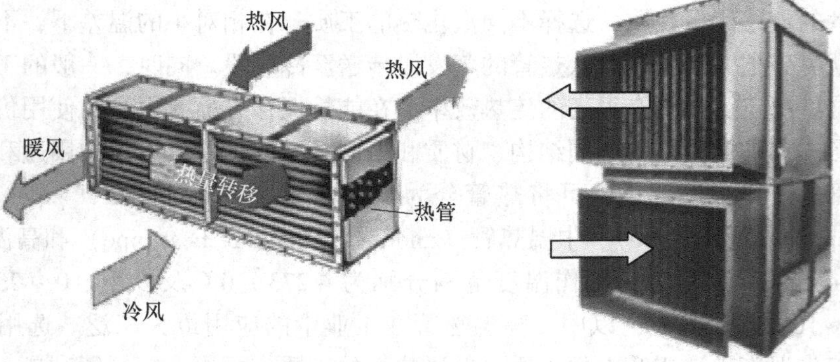

图3-27 热管换热器基本结构及工作原理

为防止烟气积尘堵塞，烟气侧翅片间距较大；在空气侧，气流较清洁，为获得较高的翅化系数，肋片间距可取小些。热管可以按错列三角形布置，可使传热系数提高；也可以按顺列矩形布置，以便于管束外清灰。热管管束安装位置有水平、倾斜和垂直三种。

热管换热器按照流体的种类不同，可分为气-气型热管换热器、气-汽型热管换热器、气-液型热管换热器；常见的还有热管废热锅炉（或称为热管蒸汽发生器）。热管废热锅炉特别适用于高温高含尘气体的余热回收，其可靠性一直为化学工业和其他工业界所重视，典型的设备是硫酸工业中沸腾炉后的高温 SO_2 气体的余热锅炉。

热管换热器按照结构形式，可分为整体式热管换热器、分离式热管换热器、回转式热管换热器和组合式热管换热器。

1. 整体式热管换热器

整体式热管换热器的整体结构包括烟气侧箱体、空气侧箱体、重力热管及管板等。设备一般采用立式布置结构，热管垂直布置。热侧和冷侧换热面通过中间管板分隔开。空气侧换热管与中间管板的连接采用法兰密封，烟气侧换热管与中间管板的连接采用焊接，防止烟气泄露。

整体式热管换热器由许多单根热管组成，热管数量的多少取决于换热量的大小。为了提高气体的传热系数，往往采取管外加翅片的方法，这样可使所需要的热管数目大大减少。整体式热管换热器主要分为气-气式、气-汽式、气-液式。图3-28所示为整体式重力热管锅炉，换热组件由整体式热管元件和管套式、锅筒式冷凝端构成。

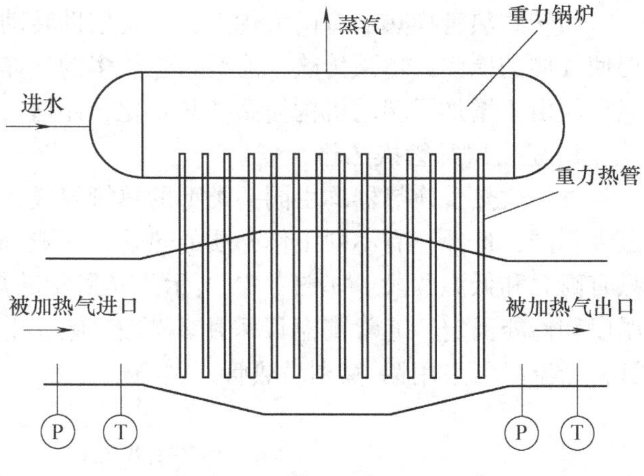

图3-28 整体式重力热管锅炉

2. 分离式热管换热器

分离式热管换热器由烟气侧箱体、烟气侧换热管排，空气侧箱体、空气侧换热管排以及中间连接的蒸汽上升管和冷凝液下降管等部分构成，其工作原理如图3-29所示。换热器蒸发段和冷凝段分开放置，由管束把蒸发段或冷凝段各自组合起来，通过一根上升管和一根回流管把分离开的两组管束连接起来，工作介质在一个闭合回路中同向循环。由于热管采用重力回流，因此冷凝段置于蒸发段上方，为了保证热管工质能完全回流，设计最小高度差为100mm。蒸发段和冷凝段用下降铝管连接。

分离式热管换热器除了具有整体式热管换热器的基本优点外，还可以满足设备大型化的要求。其吸热面和放热面是分开的，换热管不用做得很长，能解决大型设备使用整体式换热器需要过长换热管的问题；由于各个换热面彼此独立布置在不同的通道中，因此分体式换热器可以实现远距离传热；将换热面直接布置在各介质的通道上，避免了复杂的管道系统的出现，设备运行阻力小；同时，空气侧箱体仅有联管和烟气侧箱体连接，可以更方便地设计密封结构；对煤气这种易燃易爆介质的密封要求方面，能更安全的实现。另外，分离式热管换热器可以用一种热源加热多种冷源，在热风炉的余热回收上，可以用烟气的显热同时加热燃料和助燃空气两种冷源，能最大幅度回收热量，尽可能减少热污染，提高能源利用率。分离式热管换热器用于高炉热风炉的余热回收系统原理如图 3-30 所示。

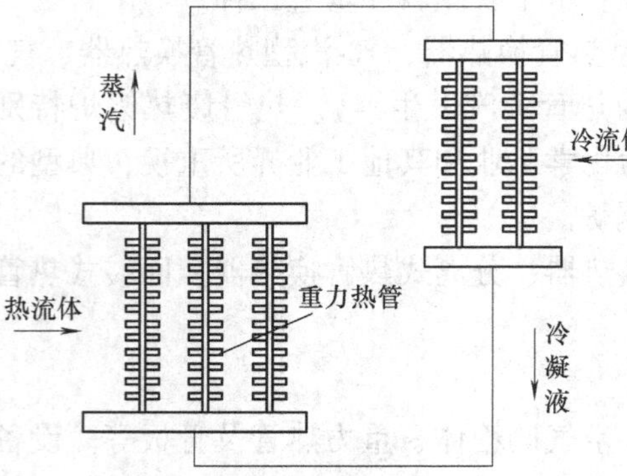

图 3-29　分离式热管换热器工作原理

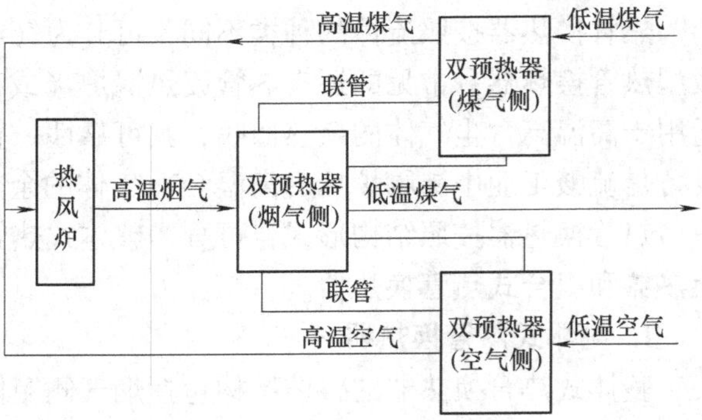

图 3-30　分离式热管换热器用于高炉热风炉余热回收系统原理

3. 回转式热管换热器

回转式热管换热器有两大优点，一是借助转动的离心力来实现工作介质循环，同时转动促使气体的搅动，增强传热，这对含尘较多的气体更有效；二是此类换热器兼有送风机的功能。但由于增加了转动机构使系统复杂化，还增大了动力消耗。

4. 组合式热管换热器

整体式热管换热器均由同一类型的热管组成。组合式热管换热器则根据换热器中各段的温度不同，选择充有不同工作介质的热管，一般分为高温段、中温段和低温段三部分，或者只有高温和低温两段，如图 3-31 所示。其采用的热管壳体材料及工作介质根据外部流体的温度和性能而定，通常高温段采用不锈钢-液态金属钠或钾热管，中温段可采用碳钢-水热管，低温段可采用铝-氟利昂热管。

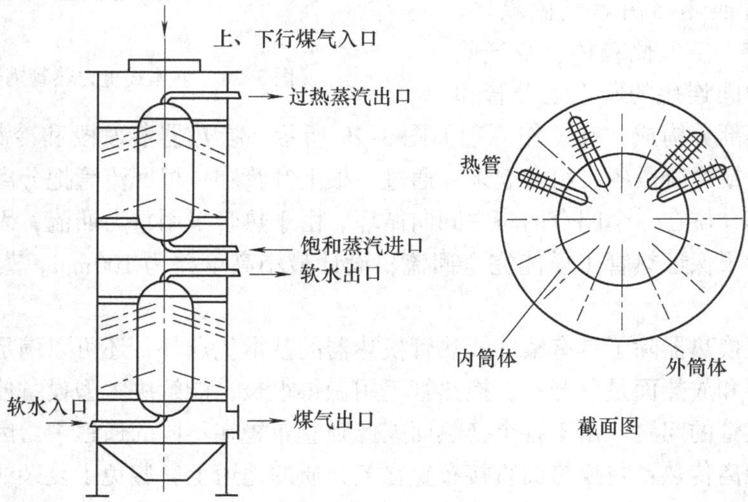

图 3-31　组合式热管换热器原理图

热管换热器不仅具有热管固有的传热量大、温差小、重量轻、体积小、热响应迅速等特点，而且还具有安装方便、维修简单、使用寿命长、阻力损失小、进排风流道便于分隔、互不渗漏等特点。具体来讲，热管换热器的主要特点如下：

（1）总传热性能好　热管换热器依靠内部工作介质相变来实现传热，在热管外冷热流体侧可方便地实现翅化，增大了换热面积，大大减小了两侧的对流换热热阻，用于低品位热能的回收非常经济；另外，热管换热器很容易实现流体管外垂直外掠流动和冷热流体的纯逆流流动，在不改变冷热流体入口温度的条件下，增大了冷热流体换热的平均温差。

（2）冷、热流体两侧的传热面可自由布置　热管换热器的传热元件是热管，其蒸发段、冷凝段长度及翅化比按给定的传热量、流体温度、流量以及各流体的性质及清洁程度等各侧独立决定，两侧互不牵连。这就从结构上确保热管换热器能适用于温度、流量及清洁程度相差悬殊的两种流体间的传热。这一特点是管壳式、板式、回转式等其他形式的换热器所不具有的。

（3）传热面局部破坏时，能确保两流体彼此不掺混　热管换热器可以通过中间隔板使冷、热流体完全分开，在运行过程中单根热管因为磨损、腐蚀、超温等原因发生破坏，也只是单根热管失效，而不会发生冷、热流体的掺杂，并且单根热管损坏后更换方便。因此，热管换热器用于易燃、易爆、腐蚀等流体的换热场合具有很高的可靠性。

（4）有较高的防积灰堵灰能力　烟气在管外横掠流动换热，烟气的扰动性加强，再加上热管壁温高，管外始终呈干燥状态，因此不会结焦不易黏附烟灰，能有效地防止堵塞。对于含尘量较高的流体，还可以通过改变热管结构尺寸、扩展受热面形式等，来解决换热器的磨损和堵灰问题。蒸发段和冷凝段的长度可根据两侧流体的物性、温度、流量、传热量等因素独立设计，因此，热管换热器适用于温度、流量及清洁程度相差悬殊的两种流体间的换热。

（5）有较高的抗低温腐蚀能力　当热管换热器用于腐蚀性烟气的余热回收时，可以通过调整蒸发段、冷凝段的传热面积来调整热管管壁温度，使热管尽可能避开最大的腐蚀区域。

3.4.3 用于烟气余热回收的热管换热器

在工业生产中有大量的工业锅炉、窑炉、加热炉等，其排烟温度在200～500℃之间，大量烟气余热白白放掉，造成能源的严重浪费。因此，开发高效的余热回收装置是节约能源的有效方式。由于烟气余热的低品位性及存在的普遍性，要求余热回收装置能在小传热温差下传递大热流量，热回收率高，阻力小，还要求结构简单、紧凑、经济，并能妥善处理低温腐蚀问题。传统换热器由于传热温差小、体积庞大、投资费用高，或由于换热流程长、阻力大、驱动功耗和运行费用高，或由于结构复杂、制造难度大、难以维护，或由于腐蚀、结垢、危及设备寿命等原因，在余热回收中的应用受到限制。而热管换热器以其优良的性能可较好地解决上述问题，满足余热回收的要求。

目前，在烟气余热回收系统中，热管换热器主要有三种形式：热管式空气预热器、热管式省煤器、热管式余热锅炉。

1. 热管式空气预热器

目前，不管是大型还是小型火力发电厂（站），锅炉空气预热器普遍存在着低温腐蚀、积灰和堵塞的问题，其结果是漏风系数增大、引风机出力不足、炉膛出现正压，严重时导致发电机不得不降负荷运行甚至停炉。为了解决上述问题，曾经采取了多种措施，如用玻璃管替代碳钢管以防止低温腐蚀，由于玻璃管易碎，密封不能保证，在露点条件下，结灰堵塞仍无法避免；许多电站采用暖风器（即蒸汽加热空气）来提高空气预热器的空气进口温度，这又使系统复杂化，气耗增加，同时由于空气进口温度升高，导致锅炉排烟温度升高引起锅炉效率下降。因而人们一直期待有一种能保证锅炉效率和长期安全运行的空气预热器。实践证明，热管空气预热器可以解决上述难题。

热管式空气预热器是常见的气-气型热管换热器。它是利用锅炉、加热炉等排烟余热，预热进入炉子的助燃空气，不仅可以降低燃料消耗，改善燃烧工况，提高燃料的利用率和炉子的热效率，从而达到节能的目的，还可以减轻对环境的污染；也可从烟气中吸收余热，用于加热其他气体介质，如煤气等。因此，热管空气预热器在余热回收利用中得到非常广泛的应用。

热管空气预热器外形一般为长方体，主要部件为热管管束、壳体和隔板。热管的蒸发段和凝结段被隔板隔开，隔板、壳体内壁和热管束外壁间的空间即为热、冷流体流道，隔板对热管束起部分支撑作用，其主要功能是密封流道，以阻止两种流体相互掺混。热管元件的蒸发段和凝结段外壁均加装翅片，其目的是强化整个气-气传热过程；两侧气体均为垂直横掠流动，提高了传热系数。热管空气预热器的结构形式有两种：热管垂直放置型，其烟气和空气反向水平流动，如图3-32所示；热管倾斜放置型，其烟气和空气反向垂直上下流动，如图3-33所示。

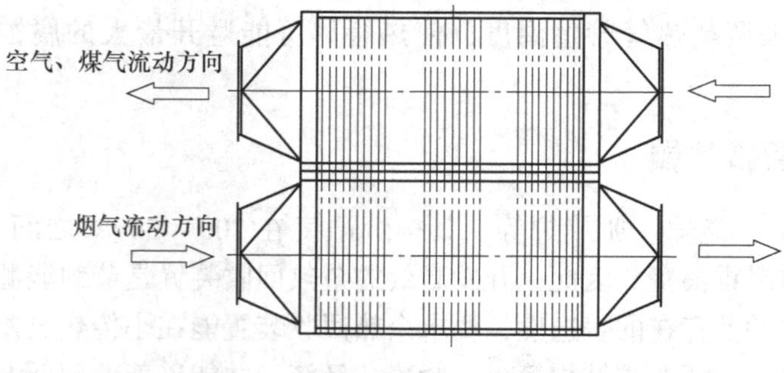

图3-32　热管垂直放置型热管空预器

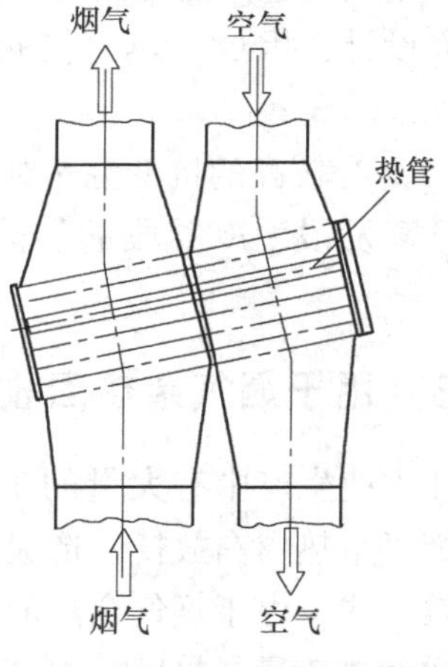

图3-33　热管倾斜放置型热管空预器

热管空气预热器的热管元件的蒸发段和凝结段的翅化比一般是5～30，蒸发段采用较小的翅化比，以使蒸发段外壁有较大的翅片间距，便于清除烟气的积尘；在空气侧，气流清洁，翅片间距可取得较小值，便可得到较大的翅化比。

在工业流体常见的雷诺数范围内，热管管束一般呈错排布置。错排布置可使管束平均传热系数较高，有利于提高传热效果。为了减少阻力损失，有时也采用顺排布置。气流的迎风速度一般为2～3m/s，其目的是把热管管束的压降控制在可接受的程度。热管管束安装方式有水平、倾斜和垂直3种。经常使用的热管元件长度为1.5～3m。

热管空气预热器的主要技术特点是：因为烟气侧和空气侧皆用翅片强化传热，增大了二次传热面积，所以余热回收热效率高，为普通空气预热器的5～8倍；烟气在管外换热，有利于除灰；每支热管都是独立的传热元件，拆卸方便，且允许自由膨胀；通过设计可提高壁温，有利于避开或减轻露点腐蚀；有效地防止了漏风，降低了引风机的耗电量；日常维修量小，维修费用低。

热管式预热器与管壳式预热器相比有很多优点，主要体现在传热性能好、结构简单、紧凑、投资少、运行费用低和流动阻力小等方面。其原因是气-气式热管换热器的两气体侧都加装了翅片，增大了传热面积，强化了整个换热器的传热过程；气体的逆流型流动增大了传热过程中的换热平均温度；气体在管外垂直横掠流动，提高了管束的平均传热系数。又由于气-气式热管换热器在两气体侧都实现了翅化，充分利用了空间来布置传热面，增大了单位面积的传热强度，因而设备紧凑、质量轻。另外，由于气-气式热管换热器传热性能优良，传热强度大，对于给定的热负荷，使其传热面积减小，气体流程缩短，流程阻力减小。热管空气预热器的结构简单，也避免了管壳式预热器过大的局部阻力，因而其流阻大大减小。

2. 热管式省煤器

热管式省煤器属于气-液型热管换热器，在工业锅炉或工业窑炉中，热管式省煤器从烟气中吸收热量，用来加热给水，被加热后的水可以返回锅炉（作为省煤器），也可单独使用提供生活用热水（作为热水器），从而提高能源利用率，达到节能的目的。该设备主要优点是：烟气侧为翅片管，水侧为光管，传热效率高；通过合理设计，可提高壁温，避开露点腐蚀；可有效防止因管壁损坏而造成冷热流体的掺混。根据水侧加热方式不同，热管式省煤器的常用结构形式有两种：水箱整体加热式（多采用热管立式放置）和水套对流加热式（多采用热管倾斜放置），如图3-34和图3-35所示。

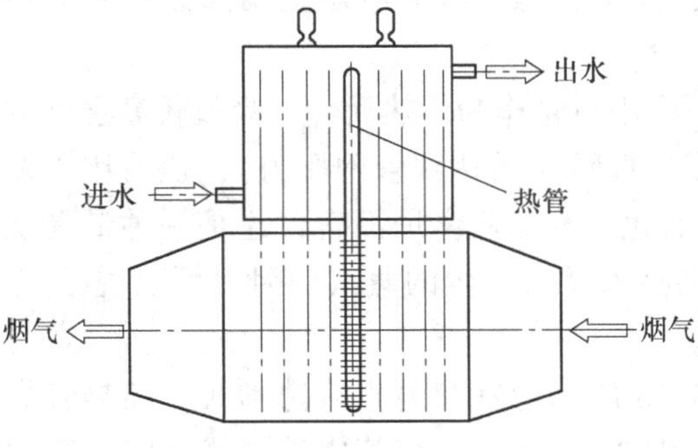

图3-34 水箱整体加热式省煤器

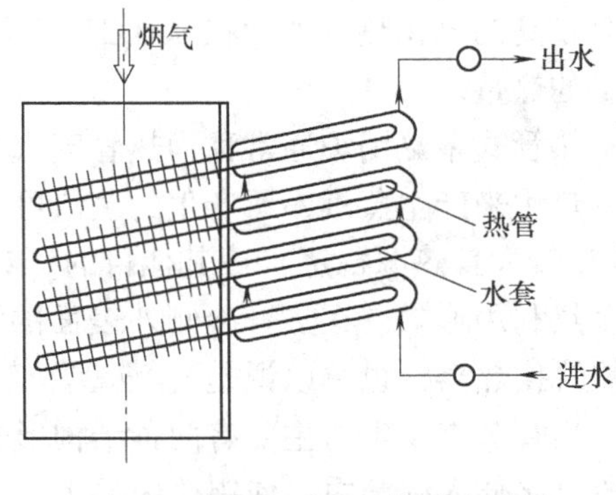

图3-35 水套对流加热式省煤器

酸腐蚀和磨损造成省煤器受热面管子过早泄露，大量的维修费用也降低了省煤器应用的普遍性。锅炉烟气中常带有大量灰粒，特别是采用固体燃料时，大量的灰粒冲击和切削使省煤器受热面管子产生磨损。在管壁温度低于烟气露点时，烟气中的二氧化硫、三氧化硫与水蒸气结合形成弱酸或中强酸，对传热元件表面进行酸腐蚀。磨损和酸腐蚀导致钢管式、铸铁式省煤器的使用寿命很短，甚至不到一个月。热管省煤器与钢管式、铸铁式省煤器相比，管壁温度有所提高，但在磨损和腐蚀严重的场合，普通热管省煤器可相对延长使用寿命。为了减小磨损，迎风面可增加防磨护瓦，但这样会增加传热阻力，且含硫燃料燃烧后形成的酸腐蚀更加难以防护。在这样的情形下，径向热管应运而生。

径向热管省煤器中都是使用径向热管，热管均为水平设置，各热管间既可在垂直方向、也可在水平方向叠加，各热管间互相平行，进、出水接口均在省煤器外，置于保温层内。烟气自上而下与热管呈垂直方向流动，与烟气接触的仅是外管翅片段。当翅片基管受到破损时，普通热管立即失效，而对于径向热管来说只是传热效率降低，可继续使用。普通卧式热管省煤器中的热管需与水平面成5°~15°夹角，以便冷凝工质迅速返回热管的蒸发段。这样会增大设备体积，特别是热管元件较长的场合。

径向热管省煤器具有如下特点：①能有效提高壁面温度，防止露点腐蚀。由于径向热管热侧的面积远大于冷侧的面积，有效地提高了壁面温度，防止了露点腐蚀。②运行可靠性大大提高。径向热管换热器的进出水口均在设备外，杜绝了水滴进入烟气内的可能性。即使径向热管的外管腐蚀后，水和烟气也不会串流，大大提高了运行可靠性。由于水管的焊接点均在省煤器外侧，维修方便。③传热性能好、流动阻力小、占地面积少。与轴向热管相比，径向热管具有很高的等温性能，不凝性气体对其影响极小；当处理相同烟气量时，径向热管省煤器的体积比轴向热管省煤器少30%~40%，设备质量比轴向热管省煤器轻15%~30%。径向热管省煤器气、液两侧的流体流动阻力均较小，设备运行费用低。

3. 热管式余热锅炉

随着社会经济的飞速发展，节能降耗的要求也越来越高。为了满足节能需求，广大节能技术人员做了大量的研究工作，将锅炉技术与热管技术巧妙结合而创立了热管式余热锅炉。

高温热管是以液态金属（钠、钾等）为工质、不锈钢或其他耐热钢为管壳和吸液芯、能在1000℃以上高温烟气中工作的热管。由于液态金属具有良好的热稳定性和很低的饱和蒸气压力，如钠在800℃时，饱和蒸气压力仅为0.47MPa，所以在高温条件下，液态金属高温热管几乎不承受内压，使其能在高温的条件下安全地工作。同时，液态金属在高温条件下具有较高的汽化热，如钠在800℃时，汽化热为3977kJ/kg。因而液态金属高温热管能传递大量的热量。

热管式余热锅炉通常称为热管蒸汽发生器，应用热管作为传热元件，吸收较高温度的烟气余热用来产生蒸汽，所产生的蒸汽可以并入蒸汽管网（需达到管网压力），也可用于发电（汽量较大且热源稳定）或其他目的。对钢厂、石化厂及工业窑炉而言，这是一种最受欢迎的余热利用形式。在热管冷侧外表面的流体是供给水及水产生的蒸汽，因而可以说是气-汽型热管换热器，也可以说是气-液型热管换热器。

热管蒸汽发生器主要有两种结构形式，图3-36所示为锅筒内直接沸腾式，即热管的冷却段直接伸入锅筒内，使锅筒内的水产生沸腾；图3-37所示为套管内沸腾式，即热管的冷却段被水套管包围，使套管内的水在流动状态下沸腾，所产生的蒸汽再汇入锅筒。

热管式余热锅炉与常规余热锅炉相比具有明显的优越性，其体积紧凑，结构简单，传热效率高；每支热管都是一个独立的传热单元，可根据不同的温度水平而设计，因而单根热管破坏不影响设备运行，提高了设备长期运行的可靠性；根据需要可选择易拆卸的热管结构，使检修和安装更方便；热管彻底隔离了热源和冷源，不会产生冷热流体的掺混；烟气侧为管外换热，除灰容易。不论是采用高温空气预热器还是采用高温热管蒸汽发生器，烟气温度都可降至200℃以下，这对提高大型加热炉的热回收率意义重大。

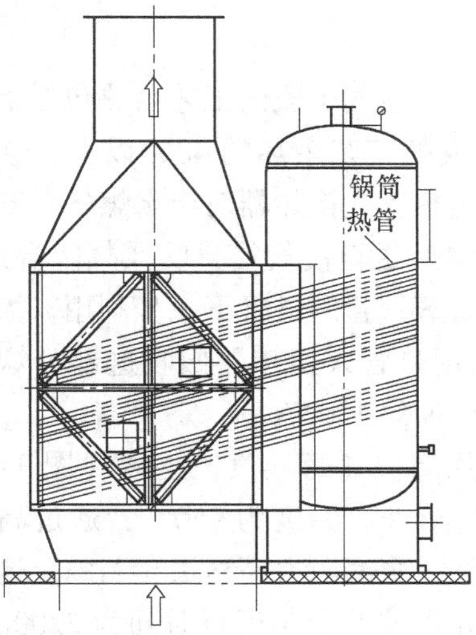

图3-36　锅筒内沸腾式余热锅炉

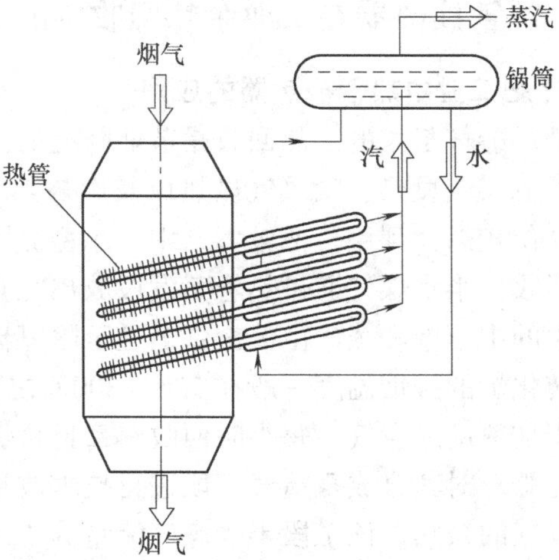

图3-37　套管内沸腾式余热锅炉

与传统的列管式换热器相比，热管换热器在工业余热回收方面具有非常多的优点：①无运动部件，不需要外部动力，可靠性高。②冷热气流之间有固体壁面隔开，消除了横向混渗。传统的间壁换热器只要有一处换热元件损坏，就必须停机检修。热管换热设备则不然，它是二次间壁换热，由热管束组成的换热设备，一旦单根热管破损，两种换热流体不可能相混，因而不影响整体换热效果，也无须停机检修，这就使得高效现代化大生产获得可靠保证。③装置简单紧凑，适用温度范围宽。低温时可达零下，高温时可达几千摄氏度。④可以沿任何方向传递热量。⑤热阻小，可以通过较小的温差获得较大的传热率，且轴向表面温度均匀。⑥可根据需要调整热管冷、热两侧热阻的相对大小，控制热管壁温，有效防止腐蚀发生。⑦通过热管进行管外换热，避免了传统换热器通过管壳换热，使热管换热器能够灵活布置和安装，故障少，便于修理，同时也解决了普通换热器无法灵活处理灰尘这一比较棘手的问题。

但是，热管换热器应用还有一些制约因素：①热管工质的选择，必须根据实际应用环境温度来选择工质，现在还没有一种适合各种工作温度的工质。如果热管换热器运行的环境温度发生变化，热管换热器的效率及可靠性会发生变化。②热管参数对换热器性能的影响。热管直径、热管长度、翅片的结构参数（间距、翅片长度、翅片厚度）决定翅片效率和翅化比，对热管换热器的传热及流阻性能影响较大，并涉及换热器的紧凑性、投资和运行费用。在设计热管时所依据的都是经验，当废气的流量、温度一定时，如何确定热管的直径、翅片高、翅片厚度、翅片间距、热管管间距、热管长度等结构尺寸没有准确的依据。这也影响了热管换热器的应用。③对于灰尘较多的烟气，如其在热管换热器中流动速度过高，虽然能够提高热管的换热能力，但是会加速热管的磨损，且增大烟气流动阻力；速度较小时，热管翅片上易积灰，使热管换热能力下降，严重时堵塞换热器，使其失效。④目前热管换热器在烟气余热回收中的应用主要集中在中低温余热资源的余热回收利用，进一步的工作是要完善高温热管，降低其成本，提高其可靠性，以拓宽热管换热器在回收高温余热资源中的应用，提高热管换热器与其他形式高效热交换器的竞争力。

3.4.4 热管换热器在工业余热回收中的节能应用

1. 化肥工业中热管换热器的应用

化肥厂造气工段的余热回收是节能降耗的主要环节。造气工段的工艺余热包括上行煤气显热、下行煤气显热、吹风气显热以及燃烧热，占合成氨工艺余热的40%以上，这部分工艺余热品位较高，利用价值较大。中、小型氮肥厂利用热管式换热器对半水煤气和吹风气进行余热回收，半水煤气通过热管蒸发段放出热量，降温后送至洗气塔，吹风气降温后放空，同时产生的中压饱和蒸汽由蒸汽管道送至除氧器或进入蒸汽管网进行下一步利用。大型化肥厂一段转化炉的排烟温度一般在250～300℃之间，利用热管式换热器回收这部分烟气的余热，用于加热助燃空气，每小时回收热量折合燃料轻柴油约1.027t。

某化肥厂对其合成氨造气工段进行技术改造，采用高温热管蒸汽发生器（图3-38）回收半水煤气的余热。该工段半水煤气流量为$1.35\times10^5 m^3/h$，温度为950℃，通过高温热管蒸汽发生器将其温度降至250℃，每小时可生产4t蒸汽，蒸汽压力高达1.57MPa。这些蒸汽可以通过保温管道输送给附近住户，提供热量采暖。如果按照全年运行时间为7200h，每吨蒸汽按50元价格计，则全年可回收价值144万元。该高温热管技术在小氮肥余热回收中的应用获得了令人满意的效果。10年的实际运行表明，高温热管蒸汽发生器达到的某些性能指标是其他传统换热器所达不到的，该项技术已经在江苏、安徽、辽宁、广东、山西及青海等省十多个小氮肥“二改一”工程中得到推广应用。

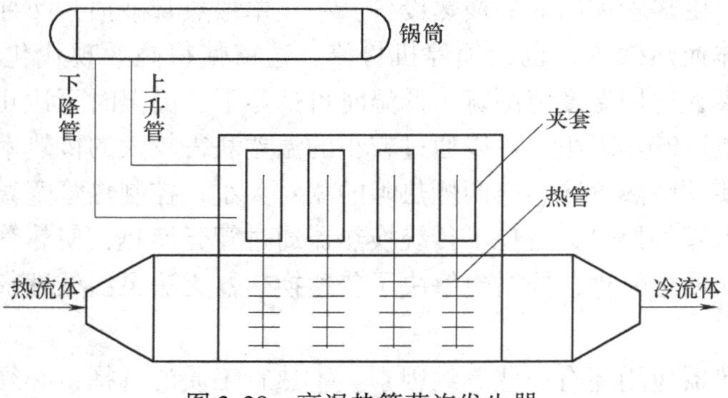

图3-38 高温热管蒸汽发生器

2. 电站锅炉中热管换热器的应用

由于热管式换热器具有小温差下传递大热量的特点，在一般电站锅炉中作为前置式空气预热器，将会回收利用大量能源。例如，福建某发电厂2#130 t/h 型燃用加福无烟煤锅炉，1987年加装前置式热管空气预热器，低温段空气预热器入口风温由30～40℃升高到85～90℃，排烟温度由151℃降低到133℃，锅炉效率提高了2.68%。四川某热电厂5#煤粉炉，1987年利用热管式空气预热器代替卧式玻璃管空气预热器，排烟温度降低了21.5℃。滦河发电厂2#煤粉炉，1991年利用热管式空气预热器代替回转式空气预热器，年获得经济效益250万元。

大型电站锅炉的设计排烟温度为140～150℃，但是由于种种原因，实际排烟温度一般高出设计烟温20～30℃。如果能将排烟温度降低25℃，对200MW的锅炉机组而言，可回收烟气余热3.0×10^4MJ/h左右，因此，锅炉排烟是潜力很大的余热源，在锅炉尾部烟道安装低压经济器（换热器）是利用锅炉排烟余热、节约能源的有效措施之一。某 200 MW 电厂利用小修机会安装了热管低压经济器，改造后效果显著、经济效益明显，其运行结果见表 3-22。

表 3-22　热管低压经济器运行结果

项　　目	数　　据
入口烟温/℃	156.0
出口烟温/℃	118.1
进口水温/℃	68.0
出口水温/℃	104.0
通水流量/(kg/s)	76.8
热负荷/kW	11.55×10^3
煤耗降低/[g/(kW·h)]	3.73
热耗降低/[kJ/(kW·h)]	78.6
发电功率增加/kW	1.714
投资回收年限/年	1.2
全厂热效率提高(%)	0.85

3. 钢铁工业中热管换热器的应用

某钢铁厂在四车间轧钢加热炉上采用气-气型热管式换热器，将助燃空气从 20℃ 预热到 80~90℃，废气从 280℃ 下降到 190℃，每小时回收废气余热为 419MJ。另外，在其三车间轧钢加热炉上安装了一台气-液型热管式换热器作余热锅炉用，轧钢加热炉废气由 350℃ 下降到 300℃ 以下，每小时回收热量为 47.7 MJ，年回收热量折合标准煤 11.59t，经济效益显著。马钢、宝钢二期工程采用热管式余热锅炉回收环冷机 300~400℃ 排风废热，产生蒸汽用于预热烧结混合料或生活取暖等。马钢第一炼铁厂 7#高炉投入运行热管式空气预热器，使废气由 290~370℃ 降至 150℃，助燃空气温度由常温预热到 200℃，装置每小时回收热量 3.39GJ，节约燃烧煤气 40%。

4. 硫酸工业中热管换热器的应用

在硫酸生产工艺中，SO_2 通过接触器氧化为 SO_3 时放出大量热，使 SO_3 干气体的温度高达 200~300℃，气体需冷却后再进入吸收工段，这部分热量往往被浪费，此时采用气-液型热管式换热器将 SO_3 气体的热量回收加热热水供化碱工艺用，每小时余热回收量为 892MJ，设备每年按 7000h 工作时间算，余热回收节约的燃料折合标准煤 214.5t。另外，硫酸工业中硫铁矿沸腾炉与工艺静电除尘之间和硫黄焚烧炉与转化工段之间，可以利用热管式余热锅炉回收 950℃ 以上工艺气的高温余热，产生中压蒸汽用于发电或工艺过程。

5. 石油化工企业中热管换热器的应用

某石化炼油厂减压炉于 1995 年运用热管式空气预热器回收烟气余热，烟气从 365℃ 降至 165℃，空气从进口温度 20℃ 升至 220℃，每小时回收热量 8.82 GJ。此热管式空气预热器的成功运用说明，热管式换热器完全可用于石化行业中一些燃用高含硫燃料的恶劣工况。石油化工企业中的许多加热炉和裂解炉，如制造乙烯用的石脑油裂解炉，排烟温度一般在 200~400℃，并且燃烧后的废气往往不利于排空，采用热管式空气预热器利用这部分废气预热助燃空气，可以达到很好的节能效果。

国内外许多加热炉采用了两种或三种热管式换热器相结合的流程来回收烟气的高温余热。首先将高温烟气通过余热锅炉降至500~600℃，产生1.9~3MPa的蒸汽，降温后的烟气通过空气预热器将空气预热至250℃，烟气温度降至300℃以下进入热管省煤器，将105℃的脱氧水加热至250℃左右，烟气温度降至300℃以下，经引风机送至烟囱排放。这种流程具有很大的经济优越性。

3.5 工业余热回收利用技术及其应用

3.5.1 玻璃窑炉烟气余热发电技术

1. 发展玻璃窑炉余热发电技术的背景

近年来，我国玻璃工业取得了长足的发展，平板玻璃产量占全球的一半左右，已连续多年居世界第一。在行业快速发展过程中，也存在着不容忽视的矛盾和问题，其中包括发展不平衡、周期性波动大，资源能源消耗高、综合利用水平低，产品结构不合理等。随着国际油价的巨幅波动，国内一些玻璃企业在成本的压力下被迫采用了石油焦等燃料，从而加大了减排压力。节能减排已经不仅是政策的要求，而且正在成为企业发展的内动力。

2. 玻璃窑炉余热发电技术的开发和应用

随着玻璃工业的不断发展和完善，对玻璃熔窑余热的利用方式发生了变化，特别是在我国南方地区，除了少量余热用于生产供热外，大部分都没有充分利用。2005年开始，中国新型建筑材料工业杭州设计研究院在结合多年浮法玻璃设计和水泥余热发电设计经验的基础上，对浮法玻璃的余热发电技术进行了长期的理论研究和现场试验。2007年9月，国内第一条浮法玻璃熔窑烟气余热发电工程在江苏华尔润集团八、九线成功并网发电，走出了玻璃行业节能减排的一条全新的道路。利用工厂生产过程中的余热建设电站后，电站的产品——电力将回用于玻璃生产。这套系统在回收工厂生产过程中产生的大量余热的同时，又减少了工厂对环境的热污染及粉尘污染，并给企业带来巨大的经济效益，是一个典型的循环经济范例。表3-23为首个浮法玻璃熔窑余热发电项目的主要技术指标，图3-39所示为其原则性热力系统。

表3-23 首个浮法玻璃熔窑余热发电项目的主要技术指标（2×900t/d）

技术名称	指标	备注
装机容量/MW	4.5	
平均发电功率/MW	3.6	
年运转率/h	7800	
自用电率（%）	7.5	不含引风机
年发电量/$\times10^4$kW·h	2808	
年供电量/$\times10^4$kW·h	2597	
年少向电网购电量/$\times10^4$kW·h	2727	
全站劳动定员/人	22	
供电成本/[元/(kW·h)]	0.125	

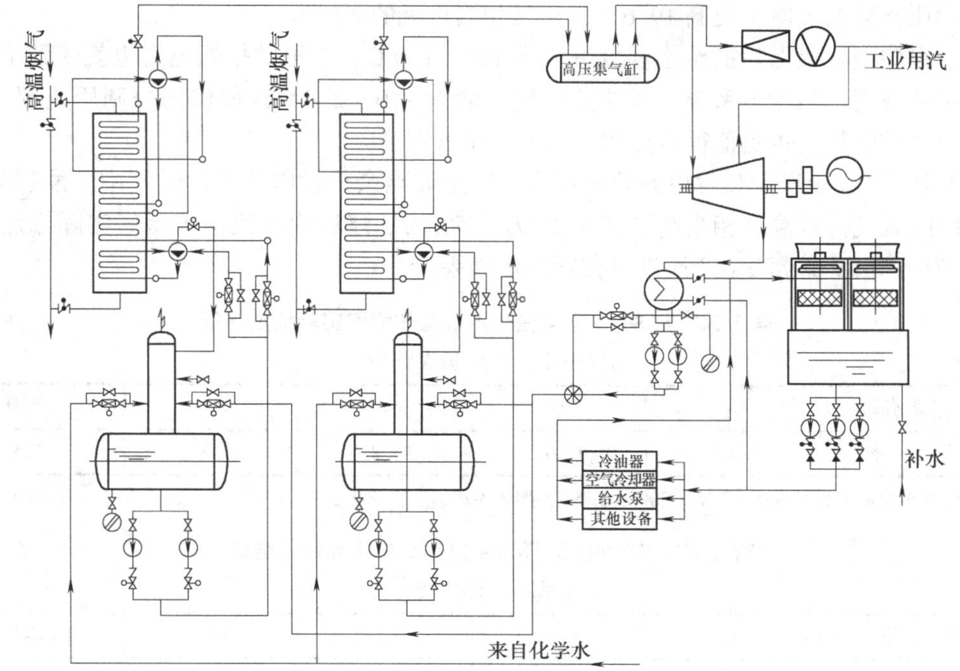

图3-39 原则性热力系统

首套玻璃窑炉余热发电系统以保证不对玻璃生产造成影响为首要设计指导思想，不追求发电量的绝对值。因此，设计中未考虑烟气的全通过，余热利用未达到最大化。通过1年多的运行证明，设备的实际发电量等指标均达到甚至超过了设计指标。最大发电功率为5200kW。

2009年6月30日，杭州新材院和江苏华尔润集团共同开展的“浮法玻璃熔窑烟气余热发电实用技术和应用”项目，通过由中国建材联合会组织的技术成果鉴定。专家一致认为，该成果建立了玻璃熔窑烟气控制与余热发电系统相匹配的系统模型，开发了成套控制软件，形成了适合不同玻璃窑废气条件下的余热发电系统。其研发及工程应用为国内首创，丰富了“中国洛阳浮法玻璃技术”的内涵，为我国浮法玻璃生产的节能减排起到了示范作用，具有广阔的推广应用前景。

3. 玻璃窑炉余热发电技术的发展

（1）进一步提高玻璃余热发电技术的可能性　由于玻璃熔窑的烟气量比较少，虽然排烟温度较高，但由于总的发电量较低，玻璃熔窑烟气余热发电工程的单位发电量投资还处在比较高的水平。另外，玻璃熔窑由于燃料、熔化能力、窑炉及蓄热室结构的不同，烟气的温度、组分也有很大的差异。这就需要针对不同的熔窑烟气分析结果，设计开发不同的热力系统，以充分吸收利用烟气中的余热，提高发电量，达到最大的经济效益。

目前玻璃余热的纯低温余热发电技术，对实际可利用的烟气余热而言，最高效利用的只有160～400℃的温度段。其原因在于，目前纯低温单压力余热发电系统主蒸汽参数定位在1.6MPa、360℃左右，相对较低的参数决定了汽轮机组的效率较低。例如，按上述低压参数的汽轮发电机组，汽耗率为5.5kg/kW·h左右，而如果提高到2.5MPa、420℃左右的次中压参数，汽耗率就可以降低到约4.6kg/kW·h。也就是说，1kg的次中压参数蒸汽，可以比纯低温低压参数的发电量提高19.6%，这是相当可观的。

由于锅炉经除氧器后的给水温度一般为105～130℃，锅炉的排烟温度也就受到了限制。目前使用的玻璃余热发电系统烟气排放温度一般为150～200℃，如何充分利用这部分烟气余热以提高发电量，也是值得研究和发展的一个方向。

（2）次中压/中压余热发电系统　在推广应用玻璃余热发电技术的过程中，发现某些玻璃生产线的烟气排放温度相当高。表3-24为某500 t/d浮法生产线窑炉烟气实际标定结果，表3-25为某700t/d浮法生产线烟气实际标定结果。

表3-24　某500 t/d浮法生产线窑炉烟气实际标定结果　（%）

（燃料：发生炉煤气）

烟气成分	O_2	CO_2	N_2	SO_2	H_2O
平均烟气成分	4.63	13.98	73.82	0.07	7.5

注：烟气平均流量为110000m^3/h（标准状态下），烟气平均温度为500℃。

表3-25　某700t/d浮法生产线烟气实际标定结果　（%）

（燃料：天然气）

烟气成分	O_2	CO_2	N_2	SO_2	H_2O
平均烟气成分	7.9	7.5	84.62	0.06	7.43

注：烟气平均流量为980000m^3/h（标准状态下），烟气平均温度为535℃。

这样的温度条件下，完全可以应用次中温次中压，甚至是中温中压的热力系统，以提高系统的热效率，增加发电量。以某玻璃有限公司为例，该公司拥有3条浮法生产线，熔窑烟气平均温度为500℃左右。分别对纯低温、次中温和中温（压）参数进行了热力计算，对比见表3-26。由表可见，在烟气温度允许的情况下，提高主蒸汽参数，对发电量的增加是有利的。2008年下半年，在河北和四川2家玻璃企业（共7条浮法玻璃生产线）的余热发电工程中，把主蒸汽参数提高到了中温（压）和次中温（压），装机容量提高到12MW，有效地提高了投资效益。

表3-26　纯低温、次中温和中温（压）热力循环系统比较

热力循环	纯低温	次中温	中温（压）
主蒸汽参数	1.6MPa，360℃	2.5MPa，420℃	40MPa，450℃
主蒸汽产量/(t/h)	48.38	44.53	42.26
汽耗率[kg/(kW·h)]	5.5	4.6	4.2
计算发电量/kW·h	8790	9680	10062

（3）锅炉自除氧系统　余热锅炉出口烟气温度的进一步降低，主要受到锅炉给水温度和烟气中硫氧化物含量的限制，其中主要的限制条件是进水水温。但是，锅炉给水温度受到除氧器操作温度的限制无法降低。因此，要降低排烟温度，最好的办法是在烟气的低温出口段增加换热面，用较低温度的水，再来回收一部分烟气余热。设置锅炉自除氧系统，就是出于这样的考虑。在省煤器后设置除氧蒸发器，生产的低压蒸汽用于除氧器的加热。一方面充分回收了排烟的余热，另一方面又减少了汽轮机用于加热凝水的抽汽，是一举两得的好

方法。

（4）闪蒸补汽余热发电系统　闪蒸补汽是另一种充分吸收烟气余热、降低排烟温度的方式。给水经给水泵进入余热锅炉，经废气加热后，一部分变为过热蒸汽，进入汽轮机做功发电。另一部分经余热锅炉低温段加热后，产生热水（饱和水），这部分热水进入闪蒸器，经一级扩容闪蒸出一定量的低压饱和蒸汽，进入汽轮机相应低压进汽口做功发电。闪蒸器内的饱和水进入除氧器，与冷凝水一起经除氧后由给水泵供给锅炉，实现一个完整的热力循环，其系统如图3-40所示。

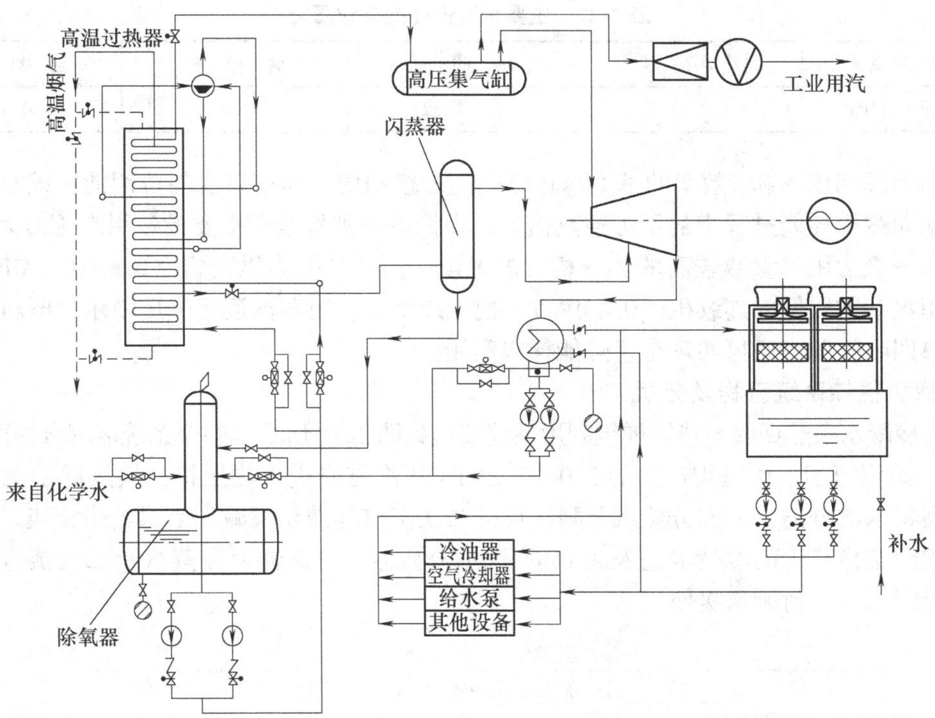

图3-40　闪蒸补汽热力系统

（5）双压补汽余热发电系统　双压补汽余热发电系统类似于锅炉自除氧系统，即在锅炉烟气低温段增加一个低压蒸汽生产系统，生产的低压蒸汽进入汽轮机相应低压进汽口做功发电。系统中分别设置高、低压给水系统和高、低压蒸汽系统，系统操作相对较复杂，而且对余热回收技术和锅炉、汽轮机等主机设备制造技术要求较高。从余热回收的角度而言，双压补汽（或不补汽直接用于玻璃生产）热力系统与锅炉自除氧热力系统差别不大，考虑到自除氧系统较为简单，投资少，目前阶段使用自除氧系统还是较为合适的方案。

3.5.2　热压机高温冷凝水回收与热能梯级利用

某厂是生产纤维板及火柴的联合企业。主要供汽设备为1台SHL6.5－2.5型锅炉，用汽设备有热压机1台、热磨机2台、烘梗机3台、连续机7台、包封刷磷机4台，还有调药和生活用汽。该厂年消耗标准煤6420t，占企业总能耗的81.74%。其中热压机为耗汽最大的设备，通过热平衡测试发现，其热能有效利用率仅为10.6%，而冷凝水排放热损失占70%～80%。因此，回收和利用高温冷凝水携带的大量热能是提高全厂热能利用率的关键。

1. 系统改造可行性分析

热压机冷凝水的排放压力一般在1.2MPa以上，可回收冷凝水2.95t/h，回收水量为锅炉用水量的40%；烘梗机排放冷凝水约1.3t/h，连续机排放冷凝水约0.8t/h，有较大的回收价值。

锅炉工作压力为2.0~2.3MPa，主要用汽设备的工作压力见表3-27。改造前，各用汽设备的供汽路线是由锅炉分路并联供汽。显然，这种供汽方式存在较大弊端：供汽压降大、减压损失大、各机器的冷凝水不易回收，大量的二次闪蒸汽排空，经济损失巨大。

表3-27 主要用汽设备的工作压力

设备名称	热压机	热磨机	烘梗机	连续机
工作压力/MPa	1.8~2.0	1.0~1.2	0.6~0.7	0.4

提高能源利用率和㶲效率的基本途径是热能梯级利用，即按热能品位用能，缩小供需能级差，从而减少耗能过程中的不可逆热损失。根据该原则将全厂主要设备用汽压力大致分为三级：第一级为用汽参数较高的热压机（2.0MPa），第二级为烘梗机（0.6~0.7MPa），第三级为用汽参数较低的连续机（0.4MPa）。把三级串联，对蒸汽逐级降压使用，既可解决冷凝水余热回收问题，又可实现全厂热能梯级利用。

2. 梯级供热系统流程及分析

高温冷凝水余热回收与热能梯级利用系统流程如图3-41所示。整个系统流程分为两部分：

（1）蒸汽流程　由锅炉产生的2.0~2.3MPa蒸汽首先进入热压机，换热后由1.3m³汽水分离器将水汽分离，一部分蒸汽及降压后的二次蒸汽经减压阀减压后供给烘梗机。蒸汽在烘梗机内热交换产生的冷凝水进入0.16m³汽水分离器，分离器上端蒸汽及二次蒸汽再经减压供给连续机、包封刷磷机使用。

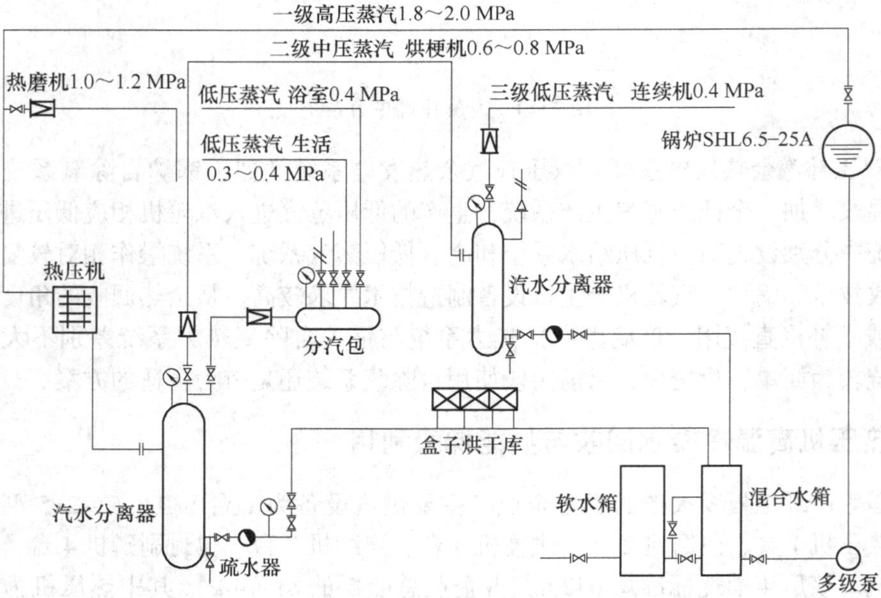

图3-41 高温冷凝水余热回收与热能梯级利用系统流程

（2）高温冷凝水流程　热压机产生的约150℃高温冷凝水经汽水分离后由疏水阀输出，经过盒子烘干库换热器换热，降低压力和温度后进入锅炉软水箱与软水混合供给锅炉。烘梗机140℃冷凝水经汽水分离器分离后，一部分冷凝水供调药室调药用，另一部分回锅炉软水箱。

热压机冷凝水排放压力在1.2MPa以上，完全能克服管网及换热设备阻力（经计算为<0.15MPa）。因此，选用工作压力为1.6MPa的浮筒式疏水阀，其背压较高，可使汽水分离器中的高温冷凝水及时排出，保证蒸汽质量。如果高温冷凝水直接进入锅炉软水箱，则软水箱中的水会受热沸腾，散失大量二次蒸汽，故采用高温水经盒子烘干库换热器的措施，使软水箱水温保持在50～70℃。这样，既可解决盒子烘干库的用热问题，又可避免因软水温度过高，多级泵不易向锅炉进水的弊病。为了防止管网出口倒流及腐蚀，可将管子出水口埋入水中并安装止回阀。如果热压机暂停用汽，可通过旁路管道向其他车间供汽。

烘梗机分离罐排出的冷凝水因压力较低，又被调药室分用，故整个系统布置在锅炉软水箱之上，其疏水阀背压可顺利地把冷凝水排入软水箱。

系统改造后，整个系统中各用汽设备梯级压力运行稳定，疏水阀水温约为155℃，盒子烘干库室温冬季保持在20℃，夏季在40℃以上，可满足烘干工艺要求。锅炉用软水温度为40～70℃，不但可节约热能，提高锅炉热效率3.2%，而且有利于锅炉保养。

3. 节能经济效益分析

实测热压机回收冷凝水2.9t/h，烘梗机回收冷凝水1.2t/h，全年可回收冷凝水2.3×10^4t，节约锅炉软水费用3.91万元；冷凝水可使锅炉给水温度由10℃提高到50℃，以6.5t/h计算，则全年节约热能折合标准煤208t，节约费用4.16万元；盒子烘干库采暖空间为245m^3，室温保持在20～40℃；以100m^3采暖空间耗蒸汽0.05t/h计算，则全年节省蒸汽668t，折合标准煤为104t，节约费用2.08万元。以上3项合计年节约资金10.15万元。系统改造总投资约8.6万元，则投资回收期＝$8.6/10.15\times12$月≈10月。

综上所述，采用热压机高温冷凝水余热回收和热能梯级利用系统是可行的，仅需10个月即可回收全部投资。改造后达到了节约能源、减少环境污染、提高经济效益的预期目的。

3.5.3　锅炉余热综合回收利用

提高锅炉的热效率，主要从降低锅炉的各项热损失入手，燃炉的热损失包括排烟热损失、散热损失、不完全燃烧损失及排污热损失，其中散热和不完全燃烧热损失较小，且回收难度大，可忽略不计，对锅炉热效率影响较大又可回收利用的是排烟热损失和排污热损失。某卷烟厂锅炉在正常运行产汽时能源浪费主要集中在两个方面：一是锅炉连续排污期排污时排放炉水（过热水）带走的热量，二是锅炉尾烟排放时带走的热量。目前锅炉的排烟温度一般为180～210℃。锅炉排污率理论上为3%～5%，若按3%计，则排污时带走的热损失在3%以内；排烟热损失理论上约为8%～13%。如果将两方面的热损失有效回收利用，回收后的热能将占单台锅炉热能的11%～16%，节能效果非常明显。

为此，该卷烟厂在现有燃气锅炉（3台，产汽量为10t/h，两用一备）、排污膨胀器（1台）、除氧水暂存水箱（1座，容积为30t）的基础上，在不影响锅炉系统的正常运行的情况下，重新建立一套相对独立的余热综合回收系统，将锅炉排污时和尾烟排放时的余热进行综合回收，用于提高锅炉进水温度，最大限度降低锅炉燃料消耗，取得了较好的节能经济效益。

1. 余热综合回收利用方案

1）新增热水循环泵2台（1台备用）、管板式换热器1台、尾烟节能器3台及相关的连接管道，重新建立一套相对独立于锅炉原有锅炉供水系统和排污系统的余热回收系统，尽可能减小对锅炉原有系统造成影响。

2）由除氧水暂存水箱（内部存放软化水供锅炉进水直接使用）底部引出一根无缝钢管，在无缝钢管上安装两台循环加压水泵（1台备用），推动无缝钢管内的软化水循环流动。

3）无缝钢管内的软化水经过循环水泵加压驱动后，通过管道进入新增加的锅炉排污热水管板式换热器，温度较低的软化水与锅炉排污热水进行第一次热交换，吸收排污热水的热量后温度升高，温度降低后的排污水直接排放掉。

4）软化水在锅炉排污热水换热器内进行第一次热交换后，温度初步升高，然后经管道进入锅炉尾烟节能器（即尾烟换热器或省煤器），在尾烟节能器内与温度较高的尾烟进行第二次热交换，吸收锅炉排放尾烟的热量，软化水温度被二次升高，尾烟温度降低后直接排放到大气中。

5）两次升高温度的软化水，在热水循环泵的推动下，经过无缝钢管重新回到除氧水暂存水箱，以此周而复始的循环，提高了锅炉进水温度，从而达到节能的目的。

2. 余热综合回收利用技术改造实施

余热综合回收利用系统如图3-42所示。

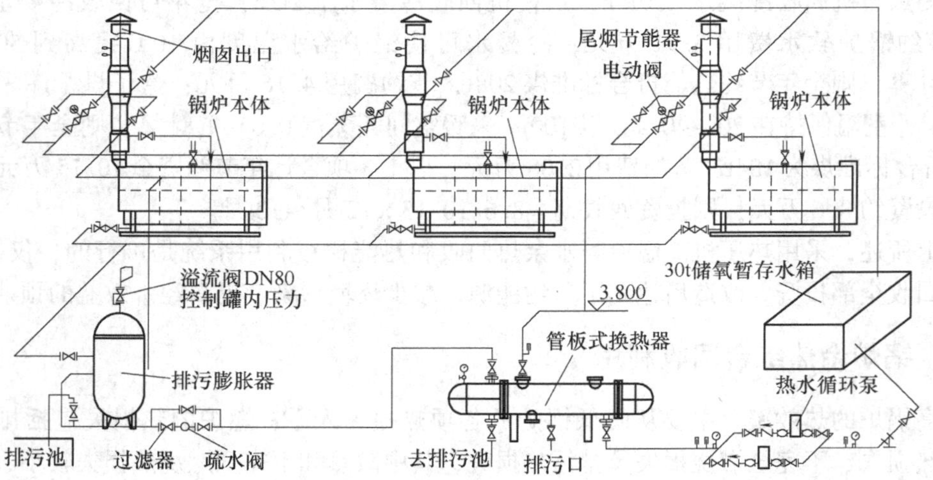

图3-42 燃气锅炉余热综合回收系统

1）安装2台循环水泵和管板式换热器；在除氧水暂存水箱上安装一根DN100的无缝钢管，接至一层循环水泵的入口，水泵出口接至管板式换热器的壳程下部进水口，再从换热器壳程上部出水口将主管道接至锅炉房顶层的尾烟节能器，作为节能器加热循环水的主供水管，尾烟节能器的出水支管再连接至一根回水母管上接至除氧暂存水箱，形成完整的循环水加热系统。

2）尾烟节能器经循环水与高温烟气换热后，提高了水温降低了烟温；同时，烟气冷却后会产生凝结水，节能器内部有特殊设计的凝洁水收集水槽，凝结水通过排水口排出，将尾烟节能器的排水管接至一根DN65的排水母管上，将该母管接至地面排污井。

3）从排污膨胀器底部排污阀之前接一无缝钢管至管板式换热器的上部盘管进水口，从换热器下部盘管出水口接一排污管道至排污井；在该管道阀门之前另接一Π形管至排污井，目的在于当排污膨胀器下部和管道内充满水时可减轻锅炉排污时的水击，从而可减小对管板式换热器的冲击力，延长排污水在换热器内停留时间，使热量被充分吸收。该Π形管最高点高于排污膨胀器的排污水进水管，以保证从锅炉排污管道、排污膨胀器到管板式换热器之间全部处于满水。排污管道特别是Π形管道要固定可靠，浇筑钢筋混凝土基础，以防排污时产生的巨大冲击力对设备和管道造成损坏。

4）采用西门子公司 S7－200 系列 CPU226 控制器，分别控制所有调节阀和变频器，保证实现尾烟温度基本恒定，循环水管网压力恒定，既达到合理回收尾烟热量的目的，又尽可能使用较少的电能。

5）循环泵的控制是系统控制的核心部分，在一定的程度上决定了系统的效果。循环泵是与锅炉烟囱出口温度（即尾烟原始温度）联动的，当任何一台锅炉的烟囱出口温度达到90℃时起动运行，一台循环泵即开始工作；当任何一台锅炉的烟囱出口温度达到 110℃时，另外一台循环泵起动运行。当所有锅炉的烟囱出口温度均低于 110℃时，一台循环泵运行，另外一台循环泵停止运行；当所有锅炉的烟囱出口温度均低于 80℃时，所有循环泵延时 30s 停机。锅炉停机需要进行手动排污时，循环泵可手动控制。

3. 余热综合回收利用效果及注意事项

该卷烟厂燃气锅炉余热综合回收系统 2009 年 1 月 1 日正式投入使用，一年多来节能效果显著，主要指标与理论测算值基本吻合，单台 10t/h 燃气锅炉每年可节约天然气34 万 m^3，节约燃料费用 80 万元，折合标准煤为 430t，CO_2 减排 240t，废热减排 1256040 万 kJ。但还需注意以下事项：

1）由于尾烟节能器的安装，造成锅炉原烟囱内排烟阻力的增加，直接导致锅炉炉膛内的压力变化，需要对新增的烟道阻力详细核实，确保新增的烟道阻力控制在锅炉允许的正常范围内，避免对锅炉的正常运行带来不良影响。

2）在尾烟排放温度低于 100℃时，妥善解决节能器内壁产生的冷凝水排放问题，采用专门的设施，避免冷凝水随烟囱流入锅炉尾烟烟箱，影响锅炉的正常运行。

3）在锅炉定期排污和连续排污时，结合现场实际，解决好中高压排污热水对管板式换热器的巨大冲击问题，确保管板式换热器安全运行。

4）充分结合现场实际，科学合理地进行热水循环泵的选型，建议选用大流量低扬程的热水型管道循环水泵。

5）做好系统的保温防护工作，最大限度降低系统热量散失。

3.5.4　化工生产余热回收与热能梯级利用

1. 硫酸生产过程中排放余热状况

硫酸生产工艺过程均为放热反应。以硫黄、硫铁矿等原料制取 SO_2 气体可产生高温气体余热，气体温度高达 850～1100℃，根据生产经验，每吨硫酸的高温余热可产生 1.1～1.3t 蒸汽。在转化工段，一次转化完成到吸收塔的转化气温度在 400℃左右，主要是中温余热。据生产实践估算，利用这部分余热每生产 1t 硫酸约可产生 0.2t 蒸汽。在两次转化工艺中，这部分中温余热已转移到酸吸收系统的低温余热中。低温余热的回收利用主要在干吸系统。以常规的硫黄制酸装置计算，目前生产每吨产品（折100%硫酸）可向外提供的热量为2650～2980MJ，折合标准煤为90～100kg。回收这些热量生产蒸汽和电力，除满足硫黄制酸装置自身运行所需的蒸汽和电力外，还剩余许多可供其他部门使用。

硫酸生产中余热回收利用及节能措施是衡量硫酸生产现代化水平的一个重要标志。按国家的产业发展政策和相关设计规范，硫黄制酸系统废气余热要进行回收利用，鼓励采用余热发电技术。在硫酸生产过程中将排出的烟气余热用于发电已成为硫酸系统设计中重要的环节。同时，各生产企业也将加强硫酸装置废热利用作为降低产品成本、提高企业经济效益的重要措施之一。

2. 硫酸生产过程余热利用的主要技术手段

硫酸生产是一个放热过程，就数量而言，高温余热占总热量的大部分，中低温余热占总热量的20%～30%。通常，设置火管或水管余热锅炉回收高温余热生产蒸汽，蒸汽用于发电或直接应用；设置过热器、省煤器等设备回收中温余热，将中压饱和蒸汽转变为过热蒸汽及加热锅炉给水，提高了蒸汽的品质和产率。目前，国内硫黄制酸工艺中高、中温余热普遍得到回收，低温余热回收的较少。

加强硫酸生产余热回收的技术手段主要有以下几方面：

1）加强对高、中温余热的回收利用。硫铁矿制酸和硫黄制酸装置均要设置余热锅炉，回收含硫原料燃烧以及二氧化硫气体转化过程中产生的高、中温余热，通过废热锅炉产生蒸汽进行发电和供热。

2）利用二氧化硫转化放出的部分热量来预热进入转化器的二氧化硫气体，使其达到最佳的反应温度；设置过热器、省煤器等设备回收中温余热，将中压饱和蒸汽转变为过热蒸汽和加热锅炉给水。

3）采用蒸汽涡轮机代替电动机驱动空气鼓风机，用背压汽送蒸汽管网，可以提高能量利用效率，减少能量的消耗量。

4）重视对低温余热的回收利用。国外开发的HRS低温余热回收系统能够有效回收干吸工段产生的低温余热，提高热能回收率。

3. 硫酸生产余热利用的实践

作为硫酸生产企业，将余热回收技术应用于实践是一个循序渐进的发展过程。下面以上海某化工有限公司余热利用实践为基础，分析加强硫酸生产余热回收利用技术的可行性和经济性。

（1）高温余热的回收利用技术　硫酸生产过程中，高温烟气的回收利用设备主要是废热锅炉和3000kW抽汽式汽轮机组。焚硫炉化学反应产生的高温烟气余热，经废热锅炉（锅炉蒸发量为23t/h、压力为3.5MPa、温度为435℃）产生中温中压蒸汽。蒸汽一部分用于供热，经减温减压装置形成0.6MPa、160℃的低压蒸汽，以满足生产用汽需要，剩余部分蒸汽用于3000kW抽汽式汽轮机组发电。当时该公司化工产品以硫酸为主，其他化工产品用汽不多，所以蒸汽富裕量较大，3000kW抽汽式汽轮机组投用后，发电效益显著，为企业创造了良好的经济效益。

（2）蒸汽的综合利用改造　该公司近年来企业产品结构调整，生产精细化工产品的规模不断扩大，低压蒸汽的需求量不断增加，硫酸废热锅炉产生的中温中压蒸汽供热与发电的比例发生了变化，用于发电的蒸汽量大幅减少，大部分蒸汽通过减温减压装置用于生产，减压过程中多余蒸汽排放造成能源浪费。根据企业目前及今后生产发展的趋势，3000kW 抽汽式汽轮机组已不适应生产的要求，因此，有必要通过技术改造余热发电装置，实现蒸汽的梯级利用。

余热发电装置改造主要是用 1500kW 背压式汽轮机组代替原来的 3000kW 抽汽汽轮机组。背压式汽轮发电机组能在一定的排汽参数下供应规定的蒸汽量，并能发出一定的电能。改造后的蒸汽流程，可使废热锅炉产生的蒸汽满负荷提供给汽轮机组发电，背压蒸汽压力根据生产要求进行设置，通过减温器后将温度调节到 160℃ 供生产使用，达到热电联供。

根据运行数据计算，1500kW 背压式汽轮机组具有较好的经济效益。按照目前实际硫酸产量与废热锅炉产汽量的比例，1t 硫酸可产 1.13t 蒸汽，企业全年硫酸产量按 14 万 t 计算，产汽量为 15.8 万 t 蒸汽。1500kW 背压式汽轮机理论耗汽量为 15.24kJ/kW·h，则全年发电量约为 1000 万 kW·h 左右，扣除成本每 kW·h 电利润约 0.3 元，则全年净利润为 300 万元，投资回收期为 1 年。

（3）利用中温热源预热锅炉给水　通常中压锅炉产出的蒸汽经过背压式发电机组后，一部分蒸汽需进入除氧器对中压锅炉给水进行预热达到除氧目的，如图 3-43 所示，图中表 1 减去表 2 的差值就为除氧器所用蒸汽量，因此，在一定硫酸产量的条件下热网的蒸汽供应量减少。该公司在余热利用改造中，增加了硫黄制酸转化工序中温热源预热器，锅炉给水的加热过程由中温热源预热器完成，无需浪费蒸汽对除氧器进行加热除氧，这样就减少了蒸汽的使用量，从而在相同硫酸产量条件下，加大了对热网的供汽量，提高了蒸汽的使用率。

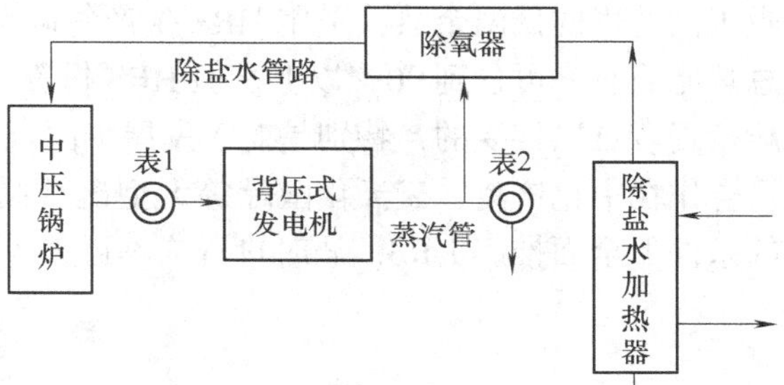

图 3-43　利用中温热源预热锅炉给水示意图

除氧器用气量计算公式为

$$Q = B_1 - B_2$$

式中，Q 为除氧器用气量，单位为 t；B_1 为示意图中表 1 的表计量，单位为 t；B_2 为示意图中表 2 的表计量，单位为 t。

通过实际运行计算，改造后每月可节约蒸汽 1000t，全年节约蒸汽 1.2 万 t，折合标准煤为 1.2 万 t。

（4）采用蒸汽涡轮机代替电动机驱动空气鼓风机　在硫黄制酸系统中，风机、酸泵是主要的能耗设备，其中风机的能耗占全部能耗的 60% ~70%，所以空气鼓风机是硫酸生产中主要用电设备。国外硫黄制酸装置采用蒸汽涡轮机驱动鼓风机，一般每吨硫酸电耗为 10 ~20kW·h，而该公司硫黄制酸装置采用电动机驱动风机，电耗都在 50 ~70kW·h。直接用蒸汽作动力可减少“热能→电能→机械能”转换过程中的损失，能源利用率达到 80% 以上，而中小型发电厂的发电热效率在 32% 左右，再加上线路和变压器损耗，电力拖动的能源利用率不会超过 30%。可见，直接用蒸汽作动力比用电驱动的节能效果显著。

蒸汽涡轮机在现代工业企业中得到广泛应用，主要原因是：在所有既需动力又需热量，或者有副产热能的各种生产流程中，合理配置蒸汽涡轮机，可提高能源利用率，达到节能的目的。蒸汽涡轮机有较高的转速和较大的功率适用范围，它能直接驱动生产流程中的泵、鼓风机和压缩机等机械，并可平稳、灵敏地与这些被驱动机械相互协调地变速运行，以适应生产工况条件的变化。这是其他动力机械所不能比拟的。

该公司目前硫黄制酸装置的空气鼓风机并未采用变速运行技术，风量调节采用阀门调节，电能损失较大。在今后的节能改造中将对鼓风机采用蒸汽涡轮机驱动，通过汽轮机的使用，使硫酸生产中功率最大的电动机被代替，硫黄制酸装置的电耗将明显下降，可有效降低生产成本。

4. 重视对低温余热的回收利用

我国硫酸装置的低温余热回收仍处于起步阶段，回收利用的装置很少，绝大部分生产装置的低温余热仍是通过循环冷却水散发到环境中。其主要原因是：一方面人们对低温余热的认识不够，另一方面目前我国的技术只能利用低温余热产生热水，而热水的利用有其局限性。

美国孟莫克公司开发的硫酸高温吸收产生低压蒸汽系统（简称 HRS）能够有效回收干吸工段产生的低温余热，采用 HRS 生产每吨硫酸可产生 1.0MPa 的低压蒸汽 0.5t 左右，使总热能回收率可达到 90% 以上。但 HRS 投资较高，约占整个硫酸装置投资的 30%，这是一般投资者难以接受的，特别是对于发展中国家。目前，中国硫酸协会已开始与美国孟莫克公司合作在中化涪陵、云天化国际等大型硫酸制酸装置中推广 HRS，逐步实现在设备国产化的条件下全面推广 HRS，届时投资成本可大大降低。

思 考 题

1. 简述能源利用率的主要影响因素。
2. 简述我国工业的余热资源概况及其利用现状。
3. 我国工业余热有哪些种类？有哪些主要利用方式？
4. 我国工业余热有哪些类型？其对口利用设备有哪些？
5. 简述干法熄焦余热利用的原理及工艺流程。
6. 气体余热、液体余热和固体余热在利用技术难度方面有何区别？
7. 简述余热锅炉的结构形式、工作原理及性能特点。
8. 举例说明余热锅炉在工业余热回收中的应用概况。
9. 在余热回收利用中换热器强化传热有何意义？
10. 在余热回收利用中换热器有哪些强化传热结构？
11. 简述热管的工作原理、特性及种类。
12. 举例说明热管换热器在余热回收中的应用情况。

第 4 章　制冷空调与热泵系统节能技术

4.1　制冷原理概述

制冷的方法很多，常见的有液体汽化制冷、气体膨胀制冷、涡流管制冷、热电制冷和磁制冷。其中，液体汽化制冷的应用最为广泛，它是利用液体汽化时的吸热效应而实现制冷的，蒸气压缩式、吸收式、蒸气喷射式和吸附式制冷都属于液体汽化制冷方式。

当液体处在密闭容器内时，若容器内除了液体及液体本身的蒸气外不存在其他气体，那么液体和蒸气在某一压力下将达到平衡，这种状态称为饱和状态。此时容器中的压力称为饱和压力，对应的温度称为饱和温度。饱和压力随饱和温度升高而升高。如果将一部分饱和蒸气从容器中抽出，就必然有一部分液体汽化为蒸气以维持平衡。液体汽化时需要吸收热量，该热量称为汽化热。液体所吸收的热量来自被冷却对象，因而被冷却对象温度下降，或者使它维持在环境温度以下的某一低温。

为了使上述过程得以连续进行，必须不断地从容器中抽走蒸气，再不断地将液体补充进去。通过一定的方法把蒸气抽出，并使它凝结成液体后再回到容器中，就能满足这一要求。若容器中的蒸气自然流出，直接凝结为液体，则需要冷却介质的温度比液体蒸发的温度还要低，显然这种冷却介质无法寻觅，我们希望蒸气的冷凝过程在常温下实现。因此，需要将蒸气的压力提高到常温下的饱和压力。这样，制冷工质将在低温、低压下蒸发，产生制冷效应，又在常温、高压下冷凝向环境温度的冷却介质排放出热量。由此可见，液体汽化制冷循环由工质的低压下汽化、蒸气升压、高压气体液化和高压液体降压四个基本过程组成。蒸气压缩式制冷、吸收式制冷、蒸气喷射式制冷和吸附式制冷都具备以上四个基本过程。

1. 蒸气压缩式制冷

蒸气压缩制冷系统由压缩机、冷凝器、膨胀阀、蒸发器组成，用管道将其连成一个封闭的系统。其基本工作原理是：工质（制冷剂）在蒸发器内与被冷却对象发生热量交换，吸收被冷却对象的热量并汽化，产生的低压蒸气被压缩机吸入，经压缩后以高压排出；压缩机排出的高温高压气态工质在冷凝器被常温冷却介质（水或空气）冷却，凝结成高压液体；高压液体流经膨胀阀时节流，变成低温、低压湿蒸气，进入蒸发器，其中的低压液体在蒸发器中再次汽化制冷，如此周而复始。蒸气压缩制冷机是应用最为广泛的制冷机，但压缩过程需要消耗能量（电能）。

2. 吸收-扩散式循环制冷

吸收式制冷与压缩式制冷均利用制冷剂的汽化热制冷，两者主要区别在于前者依靠消耗热量制冷，后者则通过消耗功制冷。较早的吸收式制冷系统直接用煤加热，后来改用蒸气加热、水加热，也可以直接烧油或天然气加热。

吸收式制冷机利用溶液在一定条件下能析出低沸点组分的蒸气，而在另外一定条件下又能强烈吸收低沸点组分的蒸气这一特性完成制冷循环。在吸收式冰箱系统中，氨作为制冷剂，氨水溶液为吸收剂，氢气为平衡气体。系统压力的平衡是通过向吸收器和蒸发器中导入氢气来实现的。因为蒸发器中的总压力大于蒸发温度下的氨饱和压力，因此蒸发器中的液氨不会沸腾，在液体表面下不会形成气泡。但是，如果氢气没有被氨所饱和的话，氨便汽化进入氢气中，好像水池中的水汽化进入大气一样。液氨在蒸发扩散过程中，从冰箱内部吸取热量，达到制冷的目的。蒸气通过扩散作用从表面带走，因此这种系统又称为吸收-扩散式循环。由于整个系统内压力是平衡的，系统中工质的运动完全依靠密度的差异、位置的高低、管路的倾斜及分压力的不同而流动扩散，因而各设备之间的相对位置及管道的倾斜度均有严格要求，否则将影响制冷效果，甚至丧失制冷能力。

3. 吸附制冷

吸附制冷也是以热能为动力的能量转换系统。其工作原理是：一定的固体吸附剂对某种制冷剂气体具有吸附作用，吸附能力随吸附剂温度的不同而不同，周期性地冷却和加热吸附剂，使之交替吸附和解吸。解吸时，释放出制冷剂气体，并使之凝为液体；吸附时，制冷剂液体蒸发，产生制冷作用。所以，吸附制冷的工作介质是吸附剂和制冷剂工质对。工质对有多种，按吸附机理有物理吸附和化学吸附之别。

以常见的沸石-水吸附工质对为例。沸石是一种铝硅酸盐矿物，它能够吸附水蒸气，且吸附能力对温度的变化特别敏感。因而它们是较理想的吸附制冷工质对之一。利用太阳能驱动的沸石-水吸附制冷系统包括吸附床、冷凝器和蒸发器，用管道连接成一个封闭的系统。吸附床是充满了吸附剂（沸石）的金属盒；制冷剂液体（水）贮藏在蒸发器中。白天，吸附床受日照加热，沸石温度升高，产生解吸作用，从沸石中脱附出水蒸气，系统内的水蒸气压力上升，达到与环境温度对应的饱和压力时，水蒸气在冷凝器中凝结，同时放出热量，冷凝水贮藏在蒸发器中。夜间，吸附床冷下来，沸石温度逐渐降低，它吸附水蒸气的能力逐步提高，造成系统气体压力降低，同时，蒸发器中的水不断蒸发出来，用以补充沸石对水蒸气的吸附。蒸发过程吸热，达到制冷的目的。

如果采用其他热源，只要保证能够交替地加热和冷却吸附床，使沸石周期性地解吸和吸附，同样能够达到制冷的目的。

由上可知，吸附制冷属于液体汽化制冷。与蒸气压缩式制冷相类比，吸附床起到压缩机的作用，但是吸附系统只能间歇制冷。吸附器处于吸附过程中产生制冷效应，吸附结束后必须有一个解吸过程使吸附剂状态还原，这时将停止制冷。为了连续制冷，可以采用两个吸附器。美国学者 Jones 还提出用三个或者四个吸附器进行系统循环，不仅实现连续制冷，还可以利用一个吸附床的排热去加热另一个吸附床，从而使热能充分利用。

已研究的制冷工质对（吸附剂-制冷剂）主要有：沸石-水、硅胶-水、活性炭-甲醇、金属氢化物-氢、氯化锶-氨，这些是物理吸附的工质对。还有化学吸附的工质对，如氯化钙-氨等。各工质对的吸附动力学特性是吸附制冷的基础研究内容。

4. 热电制冷

热电制冷又称温差电制冷（半导体制冷）。它是利用热电效应（即帕尔贴效应）的一种制冷方法。1834 年，法国物理学家帕尔贴在铜丝的两端各接一根铋丝，再将两根铋丝分别接到直流电源的正负两极上，通电后，发现一个接头变热，另一个接头变冷。帕尔贴效应是热电制冷的依据。

这种方法的制冷效果主要取决于两种材料的热电势。纯金属材料的导电性好、导热性也好，其帕尔贴效应很弱，制冷效率极低（不到 1%）。半导体材料具有较高的热电势，可以成功地做成小型热电制冷器。每对热电偶只需零点几伏电源电压，产生的冷量也很小，所以需要将许多热电偶联成热电堆后才能使用。

热电制冷器的结构和原理显然不同于液体汽化制冷。它不需要明显的工质来实现能量的转移。整个装置没有其他机械运动部件。但其制冷效率低，半导体材料价格高，必须使用直流电增加变压整流装置使体积增大，故不宜大规模使用。目前主要在电子仪器、医疗器械等尖端科技产品中使用。国外还常在手提式冰箱中采用热电制冷。

5. 磁制冷

磁制冷是利用磁热效应的制冷方式。早在 1907 年，P. Langevin 就注意到：顺磁体绝热去磁过程中，其温度会降低。从机理上说，固体磁性物质（磁性离子构成的系统）在受磁场作用磁化时，系统的有序度加强（磁熵减小），对外放出热量；再将其去磁，则系统的有序度下降（磁熵增大），又要从外界吸收热量。这种磁性离子系统在磁场施加和去除过程中所出现的热现象称为磁热效应。1927 年，Debye 和 Giauque 预言可以利用此效应制冷。1933 年，杰克实现了绝热去磁制冷。从此，在极低温领域（mK 级至 16K 范围）磁制冷发挥了很大作用。现在低温磁制冷技术比较成熟。

由以上制冷原理可以概括地说，任何伴随有吸热的物理现象原则上都有可能用来制冷，所以制冷方法很多。常用的是在普通制冷温度领域起主导作用的、作用面广、使用量大且技术装备成熟的液体蒸发制冷方式。这类制冷机是制冷工业的主导产品。

4.2　制冷设备节能技术

近年来，制冷空调技术发展迅速，制冷设备主要向着高效、节能、小型化、轻型化方向发展。在激烈的竞争中，制冷与空调企业竞相研制高效节能的制冷机。现就国内外在制冷与空调设备节能方面的研究进展做简要介绍。

4.2.1　提高制冷循环的性能指标

提高制冷设备性能指标，直接降低单位制冷量的能量消耗，主要有两方面的研究：一是改善制冷循环，将现有制冷循环加以分析，找出薄弱环节加以改进，这种分析已由静态分析转为动态分析；二是寻找新的制冷剂，尤其是对某些 CFC 加以限制以后，寻找新的制冷剂工作加快了。这方面的工作主要是寻找替代工质，使原有产品稍加改进能继续使用。再就是寻找新的性能更好的制冷剂，如非共沸混合制冷剂，使系统循环性能指标提高。

在替代工质研究中处于主导地位的是寻找广泛用于空调、制冷行业的制冷剂 R12 的替代物。其中有纯工质和混合工质两种替代方案。目前，多数学者推荐 R134a 作为 R12 的单工质替代物。从制冷循环性能方面分析，在空调工况下，R134a 具有较高的 COP（产生的冷量与输入电功的比值），而在冰箱运行工况下，COP 要低一些。为确保运行的可靠性，尚需解决压缩机的重新设计及最佳冷冻油选择等问题。在混合工质替代方案研究中，对新开发的近共沸混合工质研究结果表明，在现有低公害纯工质的基础上开发共沸混合工质有利于缩短替代时间。而非共沸混合物作为 CFC 替代工质具有保护环境和降低能耗的双重作用，因而受到国内外研究人员的重视。据报道，美国环保局对冰箱进行了模拟试验，其结果表明：与

R12 相比，非共沸混合工质在劳伦兹系统中的 COP 可提高 10% ~20%。

近年来，用计算机模拟制冷机特性的研究有了很大的进展，成为制冷系统及设备设计和计算的强有力工具，在实用化方面取得了令人瞩目的进展。不少学者利用能流图，对各个组件进行分析，以提高系统效率。据报道，美国 AROGNNE 国家实验室及普渡大学建立了冰箱稳定运行时组件的数学模型并编制了计算机模拟程序对冰箱进行模拟，以解决制冷剂 R12 的替代及系统效率的提高问题，模拟结果与实验相符。

4.2.2 提高热交换设备的传热性能

换热设备是制冷系统中重要的耗能设备，提高其效率是制冷机节能的一项重要措施。国内外对此已开展了广泛的研究及应用，研究方法是利用强化传热技术，强化冷凝器和蒸发器的传热，实现蒸发器、冷凝器的低温差传热。制冷系统中换热器强化传热主要着眼于空气侧传热的强化、管内制冷剂侧传热的强化及减少接触热阻三个方面。

空气侧强化传热侧重于改进翅片形式、合理选择翅片间距及蒸发器表面的亲水处理。为提高换热器的传热效果，人们在翅片表面上制造出不同形状的粗糙元，以破坏翅片表面附近的流动边界层而强化翅片表面传热。目前应用较多的翅片有波形翅片、条形翅片、超条缝翅片等。就空气侧传热系数而言，波形片比平片提高 20%，条形片比平片提高 80%，而超条缝片则比平片提高 1 ~2 倍。

对管内制冷剂侧相变传热的强化，国外多推荐采用内翅片来增加制冷剂与管壁间的传热系数。内翅片管的形式很多，其翅片可高可低，可以是与管轴平行的直片，也可以是有一定螺旋角的螺旋翅片，翅片及沟槽的断面也可以是多种形态，图 4-1 所示为内翅片管的形状。表 4-1 给出了日立公司各种内翅片管传热系数与压降增加率。

表 4-1 日立公司各种内翅片管传热系数与压降增加率 [$Gr = 200\text{kg}/(\text{m}^2 \cdot \text{s})$]

管子及型号	传热系数增加率（%）		压降增加率（%）	
	蒸　发	冷　凝	蒸　发	冷　凝
○光滑管	1.0	1.0	1.0	1.0
□A 型内翅片管	1.75	1.55	1.03	1.03
△B 型内翅片管	2.0	2.0	1.03	1.03
◇型内翅片管	2.5	2.4	1.05	1.05

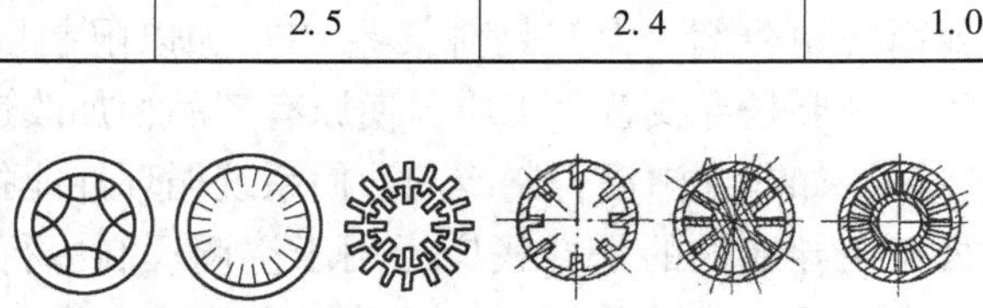

图 4-1　几种内翅片管的横截面形状

从表中可以看出，内翅片的使用可大大提高管内传热系数，因而，逐步利用内翅片管取代目前广泛使用的光滑管，是制冷与空调设备节能的方向之一。

在强化传热研究方面，对已开发的各种强化传热元件正开展以下两方面的研究工作：其一是通过试验，以确定换热器结构尺寸对换热性能的影响；其二是利用计算流体力学和计算传热学的理论对换热器的热质交换过程和空气流动过程进行数值模拟，以探明换热器的特性。

4.2.3　提高制冷设备的自动化水平

自动调节技术是否先进，在一定程度上直接反映出制冷机组的技术水平。因此，制冷设备的自动化水平已成为与制冷设备性能指标、重量指标及使用寿命同等重要的评定因素。当前，制冷装置的自动化已从单机自动安全保护，单机自动运转发展为多机组自动控制，甚至直接用计算机监测和控制，以实现运行工况最佳化，大大降低能量消耗。北京空调器厂的机电一体化全自动节能空调器已获得国家专利，这种空调器将机械设备本身及其动力配电与控制设备有机结合成一体，利用变风量与变水量等控制技术，采用“自适应控制”与“模糊控制”等控制软件，实现最佳状态点控制，达到优化节能的目的。一台具有节能优化控制软件的机电一体化空调器比通常恒温空调器节能40%左右。

使用变频调速技术，也是制冷空调设备节能的一个研究方向。变频调速装置用于制冷系统，可以自动或手动控制，使设备运行符合用冷点的需要。变频调速装置的工作程序是先将市电进入变频器再进入电动机，实现软起动，对电网不形成大冲击。由温度传感器把用冷点上的温度变成电信号输入变频器，自行寻找和选择并调整为最佳运行点，由计算机闭环控制。

4.2.4　研究新型制冷系统及部件

蒸气压缩式制冷系统有自己的优点，推广普遍且已成熟化，但也有其自身的弱点，如有运动部件、噪声大、易磨损等。因而国内外都在研究新型节能制冷系统及部件，新型制冷系统有吸收式制冷、磁制冷、太阳能制冷等。

蒸气压缩式制冷靠消耗机械功（或电能）使能量从低温处转移到高温处，而吸收式制冷则靠消耗热能来完成这种非自发过程。吸收式制冷特别适用于有废气、废热水的地方，是余热利用的一种有效方法，热效率较高，在国外吸收式制冷机占空气调节设备的40%～50%。目前德国的吸收式制冷技术已逐步市场化。美国、日本在吸收式制冷技术方面处于领先地位，双效溴化锂吸收式制冷机更具有发展前景。据报道，意大利的一大型太阳能装置，其集热面积和反射面积均为440m^2，蓄热池为43m^2，可控温度为80～90℃，蓄冷池为150m^2，采用吸收式制冷机运行，实践表明，节能效果显著。

磁制冷是利用固体磁性材料的磁热效应进行制冷。它不需压缩机、制冷剂，具有效率高、单位体积工质的制冷能力大等特点，是一种很有前途的新型节能制冷系统。美国AS-TRONAUTIC公司的冰箱新产品中，压缩机被利用磁热效应的磁热交换器所代替。磁性材料——钆（ga）元素在磁场中发热，热量通过循环系统排出磁场外，钆本身失去磁热能而冷却，并使冰箱内部降温，这种循环每秒重复一次。这种冰箱的效率比压缩式冰箱高30%～40%，而且重量更轻。

在开发节能型制冷附件方面，国内外也做了相当多的研究，如旋转式螺杆压缩机得到开发和应用，热管技术在空调制冷上逐步得到推广应用。

涡旋式压缩机由于效率高和运转平稳受到人们的重视，在日本和美国已形成批量生产，并用于制冷与空调设备上。从日本空调器上使用涡旋式压缩机的情况看，涡旋式压缩机的容积效率和绝热效率比往复式分别提高25%和10%，噪声降低5dB（A），面积缩小40%，重量减轻15%，且零部件数量少，可靠性高。

热管巧妙地组织了热阻极小的沸腾与冷凝两种传热过程，传热系数高。热管换热器有比常规换热器大得多的传热能力，可以做成体积小的产品，在制冷与空调中正得到较多利用。国内已有单位将热管用于空调系统中，利用热管夏季可从排风中回收冷量，冬季从排风中回收热量，并直接用到空气处理过程中，不仅可降低运行费用，而且能达到节能的目的。夏季回收冷量占原设计总负荷的3%～12%。

4.2.5 压缩制冷设备的节能途径

压缩制冷设备是消耗功获取冷量，也可获取热量的装置。这类设备的热力性能，通常用COP值或制冷系数ε来评价。国产小型户式风冷空调器的COP值多在2.8～3.0。以下从热力学和传热学及能量综合利用的观点，分析压缩制冷设备COP值降低的原因，找出节能途径，并比较各种节能措施的效果与潜力。

要对制冷设备的热效率进行评价，首先应知道其热效率的极值，并把其实际的热效率与极限热效率作比较才能判断其优劣。制冷设备由于环境温度T_0和被冷却空间的温度T_a变化，同一台设备的产冷量也会变化，极限热效率也会变化。通常以约定工况为准，约定工况不同，极限热效率也不相同。在环境温度T_0和被冷却空间的温度T_a一定的条件下，若设计一台逆卡诺机工作于T_0和T_a之间，则制冷系数ε可表示为

$$\varepsilon_{max} = \frac{Q_c}{W} = \frac{T_a}{T_0 - T_a} \tag{4-1}$$

式中，ε_{max}为制冷系数极大值，即最大COP值；Q_c为空调制冷量；W为输入功率。

实际上制冷循环内部存在着许多不可逆因素，使压缩功耗增加而制冷系数降低。例如：

1）流体流阻使压缩机出口压力升高，进气压力降低。

2）压缩机滑块摩擦使气体发热，熵增加。

3）压缩机电动机的焦耳热通过轴等传导使压缩气体处于不利的吸热压缩状态。

随着制冷与空调设备的不断增加，制冷与空调能耗逐步增长，降低制冷与空调能耗已成为全世界共同关注的问题。为了降低能量消耗，提高制冷效率，国内外已进行了较多研究，并在许多方面取得明显效果。

4.3 家用空调的节能改造

随着国民物质生活水平的提高，房间空调器进入了普通家庭。以下对家用房间空调器中窗式空调器作简单介绍。房间空调器采用了单级蒸气压缩式液体汽化制冷方式，广泛采用氟利昂22（R22）为制冷工作介质，简称制冷剂或制冷介质。

窗式空调机主要由控制系统、箱体、制冷系统和空气循环系统构成，其主要工作部分为制冷系统和空气循环系统，如图4-2所示。制冷系统包括蒸发器、压缩机、冷凝器、节流毛细管等。空气循环系统包括进气过滤网、送风风扇、排热风扇、新空气风门、同轴风扇电动机。

空调制冷系统的工作原理为：空调器制冷主要是依靠制冷剂汽化时吸热，冷凝时放热这一基本性质来实现的。在空调制冷系统内充入适量的制冷剂，空调起动运行后同轴风扇电动

机带动室内送风风扇（多为离心式风扇）和室外排热风扇（多为轴流式风扇）同时运转，压缩机开始运行工作。送风风扇运转时，连续将空调器中空气沿风扇外圆切线抛出，使空调器内出现负压区，于是室内的待冷却空气在正压作用下，经进气过滤网再穿越蒸发器肋片管间隙流向机内的负压区。在待冷却空气穿越蒸发器肋片管间隙的过程中，其自身的相当一部分热量传给了制冷剂，实现了自身的冷却降温，与此同时，降温后的空气就被送风风扇甩出空调器形成冷气流而送回了室内空间，降低了室温，达到了制冷的目的。

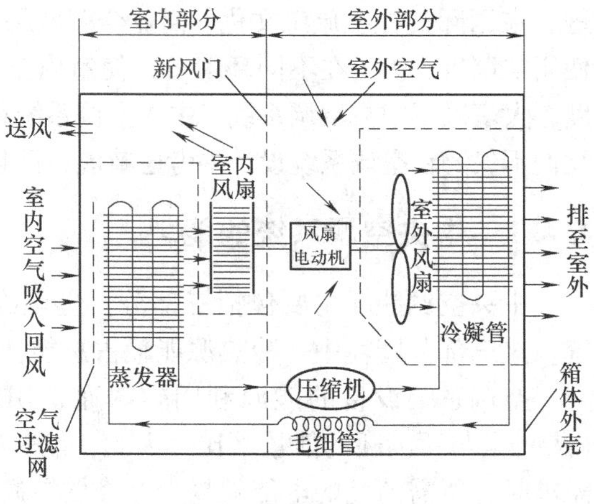

图4-2　空调器的冷却原理

如何维持上述制冷过程的连续性呢？第一，必须随时保持蒸发器内存有适量的低温、低压制冷剂湿蒸气用于及时吸收被“处理”空气中的热量；第二，要将所吸收的热量及时的排放出室外。这两条缺一不可。

当蒸发器内的低温、低压制冷剂湿蒸气吸收了室内空气的热量 Q_1 之后，其液体部分迅速发生相态变化而沸腾、蒸发成低温、低压蒸气；低温、低压蒸气通过管路被压缩机吸入气缸，压缩机对这部分蒸气做功 W，使其变成高温、高压蒸气；高温、高压蒸气被排入冷凝器，致使冷凝器温度高于室外环境温度，冷凝器向室外环境放热；为加快冷凝器向环境空气的放热，空调器室外排热风扇采用了轴流式大风量排风扇，轴流风扇形成的风不间断地将冷凝器的热量排到室外，由于空调器室外部分还设有补充空气的通风孔，不断补充空气，维持了轴流风扇的排风量。

被排出冷凝器的热量 Q_2 为

$$Q_2 = Q_1 + W$$

当冷凝器中的高温、高压蒸气放出热量 Q_2 之后，在冷凝器中冷凝成常温、高压液体。常温、高压液体还要流经滤除杂质和水分的过滤器进入极细孔径的毛细管进行节制流量和降低压力；经过节流处理后，制冷剂又变成了低压、低温湿蒸气，回到蒸发器；这样，制冷剂经过蒸发器、压缩机、冷凝器、毛细管又回到蒸发器，完成了一个制冷循环。

由于连续输入电能，使压缩机和同轴风扇电动机持续工作，因而使室内空气的“冷处理”以及以制冷剂为载体向室外转移热量的制冷循环得以维持，最终达到降温制冷的目的。

另外，合理布置空调器，才有利于其效率的发挥。例如，分体式空调器室内机应安装在送出的冷气或热风可以到达房间内大部分地方的位置，并使送出的风不受阻挡，以使室温均匀；其室外机应安装在通风良好处，侧边及上部留有足够的空间，以利于抽风，提高换热效果，并设遮阳篷，避免日晒雨淋。还要注意清除换热器上的积灰，以提高实际运行的能效比。

4.4　中央空调系统节能技术

随着国民经济的发展和对外开放事业的蓬勃兴起，我国空调技术的发展和应用突飞猛进，在国际交往、旅游文化、商业金融贸易、劳动环境、交通运输、生活设施等方面都竞相使用空调机。为了在不同环境下，使室内空气维持在一定的温湿度、气流速度及一定的洁净度，大多采用中央空调系统。中央空调系统在许多企业所占的能耗比例也越来越大，这就要求我们不仅要在空调系统设计中考虑节能，而且在空调系统运行操作与管理中注意节能。

4.4.1 中央空调系统的能耗

中央空调能耗主要包括三部分：空调冷热源、空调机组及末端设备、水或空气输送系统。这三部分能耗中，冷热源能耗占总能耗的一半左右，是空调节能的主要内容。

空调系统设备的能源利用效率通常用能效比（EER）表示。能效比即空调提供的冷（热）量与所消耗的能量之比。因此，能效比越高的设备或系统，在满足相同的冷（热）量需求时，所需消耗的电能就越少。降低空调系统能耗的关键在于提高空调系统的能效比。要提高空调系统的能效比，就要选用能量利用效率高的设备和系统形式，并且避免设备容量配备过大，保证在只有部分负荷时，该系统仍能够高效率地工作。

目前，在国内各种空调建筑中，选用的冷热源设备品种繁多，由于各种机组的耗用能量形式不同，因而无法根据各自耗用的电能或热能直接进行节能性比较。但是，如果把各自消耗的能量折算成一次能源，则各类机组均可用单位时间内一次能源消耗量所制取的冷量或热量进行比较，本书使用一次能源效率 OEER（W/W）来表示，表 4-2 是各种冷热源机组的 OEER 值。

表 4-2 各种冷热源机组一次能源效率的比较

冷(热)水	制冷(热)方式	热 煤	额定工况时能耗指标①			季节平均②		
			EER	ζ	OEER	EER	ζ	OEER
冷水（夏季）	活塞式冷水机组	电	3.9		1.19	3.4		1.034
	螺杆式冷水机组	电	4.1		1.25	3.60		1.094
	离心式冷水机组	电	4.4		1.34	3.90		1.186
	活塞式风冷热泵冷热水机组	电	3.65		1.11	3.20		1.034
	螺杆式风冷热泵冷热水机组	电	3.80		1.16	3.40		1.069
	蒸气双效溴化锂吸收式冷水机组	煤		1.15	0.71		1.05	0.648
	蒸气双效溴化锂吸收式冷水机组	油（气）		1.15	0.93		1.05	0.875
	直燃型双效溴化锂吸收式冷热水机组	油（气）		1.09	1.09		0.95	0.95
热水（冬季）	活塞式风冷热泵冷热水机组	电	3.85		1.17	3.45		1.049
	螺杆式风冷热泵冷热水机组	电	3.93		1.20	3.63		1.104
	直燃型双效溴化锂吸收式冷热水机组	油（气）		0.90	0.90		0.75	0.75
	热水机组	电	1.0		0.304	0.9		0.274
	热水机组	油（气）		0.85	0.85		0.75	0.75
	采暖锅炉	煤		0.65	0.65		0.60	0.60

① 额定工况：冷水机组——冷冻水进、出口温度分别为7℃、12℃，冷却水进、出口温度分别为32℃、37 ℃；热泵冷热水机组——夏天环境温度为35 ℃，冷水出水温度为7℃；冬季环境温度为7℃，热水出水温度为45 ℃。表中 EER 及 ζ（效率）值取自参考文献［2］的最低规定值或厂家样本平均值。

② 参照参考文献［3］取值。

从表4-2中可以看出，单从能耗角度考虑，夏季制冷时离心式、螺杆式冷水机组OEER较高，蒸气双效溴化锂吸收式冷水机组OEER最小；冬季供热时螺杆式、活塞式热泵冷热水机组OEER较高，电热水机组最低，即能耗最高。当然，冷热源机组选用除考虑节能外，设计人员还应根据当地的具体情况进行综合技术经济比较，如初投资、运行费、回收期、当地电源、水源、热源及环保等方面情况，为建设单位和业主提供选用依据。

由于直燃型溴化锂吸收式冷热水机组，具有一机多用，可制冷、采暖和供应生活热水，不用氟利昂制冷剂，对大气臭氧层无破坏作用，耗电少等优点，其应用也越来越多。但从一次能源消耗角度考虑，其能耗指标高于电压缩式冷水机组和热泵机组，因此直燃机组是节电不节能。在选用时应做技术经济比较，不应在任何情况下都选用直燃机组。为了达到节能目的，国内应积极开发和研制三效直燃机组，它的能耗指标远低于目前的两效机，其一次能源消耗指标将优于或相当于电压缩式冷（热）水机组，国内外目前都在积极从事这方面的研究和开发工作。

对于一个大型建筑，采用多分区空调对节能有利。由于同一建筑物平面和竖向各处空调负荷差别很大，各个房间要求的室内空气参数不同，为做到节能与经济运行，应将系统分区。例如，体形很大的建筑物的周边区受室外气温变化和太阳辐射的影响较大，不同朝向房间的四季空调负荷随室外气象条件变化，而内区的空调负荷较为稳定。除了按朝向分区外，还可按建筑物不同的用途、不同的使用时间进行分区，以满足不同的使用要求。

空调制冷机是空调系统的心脏，其能耗在整个空调系统中所占比例很大。按照目前我国一般情况，夏季制冷以电动冷水机组一次能效比最高，其中离心机组能效比最高；但不同形式的机组单机制冷量范围不同。由于制冷机组大部分时间在部分负荷下工作，此时其效率小于满负荷运行，因而宜选择部分负荷性能较好的产品。采用变频调速技术的设备具有良好的能量调节特性。合理配置机组的台数及容量大小，以便在运行中根据负荷的变化进行机组的合理调配，可使设备尽可能满负荷的同时而高效率运转。

国产风机盘管从总体水平看与国外同类产品相比差不多，但与国外先进水平比较，主要差距在耗电量、盘管质量和噪声方面。因此设计中一定要注意选用质量轻、单位风机功率供热（冷）量大的机组。空调机组应该选用机组风机风量、风压匹配合理，漏风量少，空气输送系数大的机组。

由于电网峰谷差值日益增大，故蓄冷空调正在快速发展。在电网低谷负荷时，用蓄冷空调设备制冷，将冷量以冷冻水、冰或凝固相变材料的方式储存起来，而在空调高峰时段，也是电网高峰时段，利用存储的冷量向空调系统供冷，从而减少空调制冷设备容量、降低系统运行的费用，也有利于电网削峰填谷。

采用蓄冷系统时，有两种负荷管理策略可以考虑。当电费价格在不同时间里有差别时，可以将全部负荷转移到廉价电费的时间里运行。可以选用一台能储存足够能量的传统冷水机组，将整个负荷转移到高峰以外的时间去，称为“全部蓄能系统”。这种方式常常用于改建工程中利用原有的冷水机组，只需增设蓄冷设备和有关的辅助装置，但需要注意原有冷水机组是否适用于该蓄冷系统。这种方式也适用于特殊建筑物，需要瞬时大量制冷的场合，如体育馆建筑物。在新建的建筑中，部分蓄能系统是最实用的，也是一种投资有效的负荷管理策略。在这种负荷均衡的方法中，冷水机组连续运行，它在夜间用来制冷蓄存，在白天利用储存的制冷量为建筑物提供制冷，将运行时数从14h扩展到24h，可以得到最低的平均负荷，高峰时段需电量大大减少，而冷水机组的制冷能力也可以减少 50% ~60% 或者更多一些。蓄冷空调从该系统本身的运行角度上看并不节能，但是从全社会的角度上看，由于利用了电网低谷负荷，在实行峰谷电价的地区是一种效益良好的空调节能技术。

中央空调系统设计的基本要求是要向空调房间内输送足够数量的、经过一定处理的空气，用以吸收室内的余热和余湿，从而维持室内所需要的温度和湿度。当室内余热发生变化而又需要使室内温度保持不变时，可将送风量固定，而改变送风温度，也可将送风温度固定，改变送风量，那种固定送风量而改变送风温度的空调系统，一般称为定风量系统。对于服务于多个房间（或区域）的定风量空调系统来说，由于经过空调设备处理过的空气送风温度一定，为了适应某个房间（或区域）的负荷变化，往往需要设立再热装置，才能维持所要求的温度、湿度范围，否则会产生过冷现象。对经过冷却去湿处理过的空气又进行再热处理，这显然是一种能量的浪费。

对于多数舒适性空调要求来说，并不需要十分严格的温度和湿度控制。变风量系统可以克服上述缺点，它可以通过改变送到房间（或区域）里去的风量，来满足这些地方负荷变化的需要。因此，变风量系统在运行中是一种节能的空调系统。在一幢大型民用建筑中，各个朝向的房间一天中最大负荷并不出现在同一时刻。对于定风量系统，总风量是固定的，因而只能按各房间的最大负荷来设计送风量。而变风量系统可以适应一天中同一时间各朝向房间的负荷，并不都基于最大值，空调系统输送的风量（实际上输送的是能量）可以在建筑物各个朝向的房间之间进行转移，从而系统的总设计风量可以减少，空调设备的容量也可以减少，既可以减少设备费的投资，也进一步降低了系统的运行能耗。

4.4.2 中央空调水系统及其节能

一般中央空调水泵的耗电量占空调系统总耗电量的 20% ~30%，故节约低负荷时水系统的输送耗能量，具有很重要的意义。所以，随着热负荷的变化而改变水量的变流量空调水系统显示了其巨大的优越性。

一般空调水系统的输配用电，在冬季供暖期间占整个建筑动力用电的 20 % ~25 %；夏季供冷期间占 12 % ~24 %，因此水系统节能具有重要意义。目前，空调水系统存在着许多问题：①选择水泵是按设计值查找水泵样本的铭牌参数确定，而不是按水泵的特性曲线选定水泵型号；②未对每个水环路进行水力平衡计算，对压差相差悬殊的回路也未采取有效措施，因此水力、热力失调现象严重；③大流量、小温差现象普遍存在，设计中供、回水温差一般均取 5 ℃，但经实测，夏季冷冻水系统供回水温差较好的为 3 ℃，较差的只有 1 ~1. 5 ℃，造成实际水流量比设计水流量大 1. 5 倍以上，使水泵电耗大大增加。按照实际需要选用空气处理设备和水泵，采用变风量系统和变流量水系统，组织良好的气流，注意水系统分支环路的水力平衡，都有利于降低空调风机、水泵的能耗。

传统的空调水系统设计中，冷水机组之所以总是被设计成按定流量运行，其原因在于担心变流量有可能会对制冷机运行产生不利影响。蒸发器（或冷凝器）内冷冻水（或冷却水）流量减小时，水泵的电耗确实减少；但另一方面，制冷机制冷效率（COP）将下降，制冷机单位制冷量的电耗将增加，结果有可能达不到节能的目的；另外，如果水流量过小，还有使蒸发器结冰冻裂的危险。

有些空调水系统的改造项目，仅以水泵的流量调节范围作为判断节能改造的可行性和计算投资回收期的唯一依据。结果出现了这样的情况：冷冻水泵或冷却水泵本身确实节能，且节能率还很高，但如果考虑到制冷机电耗的增加，整个空调系统实际节能幅度很小，甚至根本就不节能。这样不全面的分析可能造成投资回收期的计算错误。

水系统节能应从如下方面着手：

1）设计人员应重视水系统设计，认真进行水系统各环路的设计计算，并采取相应措施，保证各环路水力平衡。认真计算和校核空调水系统输送系数，切实落实节能设计标准的要求值，积极推广变频调速水泵，冬、夏两用双速水泵等节能措施。

2）冷却塔。众所周知，制冷系统冷却水进水温度的高低对主机耗电量有着重要影响，一般推算，在水流量一定情况下，进水温度升高 1℃，电压缩主机电耗约增加 2 %，溴化锂冷水机组能耗提高 6 %。目前空调冷冻站水冷却设备多为玻璃钢冷却塔，国内现有玻璃钢冷却塔厂家 200 多个。目前，国产玻璃钢冷却塔主要存在如下问题：①冷却效率低，达不到产品样本规定的冷幅。由于冷却水进水温度高，用户不得不用加大水泵、提高水泵流量的办法解决，使水泵电耗增加，但收效甚微。②漂水严重，它不仅污染环境，而且浪费水源。某工程实例测试，每年因漂水增加的水费相当于冷却塔本身的价格。③噪声大，噪声影响周围居民生活环境，据几个中心城市的调查，居民投诉占的比例相当大。

综上所述，在选用冷却塔时，应选用有一定规模，生产设备比较齐全的冷却塔生产厂家，并有国家质量监督检验中心的抽检合格报告，特别是冷却效率、噪声、电耗、漂水、使用寿命等主要指标，应符合现行国家标准 GB/T 7190. 1—2008《玻璃纤维增强塑料冷却塔 第1 部分：中小型玻璃纤维增强塑料冷却塔》和 GB/T 7190. 2—2008《玻璃纤维增强塑料冷却塔 第 2 部分：大型玻璃纤维增强塑料冷却塔》的要求。

3）减少水侧污垢、腐蚀及青苔影响。有人实测过多个冷冻站，证实水侧的水垢、腐蚀及青苔对制冷系统影响极大，也是空调系统能耗高的重要原因。表 4-3 是水垢对制冷机性能影响的计算值。

表 4-3 水垢对制冷机性能影响的计算值

水垢层厚度 δ/mm	水垢热阻系数 R_f/（$m^2 \cdot K/W$）	换热器传热系数 K/[$W/(m^2 \cdot K)$]	换热量增减情况（%）	溴化锂冷水机组			压缩式冷水机组		
				冷却水侧增减制冷量（%）	冷冻水侧增减制冷量（%）	机组总增减制冷量（%）	冷却水侧增减制冷量（%）	冷冻水侧增减制冷量（%）	机组总拉减制冷量（%）
0	0	3880	129	108	106	114	102. 9	104. 7	107. 6
0.075	0. 000043	3326	114	104	103	107	101. 4	102. 2	103. 6
0.15	0. 000086	2915	100	100	100	100	100	100	100
0.30	0. 000172	2331	80	92	94. 5	86. 5	98	96. 8	94. 8
0.45	0. 000258	1942	66. 6	86. 5	90	76. 5	96. 7	94. 6	91. 3
0.6	0. 000344	1664	57. 1	81. 5	86. 5	68	95. 7	93. 1	88. 8

从表 4-3 中可以看出：①水垢热阻对制冷机性能影响很大，特别是对溴化锂吸收式冷水机组影响更大；②一般冷水机组额定制冷量是按 $\delta = 0.15$mm，$R_f = 0.000\ 086 m^2 \cdot K/W$ 标定，出厂的新机组由于换热管一般均经过钝化处理，所以新机器的水垢热阻 $R_f \neq 0$，近似为

$\delta=0.075\mathrm{mm}$，$R_f=0.000043\mathrm{m^2\cdot K/W}$。因此，出厂的新机组制冷量应比额定值大，对溴化锂机组应大7%，对压缩式冷水机组应大3.6%左右。所以，选用的新机组不仅要达到额定值，而且应大于额定值。

为了减少水垢、腐蚀及青苔对水系统的影响，除设备生产厂家应采取措施外，空调设计应增设水处理装置。国内外的实践证明，高频多段磁场能很好地对水质进行处理，因此，应提倡选用高频电磁多功能水处理装置，目前一些单位采用的加药水处理或充软水的方法是不可取的。

4.4.3 加强中央空调的管理

1）加强对空调操作人员的培训，提高管理人员素质，实行空调操作人员操作证制度。各项调节和节能措施的实施，都与操作人员的技术素质直接相关。对制冷空调节能所进行的长期而细致的研究和经验积累得到图4-3所示的结论，颇有参考价值。

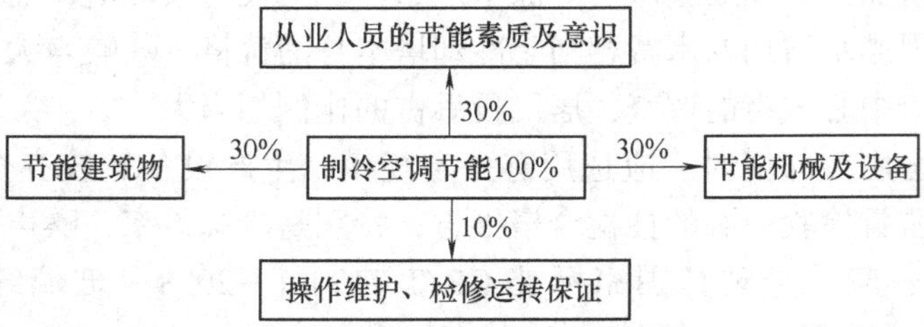

图4-3 节能直观图形

2）中央空调系统实行独立耗电核算制，克服用电吃“大锅饭”，做到浪费电罚，节约电奖的制度。

除上述几点外，还应根据具体工程情况，积极推广水环路热泵，采用热回收、变风量、变水量系统等节能技术。

4.5 变频空调器及其节能

变频空调器是一种新型节能机种。它的出现主要依赖于微电脑控制技术、电子变频技术和双转子式压缩机技术。变频空调器的微电脑随时收集室内环境的有关信号与内部的设定值进行比较，经运算处理后输出控制信号，改变压缩机电源的频率（在25～120Hz之间变化），控制压缩机转速的快慢，从而改变制冷剂的循环量，以达到调节制冷（制热）能力的目的。变频空调器与普通定速空调器相比，增加了重要的控制器件——变频器。

4.5.1 变频空调器的工作原理

感应式异步电动机转子转速公式为

$$n=60f(1-s)/p$$

式中，n为转子转速，单位为r/min；p为电动机极对数；f为电源频率，单位为Hz；s为转差率。

由该公式可知，改变电源频率f，可改变电动机转子转速n，即可实现变频调速。变频空调器分为直流变频和交流变频两种。直流变频空调器是把工频交流电转换为直流电源，并送至功率模块，在微电脑输出的控制信号作用下，输出电压可变的直流电源（无逆变环节），送至压缩机直流电动机，改变电动机转速，控制压缩机的排量。目前变频空调器广泛采用交-直-交这种交流变频方式，其控制原理框图如图4-4所示。变频空调器的工作原理是：50Hz的交流电先经桥式整流电路转变为直流电源，再由逆变电路变为频率可调的交流电源（合成波形近似正弦波），同时逆变电路受微电脑送来的控制信号控制，使压缩机电动机的转速随电源频率的改变而变化，从而控制制冷剂的循环量，以调节制冷（制热）能力。

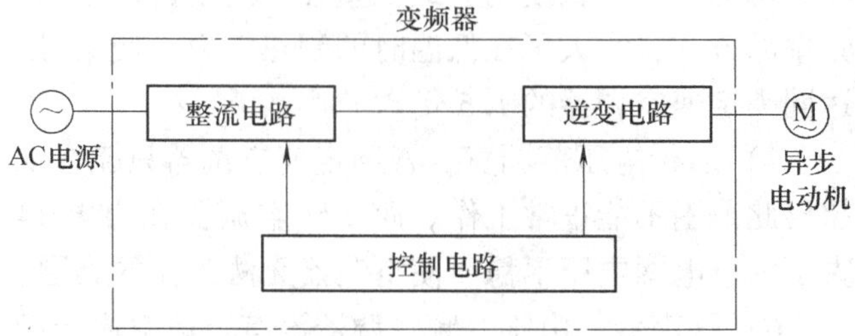

图4-4 交流变频控制原理框图

逆变电路常见为集成功率模块，为六只（或四只）晶体管开关组合，如图4-5所示。由微电脑芯片输出的控制信号加至VT1-VT6的基极（若开关管为IGBT则加至绝缘栅极），控制六只晶体开关管的导通组合顺序及导通时间，即可输出频率可变的三相交流电。为了避免电动机磁饱和，抑制起动电流，应输出足够的电磁转矩进行正常运转，在改变频率的同时，必须同比例改变输出电压，为此须采用VVVF模式，即调频调压逆变器。

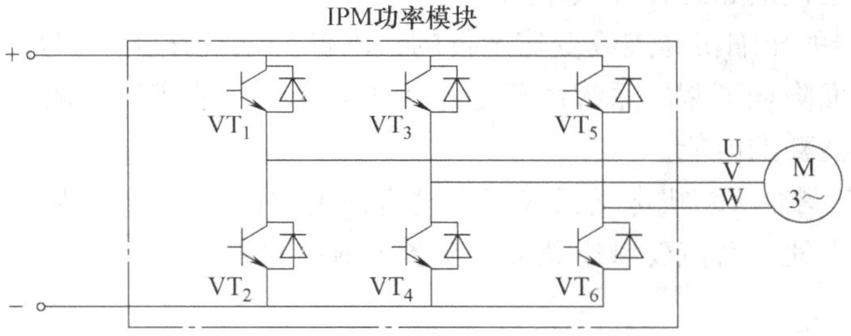

图4-5 功率晶体管逆变电路

4.5.2 变频空调器的优点

1）制冷（制热）强劲迅速。变频空调器起动时，以最高频率最大功率运转，快速制冷（制热），使室温迅速达到设定温度，无论严寒酷暑均可快捷地享受舒适的温度。

2）高效节能。变频式空调器根据实际需要来确定功率，所以效率较高。另外，由于压缩机没有反复的起动、停止，故不消耗多余的电能。同时，还应用其他多项节能技术，因此变频空调器与同规格的普通定速空调器相比，节电约25%。

3）舒适度高。普通定速空调器是通过压缩机频繁的开停控制室温的，室内温度变化范围大于±2℃，其波动幅度较大。而变频空调器是连续运转的，通过转速快慢变化来维持室温为设定温度，其波动幅度仅为±0.5℃，室温舒适恒定。在冬季制热化霜时，由于电子膨胀阀的应用，利用压缩机排出的热量先向室内供热，余下的热量再送至室外换热器进行化霜。避免了普通定速空调器逆循环除霜时使室内温度下降的问题。这些都使得变频空调器的舒适性大大提高。

4）低温制热性能好。普通热泵型空调器制热运行时，随着室外环境温度的下降，制热能力也随之下降，使用时最低室外温度不得低于 -7℃。而变频空调器通过提高压缩机工作频率的方式，增大了在低温时的制热能力，使用时最低室外温度可达 -15℃，最大制热量可达同类定速空调器的 1.5 倍。

5）运行电压范围宽。普通定速空调器只能在 198 ~ 242V 的电压范围内工作，电源电压超出此范围不能正常工作。而变频空调器在市电 142 ~ 270V 的范围内均能可靠地工作，解决了由于电网电压不稳而使空调器无法工作的难题。

6）噪声低。由于变频空调器没有定速空调器频繁的起停现象，并且室内风机采用永磁多极转子无刷直流电动机，其整机运行噪声大大减小。

4.5.3 变频空调器的节能优势

1）变频空调器以低速小电流软起动。起动电流仅为额定电流的 1.5 倍左右，因此，起动时的能耗小。

2）变频空调器在高频高速满负荷状态下运行的时间比较短，当室内温度快速达到设定温度后，变频空调器绝大部分时间处于低频低速轻载的工作状态。此时虽然制冷剂的循环量减少，但室内、外换热面积并未改变，因此整机制冷效率大大提高，节能效果十分显著。

3）变频空调器的制冷系统采用电子膨胀阀节流，可以根据室温的变化，快速准确地调节制冷剂流量，使空调器始终在高效率的工况下运行，达到节电目的。

4）变频空调器的压缩机是连续变速运行的，不像普通定速空调器那样频繁地起动和停止。这种情况一方面降低了制冷系统由于起停使压力变化所造成的损耗，另一方面，也降低了大的起动电流所消耗的电能。

5）直流变频空调器压缩机电动机采用无刷直流电动机，转子为四极磁化永磁体，定子为四极三相结构，因此，直流变频空调器比交流变频空调器更省电。

4.6 热泵系统及其节能技术

4.6.1 热泵简介

1. 热泵的工作原理

热泵是一种制热装置，该装置以消耗少量电能或热能为代价，能将大量用途不大的低温热能输送到高温热源。热泵的工作过程可与水泵相类比，如图 4-6 所示。水泵消耗少量电能或热能 W，将大量水从低位处泵送到所需的高位处；热泵也是消耗少量电能或热能 W，将环境中蕴含的大量免费低品位热能或生产过程中的无用低温废热 Q_2，变为满足用户要求的高温热能 Q_1。

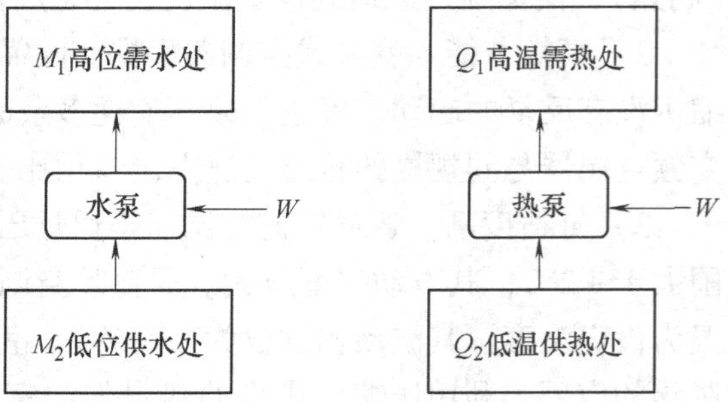

图 4-6 热泵与水泵的工作过程类比

根据热力学第一定律，Q_1、Q_2 和 W 之间满足如下关系

$$Q_1 = Q_2 + W \tag{4-2}$$

由式（4.2）可见，$Q_1 > W$，即热泵制取的有用热能，总是大于所消耗的电能或热能；而用燃烧加热、电加热等装置制热时，所获得的热能一般小于所消耗的电能或热能。这是热泵与普通加热装置的根本区别，也是热泵制热最突出的优点。

热泵的工作原理与制冷机相同，都是按热机的逆卡诺循环。所不同的是，制冷循环的目的是从低温热源（如冷库）不断地取出热量，以维持其低温；热泵则是从周围低温环境吸取热量，向高温物体（如采暖的建筑物）提供热量，以维持其较高的温度。如图4-7所示，图中 T_a 是环境温度，T_0 是低温物体的温度，T_h 是高温物体的温度。图4-7a表示热泵装置，从环境中吸取热量传递给高温物体，实现供热目的；图4-7b表示制冷机，从低温物体吸取热量传递到环境中去，实现制冷目的。

蒸气压缩式热泵同蒸气压缩式制冷机一样，其工作原理如图4-8所示。一台最简单的蒸气压缩式热泵由压缩机、冷凝器、节流阀、蒸发器组成。其工作过程为：压缩机不断地抽吸蒸发器中产生的蒸气，并将它压缩到冷凝压力 p_h，然后送往冷凝器；在压力 p_h 下等压冷却和冷凝成液体，制冷剂冷却和冷凝时放出的热量传给被加热物体，冷凝后的液体通过节流阀进入蒸发器；当制冷剂通过节流阀时，压力从 p_h 降到了 p_a，部分液体汽化，剩余液体的温度降至 t_a，于是离开节流阀的制冷剂变成温度为 t_a 的两相混合物；混合物中的液体在蒸发器中蒸发，从环境中吸取它所需的汽化热，汽化后再流入压缩机。

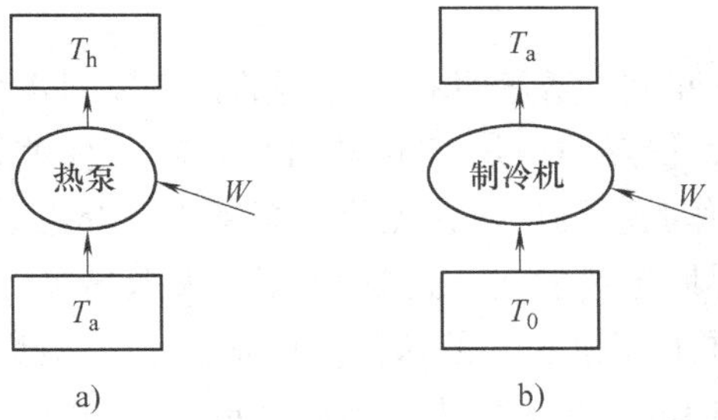

图4-7　热泵与制冷机工作过程对比
a）热泵装置　b）制冷机

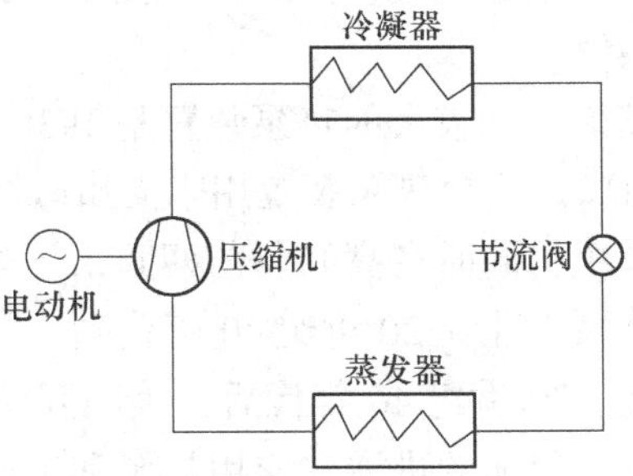

图4-8　蒸气压缩式热泵的工作原理

图4-9所示为蒸气压缩式热泵的理论循环在温熵（T-s）图和压焓（p-h）图上的表示。在 T-s 图和 p-h 图上，线段4-5表示节流膨胀过程，工质在节流前后焓值没有改变，但工质压力、温度同时降低，并进入两相区；线段5-1表示蒸发过程，在此过程中工质从环境介质中吸取热量；线段1-2表示等熵压缩过程；线段2-3-4表示冷凝过程，它包括冷却（线段2-3）及凝结（线段3-4）两个阶段，2-3阶段在较高温度下释放出部分高位热能，3-4阶段在冷凝温度 T_0 下释放出凝结热。由此可见，线段2-3-4所示过程将由环境介质中吸取的热量和压缩功输送到温度较高的被加热物体中去。

2. 热泵的发展历史

热泵的理论起源于19世纪早期卡诺的著作，他在1824年发表关于卡诺循环的论文，这个理论经过30年后，在1850年初由开尔文（L. Kelvin）提出：冷冻装置可以用于加热。之后许多科学家和工程师对热泵进行了大量研究。1852年，威廉．汤姆逊（Willian Thomson）

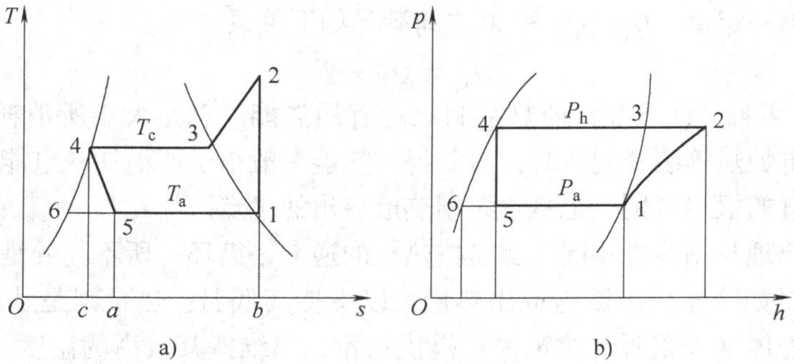

图 4-9 蒸气压缩式热泵循环

a）*T-s* 图 b）*p-h* 图

发表了一篇论文，首次提出一种热泵设想。直到 20 世纪 20 ~ 30 年代热泵才得以较快的发展。当时，英国安装了第一台热泵。20 世纪 20 年代中期，Krauss 和 Morey 在 Thomson 论文的基础上进行了重新论述，并加以完善，从当时制冷设备的性能来研究热泵的可行性。霍尔坦（Haldane）进行了这一研究工作，从运行的制冷装置测得不同输出温度下热泵的性能系数（COP）为逆向卡诺机理论效率的 1/3 ~ 1/2，并在 1927 年在他苏格兰家中安装了一台实验用热泵，进行循环采暖和水加热。1930 年，霍尔坦在他的著作中介绍了这台家用热泵的安装及实验情况。而在此之前，1912 年瑞士的苏黎世已成功安装一套以河水作为低位热源的热泵设备用于采暖，并以此申报专利，这就是早期的水源热泵系统，也是世界上第一个水源热泵系统。

欧洲第一台较大的热泵装置是 1938 ~ 1939 年间在苏黎世投入运行的，它以河水作热源，工质是 R12，这台热泵装置用来向市政厅供热，供热功率是 175kW，供水温度为 60℃，并装有蓄热系统，同时在高峰负荷期间采用电加热作为辅助加热，此热泵装置在夏季也进行制冷运行。热泵工业在 20 世纪 40 年代到 50 年代早期迅速发展，到 1943 年，大型热泵的数量已相当可观。20 世纪 40 年代后，美国开始对热泵有了进一步的认识。1948 年，小型热泵的开发工作有了很大的进展，家用热泵和工业建筑用的热泵大批投放市场。英国于 20 世纪 50 年代也生产了许多小型民用热泵。1950 年前后，在美、英两国开始使用地下盘管吸收地热作为热源的家用热泵的研究工作。热泵工业在 1952 ~ 1963 这 10 年中又经历了迅速成长的阶段。由于热泵可以把制冷与采暖合用一套装置，而热泵若在电力充足而电能价格又便宜的地区使用时，其运行费用甚低。因此，用户对热泵产生了兴趣，使热泵进入了快速发展阶段。

3. 热泵的性能指标

热泵最主要的性能指标就是制热系数，可用符号 COP_H 表示。

制热系数的一般定义为

$$COP_H = \frac{\text{用户获得的热能}}{\text{热泵消耗的电能或热能}} \tag{4-3}$$

由式（4-3）可知，制热系数 COP_H 为无因次量，表示用户消耗单位电能或热能所获得的有用热能。与锅炉、电加热器等制热装置相比较，热泵的突出特点是消耗少量电能或热能，即可获得大量所需热能，这一特点可通过热泵装置的能流图和制热系数得到明确的体现。

1）热泵的能流图和制热系数。热泵的简化能流图如图 4-10 所示（图中取热泵的制热系数为 4，即输入一份电能或燃料能，可从环境或废热中吸取 3 份热能，总计供给用户 4 份热能）。

由图 4-6、图 4-10、式（4-3）可知，热泵的制热系数 COP_H 为

$$COP_H = \frac{Q_1}{W} = \frac{Q_2 + W}{W} = 1 + \frac{Q_2}{W} > 1 \tag{4-4}$$

即热泵的制热系数永远大于 1，用户获得的热能总是大于所消耗的电能或热能。

2）锅炉的能流图和制热系数。以锅炉作为普通制热装置的代表，其简化能流图如图 4-11 所示（按制热系数的含义，锅炉的制热系数即为通常所说的热效率，图中取为 0.8）。

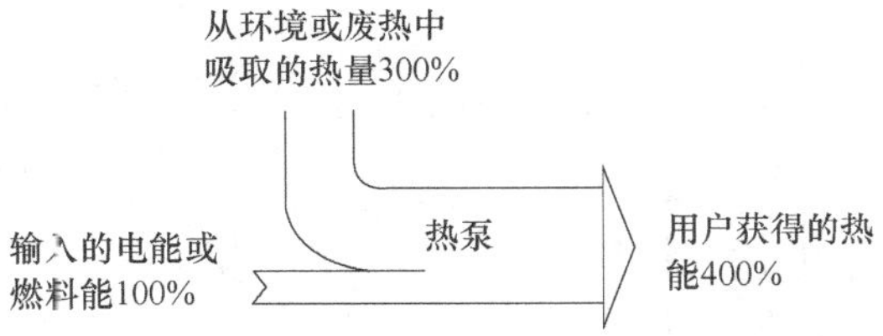

图 4-10　热泵的简化能流图

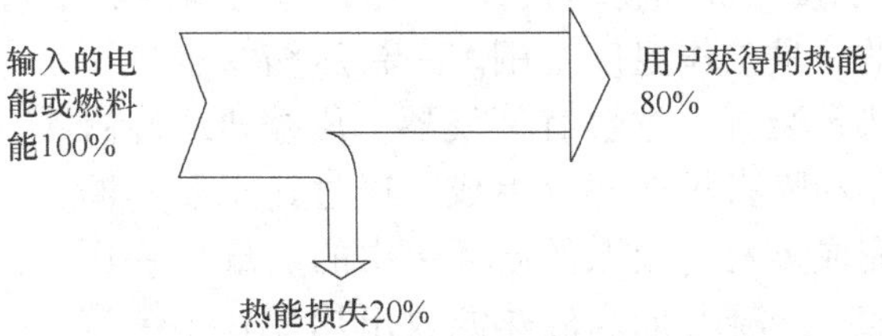

图 4-11　锅炉的简化能流图

由图 4-11 和式（4-3）可知，锅炉等普通制热装置的制热系数永远小于 1，即用户获得的热能总是小于所消耗的电能或燃料能。

可见，热泵可将低品位热能提高品位后加以有效利用，具有良好的节能效果。按照热泵的热源不同，热泵可分为空气源热泵、水源热泵和地源热泵等，各有其适用场合。

4.6.2　空气源热泵

1. 空气源热泵概述

空气源热泵是指工质通过换热器与室外空气换热而制取热量的热泵系统，如图 4-12 所示。它也是运用逆卡诺循环原理，但与空调制冷相反，它是用于制热。空气源热泵现在多用于制取热水，由热泵吸收空气中的热量制取热水，它以环境空气作为低品位热源，取之不尽，用之不竭，处处都有，无偿获取，比太阳能热水器应用范围更广，是目前世界上较为先进的节能环保热水系统。

图 4-12　空气源热泵机组实物图

国家制冷标准是1000W电能的输入能产生2800W的制冷量，根据热平衡原理，加上输入的1000W电能转化的热量，实际产生的热量在3800W以上，把这些热量输送到需要加热的冷水中，其耗电量只是电热水器的1/4，而电热水器因为热量损耗，输入1000W电能平均只能转化为860W的热量。简单地说，以一份电能通过热泵的冷媒，激活了大气中相当于3份以上数量的热能，与电加热相比，达到省电75%～85%，节能效率是电热水器的4倍以上。

2. 空气源热泵的工作原理

热泵实质上是一种热量提升装置，它从周围环境中吸取热量，并传递给被加热的对象（温度较高的物体），其工作原理与制冷机相同，都是按照逆卡诺循环原理工作的，所不同的只是工作温度范围。一台压缩式空气源热泵装置，主要有蒸发器、压缩机、冷凝器和膨胀阀四部分组成，通过让工质不断完成蒸发（吸取低温环境中的热量）→压缩→冷凝（向高温热源放出热量）→节流→再蒸发的热力循环过程，从而将环境里的热量转移到空气或水中（图4-13）。

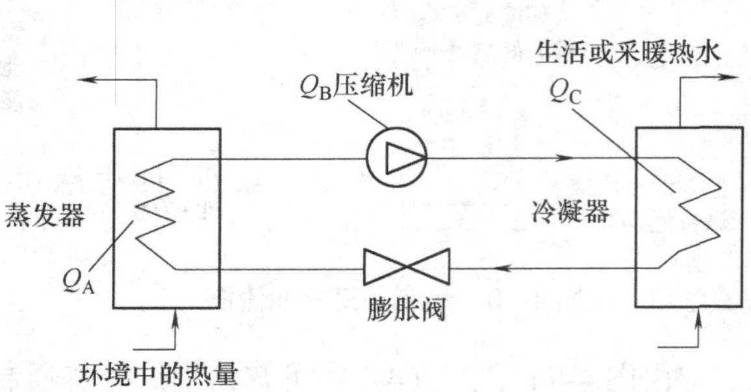

图4-13　空气源热泵工作示意图

热泵在工作时，把环境介质中储存的能量Q_A在蒸发器中加以吸收；系统本身消耗一部分能量，即压缩机消耗的电能Q_B；通过工质循环系统在冷凝器中进行放热Q_C，$Q_C=Q_A+Q_B$，由此可以看出，热泵输出的能量为压缩机做的功Q_B和热泵从环境中吸收的热量Q_A之和。因此，采用热泵技术可以节约大量的电能。

3. 空气源热泵的类型及优缺点

按照蒸发器和冷凝器换热介质的不同，空气源热泵可分为以下两类：一类是空气-空气热泵机组，又叫空气源直接蒸发式热泵机组。它是以制冷剂作为传热介质，室内空气通过冷凝器被热泵机组直接加热，室外空气通过蒸发器直接将热量传给热泵机组。另一类是空气-水热泵机组，又叫空气源热泵热水机组。机组通过蒸发器从室外空气吸收热量，通过冷凝器放热使水升温。

空气源热泵具有如下优点：

1）空气源热泵系统冷、热源合一，不需要专门的冷冻机房、锅炉房，机组可任意放置于屋顶或地面，不占用建筑的有效使用面积，施工安装十分方便。

2）空气源热泵系统无冷却水系统。无冷却水损耗和冷却水系统动力消耗。另外，也避免了因冷却水污染形成的细菌污染，从安全卫生的角度讲，空气源热泵具有明显优势。

3）空气源热泵系统由于无需锅炉、无需相应的锅炉燃料供应系统、除尘系统和烟气排放系统，系统运行安全可靠、对环境无污染。

4）空气源热泵机组采用模块化设计，不必设置备用机组，系统设备少而集中，操作、维护管理简单方便。运行过程中计算机自动控制，调节机组的运行状态，使供热功率与工作环境相适应。

5）适用范围广。可用于酒店、宾馆、厂矿、学校、医院、桑拿浴室、美容院、游泳池、温室、养殖场、洗衣店、家庭住宅等，可单独使用，也可集中使用，不同的供热要求可选择不同的产品系列和安装设计，同时还可免费获取冷气。

6）空气源热泵的广泛应用可缓解能源紧张的情况。我国每年用于采暖、空调与生活用热水系统的能耗占全国能源消耗总量的15%，采用空气源热泵技术可节能50%以上；我国有商用和家用空调上亿台，冬夏两季消耗巨大电能，每年的这两个季节工业产值都因为用电缺口而少增长好几个百分点，电荒成为制约国民经济发展的瓶颈。空气源热泵产品在工业用热水、蒸汽行业的大量运用可大大缓解能源紧张现状。

7）空气源热泵的广泛应用可改善温室效应。空气源热泵在正常工作时温室效应气体零排放，如果全国范围内广泛使用空气源热泵节能产品，每年可节能上亿吨标准煤。节能1亿t标准煤相当于少向大气中排放近4亿t的二氧化碳气体。

但是，空气源热泵存在以下缺点：

1）空气源热泵的供热功率并非固定的，而是会受到环境温度的影响。环境温度高时热泵的输出功率就较高，反之亦然。

2）相比传统的燃油、燃气锅炉，空气源热泵的单位功率造价高，前期投资费用也就高，这让有些用户难以接受。空气源热泵热水机组与传统热水设备的性能的比较见表4-4。

表4-4　空气源热泵热水机组与传统热水设备的性能比较

加热形式	空气源热泵	燃气锅炉	燃煤锅炉	燃油锅炉	电热锅炉
能源种类	电+空气	天然气	煤	柴油	电
污染情况	无	中	严重	有	无
安全性	安全可靠	漏气、火灾、爆炸等安全隐患	火灾、爆炸等安全隐患	漏油、火灾、爆炸等安全隐患	电热管老化、漏电等危险
环境影响	有一定的噪声	有燃烧废气	污染严重	污染严重	无污染
占地面积/m^2	3~5	10~15	10~15	20	10
燃值/(kJ/kg)	3600	42705	20934	42705	3600
效率（%）	400	75	55	55	95
所耗能量	9.04kW·h	1.83m^3	1.83m^3	4.9kg	42.8kW·h
所需费用/元	8.1	25.5	4.91	24.5	38.5
设备价格/万元	10	2.2	1.5	1.8	3

3）空气源热泵对使用环境有要求，并不是任何地方任何气候都可以使用空气源热泵。就目前国内生产的空气源热泵的技术特性而言，它工作的最低环境温度不能太低，一般情况下建议在长江以南的地区使用。冬季气温是零下十几度的地区使用该产品就不太实际了。在北方室外空气温度低的地方，由于热泵冬季供热量不足，需设辅助设备。同时，在低气温工况下机组蒸发器就会出现结霜，阻碍机组跟大气的热交换，除霜不及时还会导致机组死机。

4）空气源热泵机组的噪声较大，对环境及相邻房间有一定影响。热泵通常直接置于顶层屋面，隔振隔声的效果较差，会直接影响到相邻房间及周围一些房间的使用。

4. 空气源热泵的除霜问题

空气源热泵因所吸收的是环境空气中的热量，在环境温度低于10℃左右而空气湿度较大时，会在蒸发器上出现结霜，进而结冰，从而封堵吸热装置的空气通道。这不但导致系统供热性能的急剧下降，还将对压缩机等重要部件产生不良影响，严重时将损坏压缩机，使系统不能正常运转，同时，结霜还将使机组运行费用增加。因此，除霜问题是决定空气源热泵能否正常工作的关键因素。

目前常见的热泵除霜方式有电加热除霜、热水喷淋除霜、冷媒热气除霜和四通阀换向除霜。前两种是由外向内的除霜，效率较低。其中，热水喷淋除霜因提高了湿度而加重了结霜的因素。后两种是由内向外除霜，效率较高。其中，冷媒热气除霜是将高压侧热的冷媒一部分旁通了膨胀阀，直接进入蒸发器中除霜，由于高压侧冷媒的热量还是来自于蒸发器中吸收的热量，当气温较低，除霜不够快时，将没有足够热量吸收，使主机进入保护性停机状态；四通阀除霜则是在除霜时，通过四通阀的切换，将蒸发器和冷凝器的功能互换来除霜。此方法可靠，效率较其他三种都高，目前市场上销售的空气源热泵大多采用这种方法除霜。

现在的除霜程序逻辑有多种形式，基本可分为以下四类：①简单的定时控制；②温度-时间联合控制；③时间-温度-压力联合控制；④智能化的控制逻辑。上述各种除霜控制方式都算不上是优化的全自动智能化控制，最先进的是采用微机实现智能化的控制逻辑。智能化系统能把参数连续地记录下来，根据参数的演变情况，判断出什么时候会在盘管上出现霜层。如果热泵在高于0℃的空气温度下运行，而相对湿度很高时，蒸发压力和出风温度必会随盘管上结霜厚度的增加迅速降低。由此可见，计算机智能化除霜控制逻辑依据的是动态参数，这样不但可避免不必要的除霜，而且还可优化除霜的时间间隔（根据空气湿度条件，缩短或放宽除霜之间的间隔）。常规制式的除霜时间间隔都是设定死的，智能化装置却可完全避免这些问题，只在需要的时刻才除霜。例如起动期间可每15min除霜一次，然后延长到1h、2h，或者当不再需要除霜时，取消除霜操作。

5. 空气源热泵在我国的节能应用

我国的热泵行业近几年发展迅速，现已有多种产品投入市场。从热泵的工作性能曲线可以看出，热泵机组的性能参数跟环境温度相关，越是气候暖和的地方，热泵的制热效果越好，通常在0～40℃的环境温度下都能正常工作。我国长江流域及以南的地区气候特点是夏季炎热、冬季不太冷（一月份平均室外温度变化范围为0～15℃，年平均室外温度低于或等于10℃的时间为0～90天，年平均温度高于25℃的天数为80～190天），因此，空气源热泵型热水机组在我国南方绝大部分地区都适用，尤其在长江流域及以南地区应用将更为普及，节能效果显著。但是空气源热泵存在一个技术瓶颈，就是在我国北方寒冷地区使用效果较差，甚至不能正常工作。因为空气源热泵在零下的低温环境下，对空气中的热量抽取很困难，这就造成了空气源热泵在北方很难推广。经过学者们的多年研究，提出了以下方法来解决这个问题：

1）采用非共沸工质。使用非共沸工质的带精馏塔的空气源热泵系统，随着环境温度的变化可以改变参加循环的制冷剂组分，在较低环境温度下制热运行时可以通过精馏塔除去混合物中大部分低压力组分，使制冷剂成为更具有挥发性的混合物，室外温度较高时让这部分低压组分的制冷剂参与循环，从而有效地扩大了系统的工作范围，使机组在各个工况下的经济性均可得到较好兼顾。

2）采用变频技术。随着变频技术在空调器行业的应用，推出了变频低温空气源热泵。在低温环境下工作时，通过采用变频技术提高压缩机转速来增加机组的循环工质流量来提高制热量，考虑到涡旋压缩机必然会产生高排气温度，为此，系统采取了在低温工况下采用喷液旁路循环的保护措施，在涡旋压缩机的压缩腔中直接喷入从冷凝器来的液体制冷剂。但该方案只是解决了空气源热泵在低温工况下的运行可靠性问题，而不能保证低温工况下的经济性，总体上讲，此时系统的COP下降幅度是非常大的，随着转速的增加还会相应带来噪声的增加，对压缩机制造工艺要求提高；此外，系统高频运行时的回油问题、电磁兼容问题以及昂贵的变频器价格都是这一方案大规模推广的一个障碍。

3）采用辅助加热器。通过采用辅助加热器来提高机组的蒸发温度，解决由于蒸发温度过低和压缩比过大而造成的系统制冷剂循环量不足以及欠压缩问题，改善机组的运行环境。可用太阳能辅助加热或日本 Katsuji Yamagami 提出的利用燃油、燃气燃烧器辅助加热来解决低温工况下制热性能差的问题。燃油加热的工作方式主要有两种：一是在采暖时停止热泵系统运行，仅起动送风系统，依靠燃料在空调器的燃烧器中燃烧，加热流过的空气，从而送出暖风；二是在采暖时热泵系统仍然运行，室外机组内的燃气、燃油加热器加热室外蒸发器，制冷剂将吸收到的热量以及压缩机所做的功一并带到室内。

4）采用带双压缩机的复叠式压缩系统。哈尔滨建筑科技大学提出，采用空气源热泵与水-水热泵或水-空气热泵组成耦合的双级热泵采暖系统，来解决在寒冷地区低温制热时热泵性能恶化问题。在冬季，用放置在室外的空气源热泵冷热水机组制备10~20℃的温水，通过水环路送至室内的水-空气热泵或水-水热泵系统从水中提取热量，以求达到采暖目的。整个系统通过水回路将空气源热泵和水源热泵组成耦合的双级热泵采暖系统。采用这种系统的主要问题在于增加了系统的投资，同时，低温工况到正常工况之间的连续转化问题仍是要解决的难题。图4-14所示为复叠式空气源热泵的一个示例。

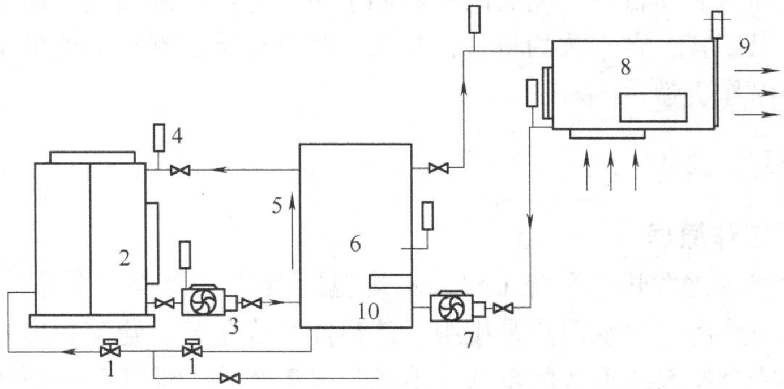

图4-14 复叠式空气源热泵系统

1—补水电磁法 2—空气源热泵机组 3—级循环泵 4—测温仪 5—压力水位传感器 6—蓄能水箱 7—二级循环水泵 8—水风式水源热泵机组 9—热敏温探 10—辅助电加热器

5）采用经济器系统。我国在20世纪80年代中期就提出了带经济器的准二级压缩系统，并在螺杆机组中得到成功应用。这种系统在低温工况下的节能效果显著，在－30℃的工况下，该系统完全可以取代双级压缩系统。但由于螺杆机组容量一般较大，并且这种系统相对于双级压缩系统的优势随着蒸发温度的上升逐渐趋于下降，因而这种准二级压缩的研究长期以来一直局限于低温制热的情况，其制冷工况的可行性一直未能得到足够的关注。2000年，马国远教授提出，利用带辅助进气口的涡旋压缩机实现带经济器的准二级压缩空气源热泵系统，来提高空气源热泵在低温工况下的制热性能，并研制出原型机。通过全面的实验研究发现：原型机能够在－15℃的低温环境中稳定可靠运行，具有足够的制热量，能够满足低温环境的采暖要求。图4-15所示为一种采用经济器的系统布置图。

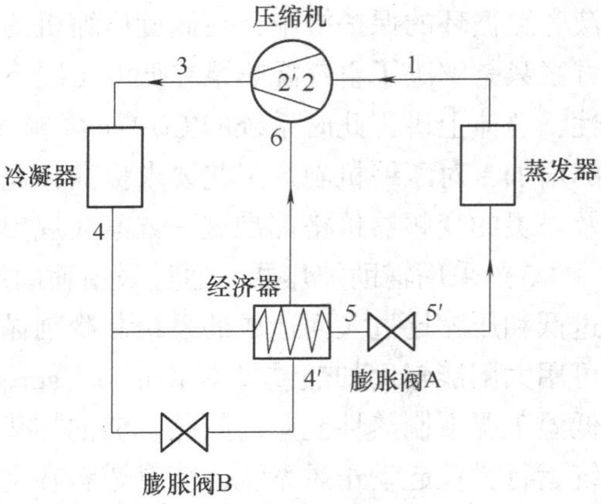

图4-15 带经济器的空气源热泵系统

6. 空气源热泵的发展趋势

从当今国内外热泵技术的发展状况来看，空气源热泵有以下两个发展趋势：

1）太阳能热水器与空气源热泵的结合。这是目前最节能的一种搭配。有太阳的时候可以利用太阳能烧热水。而当阴雨天气没有太阳，或阳光不足的时候利用空气源热泵继续提供热水。这可以弥补太阳能的不足，实现优势互补。

2）多种热源搭配使用，实现一机多源。空气源热泵可以和其他形式的热泵相结合，获得更高的经济效益。以酒店用生活热水为例，春、夏、秋季取酒店的空调冷冻水系统作为热泵机组的热源。一般情况下酒店的空调系统排出的废热量非常大，且稳定，用来制热水能效比要比单纯空气源高，而且热泵机组制热水的同时为空调冷冻水做冷却处理，相当于免费地提供了空调的冷却功能，起到双重节能的作用。当酒店冬季不需要空调制冷将空调关闭的时候，热泵机组可以切换到空气源制热水，保证了酒店的热水供应。

通过几年的发展，空气源热泵的应用已经迈上了一个新台阶。在我国经济发展较快的香港和珠江三角洲地区，热泵已得到广泛的应用。上海、苏州、广州、厦门、深圳等经济发达地区，在政府的招标采购项目中，相关的网站和项目书都已明确指定洗浴用水设备必须为空气源热泵产品。可以断言，在不久的将来，热泵产品将会渗透到社会的各个领域，为社会节能、减少污染和环保作贡献。

4.6.3 地源热泵

1. 地源热泵的工作原理

GB 50366—2005《地源热泵系统工程技术规范》规定：地源热泵系统是以岩土体、地下水或地表水为低温热源，由水源热泵机组、地热能交换系统、建筑物内系统组成的供热空调系统。根据地热能交换系统形式的不同，地源热泵系统分为地埋管地源热泵系统、地下水地源热泵系统和地表水地源热泵系统。地源热泵空调系统主要由室外地能换热系统、地源热泵机组和室内空调末端系统三部分组成，其中地源热泵机组主要有水-水式和水-空气式两种。

地源热泵是一种利用地下浅层地热资源（也称地能，包括地下水、土壤或地表水等）既可供热又可制冷的高效节能空调系统。地源热泵通过输入少量的高品位能源（如电能），实现低温位热能向高温位转移。地能分别在冬季作为热泵采暖的热源和夏季空调的冷源，即在冬季把地能中的热量取出来，提高温度后供给室内采暖或热水供应，此时地能为“热源”；在夏季把室内的热量取出来，释放到地下水、土壤或地表水中，此时地能为“冷源”。地下水的水温或土壤温度随自然地理环境、地质条件及循环深度不同而变化，近地表处为变温带，变温带之下一定深度为恒温带。地下水温或土壤温度不受太阳辐射影响。不同纬度地区的恒温带深度不同，水温范围为10～22℃。恒温带向下，温度随深度增加而升高，升高多少取决于不同地域和不同岩性的地热增温率。通常地源热泵消耗1kW的能量，用户可以得到4kW以上的热量或冷量。

地源热泵的主要优点有：节能效果明显，可比空气源热泵系统节能约20%；水中或埋地换热器不需要除霜，减少了冬季除霜的能耗；由于土壤具有良好的蓄热性能，可与太阳能联用改善冬季运行条件；水中或埋地换热器在水中或地下静态的吸、放热，减少了空调系统对环境空气的热及噪声的污染。地源热泵空调系统将热泵的能量利用率较高与土壤蓄热的可再生性结合起来，能效比较高。由此，用地源热泵取代空气源热泵，必然节约大量能源并形成新的空调产品系列。

2. 地源热泵系统的分类及特点

根据利用地热源的种类和方式不同，地源热泵（Ground Source Heat Pump，GSHP）可分为以下三类：土壤源热泵或称土壤耦合热泵（Ground Coupled Heat Pump，GCHP）、地下水热泵（Ground Water Heat Pump，GWHP）、地表水热泵（Surface Water Heat Pump，SWHP）。

1）土壤源热泵。土壤源热泵将大地作为热源和热汇，热泵的换热器埋于地下，与地下岩土进行冷热交换。土壤源热泵系统主机通常采用水-水热泵机组或水-空气热泵机组。地下换热器根据布置形式，主要有垂直埋管、水平埋管和蛇行（螺旋）埋管三类，如图4-16所示。

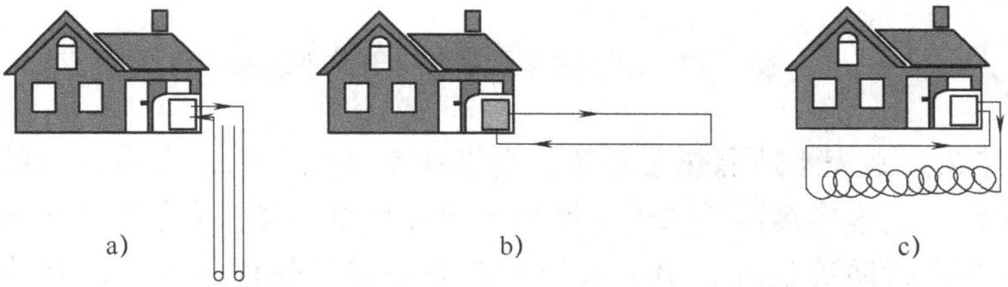

图4-16　土壤源热泵系统（闭路系统）
a）垂直埋管　b）水平埋管　c）蛇行埋管

垂直埋管换热器通常采用U形方式，按其埋管深度可分为浅层（<30m），中层（30～100m）和深层（>100m）三种。埋管深，地下岩土温度比较稳定，钻孔占地面积较少，但相应会带来钻孔、钻孔设备的经费和高承压埋管的造价提高。总的来说，相对于其他两种埋管形式，垂直埋管换热器热泵系统的优势在于：①占地面积小；②土壤的温度和热特性变化小；③需要的管材最少，水泵耗能低；④能效比很高。而劣势主要是造价偏高。

水平埋管换热器有单管和多管两种形式。其中单管水平换热器占地面积最大，虽然多管水平埋管换热器占地面积有所减少，但管长应相应增加来补偿相邻管间的热干扰。水平埋管换热器热泵系统由于不需要钻孔施工，规模相对较小，有足够的施工场地，因此造价就可以减下来。除需要较大场地外，水平埋管换热器系统的劣势还在于：①运行性能不够稳定（由于浅层岩土的温度和热特性随着季节、降雨以及埋深而变化）；②泵耗能较高；③系统效率较低。

螺旋埋管换热器比较适用于场地有限的情况。虽然挖掘量只有单管水平埋管换热器的20%～30%，但是管材用量会明显增加。这种方式优缺点类似于水平埋管换热器，所以有的文献将其归入水平埋管换热器。

2）地下水热泵。在土壤源热泵得到发展以前，欧美国家最常用的地源热泵系统是地下水热泵系统，如图4-17所示。目前，地下水热泵在民用中已经很少使用，主要应用在商业建筑中。其最常用的系统形式是采用水-水板式换热器，一侧走地下水，一侧走热泵机组冷却水。早期的地下水系统采用的是单井系统，即将地下水经过板式换热器后直接排放。这样一则浪费地下水资源，二则容易造成地层塌陷，引起地质灾害。于是产生了双井系统，即一个井抽水，另一个井回灌。地下水热泵系统的优势是造价要比土壤源热泵系统低，另外，其水井很紧凑，不占场地，技术也相对比较成熟。其劣势在于：①有些地方法规禁止抽取或回灌地下水；②可供的地下水有限；③如水质不好或打井不合格，要注意水处理；④如泵选择过大、控制不良或水井与建筑偏远，水泵耗能就会过大。

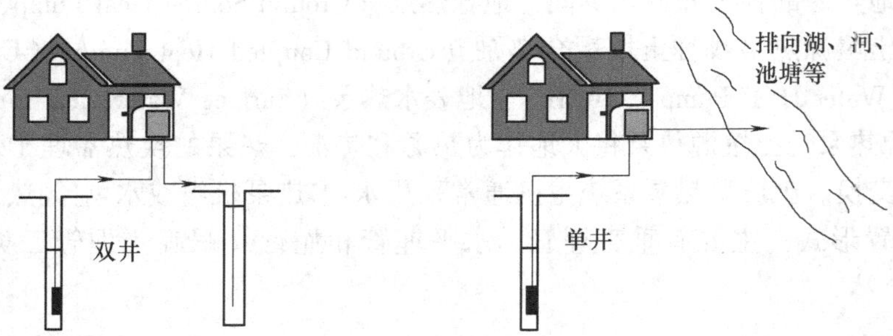

图4-17 地下水热泵系统（开路系统）

3）地表水热泵。地表水地源热泵系统，由潜在水面以下的、多重并联的塑料管组成的地下水换热器取代了土壤换热器，与土壤换热器地源热泵一样，它们被连接到建筑物中，并且在北方地区需要进行防冻处理。地表水地源热泵系统的热源是池塘、湖泊或河溪中的地表水。

地表水热泵系统主要有开路系统和闭路系统两种，如图4-18所示。在寒冷地区，开路系统并不适用，只能采用闭路系统。总的来说，地表水热泵系统的优点是：系统简便易行，初投资较少。缺点是：地表水地源热泵系统的适用也受到自然条件的限制。此外，由于地表水温度受气候的影响较大，与空气源热泵类似，当环境温度越低时热泵的供热量越小，而且热泵的性能系数也会降低；一定的地表水体能够承担的冷热负荷与其面积、深度和温度等多种因素有关，需要根据具体情况进行计算方可实施；这种热泵的换热对水体中生态环境的影响有时也需要预先加以考虑。

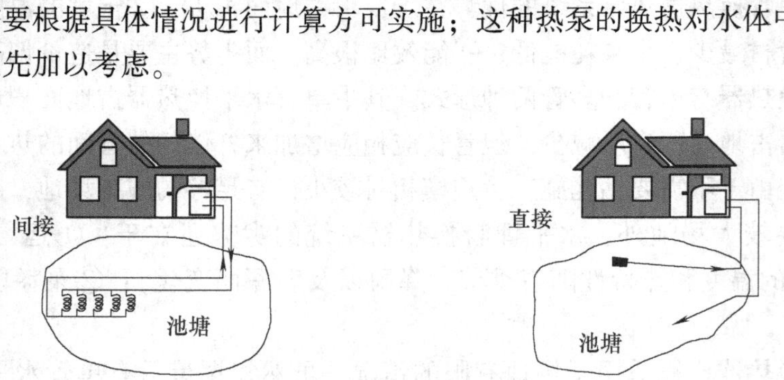

图4-18 地表水热泵系统

3. 地源热泵在国外的发展

地源热泵系统由于采用的是可再生的地热能，因此被称之为一项以节能和环保为特征的21 世纪的技术。“地源热泵”的概念最早出现在 1912 年瑞士的一份专利报告中，该技术始于英、美两国。据统计，美国从 1946 年开始对 GSHP 系统进行了 12 个主要项目的研究，如地下盘管的结构形式、结构参数、管材对热泵性能的影响等，并在 1946 年美国俄勒冈州的波特兰市中心区安装了美国第一台地源热泵系统。地源热泵在欧美工业发达国家取得了迅速的发展，已成为一项成熟的应用技术。到 2000 年底，美国有超过 40 万台地源热泵系统在家庭、学校和商业建筑中使用，每年提供 8000～11000GW・h 的终端能量。

20 世纪 70 年代初期，由于石油危机的出现和环境的恶化，引发了人们对新能源的开发和利用，地源热泵以其节能的特点开始受到重视。当时北欧国家的科技工作者开始了地源热泵的实际应用研究与开发，并得到了国家政府的大力支持。从 1974 年开始，瑞士、荷兰和瑞典等国政府资助的示范工程逐步建立起来，地源热泵技术逐步完善。

20 世纪 80 年代是地源热泵技术飞速发展的时期。这一时期，美国的地源热泵生产厂家十分活跃，成立了全国地源热泵生产商联合会，并逐步完善了工程网络。欧洲以瑞士、瑞典和奥地利等国家为代表，大力推广地源热泵采暖和制冷技术，政府采取了相应的补贴政策和保护政策，使得地源热泵生产和使用范围迅速扩大。

20 世纪 80 年代后期，地源热泵技术已臻于成熟，更多的科学家致力于地下系统的研究，努力提高热吸收和热传导效率，同时越来越重视环境的影响问题。地源热泵生产呈现逐年上升趋势。这一时期，美国的地源热泵生产和推广速度很快，相关技术产生了飞跃性的发展，成为世界上地源热泵生产和使用大国。

自 20 世纪 90 年代以来，欧美国家科技工作者共同对地源热泵有关的环境问题开展了广泛和深入的研究。1995 年的国际地热学术会上，英国学者 Curtis 代表国际地热组织发表了一篇关于应用土壤源热泵系统的调查报告，其中总结性的结论为：①土壤源热泵系统是世界能源市场的成熟技术之一，与现存的用电供热/制冷技术相比具有稳定性能好、可靠性高、花费更少的优势；②土壤源热泵系统经济上与燃油和燃气锅炉不相上下；③如果考虑到环境效益、能源保障和长期利用，土壤源热泵系统是性能最好、技术含量最高的现有供热系统的替代产品。

4. 地源热泵在中国的发展现状及前景

目前在中国，地下水热泵系统已开始广泛使用，而土壤源热泵系统尚处于工程摸索和研究阶段。调查显示，地下水热泵工程真正成功的并不多，原因在于要实现 100% 的回灌并回灌到同一含水层，不污染地下水，且能长时间稳定运行，并不容易做到。同时出现了大量不回灌的地下水热泵工程，更有甚者，直接利用地下水通入风机盘管内进入空调，这样做的后果一则污染水体，二则浪费水资源。

我国土壤源热泵的发展从 1998 年开始。国内数家大学建立了土壤源热泵实验台，且大多数进行了地下换热器与地面热泵设备的长期联合运行。在 1998 年，重庆建筑大学建设了包括浅埋竖埋管换热器和水平埋管换热器在内的热泵系统，青岛建工学院建成了聚乙烯垂直土壤源热泵系统，湖南大学建设了水平埋管土壤源热泵系统；1999 年，同济大学建设了垂直土壤源热泵系统。这些系统为中国推广土壤源热泵奠定了基础。从 2000 年开始，在长春、济南、温州、重庆等地建设了一系列土壤源热泵系统的示范工程。土壤源热泵系统越来越多地被房地产商所关注和采用。

随着地下水源热泵工程技术的改进和规范化，以及其突出的节能和环保功能，使土壤源热泵存在着巨大的市场潜力。水平埋管土壤源热泵，虽然占地面积大，但靠地表换热可以自然恢复地温，在年排热量和吸热量不平衡的地区应用比较有优势。而垂直埋管土壤源热泵，随着专业安装队伍的发展，施工技术的完善，势必会使工程造价大幅度降低，无疑会成为今后最有竞争力的空调方式之一。

地源热泵在中国具有广阔的发展前景，主要有以下几方面的原因：

1）发展地源热泵系统是我国建筑节能发展的需要。目前，建筑用能已经占全国总能耗的27.5%。因此，抓紧发展建筑节能技术，以较少的能源投入实现经济增长的目标，对于我国经济社会的可持续发展，是一个十分迫切的任务。地源热泵系统和常规的供热空调系统相比节能效果显著，是一种利用可再生能源的高效节能、无污染、既可采暖又可制冷的新型空调系统。

2）发展地源热泵系统是确保我国能源结构调整的需要。基于我国的基本国情和经济状况，长期以来我国一直以燃煤采暖为主，由此造成了北方地区空气污染严重、能源利用效率低，发展地源热泵技术是改变我国目前能源供应结构的需要，是减少环境污染、确保能源安全的重要途径。

3）发展地源热泵系统是运用可再生能源的重要技术手段。目前，用可再生能源逐步替代常规能源是一个世界趋势，随着《中华人民共和国可再生能源法》的颁布，大力加快发展可再生能源是落实国家提出的建设节约型社会、发展循环经济方针的重要措施之一。地源热泵采暖空调系统通过吸收大地的能量，再由热泵机组向建筑物供冷或供热，可广泛应用于商业楼宇、公共建筑、住宅公寓、学校、医院等建筑物，是可再生能源在建筑中应用的重要组成部分。

4）发展地源热泵在中国有其广泛的地域需求。中国国土面积巨大，从北到南可划分为五个主要气候区，其中对冷热量都有需求的地区占绝大部分；同时，中国浅层地热能蕴藏量丰富，适宜大力发展地源热泵采暖空调系统。

5）推广地源热泵系统是中国HVAC行业的技术发展方向。在中国某些地区，既没有燃煤也没有天然气可以供热，发展地源热泵采暖空调系统是经济发展的需要，也是市场发展的必然趋势。

5. 地源热泵发展中存在的问题

虽然几年来地源热泵系统在我国得到了发展，但是应用这种地源热泵系统也受到许多限制。

1）使用地下水的热泵开式系统。这种系统需要有丰富和稳定的地下水资源作为先决条件，因此，在决定采用地下水热泵系统之前，一定要做详细的水文地质调查，并先打勘测井以获取地下温度、地下水深度、水质和出水量等数据。地下水热泵系统的经济性与地下含水层的深度有很大的关系，如果地下水位较低，不仅成井的费用增加，运行中水泵的耗电将大大降低系统的效率。此外，虽然理论上抽取的地下水将回灌到地下含水层，但目前国内地下水回灌技术还不成熟，在很多地质条件下回灌的速度大大低于抽水的速度，从地下抽出来的水经过换热器后很难再被全部回灌到含水层内，从而造成了地下水资源的流失。

2）使用地表水的热泵开式系统。地表水热泵系统的热源是池塘、湖泊或河溪中的地表水，在靠近江河湖海等大体量自然水体的地方，利用这些自然水体作为热泵的低温热源是值得考虑的一种空调热泵形式。当然，这种地表水热泵系统也受到自然条件的限制。此外，由于地表水温度受气候的影响较大，与空气源热泵类似，当环境温度越低时热泵的供热量越小，而且热泵的性能系数也会降低。一定的地表水体能够承担的冷热负荷与其面积、深度和温度等多种因素有关，需要根据具体情况进行计算。这种热泵的换热对水体中生态环境的影响有时也需要预先加以考虑。

3）使用土壤热源热泵闭式系统。土壤埋管式热泵系统保持了地下水热泵利用大地作为冷热源的优点，同时又不需要抽取地下水作为传热的介质，是一种可持续发展的建筑节能新技术。但这种地源热泵系统对土壤换热器的材质及地质结构的要求比较高，同时埋设换热器需要较大的场地，系统投资也较其他方式要高，所以这种系统一般应用于面积比较小的居住类单体建筑，在大型工程中应用相对困难。

在国外地源热泵的主要研究和应用对象还是土壤源热泵系统；国内理论研究和实验研究的重点也是如此。然而土壤源热泵系统远比地下水热泵系统和地表水热泵系统复杂，一次投资相对较高。

6. 土壤源热泵与普通中央空调的比较

土壤源热泵作为地源热泵今后发展的主要方向，与普通中央空调相比具有以下五个主要特点：

1）主机设置。对于普通中央空调系统，若设置风冷热泵机组进行冷热空调，则风冷热泵主机的设置必须与外界通风良好，要么设置于屋顶，要么设置于地面。对别墅空调受限更严重，对于公共建筑，热泵主机也就局限于设置在屋顶。因此，普通中央空调的热泵主机设置受到极大限制。而土壤源热泵热源位于地下，不受地上环境的制约，主机的设置就非常灵活，可以设置在建筑物的任何位置。若设置冷水机组＋锅炉进行冷热空调，冷却塔和锅炉的位置就更受限制。因此，就主机的设置而言，地源热泵系统的主机设置非常灵活。

2）运行效率。对于普通中央空调系统，不管是采用风冷热泵机组还是冷却塔冷水机组，无一例外要受外界天气条件的限制，即空调区越需要供冷或供热时，主机的供冷量或供热量就越不足，即运行效率下降，这使其在夏热冬冷地区的使用受到影响。土壤源热泵机组与外界的换热是通过大地，而大地的温度很稳定，不因外界气温的变化而影响运行效率，因此，土壤源热泵的运行效率较高。

3）控制系统。在北方地区，风冷热泵在冬季使用时，有除霜问题。对于热泵的除霜，需要专门的控制设施，即在除霜过程中，主机要进行逆向循环，室内空调系统的室温控制就要受到限制，而土壤源热泵系统就根本不存在这些问题。

4）环境保护。从土壤源热泵的整个运行原理来看，土壤源热泵系统实际是真正意义的绿色环保空调，不管是冬季还是夏季的运行，都不会对建筑外大气环境造成不良影响。而普通中央空调系统，将废热气或水蒸气排向室外环境，无一例外地都对环境造成了极大的热污染。

5）运行费用。一般说来，土壤源热泵系统的运行费比风冷热泵的运行费节约 30% ~ 40%，这主要体现在运行效率上。达到相同的制冷制热效率，土壤源热泵主机的输入功率较小，即为业主提供了较低运行费的空调系统，在全年时间使用空调的场所，这种效果尤为明显。

7. 地源热泵和传统空调的经济性比较

1）一次投资。地源热泵系统的使用方案与传统的空调系统的区别主要在于室外换热器，室内的系统基本是一致的。对于一次投资费用的比较相对简单化（仅比较室外侧部分），现以工程中使用较多的风冷热泵机组和水冷机组+中央热水机组分别比较。

以3000m^2 的公共建筑为例，估算制冷装机容量为34.8万W，制热装机容量28万W。若采用风冷热泵机组，其计算成本就为主机的造价。按照市场一般行情1.7元/W估算其价格。若采用水冷机组+中央热水机组，其计算成本除主机的造价外，还应包括冷却塔和冷却水泵的造价。而地源热泵系统的计算成本包括主机和地下埋管系统造价，对于地下埋管系统的投资计算按照已经实施的工程概算为60元/m进行估算。三类系统的造价如表4-5。

表4-5　三类系统造价表比较

系统名称	冷热源造价/RMB	备　注
水冷机组+中央热水机组	50万	按照国产机型价格计算
风冷热泵系统	60万	按照市场常用机型计算
地源热泵系统	70万	按照5000m地下换热器计算

由表4-5可以看出，地源热泵系统初投资要高于其他系统。但是，通过分析，可知地源热泵系统的造价构成为：①地下环路的造价，在这项组成中包括钻孔费、换热器管材及阀门费用、管沟形成土石方费用、部分保温材料费、人工费。②室内空调系统造价，包括水管道材料费、主机的费用、安装人工费。

实际上，地源热泵系统所用的设备为水源热泵，在造价上一般为1.4元/kcal/h，与风冷热泵相比，造价要低。但是，其总造价要高出风冷热泵系统，主要是由于室外的造价较高。另一方面，由于地源热泵系统运行稳定，在主机选型上不用考虑富裕，因此，在主机的装机容量上要减少10%左右，而在前表的造价比较中就没考虑这一因素。在全面考虑综合计算后，地源热泵系统的初投资仅仅比风冷热泵系统高出10%左右。

2）运行费。系统的运行费与设备COP值见表4-6。

表4-6　系统的运行费与设备COP值

系统形式	夏　季	冬　季
传统空调系统	2.9	<2.5
地源热泵空调系统	4.1	3.1

考虑运行时间，按照每天运行6h，冬夏季分别按照3个月供热和供冷期计算，季节运行时间为540h，同时使用系数按0.9考虑，电价按照0.75元/kW·h计算。按照夏季的运行效率，传统空调系统的用电量为64800kW·h，地源热泵系统的用电量为45360kW·h，地源热泵系统节约运行费为14580元；同样，经计算得到冬季的运行费节约3645元，全年节约运行费18225元。和风冷热泵比较，不到4年时间，可以将增加的初投资收回。

按照上述计算和前述工程实例，采用地源热泵系统的运行费比传统空调系统减少投入18225元/年，即使按照造价最便宜的冷水机组加中央热水器的方案，地源热泵仍然可以在5年内收回增加投资。

中央空调系统的寿命一般可以到 15 年，按照上述比较，在 15 年内，运行费将节约 27 万元。而且由于地源热泵的主要换热器与外界隔绝，地下换热器采用高强度材料，地埋管寿命至少在 50 年，与建筑的使用寿命大致相当。因此，从寿命和运行费来考虑，地源热泵系统的经济性高于传统的空调系统。

综上所述，不管是技术性还是经济性，地源热泵系统作为 21 世纪的绿色空调形式，其应用前景宽广。但与传统的集中式空调系统相比，其地下环路系统计算和设计与常规空调不同，因此，其推广和应用还需要相关工作人员的共同努力。

4.6.4　水源热泵

1. 水源热泵及其工作原理

水源热泵是以水为介质来提取能量，实现制热和制冷的系统。水源热泵机组通过消耗少量高品位能量，将地表水中不可直接利用的低品位热能提取出来，变成可以直接利用的高品位热能的装置。采用地表水或地下水作为冷、热源的水源热泵是“地源热泵”中的一种。经过严格测试及不同地区热泵的应用实例测算，水源热泵制热的性能系数在 3.3～4.4 之间，制冷的性能系数在 4.1～5.8 之间。

地表水源（如地表的河流、湖泊和海洋）吸收了太阳发射到地球的辐射能量，地下浅层水源（如深度在 1000m 以内的地下水）吸收了地下熔融的岩浆和放射性物质衰变所产生的能量，这些水源的温度一般都十分稳定。水源热泵机组的工作原理就是在夏季将建筑物中的热量转移到水源中，由于水源温度低，所以可高效地带走热量；而冬季，则从水源中提取能量，由热泵通过空气或水作为载冷剂提升温度后送到建筑物中。通常水源热泵机组消耗 1kW 的能量，用户可以得到 4kW 以上的热量或冷量。

地下水源热泵通常配套打两眼井，一眼抽水井，一眼回灌井。在夏季运行工况下，地下水源作为冷却水通过冷凝器吸热，空调系统冷冻水进入蒸发器排热，由制冷剂蒸发吸热产生的冷冻水送入室内的风机盘管系统，达到制冷的目的。在过渡季节，一些公共建筑需要提前制冷，且当地的地下水温度较低，地下水可以直接进入制冷系统，节省水源热泵机组的运行费用。在冬季运行工况下，地下水源作为低温热源通过蒸发器被制冷剂吸热，而空调系统中的水进出冷凝器，通过吸收冷凝器的冷凝放热而升温，进入房间末端系统。这种冬夏季的运行转换只需要机外换向就可以完成，即用阀门切换空调系统中的水进出蒸发器制冷或进出冷凝器供热。水源热泵的系统原理如图 4-19 所示。

水源热泵根据对水源的利用方式的不同，可以分为闭式系统和开式系统两种。闭式系统是指在水源侧为一组闭式循环的换热盘管，该组盘管一般水平或垂直埋于湖水或海水中，通过与湖水或海水换热来实现能量转移（该组盘管直接埋于土壤中的系统称为土壤源热泵）；开式系统是指从地下或地表水中抽水后经过换热器直接排放的系统。水源热泵无论是在制热还是制冷过程中均以水为热源和冷却介质，即用切换工质回路来实现制热和制冷的运行。然而，更为方便的是由水回路中的三通阀来完成。虽然在水源热泵系统中水源可以直接进入蒸发器（制冷时为冷凝器），但在某些场合，为避免污染封闭的冷水系统（通常是处理过的），需间接地用一个换热器来供水；另一种方法是利用封闭回路的冷凝器水系统。水作为热泵制热、制冷过程的热源和热汇，满足以下两个条件即可利用：一是水的温度在 7～30℃之间，二是水量要充足。水源水可以是各种工业用废水、生活用水、海水、江、河水等。提取水中的热（冷）量比较简单易行的方式是打井，利用水泵提取地下水作为循环介质。

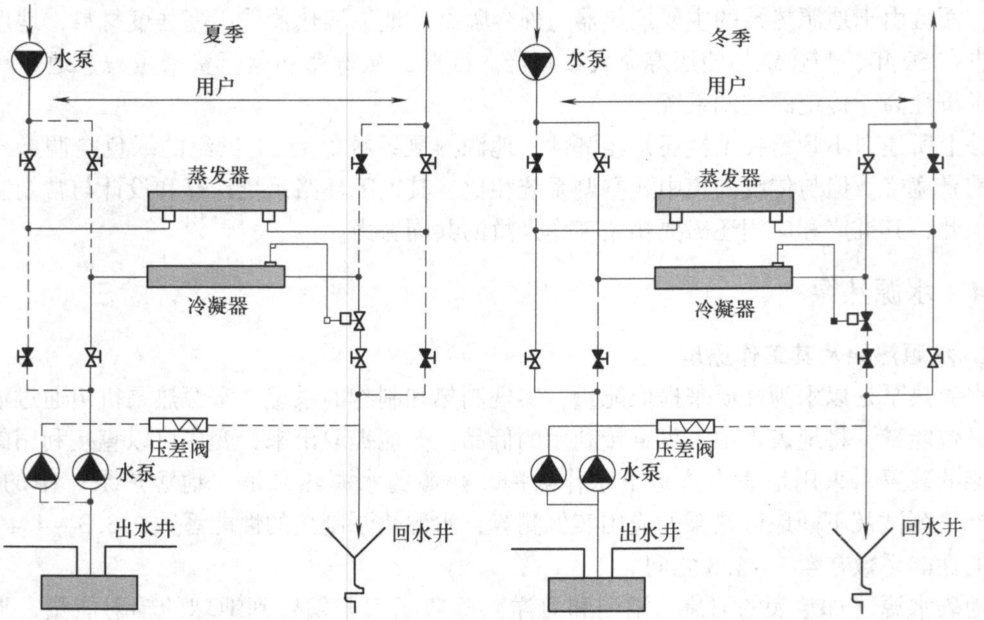

图 4-19　水源热泵的系统原理

2. 水源热泵的优点

水源热泵技术多数情况下利用地表水作为空调机组的冷热源，具有以下优点：

（1）环保效益显著　利用地表水作为冷热源，供热时省去了燃煤、燃气、燃油等锅炉房系统，没有燃烧过程，避免了排烟、排污等污染；供冷时省去了冷却水塔，避免了冷却塔的噪声、霉菌污染及水耗。所以说，水源热泵是利用清洁的可再生能源的一种技术。

（2）高效节能　水源热泵使用的电能本身为一种清洁的能源，但在发电时，会消耗一次能源并导致污染物和二氧化碳等温室气体的排放。设计良好的水源热泵机组，与空气源热泵相比，相当于减少 30% 以上的电力消耗，与电采暖相比，相当于减少 70% 以上的电力消耗。所以，水源热泵在节能的同时还减少和降低了发电时一次能源消耗过程中产生的污染排放和温室效应。

（3）应用范围广　可广泛用于宾馆、办公楼、学校、商场、别墅区、住宅小区的集中供热制冷，以及其他商业和工业建筑空调，并可用于游泳池、乳制品加工、啤酒酿造、冷轧锻造、冷库及室内种植和恒温养殖等行业上。

（4）一机多用　利用一套设备既可供冷，又可供热，还可提供生活热水。对空调系统来说，一台热泵实现冷热兼供，可节省一次性投资，其总投资额仅为传统空调系统的 60%，并且安装容易，安装工作量比其他空调系统少，安装工期短，改造安装也容易。

（5）运行稳定、可靠，维护方便　水体的温度一年四季相对稳定，其波动的范围远远小于空气的变动，是很好的热泵热源和空调冷源。水体温度较恒定的特性，使得热泵机组运行更可靠、更稳定，也保证了系统的高效性和经济性，不存在空气源热泵的冬季除霜等问题。由于系统简单，机组部件较少，运行简单、稳定，相对来说维护费用要低得多，使用寿命可达 20 年以上。

不过，在利用地下水资源进行热泵设计时，以下两个问题应予以关注：

一是地下水源的选择。采用地下水源热泵时，选择水源的原则应为：水量充足，水温适当，水质良好，供水稳定。就某项工程来说，应根据当地实际情况，判断是否具备可资利用的地下水源，一项工程所需水量，主要取决于该项工程的冷热负荷和地下水温度，适用的地下水源条件是，水文地质特征为砂、卵石、砾石地层以及裂隙地带；含水层厚度大于5m，冬季地下水温度不低于10℃。此外，还要注意水质情况，包括含砂量与浑浊度，以及水的化学性质。含砂量与浑浊度高易造成机组和管阀磨损，回灌时会造成含水层堵塞，因此，地下水源含砂量应小于二十万分之一，向地下含水层回灌水的浑浊度应小于20mg/L；总矿化度小于3g/L，希望水中Cl小于100mg/L，H_2S小于0.5mg/L，地下水腐蚀性条件达不到要求时，水源热泵系统应考虑防腐措施。

二是人工回灌。我国水资源非常缺乏，主管部门对开采地下水有严格管理，并且规定，除非有较大需水用户进行二次利用，否则必须进行回灌。当然，为了保证地下水源热泵空调系统长期正常运行，应补充地下水源，调节水位，维持储量平衡。为了避免热泵装置回灌到地下的水因短路而又被抽回，回灌井与取水井之间的距离应尽可能远一些。目前，虽然还没有回灌水质的国家标准，但回灌水质至少应等于原地下水水质，以保证回灌后不会引起区域性地下水水质污染。

3. 水源热泵在我国的应用情况

中国在20世纪50年代，就曾在上海、天津等地尝试夏取冬灌的方式抽取地下水制冷，1965年研制成功国内第一台水冷式热泵空调机。目前，国内的清华大学、天津大学、重庆建筑大学、中国科学院广州能源研究所等多家单位都在对水源热泵进行研究。其中清华大学对工况水源热泵经过多年的研究已形成产业化的成果，建成数个示范工程。

自20世纪80年代以来，我国采用水源热泵空调系统的建筑也逐年增多。目前，在深圳，上海，北京以及一些中小城市均有工程实例。例如，北京天安大厦、西安建国饭店、青岛华侨饭店、深圳同贸大厦等均采用了闭式环路水源热泵空调系统。北京在2008年奥运会期间，充分利用了得天独厚的地热条件，发挥了地热温泉的清洁能源优势和保健作用，相继将一些先进的技术，如地热尾水回灌、水源热泵等应用到地热采暖系统上，成为2008年北京奥运会指定选用的空调形式。

在未来的几年中，中国面临着巨大的能源压力。为了适应市场要求和参加国际竞争，我们必须加快中国品牌的水源热泵的产业化研究开发。

4. 水源热泵应用中存在的问题

水源热泵作为一种新型的制冷采暖方式，从技术的角度，尤其是从热泵机组的角度上看是相当成熟的。但考虑到中国的国情，以及将水源热泵制冷采暖作为一个整体的系统来推广应用时，还存在一些问题。

（1）水源的使用政策　为了保护有限的水资源，我国制定了《中华人民共和国水法》，各个城市也纷纷制定了《城市用水管理条例》。这些政策均强调用水审批，用水收费，而审批的标准中对类似水源热泵用水的要求没有规定，因而水源热泵很容易被用水指标所限制。可能导致水费偏高，使得水源热泵的经济性变小。所以，水源热泵的推广需要政府从可持续发展的角度，综合能源环保和资源各个方面的考虑，调整水源热泵水源使用的政策，才能促使其大规模的发展。

（2）水源的探测开采技术和费用　在中国，目前对水源，尤其是城市水源的探测开采技术应当提高，水源热泵应用的前提之一是必须了解当地的水源情况，在水源热泵设计的前期，必须实地对水源的状况进行调查，包括地下水量是否足够，场地是否适合打井和回灌等，而探测开采技术的提高和费用的降低，会推动水源热泵机组更好地应用。

（3）地下水的回灌技术　利用地下水，必须考虑地下水的回灌，对于回灌技术，必须结合当地的地质情况来考虑回灌方式。由于对不同地区的地质结构了解的还不多，这也制约了水源热泵机组的推广使用。

（4）整体系统的设计　作为一个系统，水源热泵的节能必须从各个方面考虑。水源热泵机组可利用较小的水流量提供更多的能量，但如果系统设计对水泵等耗能设备选型不当或控制不当，则会降低系统的节能效果。同样，若机组提供了较高的水温，但设计的空调系统的末端未加以相应的考虑，也可能会使整个系统的效果变差，或者使得整个系统的初投资增加。所以，水源热泵的推广应用，需要各专业、各领域的人来共同努力、共同配合，从政府政策、主机设计制造、系统的设计和运行管理等各个方面共同参与。

4.6.5　水环热泵

水环热泵空调系统是指小型的水-空气热泵机组的一种应用方式，即用水环路将小型的水-空气热泵机组并联在一起，构成一个以回收建筑物内部余热为主要特点的热泵采暖、供冷的空调系统。20世纪80年代初，水环热泵在我国初步开始应用，一些外商投资的建筑中采用了水环热泵空调系统，这些工程显出了水环热泵的一些优点：水环热泵空调系统具有回收建筑物内余热的特有功能；水环热泵不像传统采暖系统那样会对环境产生严重的污染；可以省掉或减少常规空调系统的冷热源设备和机房，便于分户计量和计费，便于安装、管理等。但是，由于一些工程盲目建设，安装使用后效果并不理想，甚至无法使用，导致出现了运行管理上的诸多问题，再加上国家出于环保的考虑，对地下水的使用做了限制，使多数人对水环热泵系统产生了一些误解，认为这是一个不好的空调系统。以下通过新型水环热泵的工程实例，介绍其在当今条件下的应用与发展前景。

1. 新型水环热泵系统介绍

这里的“新型”是指这种水环热泵空调系统不同于以往的水环热泵系统，主要区别为：①系统里面不用天然水源做冷热源，取而代之的是冷却塔和热水锅炉；②热泵机组由原来的一体式变为分体式，即压缩机与盘管分离的形式，既解决了噪声问题，又使安装使用更加灵活；③由于采用了高效的压缩机，热泵机组的能效比大大提高，平均在4.2以上，已经接近中央空调；④热泵机组的冷凝盘管由原来的板式改为双层管式，解决了长时间使用易造成堵塞的问题。

新型水环热泵克服了以往水源热泵的噪声大、使用受限制的弊端，而保持了水源热泵便于分户计量和计费，便于安装、管理等优点，使之又焕发了新的生机和活力。

2. 水环热泵在办公建筑工程的应用

案例工程中的建筑为办公综合楼，内设办公室、餐厅、展览厅、银行等，由南楼和北楼组成，南楼为六层，北楼为九层，两栋楼由通廊连接。工程建筑面积约为30700m^2，空调面积约为24050m^2。由于甲方也是使用方，因此甲方根据使用要求对空调系统设计提出以下要求：①北楼三层至九层可能将来出租或出售，空调系统要求与其他部分分开；②空调系统运行和计费要方便，保证各单位的独立使用。

设计方根据甲方要求提出了两个方案供选择：①商用风冷分体机；②水环热泵系统。最后由于方案①对建筑外立面影响较大，而且制冷效率较低，所以选择了水环热泵系统。工程设置两个空调系统：①南楼及北楼一、二层为一个系统，空调面积约为10120 m^2，设计选择三台方形横流冷却塔，设于北楼屋面，相应采用四台冷却水泵（三用一备）；②北楼三层至九层为一个系统，空调面积为13930 m^2，设计选择四台方形横流冷却塔，设于北楼屋面，相应采用五台冷却水泵（四用一备）。根据使用功能，末端分别设计为全空气低速空调系统（水冷柜机）及风机盘管或卡式双出风型（水冷分离式热泵机组）加新风系统（带独立冷源的吊挂式新风机）；还有一小部分24h使用的地方，设计选用风冷分体空调机。

本方案可以说完全满足了甲方的使用要求，计费方面只有冷却塔和冷却水泵属于公共分摊的部分，而这部分用电在空调用电里面是很小的一部分，其他大部分用电都在末端用户，空调计费全部纳入用户使用的电费里面，所以完全实现了用多少收多少。当过渡季或有人晚间加夜班时，末端机组开机比较少，这时冷却塔可以只开一台，节约运行费用。北楼出租部分可按租户需要改变末端形式，或预留冷却水接口，而设备由租户自行安装，这还可以降低甲方的初投资，避免出租率低时的经济损失。

3. 水环热泵在其他类型建筑中的应用分析

由于目前很多中央空调系统都出现了计费的纠纷，空调计费成了物业管理的一大难题，解决已有中央空调系统和新设计中央空调系统的计费问题是设计人员目前应考虑的一个首要问题。从本工程中发现水环热泵空调系统对于目前这种出租用办公系统十分适用，它不仅解决了计费和运行管理的问题，而且不用分设独立的空调计费系统和中央空调机房，减少了中央空调系统的造价。这种新型水环热泵空调系统也适用于其他类型的空调系统，比如宾馆型建筑。即使不存在中央空调计费的问题，但当房间空置率较高时，可以关闭房间的空调机，而只开使用的部分，从而可以大大节约空调电费。

综上可知，对于一栋多个单位使用的建筑物来说，水环热泵是一种很好的空调解决方案，它不仅计费简单方便，而且运行管理灵活，在冬季需采暖地区还可以利用天然热源，如地热、工厂余热来供热。这种空调系统既减少了甲方的初投资，又减少了使用者的空调运行费用，同时，采用分户计量最大限度地减少了空调的能耗，对解决日趋紧张的夏季空调用电很有帮助。

思　考　题

1. 简述制冷原理及常见的制冷方法。
2. 制冷设备的主要发展方向是什么？
3. 提高制冷设备性能指标，降低单位制冷量的能量消耗，主要有哪些方法？
4. 为什么说提高换热设备的效率是制冷机节能的一项重要措施？
5. 如何提高制冷设备的自动化水平？
6. 吸收式制冷特别适用于什么场合？
7. 简述压缩制冷设备的工作原理及其节能途径。
8. 中央空调能耗主要包括哪几部分？中央空调有哪几种主要节能方法？

9. 试述变频空调器的工作原理及其节能原理。
10. 简述热泵的工作原理及其应用前景。
11. 热泵最主要的性能指标是什么？它表示的物理意义是什么？
12. 简述空气源热泵的工作原理、类型及特点。
13. 简述地源热泵的工作原理、类型及特点。

第5章 电力设备与系统节能技术

5.1 概述

21世纪人类面临着越来越严重的能源短缺问题，节约能源是全球可持续发展的必然措施。因此，在加快电力建设的同时，必须重视节电，提高电能利用率。为保障经济的稳定发展。挖掘节电潜力，降低电力系统的损耗，提高电能源利用率和供电的经济效益，具有重要的现实意义。

随着工农业生产和城市的发展，电能的需求量迅速增加。而动力资源如矿物能源和水能资源丰富的地区又往往远离用电比较集中的城市和工矿区。为解决这个矛盾，需要在动力资源丰富的地区建立大型发电站，将电能远距离输送给电力用户。同时，为了提高供电可靠性及资源综合利用的经济性，将许多分散的各种形式的发电站，通过送电线路和变电所联系起来。这种由发电机、升压和降压变电所、送电线路及用电设备有机连接起来的整体，称为电力系统。电力系统加上发电机的原动机（如汽轮机、水轮机），原动机的力能部分（如热力锅炉、水库、原子能电站的反应堆）、供热和用热设备，则称为动力系统。在电力系统中，由升压和降压变电所和各种不同电压等级的送电线路连接在一起的部分，称为电力网。生产、输送和分配电能的工业部门称为电力工业。

电力工业作为国民经济发展的战略性基础产业，既是重要的能源生产部门，又是耗能大户。电力系统在发电、供电、用电过程中，自身的电能损耗相当巨大，这些损失包括发电煤耗、厂用电率和线损率等。据统计，我国电力部门中的综合电能损耗总量每年高达3000～3700亿kW·h，这相当于一个中型电力系统的全年发电量。随着我国电力工业的蓬勃发展，电力工业的能源利用效率已经有了很大的提高，但与发达国家相比还存在一定的差距，在今后一段时期，电力仍然是制约我国国民经济发展的主要因素。进一步节约能源，提高能效，保护环境，促进经济和社会可持续发展，将是一项长期的任务。电力工业节能主要包括四个方面：一是结构调整，即在满足电力需求和经济发展的同时尽可能减少石油、煤炭等不可再生能源的使用；二是在提高发电环节效率的同时减少电力生产过程中自身的能源消耗；三是减少电力输送过程的电能消耗；四是加强电力需求侧管理（DSM）。

5.1.1 我国电力发展现状

中国电力工业始于1882年。新中国成立前，电力工业发展缓慢，1949年，发电装机容量和发电量仅为185万kW·h和43亿kW·h，分别居世界第21位和第25位。新中国成立后，电力工业得到快速发展，1978年发电装机容量达到5712万kW·h，发电量达到2566亿kW·h，分别跃居世界第8位和第7位。1978年改革开放到2000年，我国发电装机容量和发电量先后超越法国、英国、加拿大、德国、俄罗斯和日本，居世界第2位。1987年，发电装机容量突破1亿kW·h，1995年超过了2亿kW·h，2000年跨上3亿kW·h台阶。

进入新世纪，电力工业进入高速发展阶段，2004 年全国发电装机突破 4 亿 kW · h，2005 年超过了 5 亿 kW · h。到 2007 年底，全国发电设备装机容量达到 6.9 亿 kW · h。

2008 年，全国新增电力装机 9051 万 kW，其中三峡水利工程等一大批水电站投产，全年共增加水电装机 2010 万 kW，占全部投产机组的 22.21%，是我国投产水电最多的一年；风电装机新增 466 万 kW，发电总量达 128 亿 kW · h，同比增长 126.79%；火力新增规模比例持续降低，新投产百万千瓦机组四台，单机容量 60 万 kW 及以上火电机组占新投产容量比例高达 63.11%。此外，还有一批生物质发电厂建成投产。当前在我国的电力供应结构中，火电约占 75%，水电约占 20%，核电等占 5% 左右。今后 10 年，我国水电、核电、风电等非化石能源将迎来快速发展期，水电新增装机规模或将达到 1.2 亿 ~ 1.6 亿 kW，核电新增装机规模将达到 0.6 亿 ~ 0.7 亿 kW，风电新增装机规模将达到 1.2 亿 ~ 1.6 亿 kW。到 2020 年非化石能源利用总量约 7.7 亿 t 标准煤，占一次能源消费比例达 15.0%，其中，转化为电力的非化石能源占 84%，电力在非化石能源开发利用中居于中心地位。

从电力消费情况看，第一、二、三产业用电量近年来一直处于不断增长的阶段，其中第一产业用电量在 2004 年之前的增长速度比较缓慢，但 2005 年第一产业用电量迅速增长，增速达到 25%，之后又恢复到较低水平，至 2011 年，第一产业用电量达到 1015 亿 kW · h。第二产业用电量增长显著，1990 年第二产业用电量仅为 4864 亿 kW · h，到 2000 年第二产业用电量达到 9786 亿 kW · h，10 年间翻了一番，到 2010 年，第二产业用电量已经达到 31318 亿 kW · h，翻了三番。到 2011 年第二产业用电量达到 35185 亿 kW · h，相比于 2000 年增长了 2.5 倍。第三产业用电量的增长比较平稳，年平均增速在 10% 左右，2010 年达到了今年最高增速 14%，至 2011 年第三产业用电量达到 5082 亿 kW · h。

我国电力工业在外延不断增长的同时，产业素质也不断得到提升。火力发电技术和装备水平大幅提高，节能、环保、高效成为火电机组的技术主流。通过技术引进、消化吸收和再创新，超临界机组发电、空冷机组发电等一批先进技术得到广泛应用。水电技术有了明显进步，建成了迄今世界上规模最大的水利枢纽工程。经过 30 年的发展，我国核电建设也有了飞速发展，目前投入运行的 11 台核电机组装机容量约为 910 万 kW，在建的 24 台核电机组装机容量约为 2540 万 kW。核电自主研发和建设能力也不断提高，实验快堆、高温气冷堆、热核聚变装置等一系列科研工程项目正在积极推进。可再生能源发电技术达到了新水平，风力发电、太阳能光伏发电的建设步伐进一步加快。目前国内已经能够生产 1500kW 的风机，两个兆瓦级太阳能光伏发电站并网发电已经在深圳、上海试运行。

目前，火力发电仍是我国电力发展的主力军。2008 年我国电力装机构成中，火力发电约占 76%，其中燃煤机组发电量占火力发电总量的 98%，不仅消耗了大量煤炭资源，还给环境和运输带来了巨大压力。要想实现电力工业的健康可持续发展，我国必须尽早解决制约电力发展的瓶颈问题，着力优化电力结构，提高发展质量。国际金融危机的发生，使我国电力工业遭遇了寒冷的冬天，但也给我国的电力工业结构调整带来了难得的机遇。我国应抓住机遇，大力发展核能、风能等清洁能源，逐步提高可再生能源比例。同时，还应不断优化发展火电，努力推进小火电关停工作，切实提高能源利用效率。

5.1.2 我国的电力行业发展趋势

随着社会经济的快速持续发展，电力在人们的生产和生活中的作用越来越重要。我国电力工业在发电技术和装备水平上已经有了很大发展，但要进一步优化电力结构，实现可持续发展，还需从以下几方面推进工作：

1）优化电源布局和配置。发展多种能源发电，依据一次能源和负荷中心分布，优化资源配置。优先开发建设水电，优化发展燃煤发电，发展热电联产和热、电、冷三联产发电，积极发展核电，推进安全堆型核电建设。大力开发新的可再生能源，建设一定规模的风力电场。发展大容量燃气-蒸汽联合循环机组作为电网的调峰机组。禁止新建燃油电厂。在有天然气供应的地方，建设城市负荷中心分布式能源服务系统。

2）优化燃煤发电结构，发展高参数、大容量、节水环保型发电机组，提高大容量机组比例。建设高参数大容量燃煤机组、高效洁净煤发电机组和大型联合循环机组。新建燃煤发电机组应尽量采用60万kW及以上大容量机组，积极采用超超临界、超临界压力等级火电机组。限制在大电网内新建常规30万kW及以下中、小型凝汽式机组。新建大电厂必须选用高效辅机和自动监控系统，厂用电率不得超过5.9%。

积极发展洁净煤发电技术，重点开发并推广适合国情的循环流化床（CFBC）及整体煤气化发电技术（IGCC），包括以煤气化为核心的电、冷、热多联产技术，积极发展30万kW及以上大型循环流化床锅炉的发电机组。煤粉锅炉发电要推广小油枪、等离子等少油和无油点火稳燃节油技术。

3）积极发展热电联产，抓紧现役燃煤、燃油电厂技术改造。北方大中型城市积极发展以热电联产为主的集中供热，优先建设20万kW以上的抽汽供热机组和5万kW以下的背压供热机组。对现有火力发电厂，可根据周围工业企业和居民区需要，进行供热机组改造。在大型工业企业和工业企业集中地区，发展以背压供热机组为主的热电联产。在中小型城市，积极发展以煤矸石、秸秆、工业废弃物和城市生活垃圾为燃料的综合利用热电厂。坚持"以大代小、以热定电"的原则，大力改造中低压凝汽机组。加强对现有10万kW、20万kW机组提高通流部分效率的改造及各类机组低效辅机的技术改造。加强设备运行监控，提高自动化水平。禁止退役机组报废后转移使用。

4）大力发展水电，重视保护和改善生态环境。水电开发应遵循流域梯级开发的原则。大电网重点发展50万kW以上大型混流式水轮发电机组和30万kW级抽水蓄能机组。优化电力调度，充分利用"季节性能源"。

5）建设坚强电网，加强无功补偿，实施电网经济运行技术，降低电网损耗。加强电网规划，促进大区联网，建设全国联合电网。优化网架结构，加强无功补偿及提高调节能力，提高电网潮流功率因数，减少无功潮流。

新建电网，发、输、变、配各环节应协调、合理配套。建设坚强的500kV超高压输电网架，加强高、中压配电网络。有计划改造现有电网，简化电压等级，减少重复变电容量；推广生产和应用S11型及非晶合金铁芯型低损耗变压器、低能耗导线、金具等节能型配电设备及附件；推广10kV单相配电技术。

开展电网经济运行调度，提高电网经济运行水平。推广并加强电网线损率分级管理、分压分线（区、站）统计分析、理论计算、小指标考核等线损管理制度。加强用电管理和计量管理。提高用户用电功率因数，使之达到0.95以上。

6）积极开展电力需求侧管理。实行峰谷、丰枯、季节性电价等激励性政策，合理调整负荷，优化用电方式，提高电网运行经济性。

对于电力负荷较大的用户，推广负荷控制管理系统，可有效削减、转移高峰负荷。在全国，特别是大中型城市，大力推广蓄热电锅炉、冰蓄冷空调技术，有效转移高峰负荷。鼓励用户采用节能灯具，采用高效电动机和变频技术。

5.2 电力工业节能技术

电力系统的节能应从电能生产、输送和分配以至使用的各个环节进行。

5.2.1 发电设备节能技术

发电厂主要由锅炉、汽轮机、发电机主要设备和风机、水泵等辅助设备组成。对于火电厂来说，节能就是要最大可能地提高电厂的设备质量，加强配套建设，努力减少电厂的自用电。要大力发展高参数、大容量的火电机组，逐步取缔那些热效率低、环境污染严重的小机组和工业供热、民用采暖的小锅炉；优化电厂调度，减少调峰损失；实行电厂厂内机组负荷优化分配，提高电厂整体运行效率；加强现有火电机组的技术改造，降低能耗；实行竞价上网，提高电厂效率；采用洁净煤发电技术。电力工业是能源转换工业，如果能开展效率更高的超临界和燃气蒸汽联合循环机组，把发电效率提高到40% ~50%，那么节能的潜力将更为可观。

火电厂的节能主要从两方面着手，一是提高火电厂的热效率，二是降低厂用电率。

近年来，对现有的发电机组，要加大技改措施的投入，对一些耗能大的设备和一些达不到设计出力的设备要进行有效改造，以提高热效率、降低能耗。主要节能措施有：对200MW及以下机组的汽轮机通流部分和轴封进行节能技术改造，大幅度地降低机组煤耗；对锅炉吹灰器进行改造，同时进行吹灰器程控改造，加强受热面吹灰，降低锅炉排烟温度，提高锅炉效率；降低锅炉的补给水率；进行热力设备与管道的保温改造，减少散热损失；对粗粉分离器和射水抽气器进行改造，提高它们的效率；对胶球清洗装置进行完善并加强维护、定期投运；将循环水旋转滤网改造为随动恒压式旋转滤网；凝汽器采用弹子刮洗；真空系统利用氦质仪检漏等技术，提高凝汽器的真空度；对回转式空预器密封间隙进行改造，降低空预器的漏风率；将空预器改为螺旋槽管或加螺旋线圈，减少堵塞，提高传热效果和锅炉效率；对高压加热器进行改造并推广滑参数起停，提高高压加热器的投入率和给水温度并使用高压加热器水位自调节新技术；加强疏水回收，减少跑、冒、滴、漏等问题的发生；搞好燃煤计量工作，进一步完善燃煤计量装置；车间照明加装DK系统节能控制器等。

发电厂在电能生产过程中必需的自用电量占全厂发电量的百分比称为厂用电率。由于发电方式不同，厂用电率会有很大的变化，常规水电站厂用电率很低，一般在0.5%以下；燃油、燃气发电厂的厂用电率比常规水电站高，但大大低于燃煤电厂；核电站的厂用电率介于燃油、燃气电厂与燃煤电厂之间。由于我国以燃煤电厂为主，所以综合厂用电率较高。随着燃煤电厂对环境保护的要求越来越高，电气除尘、脱硫、脱硝装置等都会增加厂用电的消耗量，因此在相当长的时间内，我国的厂用电率下降得比较慢。

火电厂中耗电的主要设备是锅炉风机（送风机、引风机、一次风机和排粉机等）、水泵（给水泵、循环水泵、凝结水泵、灰浆泵等）和磨煤机，它们所消耗的电量占厂用电的90%以上。对风机和水泵进行节能技术改造，对节能降耗具有重要意义。

风机节能的途径包括：采用新型的高效风机，对旧风机改造，采用变速调节方式和合理的运行方式等。对旧风机的改造应同锅炉设备的运行方式和现状及整个管理系统一起来考虑，改造方法有更换风机的叶轮，改造不合理的风机进出口管道布置，或在不合理的弯管处加装导流叶片，从而改善风机工作条件和降低系统阻力。另外，风机采用变频调速，也有较好的节能效果。水泵节能的途径主要有：采用小汽轮机驱动水泵以减少能量转换中的损失，采用奥美伽离合器实现水泵调速，采用新型的高效泵替换旧式低效率泵等。

热电联产、冷热电联产等可以大大减少热源损失，要大力推广热电联产、集中供热，发展冷、热、电联供技术和热、电、煤气三联供技术，提高热能综合利用率。冷、热、电联产是应用能量梯级利用原理，使锅炉产生高品位的热蒸汽，并通过汽轮机发电；同时，冬季利用汽轮机抽汽或排汽向用户供热，夏季利用吸收式制冷机向用户供冷。采用这种方式可以协调大、中城市热电厂和大型集中供热锅炉冬季负荷不均，缓解电网用电高峰紧张局面，充分利用现有供热设备，为夏季空调提供冷源。此方式一方面可以合理利用热锅炉和管网等设备，解决市民对采暖空调的需求；另一方面，可大大提高采暖空调的一次能源利用率，降低能耗水平，有较好的节电效益。

5.2.2　供电节能技术

供电过程是将发电厂生产的电能通过各级升压变压器、各级输电线路、各级降压变压器来输送、分配给各用户的过程。在这一过程中主要存在着线路能耗和变压器的能耗。对于电力输送来说，节能就是要根据电力资源分布、容量大小、用电量增长速度、输电距离等情况，合理选择输电方式和输电电压，加强输电系统的建设，最大可能地降低输变电系统的损耗。

电网是电力系统的重要组成部分，包括发电厂输电线到用户间的全部线路、变压器、开关、控制和保护装置等设备。降低电力线路损耗与变压器损耗已成为电力系统节能的主要措施。电网节能技术主要包括电力线路、变压器和电网总体节电技术三个方面。

电网的线损主要是指电力变压器损耗和电力线路损耗，而线损率与变压器能耗的高低及电力系统发、输、变、配、用等各个环节紧密联系。线损率是指供电生产过程中耗用和损失的电量占供电量的比例，即从发电厂变压器一次侧起，经送电和配电线路、降压变电所到用户，所发生的全部电能消耗和损失。因此，线损率是供电部门的重要的技术经济指标之一，它的高低能够反映供电企业的技术、设备和管理等多方面的水平。

降低输电线路损耗、节约输电损失的措施有：减少变压次数；调整三相负荷，低电压电网采用三相四线制（三角形）供电方式；合理布局线路以及采用合理的运行方式，在电网中尽量采用环形供电和多回线路供电方式，避免电力线路的交错、重叠和迂回供电；降低电网元件的阻值；合理选择线路和路径；投入备用线路；减少空载损耗；采用节能型无功补偿装置，提高功率因数，尽量使无功功率就地平衡，以减少线路和配电变压器中的损耗；根据用电负荷情况，合理调整投运配电变压器的台数和选择变电所的位置；合理提高供电电压；改造、更新低压配电线路，采用节能型金具或扩大导线截面积，提高绝缘水平，以减少传输和漏电的损失；定期维修保养变、配电装置，减少接触损耗与泄漏损耗。降低线损的组织管理措施有：加强组织领导，健全线损管理网和管理制度，实行层层管理；坚持开展线损理论计算，分析理论值和实际值的误差，找出电网中的设备元件、线路和管理的弱点，加以改进；搞好线损指标管理和线损统计分析工作；加强计量管理，合理安排检修，及时清除线路障碍；加强抄、核、收，防止偷、漏、错，开展经常性的营业用电大普查，堵塞营业漏洞；加强职工自用电的管理，消灭无表用电、违章用电和人情电和关系电现象，努力降低不明线损；加强管理，提高人员素质，实现管理手段现代化。

电力变压器在交流配电系统中，是重要变电设备，是企业供电系统的“心脏”。变压器在电能的经济输送和分配中具有重要的意义，它在传递功率过程中会产生有功损耗和无功损耗，其中大部分为无功损耗。由于多级变压电网中变压器的台数多、容量大，所以在发、供、用电过程中变压器的电能损失约占整个电力系统损失的30%，因此，采取技术措施来降低其损失是节约能源的重要手段。变压器的损耗是由其额定参数决定的，要根据用电要求合理选择变压器的参数，将各种损耗降低到最小值。因此，减少变压器的损失主要在于正确选择变压器的容量和型号，提高变压器利用率，使设备容量和实际负荷相配合，杜绝在轻负荷下运行。

变压器的台数和容量是根据用电计算负荷的性质和大小进行选择的，而变压器的效率是随变压器负荷的变化而变化的。从理论上讲，要使变压器发挥最大效率，应使其平均负荷率为额定容量的50%～75%。如果容量选择过大，不但设备不能得到充分利用，而且消耗大量无功电力，使系统电压降低，增加线路损耗，降低功率因数和效率。型号上应选用国家推广采用的低损耗节能变压器。在运行方式上，两台或两台以上变压器并列运行时应按组合后的技术特性，选择最佳运行方式，并按技术特征，以变压器总损耗率最小的原则，合理地分配负荷。

变压器的节能措施通常有以下几种：采用高效低耗节能型变压器，改造高能耗变压器；采用相控无功自动补偿提高功率因数，降低变压器损耗；调整及平衡变压器的二次侧绕组和三次侧绕组间负载分配；优化电网中变压器运行方式；实行经济调度，提高变压器运行效率，实现经济运行；合理选择变压器容量；负荷调整，削峰填谷；采用调容变压器等。

电力系统总体节能方式包括：系统总体负荷平衡；调整用户用电时间，提高负荷率；简化电压等级；实施电网经济调度，减少电力系统的电能损耗；选择合理的电力系统规划方案等。

电力系统总体负荷平衡包括线路之间的负荷平衡，线路三相负荷的平衡，变压器间的负荷平衡等各个方面。采取合理措施地使负荷常在经济输送的条件下运行，可以大幅度降低电网损耗电量。负荷率是平均负荷与最大负荷之比。负荷率小，说明负荷波动大，电力系统电能损耗也大。为降低电能损耗，必须合理调节用户用电时间，有计划地安排部分生产单位在用电低谷时用电。将高压引入负荷中心，在额定电压允许范围内提高电压等级，是降低线损率的有效措施。对于配电网，供电电压等级越高，线损越低。所以，有条件的地方，提高供电等级既可提高输送容量，又可大大降低线损率。电网经济调度是充分利用电网中现有的输(配)、变电设备，通过科学的定量计算，从而优化变压器及电力线路的运行方式。负荷的经济调配，变压器与供电线路运行的优化组合等技术措施，可极大限度地降低变压器和线路的有功损耗和无功损耗。电力系统发展规划方案的优化是衡量该系统线损率高低的关键性因素之一，电力系统规划欠佳的主要表现是：无功容量不足且投入率低；电网结构不合理，理论线损率高；水电、火电发展不协调，未能做到统一规划等。这些都会造成电网线损率上升，因此必须选择合理的电力系统规划方案。

同时，还要加强电网建设与管理，优化电网结构。加强电网建设和优化电网结构，不但可以有效降低线路损耗，还能为区域电网内实现省间电力输送、减少调峰损失提供保证，从而提高整个电网的运行效率。对电网实行统一规划、远近结合、分步实施的原则，确立分阶段的网架建设目标，建立合理的电网结构。加快建设大容量、远距离、超高压交直流输电系统，加速实施全国电网的互联，提高电网管理水平。研究和推广电力系统自动化技术，提高电网运行的自动化水平。采用大截面的导线，在有条件的地区推广使用铜芯导线。简化电压等级减少重复变电容量，使高压变电所进入城市或工业中心。加强电网及其设备的经济运行。要彻底改变电网建设滞后于电源建设、主干电网薄弱、城市电网老化、农村电网覆盖面小、损耗大的局面，扩大用电增长点。充分发挥和提高大电网的整体优势和效益，提高电力工业资源综合利用、调峰、节电、降耗水平。

5.2.3 电力需求侧管理

需求侧管理是由英文 Demand Side Management 翻译过来，其缩写为 DSM。电力需求侧管理是指电力公司（作为供应侧）采取行政和财政激励手段鼓励需求侧用户采用各种有效的节能技术和措施改变其需求方式，在保持能源服务水平的前提下，有效降低能源消费量和负荷水平，从而减少新建电厂投资和一次能源消费量，取得明显的经济和环境效益。过去 10 年来，DSM 在中国得到了初步的应用，并取得了许多成果，产生了显著的社会效益和经济效益。

有些技术和经济措施，如负荷调节、分时电价，早已有之。但是 DSM 的创新之处在于，汇集大量的技术选择和价格方案去改变用户的负荷，以便使用户、电力公司和社会均受益。因此从本质上讲，DSM 的新概念中包含了一种用户和电力公司间的合作伙伴关系。

DSM 的主要行政鼓励手段有信息交流，技术推广，法规制度，标准（效率，排放），咨询等；主要的财政激励手段有电价结构，回扣，奖励，补贴，贴现率等；主要技术措施有节能，负荷调节，自备发电，燃料替代等。

1. 改变用户的用电方式

我国的人均电量消费与发达国家相比还处在很低的水平，而且电力负荷曲线呈现出峰期供电紧张、负荷峰谷差较大的特性。所以电力公司把推进当前电力需求侧管理的重点放在提高电网负荷率、节约电力上。改变用户的用电方式是通过负荷管理技术即负荷整形技术来实现的。负荷调整又称负荷管理，其目标是调整负荷曲线形状，以便有效降低电力峰荷需求。负荷调整有六种类型，不同电力公司根据其备用容量，负荷因子及规划期长短不同，可侧重于不同的负荷调整目标。

1）削峰。它利用负荷控制技术在电网高峰负荷期减少用户的电力需求，从而避免增设边际成本高于平均成本的装机容量，并且由于平稳了系统负荷，提高了电力系统运行的经济性和可靠性，降低了平均发电成本。

削峰的控制手段主要有：直接控制高峰时段负荷和可中断负荷电价。直接负荷控制即在电力系统负荷曲线峰荷时段，由系统调度人员直接和随时拉闸限电，降低峰荷。所涉及用户通常为城镇居民区用电或大耗电量空调负荷。可中断负荷控制，即按事先签订的合同规定，在负荷曲线高峰段时，由系统调度人员通过直接控制负荷或在直接请求用户后，中断供电。所涉及用户通常为工业和商业用电大户。

2）填谷。泛指提高非尖峰负荷，此法适用于系统有空闲低成本发电容量时，这时发电长期边际成本小于平均电价。通过季节性电价和低谷电价，可刺激非高峰时段电力消费增长，从而降低系统平均燃料费。从系统总成本看，填谷有助于将新增装机的固定成本均摊在大基荷电量上，必然降低系统运行费用。填谷的净效益在于电力销售和年收入的增加。

3）移峰填谷。即将高峰负荷推移到非高峰时段。通过分时电价、峰谷电价、高耗电设备交替运行和储热、蓄冷计划都可以实现负荷推移，而尽量保持高峰时的用户服务质量。移峰填谷的实施可降低系统运行费，但是否增加销售和收入则有赖于是否造成额外的电量消费。常用的移峰填谷措施有：采用蓄冷蓄热技术、能源替代运行、调整作用程序、调整轮休制度等。

4）战略性节电。将节电视为一战略性目标。它鼓励用户采用各种终端用途的新技术，提高用电效率和改变用户消费方式，在不降低供电服务质量前提下，减少电力电量的总需求。对于无长期扩容规划的电力公司，可采用此战略性节电的措施。

5）战略性负荷增长。是指可能以电力作为其替代能源的其他用户负荷，通常这部分用户消耗其他燃料。战略性负荷增长指除了在系统负荷曲线上填谷之外还可增加的部分负荷，其目的在于鼓励推行新出现的电气技术替代其他能源，如用充电式电动汽车、工业热处理以及电气化等。具有近期余裕量的电力公司可利用闲置容量提供电力以提高电力设备利用率，而其发电固定成本则可均摊在系统总发电量上，其总效果是降低系统运行成本。

6）可塑性负荷。目标是减轻电力规划中对供电可靠要求的苛刻限制。它为用户提供一种灵活可塑的选择，即需要以较昂贵的电费获得较高的供电质量和可靠性，或为节省开支和追求其他好处而放宽对可靠性的要求。可塑性负荷的形式主要取决于可中断负荷的可中断程度、综合能源管理系统的优先目标和负荷直接控制器的应用。这种控制器可有效限制各种用户的用电负荷。

2. 提高终端用电效率

提高终端用电效率是通过改变用户的消费行为，采用先进的节能技术和高效设备来实现的，其目的是节约用电、减少电量消耗。

提高用电效率的措施有：

1）照明方面。用节能灯替代白炽灯、细管荧光灯替代粗管荧光灯、电子镇流器替代电感镇流器、金属卤化物灯替代碘钨灯或高压汞灯等。

2）电动机方面。例如电动机经济运行、电动机变频调速、采用高效节能电动机等。

3）空调方面。用溴化锂吸收式制冷减少用电，用热泵代替电辅加热节约用电，用太阳能吸附式空调制冷制热等。

4）变配电方面。采用低铜损、铁损的高效变压器，采用功率因数补偿、电平衡、无功就地补偿减少配电损失等。

5）建筑绝热方面。在车间、办公室、炉窑等采用绝热性能好的保温新材料。充分利用自然光、热、遮阴等。

6）余能余热回收方面。用生物质能发电、制氢、制备液体燃料，采用热泵、热管和高效换热器等设备能减少电能消耗，用回收的各种余热发电等。

3. 其他途径

为了更好地实施电力需求侧管理，除了上述直接措施外，还要注意以下方面：

1）政府方面，要积极推动，高度重视，不断加强政策扶持和引导。电力需求侧管理是一项系统工程，在科学规划、完善法规、制定政策、组织实施等方面，各级政府将起到至关重要的作用。

2）行政方面，采取必要的行政措施，确保有序、安全供电，是各级政府的重要职责。因此，供电企业应配合政府或政府职能部门，统筹协调企事业单位错峰用电。

3）经济方面，需求侧管理的手段不是提高电价水平，而是调整电价结构，广泛推行季节性电价、用电峰谷分时电价和可中断负荷电价，激励电力用户改变其用电方式。同时，采用合理电价，限制高耗能产业发展。

4）技术方面，广泛采用先进技术和设备，实现错峰、避峰和节能，为电力需求侧管理提供技术支撑。在电力供应短缺的地区，要大力推广负荷控制装置，有效削减、转移高峰负荷。已经建立了负荷控制系统的地方，要加大对错峰、避峰方案监督执行的力度。同时，根据实际情况，开展示范工程建设，鼓励电力用户根据产业政策和能效标准，购买、使用节能产品，替代旧的高能耗工艺设备。

5）社会舆论方面，利用各种媒体、各种机会进行宣传，正确引导社会舆论，在全社会树立科学用电、合理用电的基本理念。

6）服务方面，坚持“以人为本”开展电力需求侧管理，要树立为客户提供全方位服务的观念，认真兑现客户服务承诺，完善优质服务的常态运行机制。

实践表明，实施电力需求侧管理可以达到如下目标：降低电力生产成本；降低用户电费支出；增加全社会用电比例，扩大用电市场；节约资源和减少环境污染。

5.2.4　用电节能技术

电能是所有二次能源中最常用、消耗量最大的能源。人类的基本生活离不开它，而工矿企业的发展更是不能没有电能。因此，从使用上节约电能将是最直接有效的途径之一。

节能，对于用电企业，特别是能耗大户就是要大力提倡使用高效、节能用电设备，优化工业生产流程，充分回收生产过程的废热进行供热、制冷和发电，最大限度降低单位产品的能耗。

1. 照明用电节能

照明用电是用电大户，我国照明用电占到了总发电量的 10% ~ 12%。推行照明节电技术、节约电能是改善电力负荷紧张状况的主要途径之一。

节约照明用电是指在满足人们正常视觉工作、生活和学习时足够的照明亮度和质量的前提下，尽量选择高效节能的电光源，并且减少配电损耗，选用低损耗镇流器，降低照明用电负荷，避免出现长明灯等技术手段和管理措施。照明用电大都属于峰时用电，具有节约电量及缓和高峰用电的双重作用。

照明度的大小、光源灯具的效率、灯具的布置及控制方式、照明环境和维护管理等都是影响照明耗电量的因素。照明节能的技术措施有：根据视觉要求确定合理的照明度及选用合理的照明方式，节约照明负荷；充分利用自然光；采用高效节能光源、灯具及其附件，推广使用照明节电装置；选择有利于节能的照明控制方式；提高照明环境反射光的利用率；在大量采用气体放电灯的场所，宜装设补偿电容器，减少无功损耗，加强照明供电电压的管理；加强照明器具的维护管理，定期更换灯泡，清扫灯具，充分发挥照明设施的效能；车间、宿舍及住宅等的照明用电量单独计量，以减少电能的浪费；推广照明节电定时开关、光电控制开关，推广节电荧光灯和节能型电子镇流器等。

在追求高品质照明环境的同时，要把照明和环境保护问题联系起来，也就是说要提倡绿色照明。绿色照明是指通过科学的照明设计，采用效率高、寿命长、安全和性能稳定的照明电器产品，包括电光源、灯具以及调控制设备等，最终达到舒适、安全、经济、环保、有益于身心健康并体现照明文明的现代化照明。

我国于1993年启动绿色照明工程，于1996年正式启动绿色照明计划。绿色照明计划的关键就是利用电力电子技术开发节能光源和节能灯具。

我国实施绿色照明工程的趋势包括：用卤钨灯取代普通照明白炽灯（能节电50%～60%），推广高压钠灯和金属卤化灯；生产、销售、使用高效节能的照明灯具及其附件，用紧凑型荧光灯取代白炽灯（能节电70%～80%），推广发光二极管和电子镇流器等。

2. 电动机节能

电动机是将电能转换为机械能的一种能量转换装置。据统计，电动机消耗的电能占全国总用电量的60%～70%，具有巨大的节能潜力。

电动机节电要以节约电能和提高电动机的综合效益为原则，合理选择电动机，使其处于经济运行状态。同时，应对其进行节能改造，降低电动机的能量损耗，提高其运行效率。电动机节电体现在以下几个方面：合理选择电动机的类型和各种参数（包括功率、电压、电流、极数等），选用新型Y系列电动机；提高电动机的负荷率和使用率，减少电动机轻载和空载运行，采用变频调速器和软起动器；尽量提高电动机的自然功率因素，或进行就地无功补偿；降低电动机的铜耗、铁耗，降低机械损耗，并减少杂散损耗；提高电网质量。

电动机的经济运行是指电动机在满足生产机械运行要求时，以节能和提高综合经济效益为原则，合理选择电动机的类型、运行方式及功率，使电动机在效率高、损耗低、经济效益最佳情况下运行。电动机的经济运行包括：当电动机处于轻载、空载时，功率因数和运行效率都很低，采用电动机轻载节电器，降低电动机的端电压；对处于在重、轻载交替工作状态的电动机，采用电动机绕组接线△(三角形）接变Y接；对形式陈旧、性能落后、效率较低或严重“大马拉小车”的电动机进行及时更换等。上述经济运行的措施都可达到较好的节电效果。

对现的电动机进行节能改造，也是易行的节电方法。常用的改造措施有：采用磁性槽泥或槽楔改造低效电动机；采用新型节能风扇，降低电动机的风摩损耗；对电动机进行绕组改接，减少其杂散损耗和铜耗；对老电动机进行定子绕组的重绕，用铜线代替铝导线进行重绕等。

3. 电加热设备的节能

电加热设备在工业企业中应用很多、耗电量大、效率较低、电能浪费严重。

要加强电加热设备的管理，达到节电的目的。从使用维护、工艺控制、生产调度等方面着手：对炉门、炉盖、观察孔等加强维护检修，减少设备散热损失；尽量实行集中连续生产，减少加热炉的空载损失；严格按照科学的操作规程进行工艺操作。

电加热炉的节电措施有：改进工艺，省掉不必要的加热程序，采用新的节能工艺；改进升温曲线，缩短加热时间；改造旧式热处理设备；改善电热元件性能，增强热辐射能力；使筑炉材料轻型化；通过设置自动控制系统来实现节能；强化炉内传热，采用新型保温材料，减少炉子的蓄热和散热损失；回收烟气热量加以利用，提高炉子热效率；使用良好的空气预热器，对烟道壁进行隔热，对热风管外壁进行保温改造。

4. 生活用电节能

在日常生活中要养成节电的好习惯：随手拔掉不用的电器插头、减少待机能耗；尽量减少开关灯的次数，根据灯的损耗规律要及时更换光通量不足的光源等。

对于不同的家用电器，具体节电方法有：用节能灯替换以往的白炽灯，正确使用节能灯；电视机不要太亮太响、不要经常开关；使用节能冰箱，冰箱少开门、快关门、定时除霜，箱内食物不要太满，以防阻碍冷气流通，将冰箱的温度设置从“强”调节到“中”；电饭锅煮饭时用热水，这样能省电约30%；微波炉要减少起停次数，它的功率一般为750W或800W，但起动时可达1000W；夏季空调的温度不要太低，利用定时功能，首选变频空调。

5.3 发电新技术

5.3.1 火力发电新技术

我国人口众多、资源紧张，能源供需矛盾突出，治理环境的任务繁重，为实现可持续发展，必须实施新的能源发展战略，依靠科技进步，积极发展电力新技术。电力工业要实现可持续发展，根本出路在于进一步依靠科技进步，大幅度增加可再生能源发电的比例，实现能源的高效利用，发展与环境兼容的能源利用技术，发展新型输配电技术及电能质量控制技术，包括实施电力信息化。

在20世纪90年代，世界总发电量中火电比例一直保持在63%左右。我国的各种能源中煤炭的蕴藏量是最为丰富的，这决定了煤炭在我国能源结构中的主导地位。因此在相当长一段时间内，火力发电仍将在我国电力行业中占主导地位。

但传统的燃煤火力发电技术存在能源利用效率低、环境污染严重的缺点，为此当今世界广泛开展洁净煤燃烧技术的开发，追求燃煤机组的高效率和低排放。超临界与超超临界机组、大型CFB（循环流化床锅炉）、PFBC（增压流化床燃气-蒸汽联合循环）、IGCC（整体煤气化燃气-蒸汽联合循环）、GTCC（燃气-蒸汽联合循环）等火力发电新技术，因其高效率和优越的环保性能，在发达国家得到了广泛发展应用，我国也开展了大量的工作。

1. 超临界与超超临界火力发电机组

主蒸汽压力等于或大于超临界压力24.2MPa，主蒸汽温度或再热蒸汽温度小于580℃的火力发电机组称为超临界机组，主蒸汽或再热蒸汽温度大于580℃的称为超超临界机组。由于压力、温度的提高，超临界机组与同等容量的亚临界机组（600MW）相比，机组的效率提高了2%，超超临界机组又在此基础上再提高了3%~4%。

超超临界发电技术是在超临界发电技术基础上发展起来的一种成熟、先进、高效的发电技术，其工质——水蒸气的压力、温度均大大超过水蒸气的临界参数，可以大幅度提高机组的热效率。超临界与超超临界机组具有明显的高效、节能和低排放的优势，为全世界工业化国家广泛采用，已经是商业化的成熟技术，其可用率、可靠性、运行灵活性和机组的寿命等已经可以和亚临界机组相媲美。

我国电力工业超临界和超超临界机组今后都将大幅度增加。在煤价不断国际化、机组设备制造不断中国化的条件下，超超临界机组与常规超临界机组相比，具有更强的竞争优势。在现有基础上，积极发展配有污染物排放控制技术的超超临界发电技术是我国在洁净煤发电技术中的优先选择。

2. 大型循环流化床锅炉（CFB）

循环流化床锅炉是近几十年发展起来的一种新型煤炭燃烧技术，其燃烧室内强烈的气固混合和质交换，强化了燃烧和传热，使得装置可以实现中等温度稳定燃烧。其一方面可以燃用低热值燃料，另一方面，850℃左右是石灰石颗粒最佳的二氧化硫吸收反应温度区间，实现了低成本的脱硫；同时，此温度区域的燃烧，氮氧化物生成量大幅度降低，直接排放已经能够满足环保要求。因此，循环流化床燃煤技术是一种适应劣质煤燃烧、污染控制成本低的清洁煤技术。

目前，国际上认为超临界循环流化床是燃煤发电降低污染排放的重要突破性技术之一。已经证明循环流化床燃烧方式在污染控制排放，包括未来要考虑的汞排放等方面具有其他燃烧方式不可替代的优势。今后很可能大型燃煤发电要采用循环流化床的方式。因此必须解决循环流化床高参数、超临界化的问题，以给未来二氧化碳减排留下效率损失空间。

美国和欧洲均在超临界循环流化床研发方面做了大量工作。据统计，美国 FW 公司于2002 年 12 月在波兰 Lagisza 电厂签订了世界第一台 460MW 超临界循环流化床锅炉供货合同后，电站项目于 2006 年 1 月开工，2009 年 3 月开始调试，6 月交付用户投入商业运行，根据现场反映回来的资料，该锅炉全面达到了设计指标。供电效率达到 43.3%，锅炉效率超过 93%，运行平稳，负荷调节特性满足电网调度要求。现在 FW 公司又在俄罗斯建设一台 330MW 超临界循环床锅炉。

我国在“十一五”期间安排了 600MW 超临界循环流化床的示范工程。它将带动一批相同等级的循环流化床发电项目。同时，根据我国燃煤发电节能降耗，降低污染排放的需求，对循环流化床燃烧技术提出新的任务：①发展更高供电效率的超超临界 600MW 到 800MW 循环流化床锅炉；②超临界循环流化床产品容量系列化，开发简易型 300MW 超临界循环流化床系列产品；③进一步挖掘循环流化床节能潜力，发展近期已在小容量循环流化床锅炉验证成功的节能型循环流化床技术，将该技术大型化；④开发适合于煤矸石以及其他劣质燃料的大型循环流化床技术。

3. 整体煤气化联合循环（IGCC）**发电技术**

整体煤气化联合循环（Integrated Gasification Combined Cycle，IGCC）是指将煤炭、生物质、石油焦、重渣油等多种含碳燃料进行气化，将得到的合成气净化后用于燃气-蒸汽联合循环的发电技术。其特点是不仅可以很大程度上解决目前燃煤电站效率低、污染大的问题，而且也克服了天然气供应不足和价格昂贵的问题。从系统构成及设备制造的角度来看，这种系统继承和发展了当前热力发电系统几乎所有技术。整体煤气化联合循环的主要优点有：

1）燃料适应性广。可利用高硫分、高灰分、低热值的低品位煤。对燃料的适应性主要取决于所采用的气化炉形式及给料的方式，对于干粉加料系统，可以适合从无烟煤到褐煤的所有煤种；对于湿法加料的气化工艺，则适合于灰分较低和固有水分较低的煤；对于高灰熔点的煤种，应加入助溶剂（如石灰石）。

2）高热效率。整体煤气化联合循环的净效率主要取决于燃气轮机的燃烧温度、煤气化显热的回收利用程度、电站系统整体的程度及厂用电等。在气化和净化过程中能量转换所造成的损失，使其热效率低于燃气联合循环的热效率。目前，商业化 CT-CC 机组热效率达 55%，IGCC 热效率达 43% ~45%，新型燃机（为 GE 公司的 H 型燃机）组成的联合循环热效率可达 60%，相应的 IGCC 的热效率也将达到 50%。若同时采用高温净化技术（热量损失减少），IGCC 的热效率将有望达到 52%。

3）优良的环保性能。燃煤发电造成的污染物主要是 SO_2、NO_x 和粉尘。在煤气化产物进入燃气轮机前必须进行脱硫处理。在煤气脱硫装置中，可以除去煤气中 95% 以上的硫化物（H_2S 和 COS），使之与同容量的燃煤电站相比，SO_2 的排放减少 90% 以上。由于联合循环效率的提高，CO_2 排放量也相应减少。由于燃气轮机入口煤气的含尘量比烟气排放标准要求更高，因此煤气在进入燃气轮机前要进行严格的除尘（除去煤气中接近 100 % 的粉尘）。一般排放均低于 $10mg/m^3$，基本不排放粉尘。

4）节约水资源。耗水量只有常规火电厂的一半左右。

4. 热电冷三联产

众所周知，热电联产是指火电机组在发电的同时，用做过一部分功的抽汽或背压机组的排汽进行供汽、采暖的生产方式。由于热能得到了梯级利用，从而减小了纯凝汽式机组的冷源热损失。热电冷三联产就是将已在汽轮机中做过一部分功的蒸汽在冬季对外供热或采暖，而在夏季这部分热负荷可以通过制冷设备（吸收式制冷机）生产 6 ~8℃ 的冷水，与采用中央制冷系统一样，用于空调或工艺冷却。

热电冷三联产具有下述优点：

1）热电冷三联产的蒸汽不直接减温减压，而是在发电后用排汽或抽汽满足供热、制冷的需要，因此能源利用率、热经济性高。

2）热电冷三联产在采用吸收式制冷过程中，用溶液泵压缩溶液，在蒸汽发生器中用消耗低品位的热能来代替空调中的压缩机耗能，从而大大降低电能或机械能的消耗。

3）热电厂在夏季热负荷低时，其热化系数明显降低，热经济性较差。若夏季有制冷负荷，就可用低品位的汽轮机抽汽或排汽，采用蒸汽动力循环加溴化锂-水吸收式集中制冷，其循环热效率达 65% 以上，这样在不增加机组容量的情况下，满足了高峰负荷时的用电、供热与制冷的需求，增加了机组在夏季的负荷率，也缓解了供电紧张的矛盾。

4）供冷设备与系统可与供热设备与系统共用部分管道和设备，如泵、制冷热源的管道等，从而节省了投资。

5）热电冷三联产利用溴化锂-水吸收制冷方式，取代了空调压缩机制冷方式，不需要使用制冷剂氟利昂，从而保护了环境。

6）热电冷三联产保证了生产工艺，可改善生活质量，而且代替了分散的空调，避免出现“热岛”现象。在诸如轻纺、化工、医药、冶金、机械等工业企业及宾馆、剧院、大型商场及城市居民区，既需要供热，也需要供冷。同时，商场、娱乐设施及城市居民生活小区相对集中，也为发展热电冷三联产提供了有利条件。因此，热电冷三联产有着良好的经济效益和社会效益，必将成为电厂节能的方向。

7）提高在运机组效率的新技术。在建设大型、高效、新型火力发电机组的同时，用现代技术改造在运机组，提高效率，降低能耗，减少污染，增加调峰能力，也是电力工业重要的任务之一。

5.3.2　智能电网

当前经济社会发展，需要坚强智能电网。经济社会持续健康发展，迫切需要加快电网建设，提升电网运行效率。国外发达国家的发展历程表明，工业化、城镇化时期的电力需求将随着经济社会的发展呈快速增长态势。

由于长期“重发轻供”，我国电网和电源发展一直不协调，电网发展明显滞后，网架结构薄弱，城市和农村供电水平不高，优化配置资源和抵御严重自然灾害的能力不强，严重制约了电网输配效率的有效发挥，影响了供电能力的提升。为满足未来经济社会全面发展而快速增长的电力消费需求，必须加快各级电网建设，构筑结构合理、能力强大、运行灵活的智能电网系统，实现安全、可靠和经济高效的电力供应，促进电力行业的协调可持续发展。

推动节能减排、服务“两型”社会，迫切需要推动新型电能利用模式，提高电能在终端能源消费中的比例。我国油气资源较为贫乏，煤炭和水能资源相对丰富，煤电、水电在我国电力生产中将长期占据主导地位，以煤为主的能源格局将长期存在。在我国油气资源供应能力有限的情况下，推动新型的电能利用模式应用，优化能源消费结构，大力提高电能在终端能源消费中的比例，是促进节能减排，服务“两型”社会建设，提高能源利用效率的重要途径，也是国家能源可持续发展的必然趋势。

同时，通过加强用户与电网之间的信息集成共享，将进一步改善电网运营方式和客户电能的利用模式，推动低碳经济和节能环保的长足发展。因此，进一步加强电网集约化建设，不断提高电网资源优化配置能力和服务创新能力，为终端客户提供安全可靠、经济优质、方便灵活的电力服务，已成为未来电网发展的重要任务。

中心城市在整个经济社会发展居于中心和引领地位，开发经济社会发展所需的坚强智能电网，将是中心城市电网发展的必然趋势。

智能电网可提升中心城市电网安全经济运行水平。提高中心城市电网安全稳定水平需要实现电网的智能控制。由于中心城市不仅是负荷中心，而且大多为受端网络，在安全性上存在突出问题：由于电源经远距离输电，网络安全稳定水平较低；区内电源缺乏，电压无功支撑不足，系统发生严重故障时，存在电压崩溃的风险。以杭州为例，杭州电网区内电源匮乏，是一个典型的受端网络，区内电厂出力在负荷高峰时所占比例为20%～25%，无功支撑不足。

而建设坚强智能电网对提升中心城市电网安全水平意义重大。坚强智能电网的建设，可以通过实时测量系统功角并采取实时的调控，实现电源与电网的协调互动，提高系统静稳水平，改善电网安全性；在系统故障情况下能采取电源端和负荷端的综合措施，保证主网架安全，并能实现对无功设备的自动监测和智能控制，提升中心城市电网电压无功稳定水平。

改善电网运行经济性需要提高电网的灵活互动能力。通过智能电网建设，搭建有序用电的自动化平台。在电源侧，需要电网提供更加可靠、灵活、经济的电力接入和输送平台，以保障传统电力和新能源的高效、经济和可靠外送；需要通过电网与客户的互动，实现移峰填谷，提高负荷率，减少系统总装机容量从而提高机组运行效率，降低生产成本并实现节能减排。在用户侧，需要电网提供更为稳定可靠、经济优质、透明开发、友好互动的电力供应方式，可以实现客户与电网双向互动，根据客户需要及峰谷电价调整用电时间，提高用户用电的经济性和安全性；可以将分布式电源电力接入电网，以实现清洁能源的高效利用，并获得一定的经济效益。

随着计算机和电力电子的飞速发展、控制理论及技术的进步、多个学科的结合及渗透，同时为了使电网更加安全、经济和有效运行，必须发展电网新技术。电网新技术主要有：灵活交流输电技术、大区电网互联技术、调度自动化系统及商业化运营、变电站综合自动化及无人值守技术等。

1. 灵活交流输电技术（FACTS）

FACTS是采用高电压、大功率的电力电子开关、器件和现代自动控制技术，对电网的运行参数——电压、相角及电抗进行调控，对常规交流输电电网的输电功率和潮流等实现灵活地控制与调节，以提高交流输电线路的输电能力，提高电能质量和电网稳定水平。在暂态时可用于阻尼系统低频振荡及控制SSR（次同步振荡），达到充分利用已有线路、降低线路损耗、提高电网稳定性的目的。由于其可灵活调节线路潮流，所以在电力市场商业化运营中，将起重要作用。

灵活交流输电技术的应用，对解决现行电网中存在较多的输电“卡脖子”问题，可起到投资少、见效快的效果。

2. 大区电网互联技术

我国的供电系统基本上有东北电网、华北电网、华东电网、华中电网、南方电网、西北电网等。大区电网联网主要以合理利用资源和各方能取得一定的经济效益为目的，除满足电力系统运行要求外还应保证互惠互利。

联网有如下效益：①利用地区负荷曲线的不同，获得错峰效益；②联网可以降低所需的装机容量；③电网互联可以使用高效率的大机组并可建设容量较大的电站，节省基建投资；④联网可以更好地发挥先进、高效机组的作用、降低运行费用；⑤联网可以更加充分地发挥水火电优化调度的作用，并给实现不同流域水电的跨流域补偿创造了条件，从而提高了水能的利用效率；⑥电网互联提高了系统的供电可靠性，改善了供电质量；⑦联网可在更大范围内充分合理地开发资源，为缓解环境及运输压力创造条件。因此，大区电网互联是电网发展的必然趋势，不仅能实现有功功率的互相支持，对提高电网的安全稳定水平也有很大作用。

为了适应电力体制改革的深化，逐步实现全国统一电网这一目标，全国性跨地区电网互联方式、灵活交流输电技术、直流输电技术、电力电子技术、紧凑型输电技术、无功电压控制、跨大地区的调度运行管理、通信远动继电保护及电力托送、经济运行、商业化运营等问题，都需要认真研究解决。

3. 电网调度自动化系统

电网调度自动化系统集最新的计算机技术和控制技术为一体，为电网安全、经济运行提供监视、分析和控制的工具。例如面向对象、大目标的开放式支撑平台，电网运行监视及分析技术，电力生产过程的量测、控制技术及电力市场运营技术。

开放的电力市场是在调度自动化支撑软件平台及SCADA上，以状态估计、在线潮流、实时经济调度等EMS高级应用软件为支撑，根据国家、地方政策所开展的最高层次的应用。其目的是最大限度满足用户用电需求和充分利用各种资源，是今后一段时期内电力体制改革及技术进步的主要任务。

4. 其他电网新技术

其他电网新技术有：提高供电可靠性技术，提高供电经济性技术，提高电能质量新技术，综合自动化和无人值守变电站技术等。

5.3.3 新能源发电技术

我国火力发电占比过高，对于煤炭资源过度依赖，电源结构调整迫在眉睫，风能、太阳能、地热能、水电、沼气、生物质能等可再生能源都面临较好发展机遇。水电作为较为成熟的发电方式，正在大规模建设中；风电建设成本逐步下降，且前期基数较小，市场发展空间巨大，各地风电厂建设积极，也有多家上市公司宣布进入风电设备制造领域，该领域值得重点关注；另外，从电源结构调整中可以看出，国家积极淘汰小火电厂，在“十一五”期间已关停5000万kW，其中2007年关停1000万kW。

虽然目前人类仍以化石燃料（主要是煤炭）发电为主，但它作为一种不可再生能源正面临着枯竭的危险，化石燃料的燃烧将对生态环境造成很严重的破坏，因此人们对新型能源尤其是可再生能源寄予了极大的期望。新型发电方式的研究，目前已取得了令人瞩目的成就，水能、太阳能、风能、地热能、核能发电技术已被较广泛采用。许多国家还开发出了许多新能源，例如海洋能发电、生物质能发电、垃圾发电、污泥发电、高温岩体发电、冰洋发电、氦核聚变发电、叶绿素发电、磁流体发电、酶发电、放射性同位素发电、高炉顶压发电和可控热核发电等。

1. 太阳能发电技术

太阳能是无尽、无污染的巨大的清洁能源，是无私的“能源之母”。太阳每秒钟照射到地球上的能源约为500万t标准煤，一年为170万亿t标准煤，相当于全世界人类能耗量的3万多倍。所以太阳能被视为21世纪最具潜力的新能源。我国太阳能资源丰富，约有2/3的地区年平均日照时数大于2000h，每年太阳能辐射总量在（313～814）$\times 10^6 kJ/m^2$，适合于安装太阳能发电设备。

太阳能发电技术可分为太阳热发电和光伏发电。前者是通过搜集的太阳热能，用水或低沸点流体吸热直接或间接产生蒸汽，然后蒸汽驱动汽轮发电机发电；后者是采用半导体光伏电池直接将太阳光能转变为电能。

太阳热发电目前有槽式和塔式两种形式。槽式系统采用抛物线槽型镜面集热器将太阳光聚焦到位于焦点的中心管上，使管内的工质（油）加热到350～390℃，然后使油经换热器产生蒸汽，蒸汽推动汽轮发电机发电。塔式系统采用双轴跟踪的定日镜阵列，将太阳能聚集到高塔顶部的集能器上，产生蒸汽带动汽轮发电机发电。太阳能热发电急需克服建设成本和发电成本高、运行经济性差的缺点，近期难以普及应用。

目前太阳能光伏发电应用得较多，光伏电源市场的年增长率高于20%，应用领域包括通信、邮电、石油等行业无人值守设备的自备电源以及海岛和边远地区的居民用电等。太阳能光伏发电具有以下特点：①无枯竭危险；②不受资源分布地域的限制；③可在用电处就近发电；④能源质量高；⑤获取能源花费的时间短。而且光伏发电所产生的二氧化碳量仅次于水力发电技术，也不会产生污染环境的物质，是一种理想的干净发电技术。

太阳能发电的关键技术是光伏电池制造技术及光伏发电系统的研究与开发技术，其主要技术是：提高光伏电池效率、降低光伏系统成本；大规模光伏电站与储能系统及风力发电的组合；与建筑材料集成的光伏组件。解决好这些关键技术，将大大推动太阳能发电技术的进展。

2. 风力发电技术

风能是太阳能的另一种表现形式，是由于地球各部分受热不均引起空气运动而产生的能量。风能是清洁的可再生资源，由于风力发电比其他可再生能源更经济，因此是当今新能源开发利用中发展最快、技术最成熟、最具规模化商业开发前景的发电方式。

风力发电经历了从独立系统到并网系统的发展过程，大规模风力田的建设已成为发达国家风电发展的主要形式。目前，风电成本与煤电成本接近，因而具有很大的竞争优势。纵观风力发电的发展，有以下特点与趋势：一是发电成本更低，性能更完善；二是单机容量越来越大，在风能富集的地区将竞相建设大型的风电场；三是中小型风力发电已经成为牧区或海岛居民用电的重要来源。

中国幅员辽阔，海岸线长，风能资源比较丰富。据中国气象科学研究院估算，全国陆地上可开发利用的风能约为 2.53 亿 kW（依据地面以上 10m 高度风力资料计算），海上可开发利用的风能约为 7.5 亿 kW，共计约为 10 亿 kW。风能资源丰富的地区主要分布在东南沿海及附近岛屿，内蒙古、新疆和甘肃河西走廊，东北、西北、华北和青藏高原的部分地区。另外，内陆也有个别风能资源丰富的地区。中国海域面积广大，海上风能资源也非常丰富。

截至 2008 年年底，中国风电总装机规模已经达 1217 万 kW，远远超过“十一五”初期预测的 500 万 kW 的目标，装机容量已跃居世界第四位。2009 年，中国以 2580 万 kW 的总装机容量超过德国，成为世界第二。2010 年全国实际新增风电装机容量为 1650 万 kW，中国风电发展势头迅猛。

3. 核能发电技术

核能是人类 20 世纪的一项重要发现。一个重原子核分裂成两个或两个以上较轻的原子核，同时释放出巨大的能量，这个过程就是核裂变过程。原子弹和现在大多正在运行的核电站就是核裂变技术的具体应用。截至 2003 年，全世界共有 447 个核电机组正在运行，提供了世界上近 1/5 的电能。我国核电建设已经起步，秦山与大亚湾核电站已正常运行。

目前，成熟的核裂变电站是用铀 235 为燃料，据估计，我国铀资源与开发能力仅能保证约 3 千万 kW 热堆电站的运行，现在正在开发的快中子增殖反应堆是用钚 239 作燃料。核能是一种清洁、经济的重要能源，它可以减少燃煤发电造成的空气污染，减缓温室效应，节约化石燃料。但核裂变也存在潜在的危害：能产生大量的放射性污染物；安全性不高，容易发生核泄漏；含有辐射的核废料不能妥善存放；核能若成为战略物资，后果将不堪设想。但人类又离不开核能，在地球上的化石燃料被消耗尽之后，核能还能继续向人类提供巨大的能量。

目前许多国家都在进行核聚变发电的研究工作。核聚变就是由两个较轻的原子核合成为一个较重的原子，并释放出大量能量。太阳能不断地向人们提供光和热，就是因为其内部时刻都在进行着氢原子的核聚变反应，并释放出巨大的能量（太阳发出的总能量为 3.9×10^{23}kW，大气层表面的能量为 1.38kW/m^2）。最常见的核聚变是由氢的同位素氘、氚结合成较重的氦原子并释放出能量。

核聚变发电的原理是：利用高温等离子体发生核聚变反应，用反应释放的热量产生蒸汽，蒸汽驱动汽轮发电机组得到电能。得到的大部分电能输送入电网，另一部分反馈给反应装置，以提供维持高温等离子体所需的能量。相对于核裂变来说，核聚变发电具有原料丰富、成本低、能量巨大、安全可靠、污染少等优点。

4. 生物质能发电技术

生物质是地球上最广泛存在的物质，它包括所有的动物、植物和微生物，以及由这些有生命物质派生、排泄和代谢的许多有机质。生物质能是绿色植物通过叶绿素将太阳能转化为化学能而储存在生物体内部的能量，是洁净的可再生的绿色能源，也是世界上仅次于煤炭、石油、天然气的第四大能源。目前，全世界每年由光合作用生成的生物质，仅有1%左右被作为能源利用，其消耗量占世界总能源的14%，相当于12157亿t石油。因此，利用如此丰富的生物质能进行发电前景广阔。

生物质气化发电技术的基本原理是把生物质转化为可燃气，再利用可燃气推动燃气发电设备进行发电。它既能解决生物质难于燃用而且分布分散的缺点，又可以充分发挥燃气发电技术设备紧凑而且污染少的优点，所以气化发电是生物质能最有效最洁净的利用方法之一。

气化发电过程包括三个方面：一是生物质气化，把固体生物质转化为气体燃料；二是气体净化，气化出来的燃气都含有一定的杂质，包括灰分、焦炭和焦油等，需经过净化系统把杂质除去，以保证燃气发电设备的正常运行；三是燃气发电，利用燃气轮机或燃气内燃机进行发电，为了提高发电效率，发电过程还可以增加余热锅炉和蒸汽轮机。

尽管瑞典、芬兰、美国等国家研究开发生物质气化发电技术起步较早，但大型生物质气化发电技术仍不成熟。为了推动生物质气化发电技术的商业化进程，上述国家已经建造了许多生物质气化发电站和示范工程。由于生物质具有可再生性、对环境的友好性、对全球气候异常的抑制作用，因此在不久的将来，生物质气化发电技术一定能得到很好的利用。

5. 水力发电技术

虽然水力发电已经拥有很成熟的发电技术，但由于其具有清洁无污染、低运行成本（零能源成本）、高的运行灵活性和方便可靠性、适于电网调峰，以及水库还有蓄水拦洪、农灌航运等社会效益的优点，而且又是取之不尽的可再生能源，因而受到各国的重视。

中国是世界上水能资源最为丰富的国家之一，可开发水能资源约为376GW，目前我国水能的利用率仅为13%，水力发电前景广阔。随着化石燃料的日益减少和对环境保护的严格要求，水力发电必将成为21世纪重要的发电形式而加快发展。建设大型常规水电站、大力发展抽水蓄能电站，是今后相当长一段时间的发展趋势。

6. 燃料电池发电技术

燃料电池是一种将燃料化学能直接转换为电能的发电设备。它的工作原理和普通的化学电池一样，但在普通的电池中，用来提供化学键能的物质在使用一定时期以后，要么进行充电继续使用，要么废弃；对于燃料电池来说，只要连续地向电极输入反应物质（即供给“燃料”和氧化剂）它就可源源不断地向外供电了。

燃料电池所需的燃料通常是氢气、一氧化碳气和碳氢化合物等气体，氧化剂可用空气或氧气。若以煤作为燃料电池的燃料，煤必须经过气化，用含有H_2、CO等成分的煤气作为燃料。在燃料电池发电厂中，煤经气化过程被转换成一种富氢气体，然后与空气一同被送到燃料电池的两电极处，将化学能转化为电能——直流电，再经过一换流器将直流电转化为高质量的交流电。

目前，世界各国开发的燃料电池种类按电解质不同可分为以下几种：磷酸型燃料电池（PAFC）、熔融碳酸盐型电池（MCFC）、固体电解质型电池（SOFC）、碱性电池（AFC）和质子交换膜型电池（PEMFC）。

燃料电池具有下列优点：①发电效率高，理论上可达80%～95%，远高于传统煤基电厂的发电计算效率43%；②发电的污染极小，燃料电池在发电过程中，采取严格的脱硫和分离CO_2措施，因此几乎无SO_x和CO_2的排放，更不用说NO_x了；由于没有大型的旋转机械，不存在噪声污染；余热可通过余热回收装置大量回收；③安装简便、建设工期短、检修容易、维护方便；④燃料适应性强，燃料电池所用燃料很广泛，煤、石油、天然气和甲醇等均可；⑤承受负荷变化能力强，而且发电效率不受其负荷大小的影响。

燃料电池发电被称为继火力发电、水力发电、核能发电之后的第四大发电方式，而与传统发电形式相比，燃料电池分支电站的化学能转化为电能的过程中没有热能散发出去，大大提高了发电效率，电容选择灵活，适合小型、自备电源需要，燃料取之不尽，其前景十分诱人。

但由于燃料电池成本过高，经济效益也不如其他发电方式，所以目前还未能推广，没有实现大型商业化运行。燃料电池发电技术的发展方向是低成本电池材料和高温燃料电池发电系统。燃料电池的关键技术涉及电池容量、性能、寿命、价格等与商业化有关的项目，主要包括新的电解质材料和催化剂的开发、各种材料电池性能的比较和优化、大功率电池制造等。

解决上述问题后，再凭借其优越的运行稳定性和简单的运行方式，以及燃料的多样性和来源的方便性，燃料电池发电将在未来的发电技术中具有强大的竞争力。

7. 其他能源发电技术

除了上述介绍的发电技术之外，还有一些重要的新能源发电技术。

（1）地热发电技术　地热是一种洁净的可再生能源，它具有热流密度大、容易收集和输送、参数稳定（流量、温度）、使用方便等优点。地热不仅是一种矿产资源，也是宝贵的旅游资源和水资源。地热能的开发利用主要有地热发电、地热制冷及热泵技术，都已比较成熟。

地热发电主要有双流地热发电和“热干岩过程法”两种。双流地热发电是通过换热器利用地下热水来加热某种低沸点的工质，使之变为蒸气，然后以此蒸气去推动汽轮机，并带动发电机发电。“热干岩过程法”不受地理限制，可以在任何地方进行热能开采。首先将水通过压力泵压入地下4～6km深处，此处岩石层的温度大约在200℃左右。水在高温岩石层被加热后通过管道加压被提取到地面并输入一个换热器中。换热器推动汽轮发电机将热能转化成电能，而推动汽轮机工作的热水冷却后再重新输入地下供循环使用。

地热发电不耗能源，完善目前的地热发电技术是除火力、水力发电之后技术问题较容易解决的第三种发电方式。

（2）海洋能发电技术　海洋能是一种可再生的、无污染的清洁能源。海洋能发电包括潮汐发电、温差发电和波浪能发电，目前以潮汐发电为主。

潮汐发电与水力发电的原理基本相似，它是利用潮水涨、落产生的水位所具有势能来发电。用于潮汐发电的潮差通常选在5m以上，潮汐能不受洪水、枯水期等水文因素影响。海洋温差发电，是利用大海表层与深层的温差来发电。由于太阳光的照射，海洋表层水温可达

25～30℃，而水下400～700 m深层冷水则为5～10℃，两者温差为20～25℃，可用来发电。其方法是，用表层海水使沸点较低的氨水汽化蒸发，用其蒸气来推动涡轮机，然后用冰冷的深层海水对蒸气进行冷却，使之还原为氨水，如此周而复始。波浪力发电的原理是，用波浪或浪涛造成的海面上下波动推动涡轮机发电。当波浪上升时将空气室中的空气顶上去，被压空气穿过正压水阀室进入正压气缸并驱动发电机轴伸端上的空气涡轮机使发电机发电，当波浪落下时空气室内形成负压，使大气中的空气被吸入气缸并驱动发电机另一轴伸端上的空气涡轮机使发电机发电，其旋转方向不变。

（3）垃圾焚烧发电技术　城市生活垃圾是当前世界各国面临的主要环境问题之一，也是目前我国存在的突出的环境问题。随着我国经济的快速发展，城市人口的大量增加，城市规模的日益扩大，人民生活水平的不断提高，生活垃圾产生量逐年增长，不可避免地产生了大量的垃圾。1995年以后，我国城市生活垃圾年清运量均超过1亿t，且以每年3%左右的速度增长。对垃圾的处理不当，会对环境造成巨大的危害：占用土地、污染土壤、污染地下水资源、影响空气质量、污染大气、传播疾病、影响环境卫生和居民健康。因此，如何无害化处理生活垃圾以及如何对垃圾处理进行有效的管理已经成为许多城市亟待解决的问题。

目前比较普遍的垃圾无害化处理方式有卫生填埋、焚烧和综合利用（如生产有机肥料、建筑材料、供热和发电等）。焚烧是一种对城市垃圾进行高温热化学处理的技术，将垃圾作为固体燃料送入炉膛内燃烧，在800～1000℃的高温条件下，垃圾中的可燃组分与空气中的氧进行剧烈的化学反应，释放出热量并转化为高温的燃烧气和少量性质稳定的固体残渣。当垃圾有足够的热值时，垃圾能靠自身的能量维持自燃，而不用提供辅助燃料。垃圾燃烧产生的高温燃烧气可作为热能回收利用，性质稳定的残渣可直接填埋处置。经过焚烧处理，垃圾中的细菌、病毒能被彻底消灭，各种恶臭气体得到高温分解，烟气中的有害气体经处理达标后排放。

我国垃圾焚烧发电虽说起步较晚，但近年来发展迅速，特别是2002年以来，国家和有关部门陆续出台和实施了市政公用事业的开放政策、特许经营政策、投资体制改革政策、鼓励非公经济政策等一系列相关的改革政策，加快了市政公用行业的改革开放和市场化经济的发展。作为最为传统的市政公用事业，垃圾处理领域也改变了政府单一的投融资渠道，而走向了投资主体多元化和融资渠道多样化的发展道路。目前，世界新建的垃圾焚烧设施中超过一半都在中国，国内已有近30个省、市和自治区的城市建成了垃圾发电厂，70%以上的焚烧厂集中在东部地区。2012年10月，亚洲最大的垃圾发电项目在上海正式并网，预计满负荷生产后将每年向上海电网输送约1．1亿kW·h“绿色电力”，可解决10万户左右居民的日常用电。到2015年，我国垃圾焚烧发电厂还将增加384座，焚烧能力届时可达31万t/d。

（4）磁流体发电技术　磁流体（又称磁性液体、铁磁流体或磁液）是由强磁性粒子、基液（也叫媒体）以及界面活性剂三者混合而成的一种稳定的胶状溶液。该流体在静态时没有磁性吸引力，当外加磁场作用时，才表现出磁性。

磁流体发电中的带电流体是通过加热燃料、惰性气体、碱金属蒸气而得到的。在几千摄氏度的温度下，这些物质中的原子和电子的运动都很剧烈，有些电子甚至可以脱离原子核的束缚变成自由电子。失去电子的离子以及原子核的混合物就是等离子体，当带有磁流体的等离子体以极高的速度横切穿过磁场时，按电磁感应定律，由磁力线切割产生电；在磁流体流经的通道上安装电极和外部负荷连接时，就可以发电。

磁流体发电是一种新型、高效的发电技术，它是直接把热能转化为电能的一种发电方法。它具有效率高、环境污染小、设备结构紧凑、启停迅速等优点，是一种很有前景的发电新技术。

此外，还有污泥发电、高温岩体发电、冰洋发电、叶绿素发电、酶发电、放射性同位素发电、高炉顶压发电和可控热核发电等。

5.4　电力系统设备节能实例

5.4.1　锅炉排烟余热充分利用

我国火电厂的数量和规模居世界前列，所以这里以火电厂为例进行叙述。我国火电厂的排烟温度一般在120～150℃。计算表明，排烟温度每降低10～20℃，锅炉的热效率就可以提高1%左右。

对于锅炉排烟余热利用一般有两种方法：一是加大空气预热器尺寸，提高助燃空气的温度，但是显著加大空气预热器尺寸受占地面积、成本等限制；二是增加省煤器的数量，但省煤器吸收的热量多少受汽化温度和烟气露点等限制，也不能有效的降低烟气温度。

经过多年的实践和研究工作，人们发现若是在锅炉尾部烟道加装一个汽水换热器，让烟气排出之前先去加热汽轮机低压回热系统的凝结水，这样可以降低烟气的温度，同时可以减少低压加热器的抽汽量，增加发电量，从而节约能量。这种方法不需改变锅炉的整个结构，只需增加一个换热器，投资少。又因为该换热器介入低压回热系统，承受较低的凝结水泵压力，所以不发生低温腐蚀。该种加装的换热器又被称为低压省煤器。

将低压省煤器与具有多级回热抽汽的热力系统联结，即可实现排烟余热的利用。根据低压省煤器与热力系统的联结方式不同，分为串联和并联两种。

图5-1所示为低压省煤器的串联和并联系统。由图可见，串联系统可以充分的利用烟气余热，热经济性高。不过由于水量大，凝结阻力较大，所以需要扬程较高的凝结水泵。并联系统与串联系统相比，不需要大的凝结水泵，不过对排烟余热利用率相对较少。

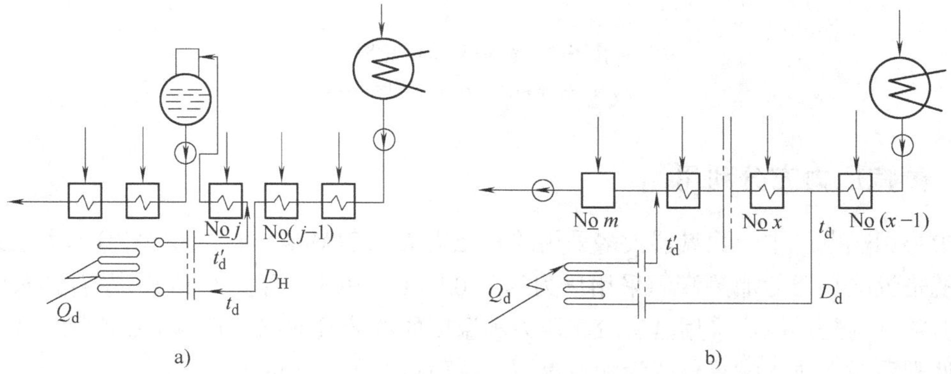

图5-1　低压省煤器的串联和并联系统

a）低压省煤器串联系统　b）低压省煤器的并联系统

5.4.2 循环流化床锅炉节能改造

循环流化床锅炉是近年来发展起来的一种新的煤燃烧设备。它具有煤种适应性好、燃烧效率高、污染物排放量低等优点，尤其是可实现炉中的脱硫、脱硝，是一种极有发展潜力的炉型。

传统的煤粉炉和链条炉与循环流化床锅炉相比，存在以下问题：

1）效率低。由于不能达到循环流化床锅炉那样使煤粉流态化，只能堆积燃烧，所以燃烧效率相对较低，炉渣和飞灰的含碳量较高，污染重。

2）故障多。制粉系统和传动部件老化，故障率高。另外，锅炉处于高压运行，漏风严重。

基于以上几点，采取以下方案对锅炉进行改造。在炉膛水冷壁下部设流化燃烧室，通风板设置排渣口；在炉膛出口设一级分离器；在过热器和上级省煤器后设二级分离器；二级分离器分离下来的颗粒经返料器回炉膛燃烧；加装给煤装置，除去原来的给煤传动装置，送风机扬程加大。具体改造示意图如图5-2所示。这样只需较少的投资就可以取得较为满意的改造效果。

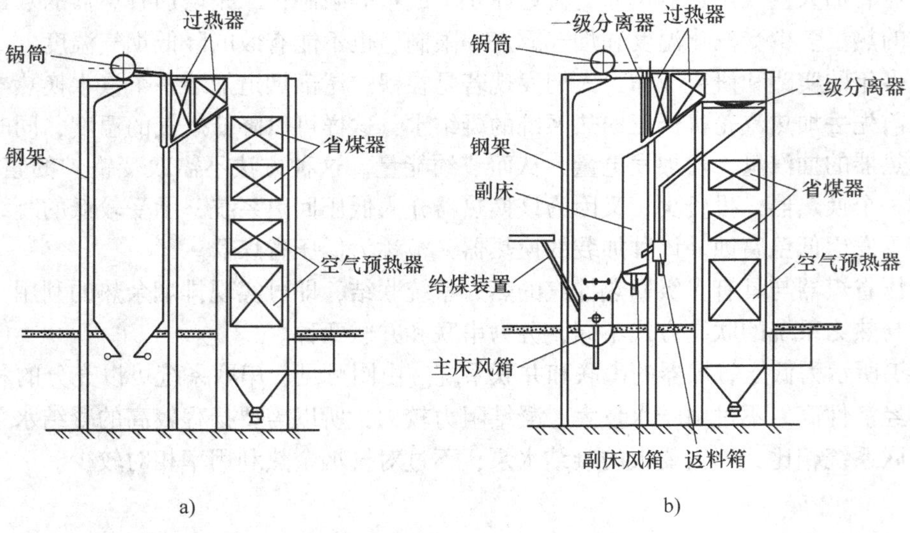

图5-2 锅炉改造示意图

a）改造前系统 b）改造后系统

5.4.3 蒸汽压力充分利用

在中小型热电厂中，除氧器大多采用的是压力为0.01MPa、水温为104℃的大气式除氧器，也就是说除氧器的加热汽源采用压力为0.05～0.1MPa、温度为170℃左右的蒸汽比较合适。但常见的是热电厂采用具有较高压力和温度的汽轮机抽汽或其他工业汽源，先进行降温减压处理后，再送入除氧器变为加热汽源，从而造成了极大的资源浪费。

图5-3所示为一个能源梯级利用的例子。原来系统的除氧器加热汽源来自工业蒸汽母管，蒸汽压力为0.7～1.1MPa（绝对压力），而除氧器的工作压力为0.11～0.12MPa，汽源

压差的调节是通过节流阀进行的，造成了很大的资源浪费。

另外，该系统也承担一定的加热任务，热网循环水除部分由热水锅炉加热外，主要由若干热网加热器进行汽水换热。加热汽源的压力为 0.7～1.1MPa，需经阀门节流至 0.2～0.3MPa 后进入换热器，同样产生大量的节流损失。

改造后的系统引入两台工业汽轮机，首先，将 0.7～1.1MPa 的工业蒸汽引入汽轮机，汽轮机驱动锅炉给水泵做功，汽轮机做功后的排汽恰好适合除氧器的需要，所以该方案既节约了电动给水泵消耗的电能，又避免了节流损失，并且汽轮机直接驱动给水泵，避免了能量转换过程中的多种转换损失。

另外一台汽轮机是由基本热网加热器的汽源压差驱动的，汽轮机拖动热网循环泵做功，然后进入热网加热器进行换热，从而实现蒸汽能量的梯级利用，如图 5-3 所示。

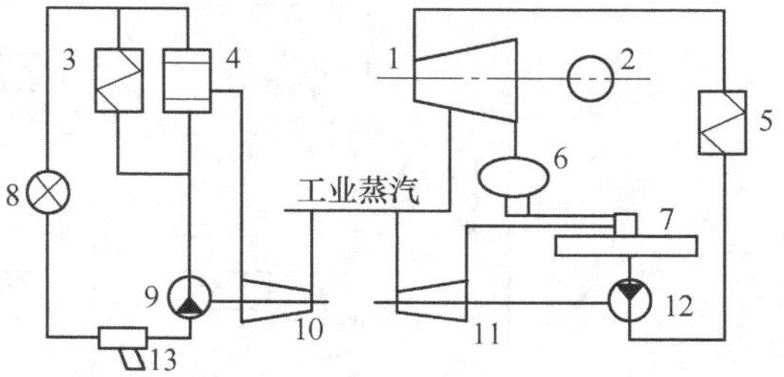

图 5-3　能量梯级利用工艺流程图

1—汽轮机　2—发电机　3—热水锅炉
4—基本热网加热器　5—蒸汽锅炉　6—凝汽器
7—除氧器　8—热用户　9—热网循环泵
10、11—工业汽轮机　12—给水泵　13—除污器

5.4.4　大型凝汽机组改造成供热机组

目前我国火电发电机组的装机总容量已超过 4 亿 kW，新建火电厂以 600MW 及以上为主。电网的供电煤耗逐年下降，2006 年为 366g/kWh。随着能源价格的提高，对发电厂节能的要求进一步提高，小于 50MW 瓦的纯发电机组已经淘汰，100MW 以上的纯凝机组有条件的也应改为供热机组，以提高能源利用效率，减少环境污染。由于大型凝汽轮机组是按凝汽运行方式设计的，没有适合工业和生活用汽的抽汽口，如果要供热必须进行改造。

将大型凝汽式机组改成供热机组大致有三种方法：一是将汽轮机的转子和气缸全部更换，可实现合理参数的供热，但这种改造方式价格昂贵，和购置新机组相差不大；二是在汽轮机高、中压缸及中、低压导管上开孔抽汽；三是利用压力匹配器（蒸汽喷射压缩器 Heat Compressor），将高于供汽压力和低于供汽压力的两种蒸汽混合，满足供汽压力要求。该设备使高压蒸汽降压，使低压蒸汽升压，因而称为压力匹配器。

5.4.5　冷热电三联供

冷热电联供（Combined Cooling Heating and Power，CCHP）是一种建立在能的梯级利用概念基础上，将制冷、供热及发电集成的多联供总能系统，目的在于提高能源利用效率，减少碳化物及有害气体的排放。冷热电三联供系统的优点是：能源利用率高，可达 80%～90%；经济性好，一般投资回收期在 4～6 年；环境友好，系统 CO_2 排放仅为传统能源系统的 30%～50%；缓解电力高峰负荷；提高供电安全性。图 5-4 所示为冷热电联供系统能量利用率分析。冷热电联供系统与远程送电比较，可以大大提高能源利用效率。大型发电厂的发电效率为 35%～55%，扣除厂用电和线损率，终端的利用效率只能达到 30%～47%，而 CCHP 的效率可达 90%，并且没有输电损耗。冷热电联供系统与大型热电联产比较，效率较高，而且大型热电联产还有输电线路和供热管网的损失。显然 CCHP 可以减少输配电系统和供热管网的投资，无论从减少投资成本和减轻污染来讲都是十分有利的。

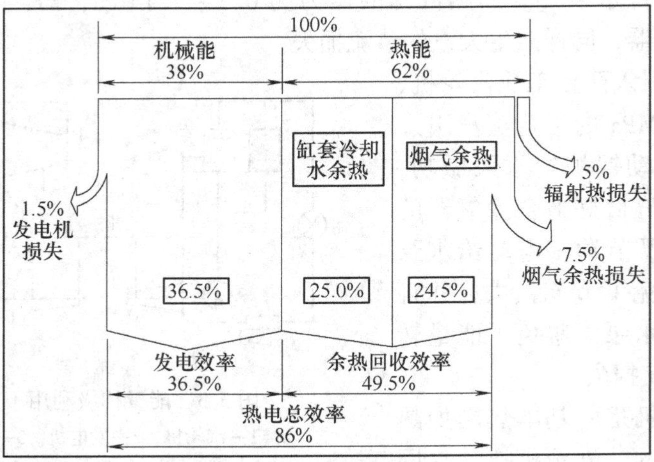

图 5-4　冷热电联供系统能量利用率分析

5.4.6　电站锅炉新型点火技术

1. 等离子点火

（1）等离子点火系统构成　等离子点火系统主要由以下几部分组成（图 5-5）：

1）等离子发生器——产生功率为 60 ~ 130kW 的等离子体。

2）电源柜及供电系统——由直流电源柜（含整流变压器）、冷却风机、直流平波电抗器组成，将三相 380V 电源整流成直流。

3）燃烧器——与等离子发生器配套使用点燃煤粉。

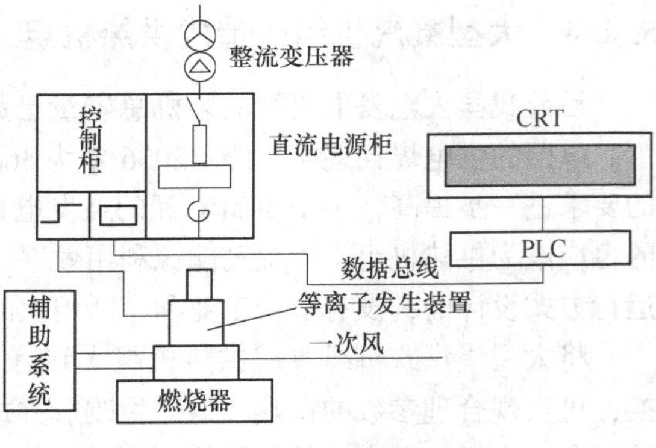

图 5-5　等离子点火系统构成

4）辅助系统——由冷却水、空气的供给系统组成。

5）控制系统——由 PLC、CRT、通信接口和数据总线组成。

6）风粉系统——煤粉由新增小粉斗通过给粉机、混合器进入一次风管，由热风送入等离子燃烧器。

（2）等离子点火系统工作原理（图 5-6）　直流电流在一定介质气压的条件下引弧，并在强磁场控制下获得稳定功率的定向流动空气等离子体，该等离子体在点火燃烧器中形成 $T>4000\mathrm{K}$ 的梯度极大的局部高温火核，煤粉颗粒通过该等离子火核时，迅速释放出挥发物、再造挥发分，并使煤粉颗粒破裂粉碎，从而迅速燃烧，达到点火并加速煤粉燃烧的目的。

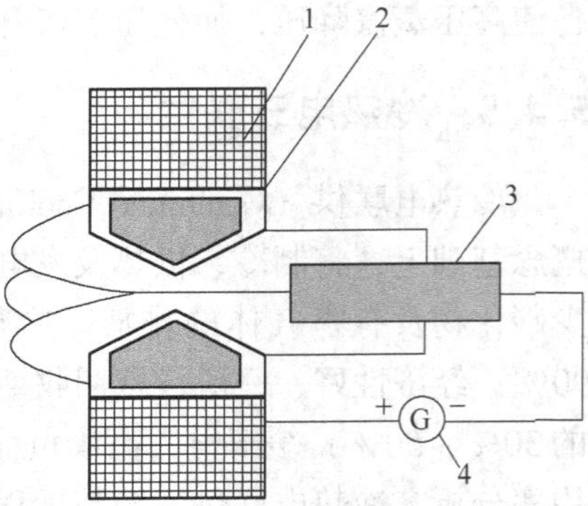

图 5-6　等离子发生器工作原理
1—线圈　2—阳极　3—阴极　4—电源

等离子体内含有大量的化学活性粒子，如原子（C、H、O）、离子（O_2^-、H^+、OH^-）和电子等。它们可加速热化学转换，促进燃料完全燃烧。这对于点燃煤粉（特别是贫煤）强化燃烧有着特别重要的意义。

等离子发生器由线圈、阴极、阳极组成。其中阴极和阳极由高电导率、高热导率及抗氧化的特殊材料制成，以承受高温电弧冲击。线圈在高温情况下具有抗直流高压击穿能力。电源采用全波整流并具有恒流性能。其发火原理为：在一定输出电流条件下，当阴极前进同阳极接触后，系统处在短路状态；当阴极缓缓离开阳极时产生电弧，电弧在线圈磁场的作用下被拉出喷管外部。压缩空气在电弧的作用下，被电离为高温等离子体，进入燃烧器点燃煤粉。

（3）技术特点

1）阳极与阴极使用抗氧化材料，使等离子体载体可以采用廉价易得的压缩空气，大大简化了系统，降低了运行成本。

2）精心设计的复合结构，保证了输出电功率达到100kW以上，抗污染能力强，阳极使用寿命长（≥1000h），适合与各种燃烧器配合。

3）在燃烧器的设计上采用了分极燃烧、气膜冷却及浓淡分离等技术，使其煤种适应范围宽；对煤粉细度无特殊要求，且出力大、不结焦、耐磨损、使用寿命长。

4）风粉在线监测系统，可为燃烧控制提供准确的数据。

5）供电电源及控制主机采用了总线式的通信方式，切换方便，两台单元式锅炉可共用一套供电电源、各自使用独立的操作界面，从而节省大量的初始投资，提高设备的利用率。

2. 气化小油枪点火及稳燃技术

气化小油枪直接点火及稳燃技术（简称气化小油枪点火技术）是用于煤粉锅炉起停及低负荷稳燃的专有技术。以前，锅炉在起停和低负荷稳燃过程中需要投入大量燃油，采用气化小油枪点火技术可以显著减少燃油投入，节油率高达95%以上，运行费用为燃油费用的20%左右，具有投资少、煤种适应性广、运行稳定、系统简单、操作方便等优点。

冷炉微油点火燃烧器的工作原理是：微油气化油枪与高强度油燃烧室配合，燃烧后形成温度很高的油火焰。高温油火焰引入煤粉燃烧器一级燃烧区，当浓相煤粉通过气化燃烧高温火核时，煤粉温度急剧升高，破裂粉碎，释放出大量的挥发分，并迅速着火燃烧；已着火燃烧的浓相煤粉在二次室内与稀相煤粉混合并点燃稀相煤粉，实现煤粉的分级燃烧，燃烧能量逐级放大，达到点火并加速煤粉燃烧的目标，大大减少煤粉燃烧所需引燃能量，满足了锅炉起停及低负荷稳燃的需求。气膜冷却二次风主要用于保护喷口安全，防止结焦烧损及补充后期燃烧所需氧量。

思　考　题

1. 什么叫电力系统？什么叫动力系统？
2. 电力工业节能主要包括哪几个方面？
3. 从哪几个方面推进我国电力工业进一步优化电力结构，实现可持续发展？
4. 电力系统的节能应从哪几个环节进行？
5. 火电厂的节能主要从哪两方面着手？
6. 火电厂中主要的耗电设备锅炉风机的节能途径有哪几个方面？

7. 冷热电联产的工作原理是什么？为什么说冷热电联产是一种高效的节能方法？

8. 降低输电线路损耗、节约输电损失的措施有哪些？

9. 为什么说变压器在电能的经济输送和分配中具有重要的意义？变压器的节能措施有哪些？

10. 何谓电力需求侧管理？如何电力需求侧管理实现节能？

11. 举例说明有哪些具体节电方法？

12. 简述超临界发电技术和超超临界发电技术。

13. 为什么说循环流化床燃煤技术是一种清洁煤技术？

14. 何谓整体煤气化联合循环？整体煤气化联合循环的主要优点有哪些？

15. 新能源发电技术有哪些形式？

第 6 章　建筑环境与设备节能技术

6.1　概述

建筑能耗包括房屋建筑的建造过程能耗和使用过程能耗两个方面。其中，建筑使用能耗是指建筑中的采暖、空调、电气、照明、炊事、热水供应等设备的能源消耗。无论是发达国家还是发展中国家，建筑能耗在国家能源总消费量中占的比例都很大，为25%～40%，其中建筑使用能耗占整个建筑能耗的80%～90%。住宅与公共建筑的采暖、空调、照明和家用电器等设施消耗了全球约1/3的能源，这些能源主要是不可再生的化石能源。这仅仅是建筑物在建造和使用过程中消耗的能源比例，如果再加上建材生产过程中消耗的能源（占全社会总能耗的16.7%），与建筑相关的能耗将占到社会总能耗的46.7%。

目前，建筑业已与工业、交通业并列成为我国三个“耗能大户”。尤其是伴随着建筑总量的不断攀升和居住舒适度的提升，建筑耗能呈急剧上升趋势。随着国民生活水平的提高，在我国能源总消费量中，建筑能耗所占的比例从1978年的10%上升到2001年的27.45%，目前建筑能耗已占全社会总能耗的30%左右。如果不改变建筑业的粗放型增长，2020年建筑耗能比例有可能进一步升至40%，超过工业、交通业、农业等其他行业，居能源消耗之首，这将导致能源供求矛盾更加突出。由建筑耗能产生的温室气体排放量已占全国温室气体排放总量的1/4左右。建筑能耗已逐渐成为我国能耗中日益扩大的“黑洞”。因此，在我国的建筑领域积极推进建筑节能，降低不必要的能源损耗，提高能源利用效率，减轻大气污染，减少温室气体排放，对节能降耗、保护生态环境及保持国民经济的可持续发展等都具有重要意义。

节能建筑设计与传统建筑设计的不同在于：前者在后者的基础上引入了环境与资源这两个重要的参数，从单纯以“功能-空间”为目标转变为“功能-空间”和“环境-资源”双重目标并重。要实现这两个目标的链接必须依赖强有力的技术支持，这也是目前我国建筑节能工作快速发展的关键。

6.2　我国建筑能耗与节能现状

建筑分为民用建筑和工业建筑，民用建筑又分为居住建筑和公共建筑。公共建筑则包含办公建筑（包括写字楼、政府部门办公室等）、商业建筑（如商场、金融建筑等）、旅游建筑（如旅馆饭店、娱乐场所等）、科教文卫建筑（包括文化、教育、科研、医疗、卫生、体育建筑等）、通信建筑（如邮电、通信、广播用房）以及交通运输用房（如机场、车站建筑等）。目前我国每年竣工建筑面积约为20亿m^2，其中公共建筑约有4亿m^2。在公共建筑中，在建筑的标准、功能及设置全年空调系统等方面有许多共性，其中空调系统能耗特别高，但空调系统能效较低，节能潜力也最大。

目前，我国建筑能耗呈现的特点是：总量大、比例高、能效低、污染重。统计资料显示，我国城乡既有建筑面积约400亿m^2，其中按采暖建筑节能标准建造的只有13亿m^2，且限于少数城市的居住建筑。目前全国城镇符合节能标准的建筑不足3%，新建住房也只有15%达到节能标准。我国城镇居民每年每户的建筑能耗实际消费额为1500~3000元，占家庭年收入的10%左右，住宅能耗已受到老百姓的普遍重视。

在公共建筑（特别是大型商场、高档旅馆酒店、高档办公楼等）的全年能耗中，有50%~60%消耗于空调制冷与采暖系统，20%~30%用于照明。而在空调采暖这部分能耗中，有20%~50%由外围护结构传热所消耗（夏热冬暖地区大约为20%，夏热冬冷地区大约为35%，寒冷地区大约为40%，严寒地区大约为50%）。从目前情况分析，这些建筑在围护结构、采暖空调系统，以及照明方面，共有节约当前所耗能源50%的潜力。2005年建设部颁布了《公共建筑节能设计标准》（GB 50189—2005），实施公共建筑节能设计标准，有利于改善公共建筑的热环境，提高暖通空调系统的能源利用效率，从根本上扭转公共建筑用能严重浪费的状况。图6-1所示为新建住宅建筑群和公共建筑群。

图6-1 新建住宅建筑群和公共建筑群

建筑节能是指在建筑物的规划、设计、新建、改建（扩建）和使用过程中，执行建筑节能标准，采用新型建筑材料和建筑节能新技术、新工艺、新设备、新产品，提高建筑围护结构的保温隔热性能和建筑物用能系统效率，利用可再生能源，在保证建筑物室内热环境质量的前提下，减少供热采暖、空调、照明、热水供应的能耗，并与可再生能源利用、保护生态平衡和改善人居环境紧密结合。概括地讲，就是“四节”，即节能、节水、节地、节材。大多数人对建筑节能的了解仅仅局限于建筑材料、水电气等方面的节能，而采暖、照明等在建筑使用过程中的节能问题往往被忽视掉。其实，建筑围护结构材料和建筑设备的使用是相辅相成的。把建筑围护结构做好，建筑材料选好，只是创造了节能的条件，使房间的负荷变小了，但真正的能耗还是在用能设备的使用上，如采暖、空调等。这些设备如果使用不好，围护结构做得再好，建筑能耗还是会很大。

我国的建筑节能工作与发达国家相比起步较晚，主要偏重于北方地区住宅采暖节能。建筑节能已经引起有关部门的高度重视。1986年，建设部颁布了第一部旨在推动居住建筑节能工作的行业法规JGJ 26—1986《民用建筑节能设计标准（采暖居住建筑部分）》（已作废），节能率要求达到30%，主要措施是增加门窗气密性、改善墙体保温、加大围护结构的热阻等；1995年12月，建设部又修订颁布了第二部节能标准JGJ 26—1995《民用建筑节能设计标准（采暖居住建筑部分）》（已作废），节能率要求达到50%。另外，1993年出台了规范旅游旅馆建筑节能设计的 GB 50189—1993《旅游旅馆建筑热工与空气调节节能设计标准》（已作废），2001 年发布了行业标准 JGJ 34—2001《夏热冬冷地区居住建筑节能设计标准（附条文说明）》（已作废），并于 2010 年发布 JGJ 134—2010《夏热冬冷地区居住建筑节能设计标准》。1998 年 1 月 1 日起实施的《中华人民共和国节约能源法》，是指导全国节能的大法，也是中国建筑节能工作的立法依据，对建筑节能工作具有重大的指导意义。各种标准随着科学技术的发展和现实情况的变化也在不断地修订和完善。然而，由于缺乏有效的行政监管体系，建筑节能实施情况不容乐观。

1999 年，我国已经把北方地区建筑节能设计标准纳入强制性标准进行执行。但是，由于节能建材的使用普遍滞后，建筑门窗、幕墙大量使用玻璃，建筑科技运用甚少等原因，我国的建筑节能工作推进进展缓慢。建设部在 2000 年对北方当前建筑节能标准执行情况的检查结果表明，达到建筑节能设计标准的节能建筑只占到同期建筑总量的 6.4%。到 2000 年年底，在全国城乡既有的房屋建筑中，达到采暖建筑节能设计标准的仅有 1.8 亿 m^2，仅占全部城乡建筑面积的 0.6%，还有 270 亿 m^2 的既有建筑存在着比较严重的保温隔热性和气密性差、供热系统效率低下等问题。这说明，在我国尚未形成良性的建筑节能环境，建筑节能工作仍需进一步加强。

目前，导致建筑能耗巨大的几大“罪魁祸首”依然猖獗。如在一些地方，尤其是农村地区，实心黏土砖“封而不死”，产量居高不下，造成极大的能源消耗；供热采暖的能耗约占了建筑能耗的一半，但“热改”在推进过程中依然困难重重，无法实现建筑节能的目标；大型公共建筑的建筑面积不到城镇建筑总量的 4%，但是却消耗了建筑能耗总量的 22%，日益成为能耗的“黑洞”。总体来看，在我国建筑能耗中存在三个“巨无霸”：

1. 采暖——占城镇建筑能耗 40%

清华大学建筑节能研究中心发布的《中国建筑节能年度发展研究报告 2007》中称，我国北方城镇采暖能耗占全国城镇建筑总能耗的 40%，为建筑能源消耗的最大组成部分。根据建设部 2006 年的统计显示，全国供热采暖全年耗能约为 1.3 亿 t 标准煤，占全社会总能耗的 10%，其中一个很重要的原因就是北方冬季供热采暖消耗了大量能源。由于供热系统设计不合理，用户室内无法自主调控，如果热了，只好开窗户调节室温，这样会浪费全部热量的 7%。我国单位面积采暖平均能耗折合标准煤为 20kg/（m^2·a），为北欧等同纬度条件下建筑采暖能耗的 1～1.5 倍。逐步取消按面积计收热费，积极稳步推行按用热量计量收费制度，将会有力促进供、用热双方节能。

2. 大型公共建筑——4%的建筑占了 22%的建筑能耗

大型公共建筑建筑面积占不到城镇建筑总量的 4%，但是却消耗了建筑能耗总量的 22%。《中国建筑节能年度发展研究报告 2007》称，我国大型公共建筑单位建筑面积的耗电量为 70～300kW·h/（m^2·a），为住宅的 5～15 倍，是建筑能源消耗的高密度领域。首先有设计上的原因，很多大型公共建筑都搞大玻璃幕墙，完全不考虑避阳、绝热等措施，造成了巨大的能耗损失；其次，个人住宅的节能意识比较强，而大型公共建筑相对较差。专家认为，要降低大型公共建筑的能耗，需要建立新建建筑的节能审查制度以及运行消耗的定额管理机制。

3. 实心砖——毁田大户“封”而不“死”

实心黏土砖作为传统墙体材料，俗称为“红砖”。据 2005 年 9 月国家发展和改革委员会公布的数据显示，我国房屋建筑材料中70%是墙体材料，其中实心黏土砖占据主导地位，生产实心黏土砖每年耗用的黏土资源达10多亿m^3，相当于毁田50万亩。此外，据不完全统计，每年我国生产黏土砖消耗7000多万t标准煤。

从2000年开始，实心黏土砖就因其对能源的耗费、土地的破坏等原因被国家禁止。据国务院2005年9月《关于进一步推进墙体材料革新和推广节能建筑的通知》要求，2010年年底，所有城市都要禁止使用实心黏土砖，全国实心黏土砖年产量控制在4000亿块以下。尽管国家先后公布了两批“禁实”城市名单，在一些大城市如北京、上海，实心砖基本不用了，但不容忽视的是，在基层一些地方，实心砖仍然大量存在，“封”而不“死”。尽管禁令频频，但实心黏土砖在农村仍然有广阔的市场。

国家将加大对新型墙体材料推广的支持力度。凡财政拨款或补贴的行政机关办公用房、公共建筑、经济适用房、示范建筑小区和国家投资的生产性项目，都必须选用新型墙体材料。利用预算内资金或国债资金以及中小企业发展专项资金，对新型墙体材料重大技术开发和产业化示范项目给予必要的资金支持。

我国推广节能建筑有九大障碍。第一大障碍就是全社会对建筑节能的重要性和紧迫性的认识仍然不足，其他八大障碍是：①国家政策不配套，缺乏激励机制和工作力度；②制约建筑节能的重要环节——供热采暖计量收费制度改革还未全面启动实施；③缺少建筑节能与企业和公众的直接经济利益联系，使得节能工作缺乏内在经济利益推动力；④建筑节能管理工作体制不顺、监管体系不健全，造成执法不严、监督不力；⑤与发达国家相比较，我国对建筑节能的投入太少；⑥建筑能耗数据工作缺乏调查统计基础，建筑节能缺少基础研究，资金投入水平十分低下；⑦建筑节能标准不完善、不配套，与发达国家建筑节能事业迅速发展相比，我国总体水平的差距有所扩大；⑧缺乏建筑节能的标识和认证等有效措施。

6.3 建筑节能的影响因素及节能途径

6.3.1 建筑节能的概念和影响因素

建筑节能的世界史到现在只有30多年。1973年发生的第一次世界能源危机以前，石油价格低廉，人们对节能并不关心。能源危机爆发后，石油价格飞涨，节能问题开始引起人们广泛的重视。建筑用能要消耗全球大约1/3的能源，在建筑用能的同时，还向大气排放大量污染物，如TSP（总悬浮颗粒物）、SO_2（二氧化硫）、NO_x（氮氧化物）等。基于经济和环保方面的考虑，发达国家逐渐开始重视建筑节能。

建筑节能的发展经历了三个阶段：起初，建筑节能被人们称为“Energy Saving in Buildings”，字面上的意思就是人们所说的“建筑节能”；随后，建筑节能往往被人们称为“Energy conservation in buildings”，有减少能量散失的意思；后来，建筑节能又普遍被人们称为“Energy Efficiency in Buildings”，意思是要从积极意义上提高建筑用能利用效率。近年来，人们尽管也在推行绿色建筑、生态建筑、可持续建筑等，但建筑节能仍然是其核心和关键。可见，建筑节能的内涵在不断变化，目前国际上通行的说法是指：提高建筑中的能源利用效率，即在建筑使用过程中对采暖、空调、热水供应等方面能耗的节约。

具体来讲，建筑节能就是在改善建筑舒适性的前提下，合理使用和有效利用能源，不断提高能源的利用率。例如，在建筑设计上，充分利用自然资源，设计朝向和通风性能好的房屋；在屋面、墙体和门窗等建筑外围护结构上，使用具有隔热和保温性能良好的材料；在采暖供热、空调制冷、采光照明等建筑工程上尽量使用能耗较低的产品，同时尽可能开发利用太阳能和地热资源。不仅如此，因为建筑节能是跨行业、多技术的综合学科，所以它要求生产、设计、施工及管理等部门的紧密配合，共同努力；需要建材、建筑、结构、暖通空调、电气等专业的共同协作；需要优化的设计、精心的施工和合理的管理，从多方面保证建筑节能的实施。

据统计，目前全国已建公共建筑面积约为40亿m^2，其中采用集中空调的建筑面积为5亿~6亿m^2。若按节能标准进行改造，年总节能潜力相当于1.35亿t标准煤，而在公共建筑总能耗中暖通空调能耗占总能耗的60%~65%，因此，暖通空调的节能力度将直接影响着我国建筑节能整体目标的实现。正常运行的一般空调系统耗能主要有两个方面：一是为了供给空气处理设备冷量和热量的冷（热）源耗能；二是为了输送空气和水，风机和水泵克服流动阻力所需的动力耗能。除了暖通空调系统的节能，还需要考虑电能消耗方面的问题。

建筑节能需以不影响人们感觉舒适度为前提，即室温冬季不低于18℃，夏季不高于26℃。影响建筑使用过程中能耗高低的因素很多，最主要的是建筑的保温隔热性能、气密性好坏、供热、制冷系统的设计是否合理等。发达国家在这些方面大力开展科技攻关，并采用激励和强制的办法促进建筑节能技术推广，收到了良好的效果。节能建筑与普通建筑相比，造价相对要高一些。据建筑节能专家介绍，节能50%左右的建筑，造价大约要提高近10%。但这笔投资又是很合算的，只需5~7年即可收回投资，而现在一般建筑寿命有50年，受益时间长达40多年。

未来我国建筑节能将有四方面的发展：一是要制定更高水平的建筑节能标准；二是在农村研究低能耗房屋建筑成套技术；三是开发新型节能建筑房屋体系；四是在太阳能供热水技术、供暖技术、发电技术、制冷技术等中大力推广应用可再生能源。

6.3.2 我国建筑节能的潜力

世界各国能耗总量中建筑业能耗所占比例较大。例如，发达国家建筑能耗占总能耗42%~45%，我国建筑能耗占全国总能耗的28%，并且还在逐步上升。与世界发达国家相比，我国目前的单位面积能耗很高，能源利用率低。因此，在我国建筑领域提高能源利用效率，开展建筑节能具有积极的现实意义。

建筑用能包括建造能耗和使用能耗两个方面。建造能耗属于生产能耗，即一次性消耗，其中又包括建筑材料和设备生产能耗，以及建筑施工和安装能耗；而建筑使用能耗属于民用生活领域，即多年长期消耗，其中包括建筑采暖、空调、照明、热水供应等能耗。按照国际上通行的办法，我国建筑节能的范围是指建筑使用能耗。但由于新建建筑规模很大，同时也应重视节约建造能耗。

在建筑材料的生产方面，如黏土砖、瓦都是能耗大户。20世纪90年代，我国黏土砖、瓦的年耗能量为5000多万t标准煤，约占建材总能耗的1/2。与其他同体积的先进墙体材料相比，其生产耗能平均高一倍左右。因而限制黏土砖的使用不但为了保护耕地，同时也是为了节约能源。减轻建筑自重，可以减少材料的运输量。这也是减少建筑施工能耗的一项举措。

使用能耗大大超过建造能耗，由于各地气温条件不同，使用能耗一般为建造能耗的4～9倍。在我国严寒、寒冷的北部地区，建筑总能耗超过全国平均水平，占地区总能耗的30%～40%，建筑使用能耗中又以供热、空调能耗占主要部分。

与同纬度的许多发达国家相比，我国冬天气候更冷，夏天气候较热，南方空气湿度还很高。在这种湿热环境下，我国房屋的保温隔热性能却要比发达国家差得多。墙体、屋顶和门窗单位面积的传热量，为气候条件接近的发达国家的2～5倍，而且室内热环境很差。现在这些高耗能建筑冬季采暖与夏季空调的使用正日益普遍，能源浪费更加严重。

数据表明，我国建筑能耗中有55%是采暖、空调能耗，这是一个极为庞大的数字。据调查，在高层空调建筑全年总电耗中，新风能耗占到15%～25%，因此，减少新风负荷在当前提倡建筑节能的形势下非常地重要。

空调建筑能源消耗量很大。近年来，在一些大中城市中，涉外旅游宾馆、饭店、办公楼、公寓等建筑大量出现，这些建筑多安装有全年性空调设备。例如，一座拥有1000间客房的大型高层宾馆，全年需消耗1200万kW·h电，1000t标准煤、300万m^3煤气、100万t水，相当于一座中型工厂的耗能量。虽然高档高层建筑在城市房屋建筑总面积中所占比例不大，但其能耗量相当大，在市政民用能耗中具有举足轻重的影响。

据四川省建筑科学研究院人员介绍：我国住宅建设用钢平均每平方米55kg，比发达国家高出10%～25%，水泥用量为221.5kg，每立方米混凝土比发达国家要多消耗80kg水泥。从土地占用来看，发达国家城市人均用地为82.4m^2，发展中国家平均是83.3m^2，我国城镇人均用地为133m^2。同时，从住宅使用过程中的资源消耗看，与发达国家相比，我国住宅使用能耗为相同技术条件下发达国家的2～3倍。从水资源消耗来看，我国卫生洁具耗水量比发达国家高出30%以上。

2006年年底，全国政协调研组就建筑节能问题提交的调研数据显示：按目前的趋势发展，到2020年我国建筑能耗将达到10.9亿t标准煤，相当于北京五大电厂煤炭合理库存的400倍。据估算，每吨标准煤按照中国的发电成本折合大约等于2700kW·h电；那么，2020年我国的建筑能耗将达到29430亿kW·h电，比三峡电站34年的发电量总和还要多。

以上事实证明，中国的建筑节能技术的市场潜力巨大。专家指出，在中国工业化和城市化的进程中，要在下一个15年中保持高于7%的年增长率，中国正面临环境恶化和资源限制等问题，要实现可持续性发展的目标，推广节能建筑、减少建筑能耗至关重要。

6.3.3 降低建筑能耗的途径

现代建筑在设计时，除保证建筑的安全性、舒适度、智能化和生态环境因素外，还应注重能源的有效使用和节约。首先要加强建筑节能的科学研究和技术开发，坚持与新型墙体材料的发展应用相结合，推广应用节能型建筑材料、高效用能设备、可再生能源利用等建筑节能系统和技术，鼓励选用节能型建筑材料和用能设备。重点发展节能墙体和屋面的保温、隔热材料与技术的应用，节能门窗的保温隔热和密封技术的应用，集中供热和热、电、冷联产联供技术，供热采暖系统温度调控和分户热量计量技术与装置，太阳能、地热能等可再生能源利用技术及装置的应用，空调制冷节能技术与产品的应用，空调和热力管道系统的保温、空调风系统防渗漏技术的应用，建筑照明节能技术与产品的应用，节能型的建材产品和器具的应用，建筑节能能耗的检测评估技术的应用，以及其他技术成熟、效果显著的节能产品和技术的应用。

为了保持室内温度恒定，冬季采暖建筑必须不断获得热量。建筑物的总得热包括采暖设备的供热、太阳辐射得热和建筑物内部得热（在居住建筑中包括炊事、照明、家电和人体散热，占总得热的8% ~12%）。这些热量再通过围护结构的传热及空气渗透而散失于环境。当建筑物的总得热和总失热达到平衡时，室温才得以保持。降低建筑耗能量主要是指在保持室内一定温度的条件下，降低采暖设备供热的耗能量。

降低建筑供热能耗的途径有：①充分利用太阳辐射得热；②利用建筑物内部得热；③提高采暖设备的供热效率；④减少建筑物散热面积；⑤加强围护结构保温；⑥减少空气渗透的耗热量。下面逐一进行说明。

1. 充分利用太阳辐射得热

建筑中太阳辐射的得热量与建筑的朝向、间距、建筑的高低错落有关，也与主要的热构件如窗、集热墙的位置、大小和构造有关。因此，为了充分利用太阳辐射热，必须从建筑的总体规划、小区布局及建筑单位设计着手；同时，对窗的形式、尺寸和玻璃的种类、层数等要仔细推敲。由于太阳辐射量是周期性变化的，所以要想昼夜得益还应提高建筑的蓄热量，以及设计好夜间及无阳光时窗户的保温方式（如采用保温窗帘等）。

2. 利用建筑物内部得热

过去我国民间的火炕就是很好利用炊事热的一个例子。目前人们的生活方式、能源的结构都发生了变化，如何充分利用目前生活中产生的热量是节能工作中值得探讨的问题。

3. 提高采暖设备的供热效率

采暖设备供热效率的提高途径应该包括采暖方式、能源结构的选择。目前锅炉在运行过程中，一般只将燃料所含热量的55% ~70%转化成为有效热能（即锅炉的运行效率为0.55 ~0.70）。这些热量通过室外管网输送，沿途又将损失10% ~15%（即室外管网的输送效率为0.85 ~0.90），剩余的热量供给建筑物，散热器的形式、表面状况及所处房间中位置的不同也影响其散热效率。因此，对目前的采暖系统来说，节能的主要途径是：改善采暖供热系统的设计和运行管理，以提高锅炉的运行效率；加强管道的保温，以提高管道的输送效率，同时选择效率高的散热器，安放在合理的位置上，以提高其散热效率。

4. 减少建筑物散热面积

建筑物的耗热量与建筑物外表面的大小有直接关系。在节能设计中，一般用建筑物体形系数来控制耗热量。体形系数是指建筑物与室外大气接触的外表面积与其所包围的体积的比值。从有利于节能方面出发，体形系数应尽可能的小，即体形应该简单，一般对多层板式住宅，当层数达到6层，单元数达到4个以上时，体形系数可以控制在0.30以下，但当平立面出现过多的凹凸面时，其体形系数就容易超过此值。

建筑物的散热面积除了建筑物的外表面积外，还包括采暖空间与不采暖空间之间的内墙面积。例如，采暖居室与不采暖楼梯间之间的内墙及不采暖廊之间的内墙都是建筑物的散热面。有的设计在不采暖廊上，除了有门还有窗户，这对节能都很不利。计算表明，一栋多层住宅，楼梯间采暖比不采暖时耗热量要减少5%左右，楼梯间开敞比设置外门窗耗热量要增加10%左右。因此，楼梯间不采暖时，楼梯间隔墙及户门都应采取保温措施，楼梯间应设置门窗使之在冬季能够密闭。

5. 加强围护结构保温

围护结构应包括外墙、门窗、屋顶及地面。外墙应考虑周边混凝土梁、柱等热桥的影响。除了应提高这些围护结构本身的热阻外，还应防止内墙、楼板、地面等构件直接将室内热量传至外墙处散出。特别应注意的是，不得将散热片嵌入外墙内而减薄局部墙厚，使其保温性能减弱。

6. 减少空气渗透的耗热量

建筑能耗检测结果表明，北京一般居住建筑空气渗透造成的耗热量，大约要占到整个建筑采暖耗热量的30%，其中通过门窗缝隙的空气渗透热损失约占23%。空气渗透带来的热损失和门窗缝的构造有密切关系。这些缝包括门窗扇与门窗框之间的缝，框与墙之间的缝，以及玻璃与窗棂子之间的缝，这些缝的宽度和长短与渗透量也有直接关系。这也和玻璃块的大小，特别是开启缝的长短有关。空气渗透量的大小还和围护结构两侧的热压差及风压差有关。由于冬季风较大，一般渗透量主要取决于风压差。因此，在向北开的外门的外边，设置一个门斗，使开口向东，这也是减少空气渗透热损失的一个措施。围护结构两侧的风压差，除了取决于当地的气象状况外，还取决于建筑的朝向、间距及高低层建筑错落的关系，即和建筑的布局和规划有关。

6.4 建筑环境节能技术

6.4.1 围护结构的节能技术

建筑围护结构主要包括外墙、屋顶和门窗等。从建筑物本身来讲，围护结构节能是降低建筑能耗的关键，选用节能建筑材料是实现建筑节能的最好方法，低热损失是建筑节能极为重要的方面。目前，我国现有绝大多数建筑没有采用必要的保温、隔热材料，仍沿用传统的240、370砖墙兼具承重与保温隔热功能，这样既浪费土地资源，又得不到应有的保温隔热效果。而屋顶常用一般的炉渣或膨胀珍珠岩等做法，门窗常用钢窗（单层）、铝合金（单层）等，都不能满足保温隔热要求，也谈不上节能，居住生活环境质量当然也不高。

围护结构节能技术是通过采用墙体保温（外保温、内保温、自保温、夹芯保温等技术）、门窗及屋面节能等措施，改善建筑围护结构的热工性能，使室内温度尽可能接近舒适温度，以减少通过采暖、制冷设备来达到合理舒适室温的负荷，从而减少建筑的使用能耗达到节能目的。围护结构节能技术应注意保温和隔热两方面，主要包括墙体的节能、门窗的节能和屋顶的节能等技术措施。

建筑围护结构的冷热负荷受墙体、顶棚、屋盖、楼地板及外窗的影响，尤其以外窗影响为主。当外窗两侧温差大于等于7℃时，宜采用双层玻璃。外窗面积不宜过大，窗墙面积比不宜大于0.45，宜采取外遮阳措施。国外实例证明，重视建筑的隔热保温可使能耗下降30%～40%，而造价仅增加大约5%。例如，住宅节能就是通过围护结构节能设计，达到比传统住宅节约能耗25%的目标，在结合设备节能设计上，达到住宅总体使用能耗降低50%的目标，2010年以来，我国许多地方已实施节能65%的设计标准。

1. 墙体的保温节能

墙体是建筑外围护结构的主体，其功能主要是承重、防水、防潮、隔热、保温。我国长期以实心黏土砖为主要墙体材料，用增加砌筑厚度来满足保温要求，这样严重浪费了建筑能源和土地资源。一般情况下，单一墙体材料往往无法同时满足保温、隔热的要求，因而要推广使用空心砖墙（图6-2）及其复合墙体技术。复合墙体主要是通过在墙体主体结构（砖或钢筋混凝土）基础上增加复合的绝热保温材料来改善整个墙体的热工性能。其优点在于既不会使墙体过重，又能承重，保温效果又好。

图6-2　新型节能建筑墙体材料

根据复合材料与主体结构位置的不同，外墙保温技术可分为外墙内保温技术、外墙外保温技术和墙体自保温技术。外墙内保温是在墙体结构内侧覆盖一层保温材料，通过胶粘剂固定在墙体结构内，并在保温材料外侧作保护层和饰面。在我国，外墙内保温技术应用广泛，其造价低廉，已经成为重点推广的节能技术。墙体自保温技术是指通过对墙体自身采取一系列新技术（如采用夹心层），使其热导率极低，甚至达到了绝热的程度。

外墙的保温由过去的内保温为主要技术发展到现在的外保温为主导技术，早期使用过的产品如珍珠岩保温砂浆、充气石膏板、黏土珍珠岩保温砖、水泥聚苯板等也先后被性能更好的材料所替代。外墙外保温技术是在主体墙结构外侧用粘接材料固定一层保温材料，并在保温材料外侧抹砂浆或做其他保护装饰。在外墙根部、女儿墙、阳台、变形缝等易产生“热桥”的部位，采用外保温技术，可显著消除“热桥”造成的热损失。目前主要采用的方式有聚苯板保温砂浆外墙保温、聚苯板现浇混凝土外墙保温、聚苯颗粒浆料外墙保温等。比较起来，外墙外保温技术具有以下优点：

1）对主体承重结构有保护作用，使温度应力减少，延长建筑物寿命。

2）有利于消除和减弱“热桥”的影响，在同等条件下，比内保温的热损失少，节约能耗。

3）与内保温相比，不减少使用面积。

4）使墙体潮湿情况得到改善，有利于室温保持稳定。

5）不影响内装修，更适合旧建筑的节能改造。

目前，许多企业纷纷采取多种措施节能，以保护生态环境。例如，某煤矿的一座被绿色植物“包裹”的办公楼，大面积的绿色植物可以起到挡光、隔热的节能效果，如图6-3所示。

现代建筑施工中，外墙砌体质量和外墙保温是关系到建筑物的使用寿命和使用功能的关键因素。尤其在东北寒冷地区，外墙保温显得特别重要。近年来，住宅普遍开始采用地热采暖，地热采暖工程的优点是冬季室内温度较高，室内装修方便，没有明设管路，但同时也出现冷墙、内窗口及墙角处长绿毛和斑点等缺点。要解决以上不足，应从改善外墙砌体质量和加强外墙保温效果入手。

在砌体施工中要注意以下几点：

1）严把材料进场关。首先砖厂要出示出厂合格证，材料的化验单要报给施工监理，在监理的监督下

图6-3　办公楼“穿绿衣”节能

取样送样复检，达到设计强度要求方能用在墙体。否则，限期运出场内。但在日常施工中，多数建筑施工都没有做到按此类程序办事，难以保证砌体质量。

2）砂浆配合比和砂浆水胶（灰）比要按要求严格控制。在砌体施工前，必须做好材料试验，由实验室做试配比，出示配比单，按配比单进行现场施工。施工时要严格按图样设计要求的砂浆品种、标号进行配料，搅拌时必须上车画线，上称计量按质量比进行调试，砂浆必须做试块，试块的强度值必须符合要求。但施工时施工单位往往不按规范程序施工，凭经验拌料配比，砂浆强度不均匀，影响砌体质量和强度。

3）保证砖的湿润和控制好砂浆的水灰比。在施工中按规范要求应提前将砖浇水湿润，每面湿润深度达到10～15mm为宜。红砖是否湿润好对保证砖的含水率、砌体的强度和灰浆饱满度影响较大，砂浆与砖的充分结合、灰浆饱满度对墙体保温效果又极为重要。在日常施工中，由于抢进度、施工责任不到位，监理疏忽，砖缝不满，砂浆结合不好的情况时有发生。

4）组砌方法正确与否是影响砌体质量和墙体保温效果的关键。按施工操作规范错缝搭接，即内外错缝、上下错缝、前后错缝，杜绝边缝，杜绝砌好采用砸砖法纠正偏差。

5）不增加投入防止外墙体反霜。房屋使用期出现外墙体反霜、长黑绿毛或斑点等现象，主要原因是砂浆与砖没有充分结合，水浆不够充分饱满。要解决好此问题，需对施工单位的砌筑方法提出新要求。要求外墙砌砖采用每层浇浆制，每层砖砌完，用素水泥浆重复浇缝，要求每个瓦工人手一桶素水泥浆。这样可使外墙体反霜、墙面长黑绿斑点现象得到有效控制，为建设单位间接节约大量维修资金。

综上所述，在砌体施工中保证墙体施工质量和外墙保温并不难，主要是建设方、施工方、监理方责任到位、责任落实到人，加强施工管理，提高操作人员的责任心和技术水平，严格监管，墙体保温质量就能够得到保证。

2. 门窗的节能

窗的作用是采光、通风和供人眺望，门的作用是联系和分割不同的空间。门窗应具备良好的保温、隔热、隔声性能，有足够的气密性、水密性和抗风压强度，才能为用户提供安全、舒适、健康、宁静的室内环境，提高生活质量。在一般建筑中，门窗面积约占建筑外围护结构面积的30%，门窗能耗却占建筑外围护结构热损失的40%～50%。其能耗主要通过空气渗透、温差传热和辐射传热三种途径实现热量的交换。

节能门窗要考虑到空气质量、热环境质量、声环境质量、光环境质量、材料可持续发展等问题。在门窗节能措施方面，应加强门窗的气密性能，减少空气的渗透量；加强隔热性能，增强窗户的热反射；加强外遮阳措施，减少热辐射；改善保温性能；控制建筑朝向及窗墙面积比；合理选用窗玻璃和门体材料等。目前塑钢门窗、铝塑节能窗等各类节能、保温窗已有了较大的发展，对于建筑节能起到很大的促进作用。目前国内外普遍采用节能玻璃（中空玻璃、热反射玻璃）和节能型窗框（塑性窗框、隔热铝型框），通过采用遮阳设施（外遮阳、内遮阳）及高遮蔽系数的镶嵌材料来减少太阳辐射量。但占窗户面积的58%～87%的玻璃的节能，是窗户节能最为薄弱的环节。

在欧美、日本等发达国家，节能门窗的开发和应用早于我国20年，各类保温节能门窗的使用十分普遍，公共建筑和高档建筑的门窗大多数使用断热型铝合金门窗、塑料门窗、高档木门窗和复合材料门窗，并结合使用中空玻璃。据统计，美国、加拿大中空玻璃的采用量都在80%以上。而在我国，目前中空玻璃的使用普及率不足1%，在黄河以南地区几乎不用。从国内外的实践来看，中空玻璃的使用是实现门窗节能的重要途径。建筑物常用的单面玻璃和中空玻璃的热传导系数对比见表6-1。从表中可以看出：中空玻璃的热传导性能比单面玻璃降低了40%～50%。所以，中空玻璃是一种保温性能良好的玻璃结构，具有良好的保温、隔声效果，在现代建筑、军事、交通等领域都有广泛地应用。

表6-1 建筑物常用的单面玻璃和中空玻璃的热传导系数对比

玻璃形式	厚度/mm	热传导系数 $K/(W/m^2 \cdot K)$
单玻	3	5.55
	5	5.45
	6	5.40
	12	5.22
	19	4.86
中空玻璃	(B3+K6+B3) 12	3.09
	(B5+K6+B5) 16	2.95
	(B6+K6+B6) 18	2.92

中空节能塑料门窗和保温铝门窗，因其节约能耗、隔热、隔声、密封等性能良好，已经在全国推广应用。中空节能塑料门窗是把玻璃以双层中空方式镶嵌在塑料框中；保温铝门窗则是采用铝合金加PU树脂结构的节能窗。图6-4所示为双层玻璃铝合金节能门窗。新型节能保温门窗的普及，一年可为一个普通居室节约许多暖气和空调制冷费用。我国今后的外窗玻璃将由普通单面玻璃、双层玻璃发展到中空、充气（如惰性气体氩、氪、氙）、低辐射玻璃（LOW-E玻璃）和真空玻璃。

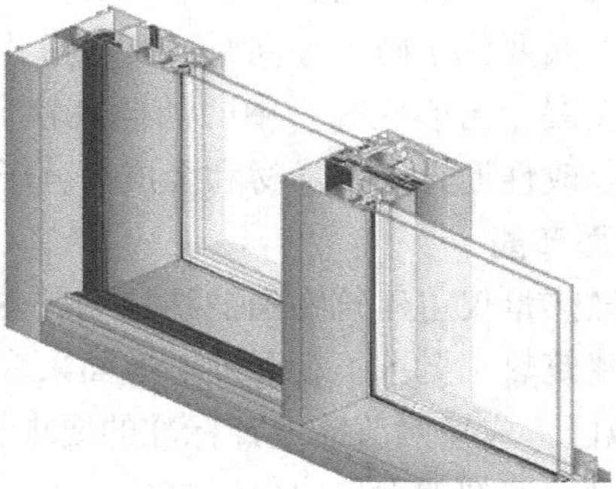

图6-4 双层玻璃铝合金节能门窗

真空玻璃是把两块玻璃四周密闭起来，中间做出一个封闭的空间，把空间内的空气抽掉，密封排气孔，形成真空玻璃。两片玻璃之间的间隙为0.1～0.2mm，其间有很薄很小的支撑垫方阵，承受100Pa的大气压，防止两块玻璃贴合在一起。支撑垫的直径在0.3～0.5mm之间。真空玻璃的两片中往往有一片是低辐射玻璃，这样就将散失的热量降到最低，其原理与玻璃保温瓶的保温隔热原理相同。真空玻璃的另一个功能是隔声，由于真空层无法传导声音，所以真空玻璃可以隔绝90%的噪声。但真空玻璃造价也比较高，在我国青岛、北京有公司生产真空玻璃。

节能并不是节能门窗的单一目标，应赋予它们更多的功能，如提供更舒适的居住环境及丰富的产品与技术支持。应将窗户放在一个更广泛的背景中，与健康建筑、节能建筑、生态建筑以及可持续发展建筑的观点联系起来，使窗户更具有生机、更具有良好的适用性。

3. 屋顶的保温节能

屋顶是建筑物上部与外界直接接触的重点部位，其保温与隔热是建筑围护结构节能的重点之一。屋顶的节能技术是通过改善屋面层的热工性能阻止热量的传递来实现的，主要结构形式有保温屋面（外保温、内保温）、架空通风屋面、坡面屋、绿化屋面等。屋面可设置隔气层和封闭的空气间层，可选择有憎水性膨胀珍珠岩板、水泥聚苯板、聚苯板等多种保温材料。屋面外表面采用柔性防水时，应使用反阳光辐射的材料。覆土和植草屋面的保温隔热效果很明显，用“建筑夹层防排组合”消除水压力。在一般的防水层上加塑料凹凸板、盖土工布，起到防水、排水、挡土、滤水的作用，既是绿化的基层，又是屋面的防排基层，解决了屋面渗漏和种植中排水透气问题。

屋顶节能措施的要点是：①屋面保温层不宜选用密度较大、热导率较高的保温材料，以免屋面重量、厚度过大；②屋面保温层不宜选用吸水率较高的保温材料，以防屋面湿作业时因保温层大量吸水而降低保温效果。例如，选用吸水率较高的保温材料，屋面上应设置排气孔，以排除保温层内不易排出的水分。近年来，斜屋顶用得越来越多，这种屋面便于设置保温层。由于有屋面瓦做防水保护，斜屋面可灵活采用不同高效材料作保温隔热层，如EPS板、玻璃棉板、岩棉板等。设置保温层时，既可以顺坡顶内敷设玻璃棉毡或岩棉花毡，也可在顶棚上敷设绝热材料，还可喷、吹或直接敷设玻璃棉、岩棉、膨胀珍珠岩等松散材料作为屋面保温层。

另外，合理选择防水材料是保证防水工程质量的基础。因屋面防水工程位于建筑物的顶部，不仅受到自然气候和环境的影响，还与地基不均匀沉降和整体结构的变形有关，是一项比较严格的分项工程。它要求防水层的质量有百分之百的可靠性，这样选材既要考虑经济合理、耐久，又要便于施工，同时又要考虑建筑物的等级、耐久年限要求。近几年，防水材料有了很大发展，已形成高、中、低档次较全的配套材料。现代防水材料主要有沥青防水卷材、高聚物改性沥青防水卷材和合成高分子防水卷材三大类。

4. 地面节能

地面散热量仅占建筑物围护结构总耗热量的3%～5%，所以一般情况下，只要其传热系数满足建筑热工要求，就无须对地面采取特殊的保温措施。对于采暖期室外平均温度低于-5℃的地区，应按照节能设计标准的要求，对建筑物外墙在地坪以下的垂直墙面，以及周边直接接触土壤的地面采取保温措施。

农村住宅地面做法简单，一般未考虑保温措施，耗热量约占围护结构总耗热量的6%。因此，寒冷地区加强地面保温，首先，应在条件允许的情况下，选用木地板或塑料地面等材料；其次，在地面垫层下及外墙内侧0.5～1.0m范围内设200mm厚干炉渣，减少室内热量向室外散发。为防潮，在素土夯实的基础上设20mm沥青砂浆或一层塑料薄膜，提高地面蓄热能力。

5. 应用新型材料节能

引进新型建材生产技术，开发生产环保节能型建筑材料，是建材工业发展的必然趋势。就住宅建设而言，建设部已明令淘汰一些不符合节能、计量、环保等要求的产品及质量低劣的产品，如实心黏土砖、空腹钢窗、原木门窗、镀锌管、铸铁水龙头等，以保证住宅产业向资源节约型方向发展，以及在墙材革新方面取得显著成绩。

6.4.2　新型太阳能节能建筑

太阳能是绿色能源中重要的能源之一，是取之不尽、用之不竭的天然能源。太阳能建筑总体上有三种形式：一是被动式，其构造简单，是不需任何辅助能源的建筑，通过建筑方位合理布置和建筑构件的恰当处理，以自然热交换方式获得并利用太阳能。二是主动式，其构造复杂，造价高，是需用电作为辅助能源的建筑。有一种主动式太阳房，在屋面上朝南布置太阳能空气集热器，被加热的空气通过碎石储热层后由风机送入房间，其辅助热源为煤气热风炉，并设置控制调节装置，根据送风温度确定热源的投入比例。三是“零能建筑”，这种建筑由太阳能屋顶提供全部建筑所需的能量，在屋顶安装 2～3kW 太阳能电池，且与电网并网，但由于太阳能电池价格较高，普遍推广还有困难。

由于太阳能具有取之不尽、用之不竭，无污染等优点，因此，建筑中充分利用太阳能将起到节约能源、保护环境的作用。太阳能建筑是在建筑中安装太阳能集热器和太阳能发电系统，满足日常供热、供电需要的新型建筑，如图 6-5 所示。过去，在太阳能建筑中，广泛应用了玻璃和岩棉，存在着玻璃热导率大和岩棉的非透明性等缺点。现在的太阳能建筑采用新型的透明绝热材料和光电技术，如透明热反射薄膜以及半导体光电池的应用，可以高效率地利用太阳能。

图 6-5　太阳能节能建筑

1. 太阳能建筑采暖

光热转换是太阳能利用的基本方式，可广泛应用于建筑采暖、热水供应和温室等。目前主要的应用方式有太阳房和太阳能地板辐射采暖。

太阳房是指结合建筑结构，利用太阳辐射能进行采暖的建筑，可分为主动式和被动式两种。主动式太阳房需要在建筑物中设置太阳能集热器、供热管道、散热设备、储热设备及辅助热源等。利用这套系统可以接收、转换和传输太阳能，满足建筑物的采暖要求。被动式太阳房则不需另外设置系统设备，它通过建筑物的朝向和周围环境的合理布置、内部空间和外部形体的巧妙处理及建筑材料和建筑构造的恰当选择，使建筑物在冬季能充分收集、储存和分配太阳辐射能，达到采暖的目的。图 6-6 所示为被动式太阳房的类型。目前所建造的太阳房多数是被动式太阳房，主要分为以下四类：

1）直接受益式。通过建筑物朝向的合理布置，使阳光直接加热采暖房间，把房间作为一个具有太阳能蓄热和分配的综合体。在阳光充足的白天，透过宽大的南窗玻璃面，阳光直接照射到能够储存能量的内墙和地板上，使房间吸收到充足的热量。到了夜晚，储存在墙和地板中的热量又被释放出来，使室温维持在稳定的温度范围内。这种结构是被动式太阳房中最简单的一种形式。

2）集热墙式。其结构是在建筑物的外墙上增加一层玻璃外罩，形成集热墙。集热墙在吸收太阳辐射热以后，可通过热传导的方式将热量输送到墙体内表面，同时，玻璃罩与外墙之间被加热的空气也可通过窗口排向室内，增加采暖房间的热量。集热墙式太阳房最早是由法国人特朗勃提出的，也称为特朗勃（Trombe）墙。目前，一种新型的太阳能集热墙已经被应用。这种集热墙是在传统的集热墙面上增加一层隔热板，使南墙与集热墙分离，在集热墙周边再增加一层保温板，用于减少热损失。由于集热墙体积相对较小，温度上升很快，与室内形成了较大的温差，提高了对流传热速度，使室内的得热量大大增加。经使用测试，其集热效果比传统的集热墙提高了1.96倍。当室内外温差为20～25℃时，采暖效果显著。

3）附加温室式。这种形式是在集热墙的基础上发展而来的。它是在建筑物南墙外面搭一间玻璃室，增加隔墙与玻璃罩之间的空间，使太阳光透过玻璃加热温室中的空气，再通过对流换热的方式传递到采暖房间内部。附加温室可以直接用作生活空间，也可以用作花房等。

4）蓄热屋顶式。它是在建筑物屋顶的金属顶棚台板上放置装满水的塑料袋作为储热体，其上面设置可以推拉启闭的保温盖板，通过盖板的敞开与关闭起到采暖和降温的作用。这套系统可在冬季和夏季使用。

上述几种形式的太阳房中，以直接受益式和集热墙式最为多见。

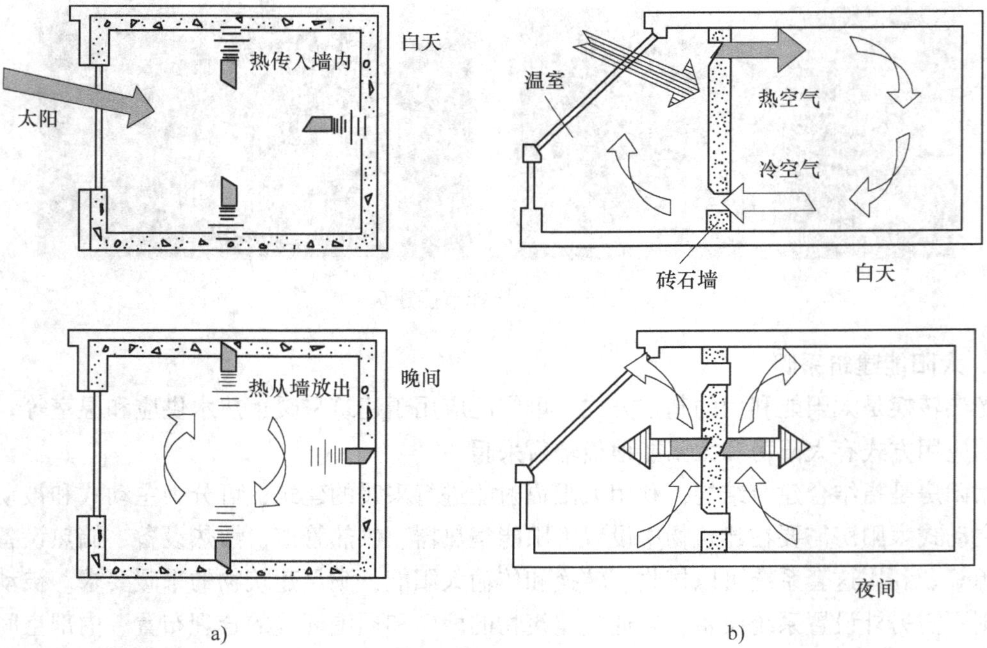

图6-6 被动式太阳房的类型

a）直接受益式太阳房 b）温室和砖石墙结合的间接受益式太阳房

太阳能地板辐射采暖系统是以太阳辐射热作为热源，采用太阳能集热器来吸收太阳辐射热，以地板辐射为采暖方式所构成的系统。考虑到太阳能存在的间断性和不稳定性，一般配以辅助电加热系统。太阳能地板辐射采暖系统所需供、回水温度最高可以是60℃、50℃，最低可以是40℃、30℃。它适用于没有集中供热系统的住宅别墅、四合院平房及学校等中小型公共建筑。在非采暖季节，太阳能热水系统还可以提供生活热水。与燃油、燃煤或电采暖方式相比，太阳能地板辐射采暖方式具有一定的优势。经实际工程测试，对于在白天只采用太阳能地板辐射采暖的系统，停止其他辅助加热，室内温度在10h内只降低1℃左右，基本能满足正常的室温要求，且舒适性较好。辅助电加热系统多用于夜晚，有可能使用优惠的低谷电价，从而大大降低采暖系统的运行费用，提高系统的经济性。因此，只要建筑物具备足够放置太阳能集热器的屋顶面积，且在技术上可行，则与其他采暖方式相比，太阳能地板辐射采暖方式的节能效果是非常明显的。

2. 太阳能利用与建筑一体化

目前，我国太阳能的光热利用技术日趋成熟，太阳能利用和建筑一体化课题已引起了社会各界的广泛关注和重视，科研、院校、能源开发等部门都在积极地探索，在工程实践中尝试。随着高科技的发展，这项课题必将得到推广和应用，将为社会节约大量能源，净化环境，造福民众。根据国家有关部门的要求，绿色健康住宅已进入了试点应用研究的重点阶段，而作为可再生能源的太阳能热利用技术也同时进入了快速发展时期，太阳能热水器成为广大民众购买绿色家电的首选。

太阳能热水系统由太阳能集热系统和热水分配系统组成，集热系统的主要部件有太阳能集热器、辅助加热、储热水箱、循环管路、循环泵、控制部件和线路等；热水分配系统由配水循环管路、水泵、储热水箱、控制阀门和热水计量表组成，储热水箱是两个系统的共同部件和连接点；热水管系统由太阳能真空集热管或吸热瓦片组成吸热器，在晴天阳光下产出40～85℃的热水，进入储热水箱，再由水箱进入热水管道至每户的分支管道，供室内使用。

太阳能热水系统主材可选用太阳能不锈钢扎花反射板和吸热真空管，水箱内胆采用不锈钢材料，热水给水管可采用铝塑复合管新型材料，高层建筑可采用钢塑管，主管均用聚乙烯发泡保温材料保温。扎花反射板可紧贴南面坡屋面上，也可设置在平屋顶上，每户约为4m^2，反射板上设ϕ47mm、长为1500mm的真空吸热管，管间设120mm×160mm×2000mm集热箱。储热水箱可设置在北向坡屋面上，四户型为860L，六户型为1300L，也可设置在平屋顶上，可为1970L和1550L两种，根据梯位户数进行组合设置。与土建配合，将各分户的上下冷热水管、辅助加热电线等设在管道井内。图6-7所示为太阳能利用与建筑一体化工程实例。

a)

b)

图6-7　太阳能利用与建筑一体化工程实例

a）住宅楼“凉棚式太阳能中央热水器”　b）住宅楼“瓦片式太阳能中央热水器”

太阳能利用与建筑一体化具有以下优点：①有利于人们对生活环境和生态的保护，不但降低了日益严重的生态污染，而且有效地减少常规能源的使用量，降低了能耗；②解决了目前单台太阳能热水器各户自行安装不规范、不统一的问题，且先建筑后设置，特别是设置在坡屋面上，对城市的景观、建筑围护等带来的不利影响；③太阳能热水器是一种绿色环保的产品，不但具有明显的节能效果，而且使用安全，寿命长，可为人们创造一个安全、高舒适性的生活环境，提高人们生活水平；④太阳能与建筑一体化，采用“瓦片式”布置可替代坡屋面上部分建筑瓦片，既减少建筑成本，又达到防水、遮阳的效果，与建筑融为一体，外观独特美观；⑤分户计量，按表收费，便于管理，集中供水可进行上下水、水温、水位的自动控制，定温输水采用自然循环，使用方便。

3. 太阳能制冷技术应用

据估计，国际上用于民用空调的耗电量约占民用总耗电量的50%，若能将太阳能用于制冷空调，其节能效果可想而知。太阳能制冷技术之所以诱人，在于其能量的供给和需求在季节和数量上是自然匹配的。太阳能辐射越强，气温越高，建筑对于冷量的需求也越大。另外，太阳能制冷系统还可以和其他建筑节能方案高度集成，如设计成多能源系统，充分利用废热、废气和天然气等其他能源。

目前，利用太阳能制冷主要有两大途径：一是利用太阳能集热器等实现光热转换，以热制冷；二是利用光电转换器等实现光电转换，以电制冷。太阳能制冷具体实现方法如图6-8所示。

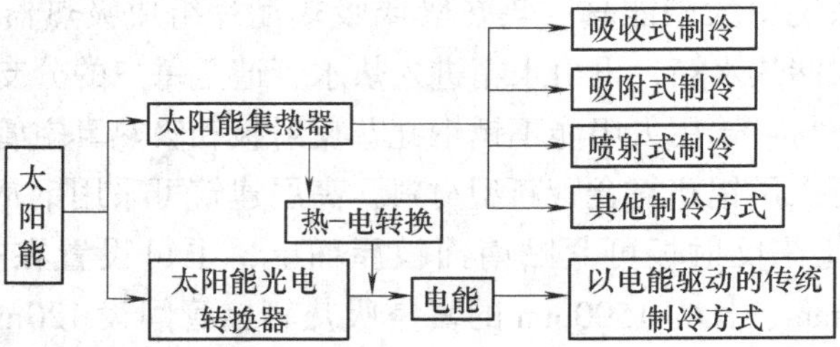

图6-8　太阳能制冷具体实现方法

太阳能由于能源密度低，能量供应具有随机性，给太阳能制冷技术在建筑节能技术中的发展应用带来了一定困难。目前亟需解决的问题有：①降低系统成本；②减小系统体积；③提高系统运行的可靠性和稳定性；④提高系统的效率和性能系数；⑤提高系统自动化程度。

21世纪人类共同的主题是可持续发展，对于城市建筑来说，必须由传统高消耗型发展模式转向高效绿色型发展模式，绿色建筑正是实施这一转变的必由之路，是当今世界建筑发展的必然趋势。世界各地已经出现了形形色色的太阳能制冷供暖的“节能住宅”“节能办公楼”等。我国西部地区电力资源短缺，但阳光十分充足，具有发展太阳能节能建筑的天然优势。其中甘肃、青海等地已成功建造了一批冬暖夏凉的“太阳房”。不少发达国家根据各自的特点，按照绿色建筑的理念进行了实践示范。图6-9所示为一些世界著名的绿色建筑。

图6-9 世界著名的绿色建筑

a）日本多层太阳能住宅 b）德国节能住宅

c）英国Integer绿色住宅示范房 d）荷兰Delft大学图书馆

6.4.3 电气设计的节能技术

电气设计可以从三个方面考虑节能，包括减少线路上的能量损耗、无功的补偿和照明部分的节能。

根据国际照明委员会（CIE）TC7-03技术委员会的报告，欧美16个发达国家的平均照明用电占其总用电的比例，自1960年至2000年虽呈下降趋势，照明的能效呈上升趋势。但16个发达国家的年人均照明用电量却是在逐年增长。这说明照明节能任务仍然很艰巨。

1990年，我国颁布《中国绿色照明工程实施方案》，要求推广节能灯，这个计划对于当时我国电光源及照明灯具的光效率低的状况是行之有效的。降低照明能耗的途径有：

1. 充分利用自然采光

自然光是一种廉价而无污染的光源。人类长期生活在自然光下，所以人眼对自然光比较适应，但是自然光的利用受到时间与空间的限制。例如，在夜间或者在室内距窗很远处，或者无法开窗的场合就不能利用自然光。自从电光源出现后，光的利用可以不受空间及时间的限制。然而，目前很多原本可以利用自然光的场合都不开设窗户，昼夜使用人工照明。例如一些会议厅、宴会厅、体育馆等，在住宅中也出现很多暗室，有些场所虽然有窗户，但是其采光量远远满足不了使用要求。究其原因，除了设计及使用者的节能意识不够外，一个主要原因是，在保温隔热中窗户是一个薄弱点。因此，应很好地解决采光与保温隔热的矛盾，如采用双层或多层玻璃使白天能充分采光，在夜间再加保温帘保温。又如，为防止夏日过热，可采用对热射线能充分反射而对可见光能很好透过的玻璃等。

另一个原因是有些场合不需要直射光，为了遮挡直射阳光常将自然光也遮挡了。由于直射光的方向性较强，所以可利用折射或反射的方法将直射光除去而将扩散光投入室内，甚至可将直射光转化为扩散光投入室内，以提高自然光的利用率。

2. 采用高效的光源及照明器件

节能光源有多种类型，大致可分为三大类：①金属卤化物和高压钠灯为代表的高强气体放电灯，简称 HID 灯；②直管荧光灯，特别是细管径直管荧光灯；③紧凑型荧光灯。其中，高强气体放电灯适用于高大工业厂房及高大建筑、户外作业、室内照明；直管荧光灯及紧凑型荧光灯一般适用于低矮建筑照明。

照明节能不只是简单地推广应用高效光源，灯具、镇流器等也有很大影响。例如，一带格栅的荧光灯具效率为 0.55 ~ 0.65，而高效节能格栅的荧光灯具效率可达 0.80 ~ 0.84，即提高光效率 30% ~40%。镇流器是气体放电灯必备的附件之一，也是消耗能量的器件，使用高质量的镇流器，其功耗将有大幅度下降。

6.5 建筑空调设备节能技术

要降低空调能耗，首先必须掌握夏季过热的特点。夏季过热的主要热源来自太阳。太阳的能量通过辐射以及对流的方式，使围护结构外表面的温度升高。不同表面状况的材料转化热能的能力不同，材料的这种性能可表示为材料表面对太阳辐射热的吸收系数。一般颜色深及表面粗糙的材料吸收系数较大，因此，采用浅色及表面光滑的材料是降低空调能耗的一个有效途径。

围护结构外表面的这部分辐射能也可通过其他能源转化的方式来减少空调的负荷。例如，用屋顶花园或攀藤植物将太阳能通过光合作用转化成生物能；也可以在屋顶上设水池或用喷水雾的方法将这部分太阳能转化成汽化热散发掉；也可用遮阳的方法，使太阳辐射能不能投射在外围护结构上。外围护结构中窗户是一种特殊结构，因为窗的玻璃能透射太阳辐射能，因此窗往往是遮阳的主要目标。

夏季过热的另一个特点是，太阳辐射热从早到晚是一个变化值。围护结构在接受这个周期性的热作用后，由于围护结构本身的热物理性质，热波动存在滞后和衰减现象。

夏季过热的第三个特点是，围护结构表面温度往往高于室外空气温度。当围护结构内有密闭空气层时，空气层内的温度受围护结构外表面的影响会大大高于室外空气温度。此刻若将空气层改为通风空气层就会将夹层中的热量带到室外。因此，采用通风式的围护结构是降低空调能耗的又一途径。

开启空调是为了在室内创造一个优于室外的小气候，因此，围护结构保温的好坏也将影响空调的能耗。由于保温材料一般为蓄热能力小的轻质材料，所以，将保温材料放在围护结构的内侧，可使空调开启后在很短的时间内，就使室内达到所需的温度。因此，保温材料的敷设位置及厚度都将影响空调的耗能量。

6.5.1 楼宇空调的节能

根据办公楼的能耗分析，空调系统的能耗已占总能耗的 60% 左右。在能源紧缺的今天，如何结合实际情况实现空调节能将是一个相当重要的课题。根据办公楼的使用特点，上班时人员集中而下班后仅极少部分人员加班，这就要求办公楼的空调系统除应能满足大负荷时的用冷外，还应能高效微量供冷。这就要求楼宇空调能够根据温度变化实现自动控制，以达到节能的目的。

（1）中央空调系统的主要节能措施

1）尽量缩短锅炉、制冷机等耗能多的冷、热源设备的运行时间，降低输出功率，减少设备的无功运行，使冷、热源系统处于节能状态。

2）空气处理过程中，尽量避免冷、热量的相互抵消。经常定期检查新风系统，最大限度地利用新风，采用新风、回风合适比例的方法，实现新风供冷、供热的控制。

3）利用变量控制技术，采用变风量、变水量设备，实现水泵、风机的最佳状态点控制和最佳起停时间的控制，减少送风机、回风机和水泵等传输设备的能耗。

4）对自然连续工作的空调对象，由人工改变工作时间与非工作时间的设定值及控制目标值，通过降低运行参数值，实现最佳节能控制。

5）在满足舒适度与卫生要求的前提下，自动改变室内温度、湿度的设定值，尽量扩大空调对象的温、湿度控制范围。

6）采用控制系统的最新技术，比如采用自适应控制与模糊控制软件，提高控制精度，从而进一步扩大温度和湿度的允许控制范围，达到优化节能的目的。

7）充分利用室外气象条件，综合室内温度、湿度负荷，确定最佳温度、湿度控制方案和最佳空气处理过程。

8）在充分依靠楼宇自动化控制系统的基础上，加强值班人员的巡查工作，确保中央空调系统的正常运行。

（2）空调建筑物及空调房间的布置原则

1）建筑平面与体型应尽量简单方整，减少保温墙长度。

2）空调房间应尽量与一般房间分开而集中布置。

3）室内温、湿度参数要求相同，使用性质和消声要求较一致的空调房间，尽量相邻或上下层相对布置。

4）为了避免太阳辐射热的影响，应尽量避免东西朝向布置和布置在顶层。

5）应尽量避免紧邻高温或高湿房间。

6）建筑物转角处的空调房间不宜在两面外墙上都设置窗户，以减少传热和渗透；空气调节房间的外窗面积应尽量减少，并应采取密封（气密性等级不应低于Ⅱ级）和遮阳措施；外窗应尽量南北向布置，避免东西向布置。

由于集中空调系统的能耗占整个建筑能耗的60%以上，因此，空调系统的计算机中央监控系统既是楼宇自控系统设计的重点，也是节电节能的重点。对于大型建筑更是如此。因此，空调系统的计算机中央监控系统设计十分重要，该系统的正常运行不仅对整个智能建筑BAS系统的影响很大，而且对BAS系统的投资效果也起着至关重要的作用。楼宇自动化系统的主要内容之一就是对建筑内的各种机电设施进行全面的计算机监控管理，其中对空调系统的监控体现在实现温度调节、湿度调节、通风气流速调节以及空气洁净度的调节，还应对新风机组、变风量末端风机盘管等进行监控。通过这些监控和对监控信息进行记录处理，实现分散节能控制和集中科学管理，能为建筑物的管理者提供方便的管理手段，减少建筑物的能耗，降低管理成本。

6.5.2 自然冷却空调制冷系统的应用

自然冷却是指在室外湿球温度低至一定值时，直接利用冷却塔，不用运行冷机而得到冷冻水的过程。它并不完全像其英文名所称的“免费”，事实上在这个过程中，冷却水和冷冻水泵以及冷却塔风机等设备仍需运行。自然冷却系统可以分为制冷剂流动方式、直接自然冷却方式、间接自然冷却方式，以及与间接自然冷却方式不同的冷却水和冷冻水环路中板式换热器与冷水机组均为并联的第四种自然冷却方式。

第四种自然冷却方式是目前工程中采用较多的自然冷却方式，如图6-10所示。这种方式对冷却水泵和冷冻水泵不会因系统增设板式换热器而增加额外的阻力，不会加大水泵的能耗。但由于这种方式中换热器和冷水机组不能同时使用，所以只有当室外湿球温度低于冷冻水供水温度（间接冷却方式中为冷冻水回水温度）约5℃时，方可从冷机切换到热交换器，因而可使用自然冷却的时间较间接自然冷却方式短。在这个系统中，冷水机组始终在设计进出水温下工作，效率不会受到影响，运行稳定。它与间接自然冷却方式相同的是，同样利用板式换热器来将冷冻水与冷却水环路隔绝，不会带来冷冻水管路的污染。

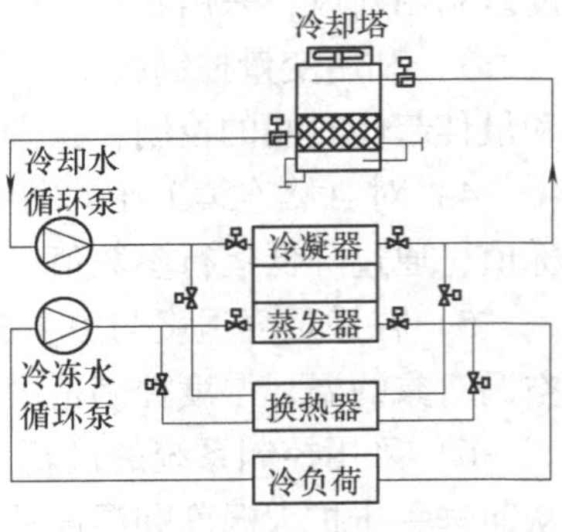

图6-10 第四种自然冷却方式

中国银行总行大厦、中关村理想大厦等工程空调系统设计中已采用此技术。这种方式在保证系统的安全稳定工作的前提下，可通过较少的投入达到节能的目的。它适用于存在内区负荷，以及其他需要冬季供冷的建筑，可以尽量避免和减少冬季开启冷机，确实是一种值得推荐采用的空调系统节能方式。

6.6 暖通设备节能技术

6.6.1 采暖系统节能

目前，在我国建筑节能的各个环节中，采暖（供热）系统的节能潜力很大。完整的供热系统包括三部分：一是热源，如锅炉或热泵；二是室外管网；三是室内终端设备。在每一个部分都存在较大的节能潜力。譬如在设计阶段，采暖的节能途径有：充分利用各种可能条件促进辐射热进入室内；从表面辐射、开口部位辐射及部位内部辐射等方面来抑制辐射热的损失；从减小温度差、导热面积、热导率或增加材料厚度（材质相同时）等方面来抑制导热损失；从风势、开口部位和缝隙及冷风的性状等方面来抑制对流热损失；通过建筑造型和材料的选择达到蓄热效果的充分利用。

1. 不同供热方式的选择

我国现阶段的供热方式主要有以燃料为能源的供热方式、电供热方式和热泵供热方式。以燃料为能源的供热方式分为集中供热、家用燃气或燃油热水锅炉供热、低温热水地板辐射供热（即地暖）三种类型。集中供热的热源可以由热电厂通过热电联产产生，也可以由区域锅炉或小型锅炉提供。电热供热方式分为电暖气供热、电热地板辐射供热、电锅炉热水供热等。热泵供热根据热源的不同分为空气源热泵、水源热泵和地源热泵三种。

从环境保护和热能利用的角度出发，热电联产集中供热既经济又节能，还有较高的环保效益，是大城市、大范围供热的首选方式。虽然电热供热方式具有使用方便、调节灵活、美观清洁等优点，但运行费用较高，一次能源利用率低，在目前国内电力供应整体紧张的情况下应慎重发展。在供热终端设备方面，地板辐射供热系统与普通散热器供热系统的成本基本持平，但若综合考虑“质”和“量”（即能量的品质和数量），前者可比后者更节能。

虽然集中供热是城市现代化的重要标志，但锅炉供热仍然占据着重要地位。锅炉供热系统的节能技术主要有：改变供热锅炉的间断运行方式为连续运行；将变频调速技术应用在供热锅炉中；合理设计和选择供热锅炉的容量和台数；通过初调节消除热网水平失调，改变“大流量、小温差”的不经济运行情况；提高供热锅炉的负荷率；采用热管省煤器和热管空气预热器；大力推广降低炉灰含碳量的节煤措施等。

2. 供热管网的节能技术

供热管网是将供热系统的热量通向室内终端设备（即热用户）的管路系统。为了保证用户的供热需要，除了要使热媒（蒸汽或热水）达到合格的输出温度外，还要在传输过程中尽量减少热量损失。

采用传统的供热管网保温材料，热媒从锅炉出口经热网输送到用户时，平均温度会降低6℃以上。由于供暖管道保温不良，输送热能损失过多，造成能源浪费。因此，必须对管网采用新型保温材料进行保温，以达到节能目的。目前许多工程已用岩棉毡取代水泥瓦保温，也有采用预制保温管，即内管为钢管，外套聚乙烯或玻璃钢管，中间用聚氨酯泡沫保温，不设管沟，直埋地下，管道热损失小，施工维修方便。天津大学研究出的氰聚塑保温管不仅能保温，还能起到防水、防火、防腐的作用，具有很好的节能效果。

当前，供暖时室温不均的情况比较普遍，即离热源近的区域室温偏高，离热源远的区域室温偏低，其原因除了管网热损失外，主要是热网热量分配不均，流经各用户散热器处的水流量与设计要求不符，也就是水力工况失调。如果要使室温过低区域的温度升高，必然会使其余区域的温度偏高，这就浪费了能源。应通过对供暖系数进行全面的水力热力平衡计算，在热水采暖管网系统中安装平衡阀，实现管网流量的合理分配，使供热质量大为改善。平衡阀是一种具有良好的流量调节通用性，并能定量地显示出环路流量的孔板，其专用智能仪表可用于显示流量，并有科学合理的调试方法。实践证明，与未安设平衡阀的不平衡系统相比，在保证所有房间满足规定室温的条件下，可以相对降低所供暖区域内的平均室内温度，可节约能源15%以上。

3. 采暖计量与控制技术

我国北方采暖地区长期沿用福利性的供暖体制，采暖费用一直由政府和职工所在单位负担，用户不需交纳采暖费用，耗能多少也与用户无关。室内采暖系统一般都是通过上下楼层房间的散热器用单管串联连接，建筑内部没有设置热计量和调控仪表。

按照国家节能法的要求，生活用能必须计量并向用户收费，这是供热企业改变运行机制的重要措施，也是促进建筑节能工作的一项根本措施。实现分户供暖，在房屋开发设计时就要采用相应的技术，安装相应的设备。推行温控与热计量技术是集中供热改革的技术保障。温控技术是指室内温度恒定的调节控制技术。热计量技术是指安装热量计量设备，科学合理地计量每户采暖能耗，按热量计费的技术。以上措施既可以公平合理计算采暖费用，又可以鼓励住户自主节能，大幅度地节约热量资源。发达国家的经验告诉我们：实行供热采暖计量收费措施，可以节能20%～30%。

近年来正在研究和试用的分户热计量方案多种多样，目前采用较多的做法有以下几种：①对于新建居住建筑，采用在楼梯间设共用的供回水立管并与分户独立系统相连接，把户用热表设在楼梯间可锁封的专用管井内；②对既有居住建筑的垂直单管系统进行改造时，在每组散热器两端的进出水管道之间加设跨越管，与散热器并联，并在散热器一侧设调节阀或恒温阀，在散热器上安设热量分配计；③采用低温地板辐射采暖技术，即将热水管埋设在混凝土地板内，地板被加热后即向上辐射散热，这种作法的建筑热稳定性较好，居住舒适，也便于用热表计量。

6.6.2 低温热水地面辐射采暖

低温热水地面辐射采暖（简称地板辐射采暖或地暖）是一种卫生条件和舒适标准都比较高的采暖方式。早在20世纪30年代，国外有些高级住宅就已开始应用，由于当时地热管采用铜管，造价很高，所以没有广泛地推广起来。近二十年来，由于塑料工业的发展，PE-X管、PB管、PP-R管的应用，在欧洲、日本、韩国等国家大量采用地板辐射采暖，而且效果大都令人十分满意。近年来，我国也开始采用地板辐射采暖，由于该技术有明显的优点，且成本逐步下降，推广的速度非常快，北方大城市新建高层住宅楼大都采用这种采暖方式，足以显示其优越性。以目前我国城镇住宅室内供热温度18℃为例，按每个供热期内每平方米供热面积耗煤50kg，采用低温热水地板辐射供热可平均降低温度2℃计算，节煤率为8%，煤价按0.25元/kg计算，大约可节约资金2元/m^2。

低温热水地面辐射采暖是将具有一定温度的热水，通过被埋置于构造层中的加热盘管，经过构造层的热量传递，使地表面被加热。被加热的地表面以辐射散热为主的方式，向室内散热以弥补房间的热损失，达到采暖的目的。构造层中的加热盘管和建筑构造相结合，主要房间的地面上无任何管道设备。加热盘管根据房间的大小可以在一个房间设置一个或几个环路，小的房间也可以几个房间设置一个环路。各环路的供、回水管连接到分配器上，每个用户的分配器通过楼内供水和回水干管与室外管网相连接。室内地板辐射采暖地面下加热盘管的布置如图6-11所示。

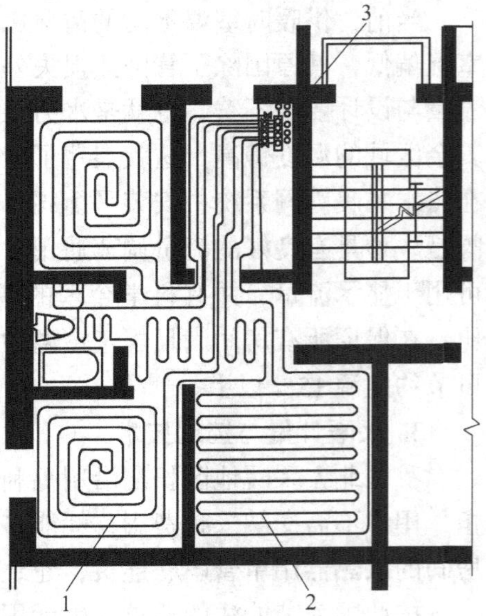

图6-11 室内地板辐射采暖地面下加热盘管的布置

1—螺旋型 2—直列型 3—分配器

低温热水地面辐射采暖具有高效节能、舒适保健、美观、增加使用面积、便于分户计量采暖、保温隔声、热稳定性好、热源选择灵活等一系列特点。在辐射采暖中，热量的传播主要以辐射形式进行，但同时也伴随有自然对流形式。人或物受辐射和对流热交换综合作用时，人体对温度有实际感觉温度，此实感温度比室内实际温度高2～3℃，即室内温度为16℃

时，人的实感温度为18~19℃。因此，建立在同样舒适的条件下，设计室内温度时，一般可比对流采暖方式低2~3℃。同时，室内沿高度方向上的温度分布比较均匀，温度梯度很小，无效热损失可大大减少，与对流采暖方式相比节能在10%~30%。另外，低温热水地面辐射采暖的供回水温度为50~60℃，对于采用区域锅炉房集中供热或户式锅炉供热的用户，更能节约燃料达到节能的目的。

研究表明，人体的舒适感与人体的各种热湿交换如对流、辐射和汗水的蒸发等有着密切的联系。在保持人体散失总热量一定时，适当地减少人体的辐射散热而相应地增加一些对流散热，人体就会感到更舒适。根据传热学理论可知，人体的辐射散热取决于人与外界的有效辐射，人体的对流散热则取决于空气环境的温度和流速。采用辐射采暖时，由于人体和物体表面的温度比对流采暖时高，使得人对外界的有效辐射减少，虽然周围的空气温度比对流采暖时低了，却正好可以加大一些人体的对流散热，这与人体的生理要求相吻合，所以会感到更舒适。换言之，更舒适的原因是地板采暖能够实现较好的温度梯度，即下部热上部冷，人体需要这样的温度梯度，即头凉脚热。

采用地板辐射采暖的形式，能较好地满足大空间建筑采暖的使用要求。辐射采暖的优势在于充分利用辐射方式不加热空气而只加热有用的物体，解决了高大空间传统采暖方式的上热下冷和能源浪费严重、效率低下、运行费用高、占地面积大、安装及维修复杂等难题。另外，辐射采暖室内空气上下对流弱，空气中含尘量少，空气温度分布均匀，对改善劳动条件和保持环境卫生大有益处，可为人们提供较对流采暖更舒适且卫生的空气环境。有关资料表明：辐射波能深入人体皮肤以下2~3mm，人员感受的不仅仅是周围的空气温度，而是空气温度和辐射热能两种作用，使人在温度较低的环境下仍能感觉比较温暖、舒适。

采用低温地板辐射供热系统的民用住宅楼，其地板一般由三部分组成：负荷分配层、塑料管道层及绝热隔湿层。负荷分配层为40mm厚的细石混凝土，费用大约为40元/m^2；塑料管道层为交联聚乙烯管，费用为30元/m^2；绝热隔湿层为25mm厚的苯板加铝箔，费用为15元/m^2；施工费用为15元/m^2，则交联管地板供热系统造价大约为100元/m^2，每层层高增加10cm左右。

为了更好地同普通散热器系统进行比较，现以某住宅楼（建筑面积为18000m^2，建筑面积与使用面积比为1.33，地上层数为18层、商品房售价按建筑面积计算为5000元/m^2）为例，对这两种系统的经济性进行计算，具体结果见表6-2。从表中可以看出，地板辐射供热系统同带温控阀的传统供热系统对比，单位建筑面积造价减少6.8元/m^2，与不带温控阀的传统供热系统对比，单位建筑面积造价提高6.7元/m^2。

表6-2　低温地板辐射供热与普通散热器供热方案经济指标　（单位：元/m^2）

项　目	低温地板辐射供热系统	普通散热器系统	带温控阀普通散热器系统
系统基本造价	100	35	48.5
层高影响建筑造价	18	0	0
散热器罩折合造价	0	20	20
散热器占地折合造价	0	56.5	56.5
系统总折合造价	118	111	125

注：散热器假设为500组，每组散热器占地0.3m^2，每组散热器罩费用为700元。

1. 低温热水地面辐射采暖与散热器采暖的比较

1）寿命的比较。由于铸铁散热器的重量大，使建筑物负荷过重，所以高层建筑一般不使用铸铁散热器。如果使用铸铁散热器，该散热器必须承受一定的压力。轻制散热器具有外形美观、重量轻的优点，缺点是易腐蚀，使用寿命在15～20年。由于我国供暖水质处理和运行管理不够规范，轻制散热器易腐蚀的缺点较为突出。若选用轻型散热器，要选用具有合格内腔保护的产品，另外，能够具有标准供暖水质和满水保养的使用条件，才是可靠的。采用轻型散热器，供暖支管和地暖一样需要埋设在地面垫层内，而且是70～95℃高温热水，管子的寿命比地暖的寿命短，因为地暖采用的是50～60℃的低温热水，热水的温度越高，管子的使用寿命就越短。地暖管子的寿命被公认为50年以上。

2）经济的比较。①初投资对比，地暖造价与高档散热器采暖造价大体相当，比中、低档散热器采暖造价略高。对比一个采暖期的使用费，有些工程地暖的使用费比散热器采暖低，而有些工程地暖的运行费比散热器采暖高。②运行费不同的原因分析：因供暖系统运行条件与设计条件存在差别，连续供暖会造成室内温度过高，运行费用也增高；而适当的间歇运行即可满足室内热环境要求，并可降低运行费用。在采暖期平均室外条件下，间歇运行时段选择在夜间，运行半天左右即可基本保证全天室内热环境要求，若中午再运行3h，在非工作时间即可获得更高的室内温度。

2. 我国低温热水地面辐射采暖系统管材的生产和使用情况

可以用作地面辐射采暖管材的塑料管有聚丁烯（PB）、交联聚乙烯（PE-X）、无规共聚聚丙烯（PP-R）、交联铝塑复合管（XPAP）。现在我国生产这些管材的厂家很多，质量及价格相差较大。质量最优的地暖管材为进口管材，如德国瑞好管材，工程造价约为90元/m^2；质量较好的国产管材是由德国进口设备，进口原料生产出来的，价格为40～50元/m^2；质量一般的是由仿德、仿韩设备及原料生产出来的管材，价格一般在40元/m^2左右。

3. 低温热水地面辐射采暖的施工技术措施

1）施工安装前，必须把结构层表面清理干净，并对凹凸不平的表面作找平处理。

2）敷设保温层，保温材料有3cm厚复合聚苯板，或更薄的挤塑板，板缝处用胶粘贴牢固。需要注意的是：由于需要承受使用荷载，所以对保温层的力学性能有严格要求，一般情况下采用重度大于或等于0.2kN/m^3的高密度具有闭孔结构的聚苯乙烯泡沫塑料板。

3）在保温层上敷设铝箔纸或粘一层带坐标分格线的复合镀铝聚酯膜。在保温层上敷设一层铝箔是为了通过其反射作用，改善盘管间的热量分布，使地板的向上传热量增加，并隔绝水汽对保温层的影响。根据一些工程经验和对比实验，在细石混凝土下部的铝箔层的热反射效果并不明显。在盘管的安装施工中，铝箔层会被卡钉穿透，起不到防水、隔汽作用。因此，要降低工程造价，可取消铝箔层。

4）在铝箔纸上敷设一层ϕ4mm钢丝网（间距为150mm×150mm～300mm×300mm），钢丝网采用搭接，以40m^2左右为单位将钢丝网断开，以减少应力，分块时，依照面层设计划分。

5）将分水器专用箱安装于墙壁上（明装或暗装），分水器固定在箱体内，距地400mm。

6）按设计要求间距将加热管（PEX管、PP-R管或PB管）用扎带固定于钢丝上，固定点间距不大于600mm（按管长方向），弯曲敷设处采用三点固定，固定间距为300mm，管子弯曲半径不小于7倍管直径。安装过程中要防止管道被污染，每条回路加热管敷设完毕，要及时封堵管口。

7）检查敷设的加热管无损伤，管间距符合设计要求后，进行水压试验。试验压力为0.9MPa，系统每10min压降小于0.02MPa，且累计小于0.1MPa，保持24h管道无渗漏为合格。

8）每40m^2设置膨胀缝，缝的尺寸为5～8mm，高度等同细石混凝土垫层，在分水器及加热管道密集处，管外用不短于1000m的波纹管保护，以降低混凝土热膨胀。

9）加热管验收合格后，回填细石混凝土，加热管保持不小于0.4MPa的压力，垫层应用人工抹压密实，不得用机械振捣，不许踩压已铺好的管道，施工时应派专人日夜看护，垫层达到养护期后，管道系统方允许泄压。

10）若系统入口处没有安装过滤器，分水器进水处应装设过滤器，防止异物进入地板管道环路，水源要选用清洁水。

11）地面找平，施作面层。面层材料宜选用实木复合地板、瓷砖、石材。

供热支管后的分配器竣工验收后，应对整个供回水环路水温及水力平衡进行调试，采暖向地板供水时，应选用预热方式，供热水温不得骤然升高，初温不应高于25℃，最高不超过30℃，以30℃水温循环一天后，逐日升温，每日5℃，直至升到规定温度。

6.6.3 高大空间建筑的辐射采暖

高大空间建筑是指具有跨度大、落空高、门窗面积大等特点的非居住建筑，如游泳池、保龄球馆、大型船埠、船舶、飞机和汽车的储藏库和修理厂所，机械、电子生产加工中心，建材市场、购物中心，展览会场，多功能体育厅和娱乐大厅等。根据其使用功能的不同，大致可分为两种类型：一种是人员活动频繁，该建筑物内人员分布比较均匀，如购物中心和展览会场等；另一种是人员较为分散，室内各处要求的温度不同，如各种储藏库和修理车间等场所。这些建筑物的共同特点是：除了建筑本身高大外，其外围护结构的门窗面积大，隔热性能差，因而其单位采暖面积的热负荷一般都很大。

适合高大空间建筑的采暖方式有两种：一种是以对流方式散热的暖风机采暖，另一种是吊装在屋顶或墙壁上以辐射散热为主的辐射板（器）采暖。实践证明，不论是落地式还是悬挂式的暖风机，因为它们都是以对流散热方式加热室内空气，所以室内温度分布不均匀。热空气向上流动，在高大空间中的垂直方向造成较大的温度梯度，从而导致建筑物损失更多的热量。因此，在高大空建筑中采用这种对流散热方式进行采暖，不仅不会取得良好的采暖效杲，而且由于室内存在温度梯度，会导致建筑物能耗的增加。同时，这种以对流散热为主的散热方式，很难满足用户对室内温度分区的要求。

辐射采暖是通过吊装在建筑物顶棚下面或墙壁上的辐射采暖设备，以电磁波的方式将热量直接照射在需要采暖的人体、地面、墙壁或物体上，而室内垂直方向的温度基本相等，即温度梯度趋近于零。因此，采用这种取暖方式不仅节约能量，而且舒适卫生，采暖的运行费用低。另外，这种采暖方式可以很容易实现室内温度的分区，以满足不同区域对温度的特殊要求。由于有温度和辐射照度的综合作用，辐射采暖既可以创造比较理想的热舒适环境，又可以比对流采暖减少15%左右的能耗。

1. 管板式块状（带状）辐射板

管板式块状（带状）辐射板（简称块状辐射板）是20世纪70年代初由天津大学有关

人员深入生产实际，为解决生产厂房的冬季取暖问题，根据辐射散热的原理，经过反复试验研究成功的。

块状辐射板通常采用钢制，按长度不同分为块状（K 型）和带状（D 型）。钢板厚度一般为 0.5～1.0mm，块状长度一般为 1000～2000mm，带状由数张钢板组成。

块状辐射板按其构造不同分为 A 型和 B 型两种。A 型加热管的外围 1/3 嵌入钢板槽内，并用点焊固定，背面用矿棉板（岩棉或矿渣棉）保温。按保温层厚度和构造不同又分为Ⅰ型和Ⅱ型，Ⅰ型用 50mm 厚矿物棉板、Ⅱ型用 30mm 厚矿物棉板及 4mm 厚的纤维板保温。B 型加热管的 1/2 外围嵌入钢板槽内，管两侧每隔 150mm 与钢板之间用点焊固定，其背面保温同 A 型。图 6-12 所示为块状辐射板构造图。图 6-13 所示为 A、B 型辐射板节点构造图。

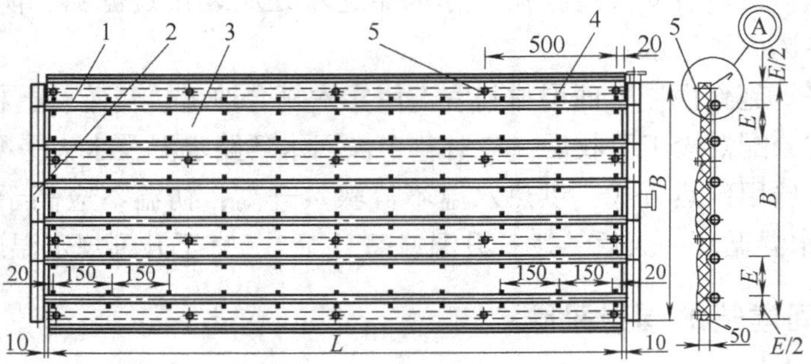

图 6-12　块状辐射板构造图（AⅠ型）

1—加热管　2—连接管及堵板　3—辐射板　4—压条　5—螺母及垫圈

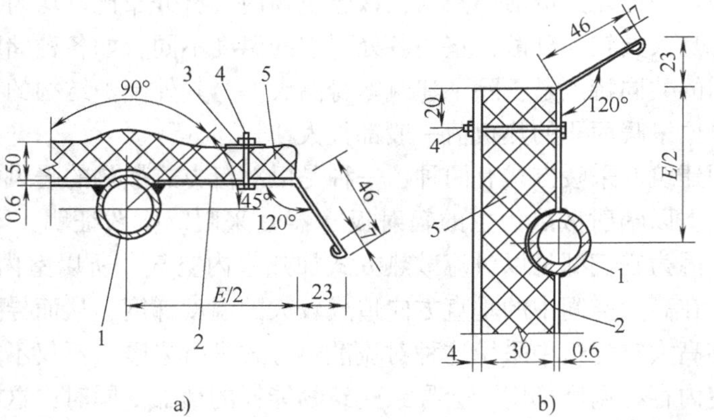

图 6-13　A、B 型辐射板节点构造图

a）AⅠ型节点图　b）BⅡ型节点图

1—加热管　2—辐射板　3—压条　4—螺母及垫圈　5—保温层

辐射板的安装有三种形式：①水平安装，使热量向下辐射；②倾斜安装，可装在墙面或车间的柱间，其热量向斜下方辐射，选择安装角度时，应保证辐射板的法线穿过工作区；③垂直安装，单向辐射时可以垂直安装在墙上，双向辐射时可安装在柱间，使其双向散热。

2. 整体式辐射采暖装置

整体式辐射采暖装置是将产热装置（热源）和散热装置组装成一个整体。热源材料一般采用天然气、液化石油气或电气。目前由国外引进的整体式辐射采暖装置有两种类型：一种是将产热装置和散热装置全部放置到需要采暖的房间或场所；另一种是将产热装置放置在采暖房间墙壁的外侧，燃烧产物通过散热装置将热量放散到需要采暖的地方。不论哪一种形式，它们的共同特点是通过被加热的高温表面，以电磁波的传递方式直接向地面、设备或者人体投射热量，继而由它们向空间释放热量，并提高空间的空气温度，达到采暖的目的。

由于散热装置表面的温度一般都在200℃以上，从电磁波段来讲，它处于红外区段，所以也称这种采暖为红外辐射采暖。由于这种采暖方式和太阳能一样，都是以电磁波的形式传递热量，因而使人感觉到和太阳光一样的温暖，故有人称此种采暖系统为“人工太阳采暖系统”。

3. 燃气红外柔强辐射采暖

根据辐射原理，当任何一个物体的温度高于绝对零度时，都会以电磁波的形式向外部空间辐射能量。红外线是整个电磁波波段的一部分，不同波长的电磁波，接触到物体后，将产生不同的效应。波长在0.76～1000μm之间的电磁波，尤其是在0.76～40μm之间，具有非色散性、能量集中和热效应显著等特点，所以称为热射线或红外线。远红外线辐射供暖系统的工作原理是，模拟太阳产生波长在2～12mm的辐射波，以30万km/s的速度直线传播，当遇到一个物体时，一部分辐射被吸收并转变为热量，一部分被反射。当远红外线穿过空气层时，不会被空气所吸收，它能穿透空气层而被物体直接吸收，并转变为热量。不仅如此，远红外线还能够穿过物体或人体表层，从内部对物体或人体进行加热。

辐射采暖中比较常用的是陶瓷板和双金属网辐射采暖器，其中陶瓷板辐射采暖器包括1个附着在混合燃烧室上的多孔陶瓷板，燃烧室为陶瓷板的表面提供了燃气和空气的混合气。混合气在陶瓷板表面燃烧，使陶瓷板加热变红，温度达800℃，从而释放出大量红外线辐射。但双金属网或陶瓷板辐射采暖器的缺点是将烟气排到室内，因此限制了其使用范围。

目前，国外高大空间建筑采暖广泛使用一种负压运行、低强度的红外辐射采暖系统——燃气红外柔强辐射采暖系统，国内也有许多高大建筑的采暖工程使用该系统。

燃气红外柔强辐射采暖以辐射为热量传递方式，以天然气、液化石油气、人工煤气等作为热源。由于空气是一种可通过热辐射的物质，因此辐射热在空气中基本上不会被吸收，也不会被反射。当辐射系统的强红外射线（波长为2.5～1000μm）接触地面、人和物体时，所发出的能量被实物表面所吸收，并使之变热。受热表面进行二次辐射使附近空气温度升高，从而把热量释放到工作空间。

燃气红外柔强辐射采暖设备由燃烧器、辐射管路、反射板、风机（正压）或真空泵（负压）、废气排放装置和温度控制器等组成（图6-14）。

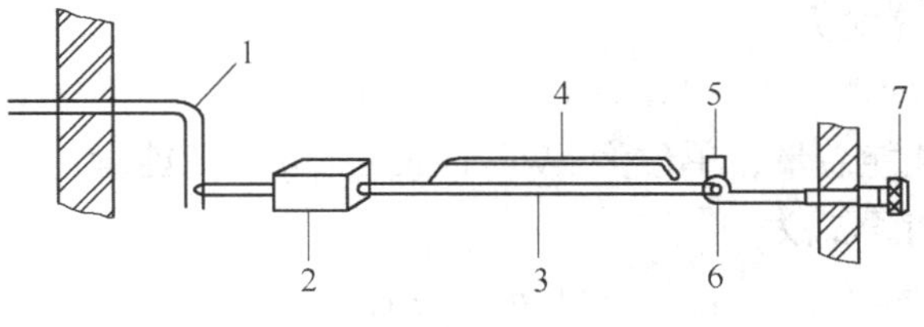

图6-14　燃气红外辐射采暖系统

1—进气软管　2—燃烧器　3—辐射管　4—反射板　5—吊钩　6—真空泵　7—废气排放装置

燃气辐射采暖系统用真空泵（风机）驱动，使热流体在系统的辐射管路内流动，并将尾气排放到室外。系统在采暖空间内将辐射管路悬挂在顶棚或屋顶网架的下方，与辐射管路上方的反射板一同向下方空间辐射热量。

靠近燃烧器的管路的辐射热交换强度较高，称为辐射管，一般布置在建筑内热负荷最大区域的上方；其余部分管路的辐射热交换强度较低，称为尾管，一般布置在建筑热负荷相对较小区域的上方。辐射管的长度由燃烧器的热负荷决定，而尾管的长度是能将流动的高温余气冷却至适合真空泵运行温度的最小长度。

辐射加热系统设计的关键是将辐射管和尾管布置在建筑内热损失较大区域的上方，如建筑的边缘地区，一般无需考虑将热量直接辐射至建筑内的整个区域。如果系统的设计热量通过计算能够满足整个建筑的需要，则建筑的中心区域及其他热损失较小的区域无须直接辐射加热即可达到设计要求，因此整个系统的费用显著降低。另外，根据需要同一条热辐射管路上多个燃烧器可以串联工作，具有灵活的系统配置，正确的设计施工可保证系统具有最高的热效率和辐射效率。

红外柔强辐射加热系统有足够的安全保证，只有在负压状态下管路内的气体才能流动，避免了泄漏问题，节能、舒适，并具有消毒杀菌作用，可以使不太流通的室内空气保持清新，同时对于慢性疼痛和炎症性疾病有一定的疗效。但采用燃气红外辐射采暖时，系统必须配备相应的防火、防爆和通风换气等安全设施，设备初投资相对较大。同时，红外线辐照度不能太大（一般人体能承受的最大辐照度为 $0.1W/cm^2$ 左右），以免过量的红外辐射“烤”伤皮肤，这就要求辐射装置的安装高度不能过低（≥5.8m）。另外，对燃气辐射采暖系统的温度场的研究、高温燃气辐射供暖方式下人体舒适感的研究还比较少，其效果还缺乏定量的分析。

6.7 建筑节能技术的发展前景

6.7.1 建筑节能技术的经济性分析

建筑节能是指在满足住户同等需要或达到相同目的的条件下，尽可能降低能耗，达到提高建筑舒适性和节约能源的双重目标。针对建筑的地理位置、当地经济条件和传统意识等情况，选用实用可靠的建筑节能方法和途径是实现建筑节能的关键。下面以某城区建筑采暖和空调耗能为例，做建筑节能的经济效益分析。其步骤如下：

1）确定评价指标，如建筑物耗热量指标 q_h 及耗冷量指标 q_c：两项指标应符合国家对节能建筑的规定限值。

2）节能率 α 的计算式为

$$\alpha = (\Delta q/q) \times 100\%$$

式中，$q = q_h + q_c$，为耗能总量，单位为 $kW \cdot h/m^2$；Δq 为节能量，单位为 $kW \cdot h/m^2$。

3）节能投资 I 的计算式为

$$I = I_2 - I_1$$

式中，I 为节能投资，单位为元/m^2；I_2 为节能建筑工程造价，单位为元/m^2；I_1 为非节能建筑工程造价，单位为元/m^2。

4）节能收益 A 的计算式为

$$A = \Delta q \times B$$

式中，A 为节能收益，单位为元/m^2；B 为能源价格，单位为元/kW·h。

5）投资回收期，也称投资返本期，是以逐年收益去偿还原始投资，计算出需要偿还的年限。考虑到资金的时间价值，动态投资回收期可按下式进行计算

$$n = \log[A/(A - Ii)]/[\log(1 + i)]$$

式中，n 为动态投资回收期，单位为 a（年）；A 为节能收益，单位为元/a；I 为节能投资，单位为元；i 为节能投资年利率，单位为%。

6）计算结果（达到建筑节能标准 50% 时的相关计算）。

①确定评价指标。根据中华人民共和国 JGJ 134—2010《夏热冬冷地区居住建筑节能设计标准》（以下简称节能设计标准）：某地区采暖度日数 HDD18 为 1647；空调度日数 CDD26 为 196。再根据 HDD18 和 CDD26 在节能设计标准表建筑物节能综合指标中，对应获得耗热量指标 q_h 约为 17kW·h/m^2 及耗冷量指标 q_c 约为 28kW·h/m^2，两项指标之和（q = 45kW·h/m^2）符合国家对节能建筑的规定限值。

②根据要求取节能率 α 为 50%。

③根据某房地产开发公司提供数据，该城区节能居住建筑单方工程造价约为 1200 元/m^2，普通居住建筑单方工程造价约为 1120 元/m^2，故节能投资 I =（1200 − 1120）元 = 80 元。

④取 $\Delta q = q/2 = 45/2 = 22.5$kW·h/$m^2$，电能价格为 0.53 元/kW·h，则节能收益 $A = \Delta q \times B$ =（22.5 × 0.53）元/m^2 = 11.93 元/m^2。

⑤节能投资年利率按贷款利息 5.58%，取为 5.6%，则投资回收期

$$n = \log 11.93/(11.93 - 60 \times 0.056)/[\log(1 + 0.056)] = 6.07$$，n 取为 6 年。

可见，建筑节能的回收期与建筑物使用期 60～100 年相比，不大于十分之一，其经济效益是非常明显的。

6.7.2　建筑能源的综合治理

自从 20 世纪 80 年代初以来，建设部就在建筑节能方面做了大量工作，包括制定规划、政策、规定、标准、通知，召开建筑节能工作会议，组织建筑节能检查，推动建筑节能技术进步，发展建筑节能产业等，取得了许多成绩，而且安排了从居住建筑到公共建筑、从北到南、从新建建筑到既有建筑、从城市到乡村的总体发展顺序，建成了大量节能建筑，为今后的大发展打下了较好的基础。节能率不断提高，从 30%～50% 达到 65%。

然而，我国建筑节能工作仍然进展缓慢，1980 年初从采暖居住建筑节能起步，至 2003 年建成节能居住建筑（包括节能 30%～50%）3.2 亿 m^2，仅占全国城市居住建筑的 4%，还建成示范建筑 100 万 m^2 以上。从总体上看，各地进展情况差别很大，采暖地区节能工作推动多年，执行情况较好；从全国看，北京市、天津市、唐山市等一些北方城市和上海市执行情况较好，但普遍存在缺乏检查监督等问题。

经济发达国家和我国多年的经验教训告诉我们：建筑节能工作不可能自发地开展，必须通过政府因势利导，认真从多方面采取引导加强制的办法，才能真正推动起来，取得成效。根据当前我国建筑节能相当落后的状况，必须使建筑节能真正实现跨越式发展。要确定到 2020 年实现我国的建筑节能目标，即根本改变建筑能耗增长过快的状况，在保持舒适健康

的建筑热环境条件下，使单位建筑面积能耗大幅度降低；要求到 2020 年我国单位建筑面积能耗总体上接近 21 世纪初经济发达国家的一般水平，其中北京市、天津市、上海市、广州市等特大城市要率先达到，并建成成批低能耗示范建筑。

为此，要从标准、技术、管理等多方面采取综合配套措施，全面推进建筑节能工作。

1. 完善建筑节能标准体系和执行监督

尽快建立建筑节能标准体系，包括建筑节能设计、施工、验收、检测、运行等各方面的工作标准。其中对验收和检测的关系现在存在一些争议，但还是应该强调严格过程控制，对示范工程要全面检测。为便于今后进行实际能耗监督，应在广泛调查研究的基础上分地区、分建筑类型制定公共建筑及居住建筑能耗定额标准；大型公共建筑能耗很大，要制定大型公共建筑采暖、空调节能监测标准；还要制定既有建筑节能改造标准，以及多个系列建筑节能技术及产品标准。尽快使这些标准互相配套，并不断更新完善。

要强化标准执行的监督，严肃检查、批评、曝光、处罚。在全国全面实施节能标准，真正实施严格的审查制度，采取严格的处罚措施，从设计开始对全过程的所有环节进行监控。对于不执行标准的有关单位根据责任给予罚款、公开曝光、限制进入市场、对资质或资格进行处置、不予核准售房等各种处罚。对浪费能源的违法违规行为严肃查处。

2. 开展既有建筑节能改造

与新建建筑相比，既有建筑总是占绝大多数，能耗要高得多。只有既有建筑节能改造取得成效，全国建筑能耗才能大幅度降下来。为此，政府机关应率先垂范，政府办公楼节能改造要先行；对能耗过高的大型公共建筑应限期完成改造；对冬天过冷结露、夏天过热的居住建筑应先行改造，以改善群众生活。要求大中城市现在就抓紧开始既有建筑节能示范改造，探索出激励政策，总结技术经验。由政府、业主等多方集资，也可借鉴国外通行的节能服务公司方式；技术上通过专家诊断，研究出多套经济合理的方案。在某些城市节能改造工作有进展后，大力宣传改造取得的节能和提高热舒适效果。

3. 推动建筑节能技术进步

不少开展建筑节能的地区反映，建筑节能技术选择困难。因此，要尽快开发并形成不同地区不同建筑适用的多种建筑节能配套技术，包括既有建筑节能改造技术；推广当地适用的建筑节能配套技术。可以从经过实践考验的成熟技术中先挑选出 50 ~ 70 种技术编印成建筑节能技术指南，召开研讨会，介绍给各地选用，再逐步补充。还要继续研发先进适用的建筑围护结构保温隔热技术，特别是外墙外保温技术、节能窗技术和采暖计量及控制技术以及太阳能、地热能技术。

要继续组织以企业为主，产学研结合从事建筑节能技术研发。要重视建筑节能技术的基础研究，财政部门要予以支持，加强研究基地建设和经费投入。当前在建筑节能市场中，以假冒伪劣产品和技术低价竞争的情况相当普遍，影响工程质量和寿命，应通过市场和行政手段，加以规范，淘汰落后技术和产品。

4. 不断建造节能示范建筑

真正好的节能建筑示范效应很大。要求各地年年建造节能示范建筑、示范小区，要建造各种类型有代表性的节能示范建筑，包括居住建筑和公共建筑、新建建筑和既有建筑。但是示范建筑不能只是开发商的卖点，更要在该地区真正起到引领建筑节能技术潮流的作用。

示范建筑要在建造期间就进行检查，并经过严格验收，验收时必须提供详实的技术、经济和围护结构热工性能与设备能源效率的检测报告；还要要求示范建筑运行1~2年后提供详实的能耗检测、成本节约报告，否则取消其示范建筑称号。

6.7.3 建筑节能的前景展望

目前我国能源形势相当严峻，建筑节能是缓解我国能源供需矛盾、改善人民生活工作条件、减轻环境污染、促进经济可持续发展的一项最直接、最廉价的根本措施。我国建设部颁布的《建筑节能“九五”计划和2010年规划》及《建筑节能技术政策》在促进抓紧建筑节能工作，引导建筑节能技术进步等方面，正发挥着重要的作用。在当前和今后若干年内，建筑节能工作的进展主要依靠政府的强制性推动，依靠立法和执法。只要各级领导重视并加强建筑节能工作的行政监督，建筑节能工作就会出现一个崭新的面貌。

建筑节能工作在20年前从北方采暖居住建筑启动，是由于当时北方采暖能耗占建筑能耗的主要部分。随着我国经济的快速发展，国家住房货币化政策的实施，购房消费已成为我国新的经济增长点，人们改善建筑热环境的要求日益迫切，因此，南方地区建筑节能的工作也将得到推广。只有加快节能示范建筑、示范区、示范村建设，让更多的群众从亲身的感受中得到启发，达成共识，得到实惠，并从中总结经验，进而才能推动我国建筑节能事业的更快发展。

未来房屋的规划设计标准是高舒适、低能耗。高舒适不仅仅是热舒适，还包含有利于生态平衡和环境保护，有利于居住与使用者的身心健康。要达到高舒适、低能耗的标准，建筑节能的内容就包含了规划设计与使用的全过程，即建筑的外环境设计、内环境设计、围护结构的构造和用能设备的选择四个方面。建筑的外环境设计主要是自然能源的充分与综合利用，包括日光、风、绿化（水面）环境的设计。建筑内环境设计主要是尽可能减少能耗，也有自然能源的综合利用问题，包括建筑物的外形，门窗的形式、位置与大小，平面布局与剖析形式等。围护结构的构造设计和用能设备的选择，也包含自然能源的利用与有效地节省不可再生能源两个方面。以上除建筑的外环境设计外，其余都和新型建材的发展与应用有直接的关系，特别是与建筑围护结构的构造设计关系最为密切。

建筑节能发展的重点领域是，研究新型低能耗的围护结构（包括墙体、门窗、屋面）体系成套节能技术及产品；新型能源的开发和能源的综合利用，包括太阳能、地下能源开发利用和能源综合利用，室内环境控制成套节能技术的研究和设备开发；利用计算机模拟仿真技术分析制冷空调系统，对制冷空调系统进行智能控制，最大限度减少运行能源；既有建筑的节能改造成套技术，特别是围护结构和采暖空调系统改造；建筑物室内温度和湿度控制技术和冷热量收费技术及产品。

以可持续发展的思想观察世界，分析当今国际上建筑节能发展的总趋势，在增进人体健康、提高舒适性的条件下，有效利用能源、合理利用资源、减少温室气体排放、保护人类生存环境，已日益成为各国建筑界的共同行动准则。我国建筑节能工作还处在大发展初期，从地域、建筑类型、围护结构与设备系统、设计施工和运行等各方面均有十分广阔的发展空间；与此同时，建筑节能产业也必将获得迅速发展。由于市场经济和住房制度改革的推动，以及环境压力和国际上的影响，我国建筑节能事业必将克服目前的困难，得到跨越式的发展。

思考题

1. 建筑能耗包括哪些方面？目前建筑能耗的发展趋势如何？

2. 在我国建筑能耗中存在的三个“巨无霸”是指什么？

3. 建筑节能有哪些影响因素和节能途经？建筑节能的潜力如何？

4. 什么是绿色建筑？

5. 建筑结构节能技术包括哪些方面？有哪些具体节能技术？

6. 什么是建筑物的体形系数？它对建筑物本身的节能有何影响？

7. 对于建筑节能而言，在其他条件相同的情况下，建筑物的体形系数越大，则其耗热量指标如何变化？为什么？

8. 中央空调系统有哪些主要节能措施？

9. 空调建筑物及空调房间的布置应遵循哪些原则？

10. 简述热泵空调技术的原理及其应用前景？

11. 供热系统包括哪些部分？每一个部分都存在哪些节能潜力？

12. 简述低温热水地面辐射采暖技术的工作原理及优势。

13. 如何分析评价建筑节能技术的经济性？

参考文献

[1] 李宏伟. 节能减排的意义、障碍及实施路径 [J]. 中国党政干部论坛，2007，12 (11)：61-62.
[2] 黄生琪，周菊华. 我国节能减排的意义、现状及措施 [J]. 节能技术，2008，26 (2)：172-175.
[3] 黄素逸，高伟. 能源概论 [M]. 北京：高等教育出版社，2004.
[4] 尹锡勋. 节能技术及其发展方向 [J]. 节能，1997，(6)：3-6.
[5] 王家诚. 中国工业能耗与节能途径 [J]. 当代石油石化，2007，15 (8)：1-6.
[6] 张新敬，谭春青，隋军，等. 我国工业节能现状调研和对策 [J]. 中国能源，2008，30 (11)：32-38.
[7] 朱智清. 膜分离技术的发展及其工业应用 [J]. 化工技术与开发，2003，32 (1)：19-21.
[8] 米建华. 我国电力工业节能状况分析 [J]. 电力设备，2005，6 (6)：1-4.
[9] 任有中. 能源工程管理 [M]. 北京：中国电力出版社，2004.
[10] 古大田，方子风. 废热锅炉 [M]. 北京：化学工业出版社，2002.
[11] 黄素逸. 能源与节能技术 [M]. 北京：中国电力出版社，2004.
[12] 刘毅，李光界，孙鹤，等. 富氧助燃技术及其应用 [J]. 节能与环保，2005，(2)：28-29.
[13] 栾吉益，高新运，蔡漳平，等. 膜法富氧技术的应用 [J]. 钢铁，2005，40 (7)：13-16.
[14] 陈爽. 链条锅炉分层分行燃烧装置解析 [J]. 区域供热，2008 (2)：54-56.
[15] 周志. 分层式给煤装置的应用研究 [J]. 黑龙江冶金，2008 (3)：14-15.
[16] 郭继民. 分层燃烧新技术在锅炉改造中的应用 [J]. 科技信息，2008 (25)：58.
[17] 袁荣超. 分层燃烧技术在小型工业锅炉中的应用 [J]. 装备制造技术，2007 (9)：123.
[18] 孙庆斌，宁胜德，彭益成. 浅析应用复合燃烧技术改造链条锅炉 [J]. 应用能源技术，2005 (3)：32-33.
[19] 王彦，曲广义，丁雪桦. 复合燃烧技术在链条炉上的应用 [J]. 热能动力工程，2001，16 (6)：673-674.
[20] 孟晓钧. 链条锅炉采用“加煤粉复合燃烧技术”是提高锅炉出力的有效途径 [J]. 内蒙古石油化工，2001，27 (3)：55-57.
[21] 李元章. 复合燃烧技术在链条炉上的应用 [J]. 节能，2002 (5)：37-39.
[22] 马仕文，何斌. 复合燃烧节煤技术在中小型工业锅炉上的应用 [J]. 广西节能，2002 (3)：18-19.
[23] 赵钦新，王善武. 工业锅炉技术创新与发展思路讨论 [J]. 工业锅炉，2009 (1)：1-12.
[24] 林宗虎，魏敦崧. 循环流化床锅炉 [M]. 北京：化学工业出版社，2004.
[25] 常红武，丁建跃，李豫南. 浅谈提高循环流化床锅炉燃烧效率的方法 [J]. 中国井矿盐，2008，39 (6)：34-36.
[26] 阎静. 循环流化床锅炉的分析报告 [J]. 啤酒科技，2006 (12)：43-45.
[27] 刘志坚. 综述循环流化床锅炉的特性原理及其经济运行 [J]. 电力建设，2009 (227)：93-95.
[28] 李琼，朱九喜. 浅谈循环流化床锅炉设计运行中几点常见问题及预防措施 [J]. 锅炉制造，2009 (1)：21-23.
[29] 李运萍. 循环流化床技术在沸腾床锅炉改造上的应用 [J]. 江西煤炭科技，2007 (4)：109-110.
[30] 李旭，黄冬梅. 热管式低压省煤器的特点与节能效果 [J]. 节能，2003 (2)：34.
[31] 周强泰，黄素逸. 锅炉与热交换器传热强化 [M]. 北京：水利电力出版社，1991.
[32] 杜镔，袁益超，许开义，等. 给水除氧技术的特点与比较 [J]. 汽轮机技术，2008，50 (4)：296-298.

[33] 武雪珍. 工业锅炉用水除氧技术的应用 [J]. 内蒙古石油化工, 2007 (11): 221-222.
[34] 李强, 赵红岩, 李鹏程. 低位真空除氧技术在锅炉给水中的应用研究 [J]. 中国科技信息, 2008 (6): 273-274.
[35] 邢叶青. 锅炉给水除氧常用的几种方式 [J]. 同煤科技, 2006 (2): 15-16.
[36] 王学涛, 曹玉春, 兰泽全. 工业窑炉节能技术 [M]. 北京: 化学工业出版社, 2010.
[37] 张先棹, 尹丹模, 张建国, 等. 蓄热室新型蓄热体的选用 [J]. 工业炉, 1998, 20 (3): 9-12.
[38] 代朝红, 温治, 朱宏祥, 等. 高温空气燃烧技术的研究现状及发展趋势 (上) [J]. 工业加热, 2002 (3): 14-18.
[39] 代朝红, 温治, 朱宏祥, 等. 高温空气燃烧技术的研究现状及发展趋势 (下) [J]. 工业加热, 2002 (4): 11-16.
[40] 李爱菊, 张仁元, 王毅. 新型陶瓷换热器用蓄热体材料的选择 [J]. 耐火材料, 2004, 38 (3): 208-210.
[41] 黄金, 张仁元. 元机盐/陶瓷基复合相变蓄热材料的研究 [J]. 材料导报, 2005, 19 (8): 106-109.
[42] 高增丽. 吸收式制冷技术在玻璃窑炉废气余热回收的应用 [J]. 山东陶瓷, 2006, 29 (5): 43-44.
[43] 赵瑞刚, 景治, 范建中. 变频调速技术的原理、应用及节能分析 [J]. 内蒙古科技与经济, 2009, 5 (183): 97-98.
[44] 孟宪军. 变频调速技术的现状与应用 [J]. 佳木斯大学学报 (自然科学版), 2007, 25 (1): 38-40.
[45] 李鸿发. 设备及管道的保冷与保温 [M]. 北京: 化学工业出版社, 2002.
[46] 杨国辉. 锅炉低温受热面管的腐蚀及防止 [J]. 管道技术与设备, 2004 (6): 31-32, 38.
[47] 赵钦新, 王宇峰, 王学斌, 等. 我国余热利用现状与技术进展 [J]. 工业锅炉, 2009 (5): 8-15.
[48] 吴金星, 韩东方, 曹海亮. 高效换热器及其节能应用 [M]. 北京: 化学工业出版社, 2009.
[49] 吴金星, 曹玉春, 王海峰, 等. 高效低流阻换热器的开发应用 [J]. 冶金能源, 2007, (2): 50-54.
[50] 庄骏, 张红. 热管技术及其工程应用 [M]. 北京: 化学工业出版社, 2000.
[51] 孙世梅, 张红. 高温热管换热器的应用前景 [J]. 化工机械, 2004, 31 (2): 116-118.
[52] 刘效洲, 惠世恩, 徐通模, 等. 分离式热管换热器的工作原理及其在电厂余热回收中的应用 [J]. 热能动力工程, 2001 (16): 375-379.
[53] 邢万坤, 孙世梅. 热管换热器在吉化化肥厂的应用 [J]. 能源研究与利用, 2002 (1): 38-42.
[54] 赵辉, 孙玮, 徐剑锋, 等. 热管技术在硫酸工业中的应用 [J]. 能源工程, 2002 (6): 29-32.
[55] 孙世梅, 邢万坤, 朱洪江, 等. 热管换热器在化肥工业领域中的应用探索 [J]. 吉林化工学院学报, 1999, 16 (4): 78-81.
[56] 庄骏, 张红, 等. 2010 年热管技术展望 [J]. 化工机械, 1998, 25 (1): 44-49.
[57] 靳明聪, 陈远国. 热管及热管换热器 [M]. 重庆: 重庆大学出版社, 1986.
[58] 孙世梅. 高温热管换热器强化传热及结构优化模拟研究 [D]. 南京: 南京工业大学. 2004.
[59] 何玉善, 刘志敏, 王礼. 电站锅炉热管式空气预热器的发展和应用 [J]. 山西电力技术, 1995, (2): 25-29.
[60] 程福元. 合成氨造气工段余热回收效果测定 [J]. 江苏化工, 1997, 25 (6): 44-45.
[61] 李菊香, 杨峻, 徐通明. 热管换热器的设计原则与应用 [J]. 化工设备设计, 1997, 34 (3): 46-50.
[62] 苏俊林, 许思传, 郝玉福. 气—液式热管换热器在硫酸工业中的应用研究 [J]. 化工机械, 1995, 22 (3): 162-165.
[63] 陈军, 肖文朝, 郭宏新. 热管空气预热器在石油化工中的应用 [J]. 现代化工, 1997 (5): 33-36.
[64] 钱成文. 利用热管换热器回收加热炉排烟余热 [J]. 油气储运, 1997, 16 (5): 47-51.
[65] 郭春子, 沙志强. 热管换热器积灰问题的研究 [J]. 江西能源, 1995 (4): 9-14.
[66] 王斌斌, 仇性启. 热管及其换热器在烟气余热回收中的应用 [J]. 工业加热, 2006, 35 (5): 37-41.

[67] 匡好玲，周丽纯，颜祥富．热管换热器应用中常见的问题及对策［J］．中国设备工程，2006（12）：27-28.
[68] 董人和，陆金南，梁明，等．热管换热器在锅炉尾部受热面中的探讨［J］．能源研究与利用，1994（2）：12-14.
[69] 刘效洲，惠世恩，徐通模，等．分离式热管换热器的工作原理及其在电厂余热回收中的应用［J］．热能动力工程，2001，16（7）：375-379.
[70] 韩春福．气—气热管换热器在电站余热回收中的应用［J］．沈阳电力高等专科学校学报，2002，4（1）：45-47.
[71] 赵斌，王子兵．热管及其换热器在钢铁工业余热回收中的应用［J］．冶金动力，2005（3）：34-36.
[72] 林楚荣，蒙应龙，周军，等．玻璃窑炉烟气余热发电技术的发展和提高［J］．玻璃，2009（12）：21-24.
[73] 王国俊．热压机高温冷凝水回收与热能梯级利用［J］．能源技术，2000（4）：232-234.
[74] 罗健．燃气锅炉余热综合回收节能改造［J］．设备管理与维修，2010（10）：56-58.
[75] 周枫．工业硫酸生产中余热利用的研究与实践［J］．上海化工，2010，35（9）：12-14.
[76] 陈则韶，胡芃，程文龙，等．压缩制冷设备节能途径分析［J］．通用机械．2003，（1）：26-30.
[77] 龙惟定．上海的建筑节能与空调冷热源［J］，暖通空调，1996（4）：23-28.
[78] 李新国，赵军，朱强，等．地源热泵供暖空调的经济性［J］．太阳能学报，2001（4）：55-58.
[79] 魏唐棣，胡鸣明，丁勇，等．地源热泵冬季供暖测试及传热模型［J］．暖通空调，2000（1）：14-16.
[80] 王勇，付祥钊．地源热泵的套管式地下换热器研究［J］．重庆建筑大学学报，1997（5）：17-21.
[81] 刘宪英，王勇，胡鸣明，等．地源热泵地下垂直埋管换热器的试验研究［J］．重庆建筑大学学报，1999（5）：22-27.
[82] 袁伟峰，赵军，朱强，等．地源热泵的套管式地下换热器传热研究［J］．江西能源，2001（1）：5-8.
[83] 刘宪英，丁勇，胡鸣明，等．浅埋竖管换热器地源热泵夏季供冷试验研究［J］．暖通空调，2000（4）：3-6.
[84] 孙纯武，张素云，刘宪英，等．水平埋管换热器地热空调实验研究及传热模型［J］．重庆建筑大学学报，2001，23（6）：49-55.
[85] 王勇．地源热泵的技术经济分析［J］．建筑热能通风空调，2001（5）：14-15.
[86] 刘宪英，陈建萍，王文，等．地源水—水热泵冬夏暖冷联供实验研究［J］．重庆建筑大学学报，2002（2）：13-17.
[87] 刘东，陈沛霖，张旭．地源热泵的特性研究［J］．流体机械，2001（7）：41-44.
[88] 尉迟斌．实用制冷与空调工程手册［M］．北京：机械工业出版社，2005.
[89] 蒋绿林，罗迎宾，徐丽．寒冷气候条件下耦合双级热泵制热性能实测与分析［J］．能源研究与利用，2007（1）：23-26.
[90] 徐伟，张时聪．中国地源热泵技术现状及发展趋势［J］．太阳能，2007（3）：261-266.
[91] 厉建国．地源热泵及其对锅炉的替代［C］．上海市制冷学会2005年学术年会论文集．上海：2005.
[92] 蒋慧颖，张铭，闫明．水源热泵系统探讨与应用［J］．建筑节能，2007（10）：21-25.
[93] 刘大能．水源热泵的技术特点及几种形式［J］．现代机械，2007（5）：32-37.
[94] 李先瑞，郎四维．热泵的现状与展望［J］．建筑热能通风空调，1999（3）：41-44.
[95] 孙强．浅谈水源热泵技术的国内外发展现状及趋势［J］．佳木斯大学学报，2007（3）：12-17.
[96] 容銮恩，等．电站锅炉原理［M］．北京：中国电力出版社，2003.
[97] 翦天聪．汽轮机原理［M］．北京：水利电力出版社，2004.
[98] 郑体宽．热力发电厂［M］．北京：水利电力出版社，1995.
[99] 王汝武．节能技术及工程实例［M］．北京：化学工业出版社，2006.

[100] 孙成宝，金哲．现代节电技术与节电工程 [M]．北京：中国水利水电出版社，2005.
[101] 吴变桃，李少华，王娟娟．电力系统节能技术综述 [J]．电力学报，2001，16 (4)：247-249.
[102] 王志轩，潘荔，王新雷，等．我国电力工业节能现状及展望 [J]．中国电力，2003，36 (9)：34-42.
[103] 吕淑霞．节能降耗是电力企业的重要任务 [J]．浙江电力，1998 (2)：25-30.
[104] 郑孝东．降低电网线损的途径及措施的探讨 [J]．华北科技学院学报，1999，1 (4)：34-37.
[105] 戴佩琨，程钧培．火力发电新技术发展 [J]．发电设备，2004 (1)：1-6.
[106] 严陆光．我国21世纪电力新技术发展的展望 [J]．世界科技研究与发展，1996 (3)：68-74.
[107] 吴创之．生物质气化发电技术 [J]．可再生能源，2003 (1)：41-43.
[108] 熊一权．燃料电池发电技术 [J]．中国电力，1998，31 (9)：61-64.
[109] 武全萍，王桂娟．世界海洋发电状况探析 [J]．浙江电力，2002 (5)：65-67.
[110] 朱成章．中国电力系统的节能 [J]．电力需求侧管理，2004，6 (2)：2-5.
[111] 林国成．照明设备的合理用电及节能技术措施 [J]．光源与照明，2002 (3)：3-6.
[112] 李欣，杨伟光．加强需求侧管理，缓解电力供需矛盾 [J]．农业机械化与电气化，2005，27 (3)：175-181.
[113] 曾鸣，孙昕，张启平，等．我国电力需求侧管理的激励机制及政策建议 [J]．电力需求侧管理，2003，5 (2)：3-6.
[114] 涂逢祥．21世纪初建筑节能展望 [J]．建筑，2001 (2)：50-52.
[115] 付祥钊．夏热冬冷地区建筑节能技术 [M]．北京：中国建筑工业出版社，2002.
[116] 刘向军．太阳能与建筑的结合 [J]．建筑，2001 (1)：49-50.
[117] 王荣光，沈天行．可再生能源利用与建筑节能 [M]．北京：机械工业出版社．2004.
[118] 商晓秋．建筑节能概念之一——中空玻璃 [J]．东北电力学院学报，2001，21 (3)：74-78.
[119] 梁晶，高山，贾靳民，太阳能地板辐射采暖 [J]．太阳能，2005 (1)：32-34.
[120] 周水洪．建筑节能技术之太阳能制冷技术 [J]．墙材革新与建筑节能，2004 (4)：38-40.
[121] 胡国平．楼宇自动化控制与节能 [J]．能源工程，2001 (4)：46-48.
[122] 董静．“自然冷却”空调制冷系统在建筑节能中的应用 [J]．建筑科学，2004，8 (2)：4-6.
[123] 涂逢祥．建筑节能形势与政策 [J]．中国建设信息供热制冷，2006 (1)：34-37.
[124] 鱼剑琳，王洋浩．建筑节能应用新技术 [M]．北京：化学工业出版社．2006.